过程模拟实训
——Aspen HYSYS 教程

（第二版）

孙兰义　刘立新　薄守石　金海刚　主编

中国石化出版社

内 容 提 要

  本书为修订版，在第一版的基础上，结合实际工业生产和设计，系统介绍 Aspen HYSYS V9 软件基本操作步骤和应用技巧。全书内容共分 19 章，第 1 章介绍过程模拟基础知识；第 2 章介绍过程模拟基本操作方法和步骤；第 3 章介绍物性方法与计算；第 4~9 章分别介绍各个单元操作模块的模拟方法和技巧；第 10 章和第 11 章分别介绍过程模拟工具和过程分析工具；第 12 章介绍复杂精馏过程模拟；第 13 章介绍石油蒸馏模拟；第 14 章介绍过程模拟故障诊断；第 15 章介绍优化器的使用；第 16 章介绍典型过程模拟案例；第 17 章介绍动态模拟的基本知识；第 18 章介绍激活分析；第 19 章介绍 Aspen Simulation Workbook 的使用。附录部分列举 Aspen HYSYS 文件扩展名与快捷键一览表，并介绍 CUP-Tower 软件的功能和应用。

  本书可作为高等学校化工、储运、石油工程、控制、热工等专业本科生及研究生参考书，也可供相关生产企业、设计院和研究院从事生产、管理、过程设计和开发的工程技术人员参考。

图书在版编目 (CIP) 数据

过程模拟实训：Aspen HYSYS 教程 / 孙兰义等主编. —2 版 . —北京：中国石化出版社，2018.10 (2022.7 重印)
ISBN 978-7-5114-5024-1

Ⅰ. ①过… Ⅱ. ①孙… Ⅲ. ①化工过程-过程模拟-应用软件-教材 Ⅳ. ①TQ02-39

中国版本图书馆 CIP 数据核字 (2018) 第 217859 号

中国石化出版社出版发行
地址:北京市东城区安定门外大街 58 号
邮编:100011　电话:(010)57512500
发行部电话:(010)57512575
http://www.sinopec-press.com
E-mail:press@ sinopec.com
北京科信印刷有限公司印刷
全国各地新华书店经销
*
787×1092 毫米 16 开本 31.5 印张 774 千字
2019 年 1 月第 2 版　2022 年 7 月第 3 次印刷
定价:98.00 元

编　委　会

第二版前言

过程模拟是现代工程技术人员普遍采用的技术手段，Aspen HYSYS 作为公认的标准过程模拟软件之一，经过 40 多年的不断发展和改进，得到了越来越广泛的应用，很多生产企业、工程公司、设计院和高校都是 Aspen HYSYS 的用户。Aspen HYSYS 具有庞大的数据库和完备的单元模块，能够处理多种复杂体系，并对模拟过程中的物料和能量衡算、各单元操作参数、物流性质等进行严格计算，为工业过程的模拟与优化提供可靠的参考。

《过程模拟实训——Aspen HYSYS 教程》的第一版详细介绍了 Aspen HYSYS V8.4 软件的操作步骤以及应用技巧，注重应用与原理相结合，自出版以来，深得广大读者喜爱。同时，编者和读者在使用过程中也发现了一些问题与不足，且随着 Aspen HYSYS 软件版本的不断地更新，编者认为有必要对第一版内容进行修订和补充，以方便读者学习和应用。第二版内容采用 Aspen HYSYS V9 进行介绍，在第一版的基础上进行如下修订和补充。

第 2 章 Aspen HYSYS 入门内容进行了重新编排。第 3 章物性方法与计算详细介绍了物性方法，完善了物性分析。第 4~9 章补充了循环器顾问、分离器气液夹带量计算、往复式压缩机和螺杆式压缩机模拟、换热器校核、反应热与反应器热负荷、反应类型、塔进料位置与理论板数优化的介绍。第 10 章过程模拟工具补充了同步调节管理器。第 11 章过程分析工具用塔水力学分析(Column Analysis)替代了塔板设计。第 12 章复杂精馏模拟补充了变压精馏、多效精馏、隔壁塔以及热泵精馏模拟，充实了精馏节能技术。第 13 章石油蒸馏模拟补充了原油混合案例。第 14 章故障诊断内容进行了重新编排，详细介绍了塔模拟故障诊断。第 15 章优化器补充了 Hyprotech SQP 优化方法。第 16 章过程模拟案例补充了天然气凝液回收(冷剂制冷)、催化裂化装置吸收稳定系统、二甲醚羰基化合成乙酸甲酯过程等模拟案例。第 17 章动态模拟内容进行了重新编排,详细介绍了 Aspen HYSYS Dynamics 在过程控制中的应用,新增精馏塔动态模拟、压缩机动态模拟、整厂控制等模拟案例,以便读者掌握动态控制的基本操作过程。新增第 18 章激活分析,介绍了如何使用 Aspen HYSYS 进行换热器分析、能量分析和经济分析。新增第 19 章 Aspen Simulation Workbook,方便非专业人员操作过程模拟模型。

读者可以发送邮件到 sunlanyi_cuptower@ 126. com 获取本书中带有 @ 标志的内容和例题习题模拟源文件。

由于编者水平有限,书中不妥之处,恳请读者批评指正。

目　　录

第1章 绪 论

1.1 过程模拟

1.1.1 过程模拟简介

过程模拟(Process Simulation)又称流程模拟(Flowsheet Simulation),是计算机在过程工业中发展最成熟的技术之一。其以工艺过程的机理为基础,采用数学模型表示工艺过程,通过计算机辅助计算,进行过程的物料衡算、能量衡算、设备尺寸设计和经济分析。它是系统工程、热力学、数值计算方法以及计算机应用技术相结合的产物,是近几十年发展起来的一门新技术。目前,过程模拟软件广泛应用于炼油、化工、制药、生物、环境、食品、冶金、能源及轻工等过程工业的设计、测试、优化和过程集成。

过程模拟是在计算机上模拟实际生产过程,但这一过程并不涉及实际装置的任何管道、设备及能源的变动,因此过程模拟人员可以在计算机上自由地进行不同方案和工艺条件的研究分析。过程模拟不仅能够节省时间和资金,还可对过程的规划、研究、开发以及技术可靠性做出分析。过程模拟快速准确的计算为多种流程方案的分析和对比提供了保障。

商品化的过程模拟软件出现于20世纪70年代。目前,广泛应用的过程模拟软件主要有Aspen HYSYS、Aspen Plus和PRO/Ⅱ等。本书主要讲述如何使用Aspen HYSYS进行稳态模拟及动态控制。

1.1.2 过程模拟功能

过程模拟的主要功能包括新工艺流程的开发研究、新装置设计、旧装置改造、生产调优、故障诊断以及工艺生产的科学管理等。

(1)新工艺流程的开发研究

20世纪60年代以前,炼油、化工和制药等过程工业新流程的开发研究,需要依靠各种不同规模的小试和中试。随着过程模拟技术的不断发展,工艺开发现已逐渐转变为完全或部分利用模拟技术,仅在某些必要环节进行试验研究的过程。

(2)新装置设计

过程模拟的主要功能之一是进行新装置的设计。随着科学技术的发展,在石油化工领域,绝大多数过程模拟的结果可直接运用于工业装置的设计,无需小试或中试。21世纪以来,相关设计单位开始广泛使用过程模拟软件,高校也纷纷引进,用于科学研究和教学工作。

(3)旧装置改造

过程模拟也是旧装置改造必不可少的工具之一。旧装置的改造不仅涉及已有设备的利用,而且涉及新设备的增添,改造旧装置往往比设计新装置还要复杂。改造过程中,由于产

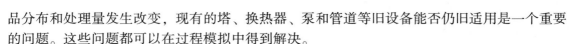

品分布和处理量发生改变，现有的塔、换热器、泵和管道等旧设备能否仍旧适用是一个重要的问题。这些问题都可以在过程模拟中得到解决。

（4）生产调优和故障诊断

过程模拟对生产调优和故障诊断也起着不可替代的作用。通过过程模拟可以寻求最佳工艺条件，从而达到节能、降耗和增效的目的。过程模拟以经济效益为目标函数，对全系统进行整体调优，为关键工艺参数确定最佳条件。

（5）工艺生产的科学管理

通过过程模拟，用户可以比较准确地计算出生产装置的产品产量和公用工程消耗量，为企业的生产管理提供比较准确的理论依据，因而过程模拟成为企业生产管理从经验型走向科学型的有力工具。

1.2 Aspen HYSYS 软件

1.2.1 Aspen HYSYS 简介

HYSYS 最早是由加拿大 Calgary 大学研究人员创立的 Hyprotech 公司开发的，其名称由 Hyprotech 与 Systems 混合而成。2002 年 5 月，AspenTech 收购了包括 HYSYS 在内的 Hyprotech，故 HYSYS 成为 Aspen HYSYS。

Aspen HYSYS 是成熟的行业标准模拟软件，可用于改进工程的设计和操作、提高能量利用率以及降低资本消耗。作为能源行业领先的过程模拟软件，Aspen HYSYS 可以对油气生产、天然气加工处理和石油炼制等进行全面模拟。

1.2.2 Aspen HYSYS 特征

Aspen HYSYS 是利用新一代面向对象的编程工具 C++在 Windows 环境下开发的软件。与同类软件相比，其主要特征体现在以下几个方面：

① 简化的工作流程 通过与其他 aspen ONE 工程工具集成，简化了工艺流程设计、设备尺寸计算和初步成本估算，为用户呈现一个跨工程功能的高效工作流程，有利于减少项目周期，提高设计准确性和成本效益。

② 全面的热力学基础数据 可访问世界上最大的纯组分和相平衡数据数据库，同时能够添加用户自定义组分，确保物理性质、传递性质和相平衡的准确计算，得到精确的模拟结果。

③ 丰富的单元操作模块库 在稳态和动态环境下可处理各种不同的单元模块，能够准确再现工艺过程，提高工程效率。

④ 易学易用 直观的图形界面使用户更易使用，Aspen HYSYS 提供了广泛的在线自主培训库，包括启动向导和网络研讨会等；aspen ONE Exchange 还提供了大量培训资料和模拟案例。这些新特点有助于提高用户学习效率。

⑤ 内置能量优化、成本估算和严格换热器模拟工具 使用内置的夹点分析可以优化换热网络以实现最大化能量回收，最小化公用工程消耗；使用成本估算可以获得相对成本估值，用于比较多个过程设计和过程优化；使用严格换热器模拟工具可以模拟换热器的热力学

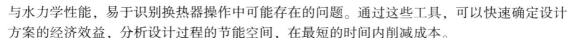

与水力学性能，易于识别换热器操作中可能存在的问题。通过这些工具，可以快速确定设计方案的经济效益，分析设计过程的节能空间，在最短的时间内削减成本。

⑥ 针对第三方集成的开放环境 可以与其他常用工具，如 OLI 的电解质包、PVT、Black Oil 热力学模型以及 PIPESIM 等进行连接；Aspen HYSYS 使用基于 CAPE-OPEN 标准的兼容模块；与 ActiveX 相兼容，可以将用户创建单元模块、专有反应动力学表达式和特定的物性包集成。这些特点为用户提供了自主性和灵活性，可以提高工程效率，削减总成本。

1.2.3 Aspen HYSYS 功能拓展

Aspen HYSYS 的功能和灵活性可通过以下附加应用进一步增强。

① Aspen HYSYS Acid Gas Cleaning 模拟和优化涉及单一或混合胺、物理溶剂和磷酸的气体脱硫过程，能够模拟由于生成热稳定盐导致胺降解的过程。

② Aspen HYSYS EO（Equation-Oriented）Modeling Option 使用 EO 算法可以使大型 Aspen HYSYS 模拟流程快速收敛，该算法基于 Aspen Plus 中成熟可用的 EO 模型库。

③ Aspen HYSYS Upstream 针对综合资产建模与评估提供了专用于 E&P（勘探与生产）的方案，可以在一个简单易用的环境中输入生产现场数据，创建一个从井口到开采再到销售的全资产模型。

④ Aspen HYSYS Crude 能够模拟原油评价与原油蒸馏塔。

⑤ Aspen HYSYS Petroleum Refining 针对炼油提供了一套用于优化工艺过程和产品规定的解决方案，通过访问原油评价数据库、严格反应器模型和规划支持工具以便更好地进行原油选择、规划和作业调度。

⑥ Full Set of Rigorous Reactor Models 在熟悉易用的 Aspen HYSYS 流程中模拟催化裂化装置、加氢裂化装置、石脑油加氢反应装置、重整装置、异构化装置、脱硫装置、延迟焦化装置和烷基化装置。

⑦ Relief Sizing 使用 AspenTech 的过程安全工具简化泄压分析，根据 API 520 和 API 521 标准添加和设计泄压装置，并在 Aspen HYSYS 安全分析环境生成文件，再将设计好的泄压装置自动导入到 Aspen Flare System Analyzer 进行火炬管网分析以完成整个工作流程。另外，该工具还可与 Aspen HYSYS Dynamics 结合以优化火炬系统的设计。

⑧ Aspen HYSYS Dynamics 可在 Aspen HYSYS 环境下，进行安全和控制研究、泄压分析以及优化开停车策略，还可作为操作员培训模拟器（Operator Training Simulators，OTS）。动态模式下的压缩机喘振分析可以对压缩机的运行进行快速的动态分析。

⑨ Aspen Simulation Workbook 将 Microsoft Excel 和 Aspen Tech 模拟工具（包括 Aspen HYSYS 和 Aspen HYSYS Dynamics）相结合，可用于补充设计计算、生成报告、性能监控和辅助决策。

第2章 Aspen HYSYS 入门

Aspen HYSYS 在流程模拟时具有高度灵活性，可为用户提供多种方法完成操作。这种灵活性，使得 Aspen HYSYS 成为通用的过程模拟软件。Aspen HYSYS 的通用性源自其四个关键特征：

① 事件驱动（Event Driven） 结合了交互式模拟和即时获取信息的功能，即软件在用户提供信息的同时自动执行信息处理和计算，且用户可在任意位置提供信息。

② 模块化操作（Modular Operations） 模块化操作与非序贯求解算法相结合，信息随着输入不断被处理，计算结果可自动双向地扩展到整个流程。

③ 多级流程结构（Multi-Flowsheet Architecture） 允许在模拟中创建任意数量的流程，并将流体包与已定义的一组模块关联。

④ 面向对象设计（Object Oriented Design） 同一个信息可同时在不同位置显示，每个位置关联同一个工艺变量，若改变其中一处，软件会自动更新所有显示。即用户可在任意位置规定和更改变量，而不局限在某一位置。

2.1 基本术语与概念

表2-1列出了 Aspen HYSYS 模拟过程中的一些基本术语和概念。

表 2-1 Aspen HYSYS 基本术语和概念

英文	中文	概念
Assay	原油评价，油品评价	储存石油的整体性质、沸点曲线和独立/关联物性曲线数据信息，由石油管理器创建并储存
Blend	原油/油品混合	由任意数量的原油评价组成，每个评价包括整体性质、沸点曲线和物性曲线
ColumnSub-Flowsheet	塔子流程	特殊的子流程，在主模拟环境中作为多股进料和多股出料的独立模板
Consistency Error	一致性错误	流程中的某一变量含有两个不同值时，会发生一致性错误
Data Table	数据表格	用于显示稳态和动态模式下的关键变量
Energy Stream	能流	模拟进出模块边界的能量，在模块间传递
Environment	环境	包括物性环境、模拟环境、安全分析环境和能量分析环境
Fluid Package	流体包	包含用于模拟的组分列表和物性包
Material Stream	物流	模拟进出模块边界的物料，在模块间传递
Oil Manager	石油管理器	使用假组分来进行石油表征，Aspen HYSYS 根据用户所选关联式计算假组分的物理性质、临界性质、热力学性质和传递性质
PFD	工艺流程图	装置模拟的图形表示，可查看当前模拟情况，如物流和模块的添加，流程的连接以及对象的状态
Properties Environment	物性环境	建立、定义和修改流程模拟所用的流体包

续表

英文	中文	概念
Property Package	物性包	包含优化或解决特定方案的计算方法
Report	报告	是包含流程图或模拟案例中多个对象的数据表集合文件
Simulation Environment	模拟环境	建立流程或子流程，包括模块的模拟、定义和运行
Status Window	状态窗口	显示流程对象的状态信息
Strip Chart	趋势图	提供一种在动态模式监测关键变量的方式，允许用户实时观察动态模拟运行时变量的变化情况
Sub-Flowsheet	子流程	包含模块和物流，通过边界物流与主流程进行信息交换
Tag	标签	当流程对象在原流程范围以外进行观察时，Aspen HYSYS 使用标签名称来标识原流程和与其相关联的物流及模块
Template	模板	是保存在磁盘上可作为子流程的完整流程，包括子流程物流的连接信息
Workbook	工作簿	以表格形式显示物流和模块信息，用户可自定义工作簿
Worksheet	工作表	显示流股的汇总信息。用户可进入**Worksheet**页面访问模块连接的所有流股

2.2 用户界面

2.2.1 用户界面概览

Aspen HYSYS V9 采用通用的"壳（Shell）"组件来管理用户界面，这种结构已被 AspenTech 公司的许多产品采用。"壳"组件为用户提供一个交互式的工作环境，便于用户操作。Aspen HYSYS 用户界面如图 2-1 所示。

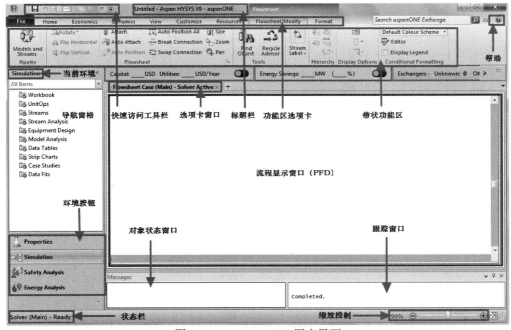

图 2-1 Aspen HYSYS 用户界面

导航窗格(Navigation Pane)位于主窗口的左侧，显示界面的层次结构。用户通过单击导航窗格的文件夹，或右击文件夹选择 Open in new tab(在新的选项卡下打开)，访问活动窗口。导航窗格能够显示每个窗口的状态：当输入不完整时，相应的文件夹图标为 ；当输入完整后，文件夹图标为 。

Aspen HYSYS 包括物性环境(Properties)、模拟环境(Simulation)、安全分析环境(Safety Analysis)和能量分析环境(Energy Analysis)。环境按钮方便用户切换不同环境。

快速访问工具栏(Quick Access Toolbar)位于标题栏的左侧，显示保存、撤销和用户自定义等常用命令，如图 2-2 所示。快速访问工具栏在任何时候都可见，方便用户使用常用命令。若要将其他命令添加到快速访问工具栏，则右击命令图标选择 Add to Quick Access Toolbar(添加到快速访问工具栏)菜单项即可。

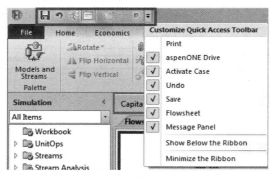

图 2-2　快速访问工具栏

2.2.2　带状功能区

Aspen HYSYS 界面中，每个功能区选项卡下的带状功能区(Contextual Ribbons)都包含几组由图标和名称联合显示的命令按钮，单击不同的命令按钮，实现指定功能，单击命令组右下角对话框启动器按钮 ，可以获取更多相关选项。功能区选项卡与带状功能区的内容取决于当前的环境。

在物性环境中，Aspen HYSYS 各功能区选项卡命令如表 2-2 所示。

表 2-2　物性环境各功能区选项卡命令

命　　令	按　　钮	说　　明
File		
File|New		创建新模拟文件
File|Open		打开已存在的模拟文件
File|Close Case		关闭当前模拟文件
File|Save		保存当前模拟文件
File|Save As		另存当前模拟文件

续表

命　令	按　钮	说　明
File		
File ∣ Export		导出当前模拟文件
File ∣ Recent		打开最近模拟文件
File ∣ Script Manager		脚本管理器
File ∣ Print		打印数据表
File ∣ Print Setup		打印页面设置
File ∣ About		版本及版权信息
File ∣ Options		设置参数文件
File ∣ Exit		退出 Aspen HYSYS
Home		
Home ∣ Clipboard ∣ Cut		剪切选中的单元、物流或表格等
Home ∣ Clipboard ∣ Copy		复制选中的单元、物流或表格等
Home ∣ Clipboard ∣ Paste		粘贴剪贴板中的内容
Home ∣ Navigate ∣ Component List		组分列表
Home ∣ Navigate ∣ Fluid Package		流体包
Home ∣ Navigate ∣ Method Assistant		物性方法助手
Home ∣ Navigate ∣ Reactions		显示反应
Home ∣ Navigate ∣ User Properties		用户自定义物性
Home ∣ Component ∣ Map Component		组分映射
Home ∣ Component ∣ Update Properties		更新物性
Home ∣ Refining ∣ Petroleum Assays		原油评价
Home ∣ Hypotheticals ∣ Hypotheticals Manager		假组分管理器
Home ∣ Hypotheticals ∣ Convert		将库组分转换为假组分
Home ∣ Hypotheticals ∣ Remove Duplicates		移除复制的假组分
Home ∣ Oil ∣ Oil Manager		石油管理器
Home ∣ Oil ∣ Convert to Refining Assay		转换为炼油分析
Home ∣ Oil ∣ Associate Fluid Package		关联流体包
Home ∣ Oil ∣ Definitions		定义原油评价

续表

命　令	按　钮	说　明
Home		
Home|Oil|Options		原油评价选项
Home|PVT Data|PVT Laboratory Measurements		PVT 实验数据
View		
View|Zoom|Zoom		缩放至不同级别
View|Zoom|Zoom In		放大当前窗口
View|Zoom|Zoom Out		缩小当前窗口
View|Zoom|Zoom to Fit		放大至适合窗口
View|Zoom|Page Width		放大至适合宽度
View|Show|Notes Manager		查看笔记信息
View|Show|Message Panel		显示/关闭信息面板
View|Show|Close All Forms		关闭当前所有窗口
View|Layout|Save Layout		保存当前布局
View|Layout|Switch Layout		切换布局
View|Window|Navigate Back		打开前一个布局
View|Window|Navigate Forward		打开下一个布局
View|Window|Synchronize Navigation Pane		同步导航窗格
View|Window|Switch Screen		切换视图
Customize		
Customize|Script Manager		脚本管理器
Customize|Tools|Macro Language Editor		宏语言编辑器
Customize|Tools|Macros		宏
Customize|Tools|Register Extension		注册扩展
Customize|Data Tables		数据表格
Customize|Case|Notes		笔记
Customize|Case|Convert to Template		转换为模板

续表

命　令	按　钮	说　明
Customize				
Customize | Publish		打开案例协作管理助手
Customize | Online Connectivity		打开在线连接助手
Customize | Conceptual Design Builder		运行概念设计生成器
Customize | Assay Management | Property Library		原油评价物性库
Customize | Assay Management | Assay Settings		原油评价设置
Customize | Assay Management | Component Library		原油评价组分库
Resources				
Resources | What's New		当前版本新增内容
Resources | Example		查看自带案例
Resources | aspen ONE Drive		aspen ONE 驱动
Resources | aspen ONE | Exchange | Training		训练，包括视频、文档及小技巧
Resources | aspen ONE | Exchange | Models		模拟计算模型
Resources | Events		Aspen 社区事件
Resources | Announcements		通告
Resources | aspen ONE | Exchange | All Content		Aspen 交流中心
Resources | Community		用户在线社区
Resources | Support Center		支持中心
Resources | Check for Updates		检查更新
Resources | Live Chat		Aspen Tech 客服在线沟通
Resources | Send to Support		发送信息到 Aspen Tech 客服
Resources | Help		帮助

在模拟环境中，Aspen HYSYS 各功能区选项卡命令如表2-3所示。

表 2-3　模拟环境各功能区选项卡命令

命　令	按　钮	说　明
File(同物性环境)				
Home				
Home | Clipboard | Cut		剪切选中的模块、物流或表格等

续表

命　　令	按　钮	说　　明
Home		
Home	Clipboard	Copy		复制选中的模块、物流或表格等
Home	Clipboard	Paste		粘贴剪贴板中的内容
Home	Units	Units Sets		设置单位集
Home	Simulation	Process Utility Manager		公用工程管理器
Home	Simulation	Adjust Manager		同步调节管理器
Home	Simulation	Fluid Package Associations		流体包管理器
Home	Solver	Active		激活求解器
Home	Solver	On Hold		挂起求解器
Home	Summaries	Workbook		工作簿
Home	Summaries	Reports		报告管理器
Home	Summaries	Models Summary		模型概要
Home	Summaries	Flowsheet Summary		工艺流程概要
Home	Summaries	Input		输入概要
Home	Analysis	Compressor Surge		压缩机喘振
Home	Analysis	Case Studies		工况分析
Home	Analysis	Data Fits		数据拟合
Home	Analysis	Optimizer		优化器
Home	Analysis	Stream Analysis		物流分析
Home	Analysis	Equipment Design		设备设计
Home	Analysis	Model Analysis		模型分析
Home	Safety Analysis	Pressure Relief		压力泄放阀
Home	Safety Analysis	BLOWDOWM and Depressuring		排污、减压
Home	Safety Analysis	Flare System		火炬系统
Economics		
Economics	Prepare	Stream Price		物流价格
Economics	Prepare	Process Utilities		公用工程管理器

续表

命　　令	按　钮	说　　明
Economics		
Economics | Prepare | Cost Options		成本选项
Economics | Economics Solver | Economics Active	（复选框）	运行/停止经济分析
Economics | Economics Solver | Auto Evaluate	（复选框）	自动激活经济分析求解器
Economics | Economics Solver | Delete Scenario		删除工况，放弃当前经济分析文档
Economics | Integrated Economics | Map		调整经济评估中模块的映射
Economics | Integrated Economics | Size		尺寸设计
Economics | Integrated Economics | View Equipment		查看设备信息
Economics | Integrated Economics | Evaluate		评估成本和操作费用
Economics | Integrated Economics | Investment Analysis		投资分析
Economics | Send to APEA		结果发送到 Aspen Process Economic Analyzer
Economics | Overlays | Settings		设置经济覆盖
Dynamics		
Dynamics | Dynamics Simulation | Dynamics Mode		动态模式
Dynamics | Dynamics Simulation | Dynamics Assistant		动态助手
Dynamics | Run | Integrator		积分器
Dynamics | Run | Real time	（复选框）	实时
Dynamics | Run | Run		运行
Dynamics | Run | Stop		停止
Dynamics | Run | Reset		重置
Dynamics | Modeling Options | Dynamic Initialization		动态初始化
Dynamics | Modeling Options | Event Scheduler		事件调度器
Dynamics | Modeling Options | Snapshot Manager		快照管理器
Dynamics | Modeling Options | Take a Snapshot		快照
Dynamics | Tools | Control Manager		控制管理器
Dynamics | Tools | Face Plates		面板
Dynamics | Tools | Strip Charts		趋势图
Dynamics | Tools | Profile		性能分析

续表

命　令	按　钮	说　明
Dynamics		
Dynamics | Tools | DCS		DCS 控制
Dynamics | Summary | Equation Summary		方程概要
View(相同命令见物性环境)		
View | Show | Flowsheet		显示流程图
View | Show | Model Palette		显示对象面板
View | Show | Close All Forms		关闭当前所有窗口
View | Show | Plant View		平面图
View | Flowsheet Views | Add		添加新的 PFD 视图
View | Flowsheet Views | Delete		删除当前视图
View | Flowsheet Views | Rename		重命名流程图
Customize(相同命令见物性环境)		
Customize | Tools | User Variables		自定义变量
Customize | Tools | Import and Export User Variables		输入/输出自定义变量
Customize | Tools | Manage ACM Models		管理 ACM 模型
Resources(同物性环境)		
Flowsheet／Modify		
Palette | Models and Streams		对象面板
Flowsheet | Rotate		旋转
Flowsheet／Modify | Flip Horizontal		水平翻转
Flowsheet／Modify | Flip Vertical		垂直翻转
Flowsheet／Modify | Flowsheet | Attach		连接模式
Flowsheet／Modify | Flowsheet | Auto Attach		自动连接模式
Flowsheet／Modify | Flowsheet | Auto Position		自动调整选中模块位置
Flowsheet／Modify | Flowsheet | Auto Position All		自动调整所有模块位置
Flowsheet／Modify | Flowsheet | Break Connection		断开连接
Flowsheet／Modify | Flowsheet | Swap Connection		交换连接
Flowsheet／Modify | Flowsheet | Size		调整模块大小

续表

命 令	按 钮	说 明
Flowsheet/Modify		
Flowsheet/Modify | Flowsheet | Zoom		缩放选定区域
Flowsheet/Modify | Flowsheet | Pan		平面移动
Flowsheet/Modify | Tools | Find Object		检索对象
Flowsheet/Modify | Tools | Recycle Advisor		循环器顾问
Flowsheet/Modify | Stream Label | Name	（复选框）	显示物流名称
Flowsheet/Modify | Stream Label | Temperature	（复选框）	显示物流温度
Flowsheet/Modify | Stream Label | Pressure	（复选框）	显示物流压力
Flowsheet/Modify | Hierarchy | Go to Parent		回到当前主流程
Flowsheet/Modify | Hierarchy | Enter Sub-Flowsheet		进入选定子流程
Flowsheet/Modify | Hierarchy | Move to Parent		将选定对象移动到主流程
Flowsheet/Modify | Hierarchy | Move into Sub-Flowsheet		将选定对象移动到子流程
Flowsheet/Modify | Hierarchy | Ignore		忽略对象
Flowsheet/Modify | Display Options | Workbook Tables		在主流程中添加工作簿表格
Flowsheet/Modify | Display Options | Hide Object		隐藏对象
Flowsheet/Modify | Display Options | Table Visibility		显示/隐藏表格
Flowsheet/Modify | Conditional Formatting | Editor		编辑配色方案
Flowsheet/Modify | Conditional Formatting | Display Legend	（复选框）	显示图例
Format		
Format | Text | Insert		插入文本
Format | Text | Edit		编辑文本
Format | Bold		加粗
Format | Italic		斜体
Format | Underline		下划线
Format | Enlarge Font		放大字体
Format | Shrink Font		缩小字体

2.2.3 状态颜色显示

在 PFD 中，Aspen HYSYS 用颜色表示物流和模块等的计算状态，默认的对象颜色和指示意义如表 2-4 所示。

表 2-4 对象颜色和指示意义

对象	颜色	意义	对象	颜色	意义
物流	浅蓝色	未求解	能流	紫色	未知热负荷
	深蓝色	已求解		深红色	已知热负荷
数值(变量)	蓝色	用户输入值	模块	红色	连接缺失，无法计算
	蓝色(斜体)	系统默认值		黄色	无法求解或求解器出现警告
	黑色	系统计算值		银白色	已求解

2.2.4 对象状态与跟踪窗口

PFD 窗口下部有一个默认打开的窗口，分为两部分，左边是对象状态窗口(Object Status Window)，显示流程对象的状态信息，右边是跟踪窗口(Trace Window)，显示求解过程信息，如图 2-3 所示。

图 2-3 对象状态与跟踪窗口

表 2-5 列出了对象状态与跟踪窗口的功能。

表 2-5 对象状态与跟踪窗口功能

窗口	功能
对象状态窗口①	显示流程对象当前的状态信息，有相应的颜色指示：红色代表缺少必要的参数，蓝色代表警告，黑色对应对象属性窗口的黄色状态信息
跟踪窗口	以黑色文本显示特定模块(如调节器、循环器和反应器等)的迭代计算；以蓝色文本显示脚本命令；以红色文本显示错误信息，如模块错误或警告

① 默认情况下，对象状态窗口不显示 OK 状态信息。

若对象状态和跟踪窗口被关闭，单击 View 功能区选项卡下**Message Pane** 按钮，可重新打开窗口。

2.3 多级流程结构

Aspen HYSYS 采用多级流程结构(Multi-Flowsheet Architecture)构建模型。用户首先在物性环境(Properties)定义由组分(Components)和物性包(Property Packages)构成的流体包(Fluid Packages)，然后进入模拟环境(Simulation)建立流程。流体包结构如图 2-4 所示，流

程构成元素如图 2-5 所示。

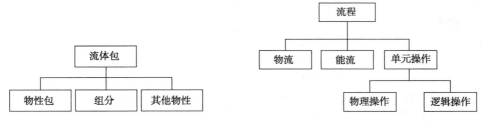

图 2-4 流体包结构   图 2-5 流程构成元素

　　每个模拟工况仅有一个主流程(Main Flowsheet)，但可向主流程添加任意数目的子流程(Sub-Flowsheet)，实现流程的嵌套，主流程与子流程之间的关系如图 2-6 所示。每个子流程都有各自相应的环境，且可以采用与主流程不同的流体包，多级流程与流体包的关系如图 2-7 所示。

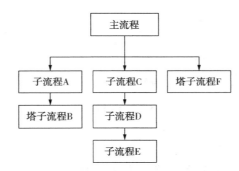

图 2-6 主流程与子流程之间的关系

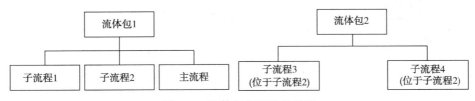

图 2-7 流体包与流程的关系

2.4 参数设置

　　选择**File | Options** ，弹出**Simulation Options** 窗口，单击窗口左侧设置选项，用户可根据需要选择相应复选框，将默认选项设置为用户首选项。单击**Save Preference Set**（保存参数设置）按钮，将更改保存在一个新的参数文件里，单击**Load Preference Set**（加载参数设置）按钮，可以将已有的参数文件加载到当前模拟工况，单击**OK** 按钮保存设置，如图 2-8 所示。

　　单击**Units Of Measure** 选项，进入**Units Of Measure** 窗口设置单位集，单击**View** 按钮可查看单位换算关系。Aspen HYSYS 包括 Field(英国单位集)、SI(国际单位集)和 Euro SI(欧洲单位集)三种内置的单位集，用户不能对其编辑，但是可以根据需要单击**Copy** 按钮复制单位集，然后修改单位来自定义单位集，如图 2-9 所示。

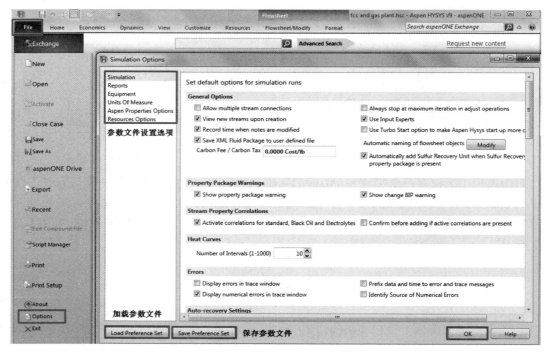

图 2-8　设置参数文件

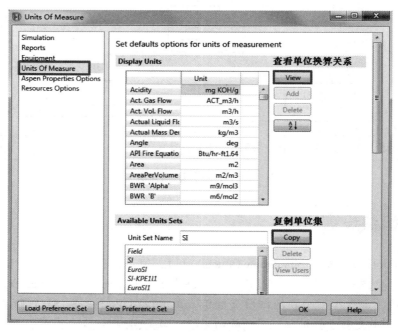

图 2-9　设置单位集

　　单击 **Resources Options** 选项，进入 **Aspen Properties Options** 窗口，用户可选择所需颜色更改 PFD 背景，单击 **OK** 按钮保存设置，如图 2-10 所示。

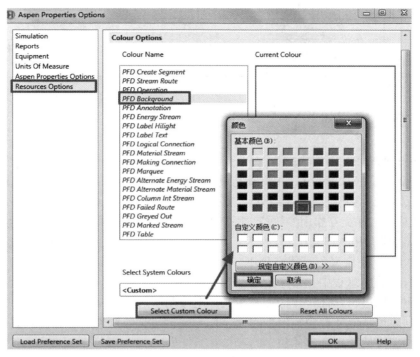

图 2-10　更改 PFD 背景颜色

2.5　环境概述

Aspen HYSYS 包括物性环境（Properties）、模拟环境（Simulation）、安全分析环境（Safety Analysis）和能量分析环境（Energy Analysis）。不同环境又可包含多级子流程环境，如模拟环境（Simulation）包含主流程环境（Main Flowsheet）、子流程环境（Sub-Flowsheet）和塔子流程环境（Column Sub-Flowsheet）等。

流程模拟常用环境之间关系如图 2-11 所示，用户可在任一时刻对环境进行切换，箭头所指方向为用户正常切换环境的方向。

Aspen HYSYS 流程模拟常用环境的功能介绍如表 2-6 所示。

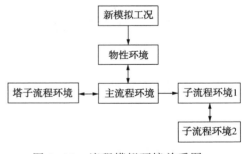

图 2-11　流程模拟环境关系图

表 2-6　常用环境功能介绍

环 境	名 称	功 能
物性环境	Properties	创建、定义和修改模拟使用的流体包
主流程环境	Main Flowsheet	通过物流、模块和子流程来定义主流程
子流程环境	Sub-Flowsheet	嵌在主流程环境中，可定义物流、模块和其他子流程

续表

环　境	名　称	功　能
塔子流程环境	Column Sub-Flowsheet	特殊的子流程环境,可查看和编辑塔结构,包括塔段、冷凝器、再沸器、侧线汽提及中段回流等

2.6　物性环境

启动 Aspen HYSYS,新建模拟后,程序自动进入物性环境(Properties)。用户在物性环境中创建组分列表(Component Lists)并将其与物性包(Property Packages)关联形成流体包(Fluid Packages)。流体包包含物性包、库组分或者用假组分(Hypothetical)表示的非库组分,以及其他信息,如反应和二元交互作用参数等。用户需至少建立一个流体包,才能进入模拟环境。

物性环境将所有相关信息(组分列表、流体包、原油评价、石油管理器、反应、组分映射、用户属性等)集中定义,其优点如下:

① 将所有相关信息集中,易于创建和修改信息;
② 流体包可以进行存储,作为完整定义的对象用于适宜的流程模拟;
③ 组分列表可从流体包中提取并存储,作为完整定义的对象用于适宜的流程模拟;
④ 同一模拟可使用多个流体包。

物性环境界面如图 2-12 所示,图中标注了物性环境中常用的命令按钮;导航窗格各目录功能如表 2-7 所示。

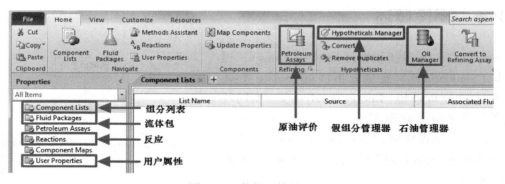

图 2-12　物性环境界面

表 2-7　物性环境导航窗格目录功能

文件夹	名　称	功　能
Component Lists	组分列表	为模拟添加组分或编辑现有的组分数据
Fluid Packages	流体包	选择与组分列表关联的物性包。物性包与组分列表结合形成基本的流体包
Petroleum Assays	原油评价	为炼油模型定义原料,包括重要的石油物性,如硫含量、氮含量及残炭含量等
Reactions	反应	允许用户自定义反应并与组分列表关联。新定义的反应会被添加到反应集,反应集可以与指定模块关联

续表

文件夹	名　称	功　能
Component Maps	组分映射	在流体包之间映射组分的组成，一个流体包各组分的组成可以映射到另一个流体包中的不同组分
User Properties	用户属性	可定义任何物性，以组分为基础进行计算。Aspen HYSYS 通过模拟环境 User Property 工具为任意物流计算已定义的物性。用户属性可作为塔的设计规定

2.6.1　组分列表

用户进入物性环境（Properties）后，导航窗格显示有两个红色标记的文件夹，Component Lists（组分列表）和 Fluid Packages（流体包）。这两个文件夹包含进入模拟环境（Simulation）建立流程所需的最少信息，其他如 Petroleum Assays（原油评价）和 Reactions（反应）等是可选的。

物性环境导航窗格中的第一个文件夹为 Component Lists，如图 2-13 所示；组分列表窗口各按钮说明如表 2-8 所示。

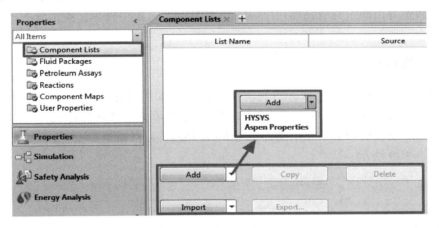

图 2-13　组分列表窗口

表 2-8　组分列表窗口各按钮说明

按钮	说　明
Add[①]	添加组分列表（也可在新建流体包后单击流体包属性窗口 **View** 按钮进行添加）
Copy	复制所选组分列表
Delete	从模拟中删除所选组分列表
Import	从磁盘中导入预先定义的组分列表，组分列表的扩展名为 *.cml
Export	将所选组分列表导出到磁盘，可通过导入功能用于其他工况

① 单击 Add 右侧下三角按钮，可以从 HYSYS 数据库或 Aspen Properties 数据库选择组分来源，系统默认选择 HYSYS。

单击 **Add** 按钮，新建组分列表 Component List-1（默认命名），搜索添加组分，添加窗口如图 2-14 所示。

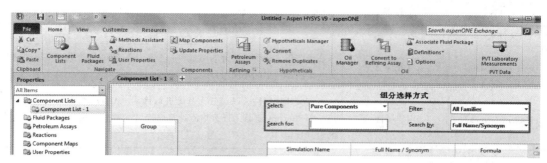

图 2-14　组分添加窗口

用户可在 Select(选择)下拉列表框中选择组分类型，包括 Pure Components(纯组分)，Hypothetical(假组分)和 Hypothetical Solid(固体假组分)，默认选择 Pure Components；在 Search for 文本框输入组分名称；在 Search by 下拉列表框选择查找方式，包括 Simulation Name(模拟名称)，Full Name/Synonym(全称/同义词)和 Formula(分子式)；同时可根据组分属性使用 Filter(过滤器)选择组分所在族，以更快查找所需组分。

假组分可以用来模拟非库组分，用户可通过复制一个库组分作为假组分，根据需要修改组分物性。假组分由假组分管理器(Hypotheticals Manager)集中管理，假组分的添加参见第 3 章例 3.2。

2.6.2　流体包

组分列表定义完成后，选择适当的物性包(Property Package)与之关联。物性包包含模拟纯组分和混合物的热力学方程，物性包与组分列表关联之后形成流体包。

物性环境导航窗格中的第二个文件夹为 Fluid Packages，如图 2-15 所示；流体包窗口各按钮说明如表 2-9 所示。

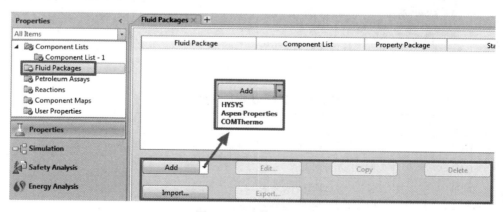

图 2-15　流体包窗口

表 2-9　流体包选项卡窗口各按钮说明

按　钮	说　明
Add[①]	在模拟中添加流体包
Edit	编辑所选流体包中的组分、物性包及反应等

续表

按　　钮	说　　明
Copy	复制所选流体包
Delete	从模拟中删除所选流体包
Import	从磁盘中导入预先定义的流体包，流体包的扩展名为 ＊.fpk
Export	将所选流体包导出到磁盘，可通过导入功能用于其他工况

① 单击 Add 右侧下三角按钮，可以从 HYSYS、Aspen Properties 或 COMThermo 中选择物性包数据库，系统默认选择 HYSYS。

单击**Add**按钮，添加流体包 Basis-1(默认命名)，在新选项卡下选择物性包，选择窗口如图 2-16 所示。在 Property Package Selection(物性包选择)列表框中选择物性包后，用户可访问右侧 Options 选项区域查看或修改相应信息。

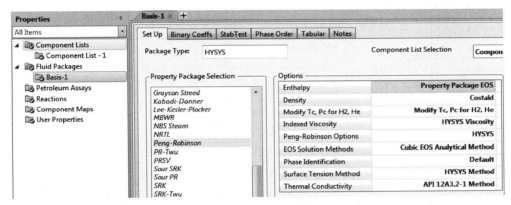

图 2-16　物性包选择窗口

流体包包含模拟计算所需的全部信息(物性包、组分、假组分、二元交互作用参数及反应等)。物性包选择窗口各选项卡说明如表 2-10 所示。

表 2-10　物性包选择窗口各选项卡说明

选项卡	名　　称	说　　明
Set Up	建立	提供纯组分和物性包信息，关联组分列表和物性包
Binary Coeffs	二元交互作用参数	检索、提供或估算二元交互作用参数
Stab Test	稳定性测试	定义用于相稳定性计算的方法
Phase Order	相序	描述动态模拟中物流的相序
Tabular	—	回归热力学性质实验数据，得出选定的数学表达式系数
Notes	注释	描述流体包

2.7　模拟环境

用户在物性环境(Properties)完成相关定义后，单击界面左下角**Simulation** 按钮进入模拟环境，定义物流、模块、塔或子流程等。模拟环境界面如图 2-17 所示，图中标注了模拟环境中常用命令图标；导航窗格各目录功能如表 2-11 所示。

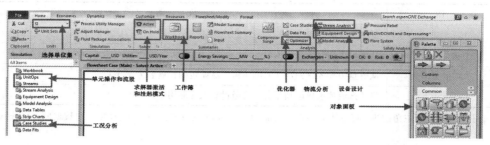

图 2-17　模拟环境界面

表 2-11　模拟环境导航窗格目录功能

文件夹	名　称	功　能
Workbook	工作簿	以表格形式显示物流和模块信息
UnitOps	单元操作	包含流程中所有单元操作
Streams	流股	包含流程中所有物流及能流
Stream Analysis	物流分析	分析物流物性，如沸点曲线、CO_2凝固析出、低温性能和包络线等
Equipment Design	设备设计	包括空冷器设计/校核、管道设计、管壳式换热器设计/校核和容器设计
Model Analysis	模型分析	包括向导工具、HYPlan 模型、产品配置、性能平衡及悬摆切割等分析工具
Data Tables	数据表格	显示稳态和动态模式下的关键变量
Strip Charts	趋势图	允许用户实时观察动态模拟运行时变量的变化情况
Case Studies	工况分析	在稳态模拟中考察流程独立变量改变时关键变量的响应情况
Data Fits	数据拟合	将已知的装置实测数据或实验数据拟合到模拟模型中

2.7.1　主要功能

Aspen HYSYS 采用多级流程结构(Multi-Flowsheet Architecture)，允许用户将复杂的流程建立在子流程(Sub-Flowsheet)。子流程在主流程中如简单的黑箱，可与其他模块进行连接。用户也可以进入子流程环境查看详细信息。

除此之外，模拟环境还有其他附加功能：

① 流程中的一个或一组模块可以使用不同于全流程的流体包，此时使用物流分割器(Stream Cutter)进行流体包的转换。

② 利用剪切/复制/粘贴(Cut/Copy/Paste)功能，可以将流程中的任何模块和物流的集合创建为 HFL 文件。HFL 文件可以导入到其他工况，其包含的流体包、流程对象和设计规定等也将同时导入。

另外，用户可以使用多种方法显示过程信息：

① 属性窗口(Property View)　包含不同选项卡的独立窗口，显示某一对象(物流或模块)的详细信息。

② 工艺流程图(Process Flow Diagram，PFD)　通过 PFD 操作显示物流或模块信息。

③ 工作簿(Workbook)　以表格形式显示物流信息和模块信息，用户可根据需要自定义工作簿。

④ 模型概要（Model Summary） 集中显示当前已有的物流和模块信息。

2.7.2 单元操作模型

Aspen HYSYS 可模拟的单元操作类型如表 2-12 所示，具体的单元操作模块如表 2-13 所示。

表 2-12 单元操作类型

类 型	说 明
物理操作（Physical Operations）	用于热力学和物料/能量平衡的操作模型，如塔、泵、容器和换热器等
逻辑操作（Logical Operations）	主要用于在稳态模式下建立变量间的数值关系，如调节器（Adjust）、循环器（Recycle）和平衡器（Balance）等。电子表格（Spreadsheet）和设置器（Set）在稳态和动态模式下都能使用

表 2-13 单元操作模块

类 型	模 块
容器（Vessels）	三相分离器（3-Phase Separator） 全混釜反应器（Continuous-Stirred Tank Reactor） 转化反应器（Conversion Reactor） 平衡反应器（Equilibrium Reactor） 吉布斯反应器（Gibbs Reactor） 分离器（Separator） 罐（Tank）
传热设备（Heat Transfer Equipment）	空冷器（Air Cooler） 冷却器（Cooler） 加热炉（Fired Heater） 管壳式换热器（Heat Exchanger） 加热器（Heater） LNG 换热器（LNG Exchanger）
转动设备（Rotating Equipment）	压缩机（Compressor） 膨胀机（Expander） 泵（Pump）
管道设备（Piping Equipment）	Aspen 水力学子流程（Aspen Hydraulics Sub-Flowsheet） 可压缩气体管道（Compressible Gas Pipe） 液-液水力旋流器（Liquid-liquid Hydrocyclone） 混合器（Mixer） 补偿器（Makeup Operation） 石油专家 GAP（Petroleum Experts GAP） 管段（Pipe Segment） 多相流稳态模拟软件（PIPESIM） PIPESIM 增强模块（PIPESIM Enhanced Link） Aspen HYSYS 管段水力学扩展（Aspen HYSYS Pipeline Hydraulics Extension） 泄压阀（Relief Valve） 分流器（Tee） 阀（Valve）

续表

类　　型	模　　块
固体处理设备 (Solids Handling Equipment)	袋式过滤器(Baghouse Filter) 旋风分离器(Cyclone) 水力旋流器(Hydrocyclone) 转鼓真空过滤机(Rotary Vacuum Filter) 简单固体分离器(Simple Solid Separator)
反应器 (Reactors)	全混釜反应器(Continuous-Stirred Tank Reactor, CSTR) 转化反应器(Conversion Reactor) 平衡反应器(Equilibrium Reactor) 吉布斯反应器(Gibbs Reactor) 平推流反应器(Plug Flow Reactor, PFR) 产率变换反应器(Yield Shift Reactor)
预设塔模板 (Prebuilt Columns)	3侧线汽提原油常压蒸馏塔(3 Stripper Crude) 4侧线汽提原油常压蒸馏塔(4 Stripper Crude) 吸收塔(Absorber) 严格精馏塔(Distillation) 催化裂化主分馏塔(FCCU Main Fractionator) 液-液萃取塔(Liquid-Liquid Extractor) 原油蒸馏塔(Petroleum Distillation) 再沸吸收塔(Reboiled Absorber) 回流吸收塔(Refluxed Absorber) 三相精馏塔(Three Phase Distillation) 原油减压蒸馏塔(Vacuum Reside Tower)
简捷塔模型 (Short Cut Columns)	组分分割器(Component Splitter) 简捷精馏塔(Short Cut Distillation)
逻辑操作 (Logicals)	调节器(Adjust) 平衡器(Balance) 黑油转换器(Black Oil Translator) 布尔与(Boolean And) 布尔向下计数(Boolean CountDown) 布尔向上计数(Boolean CountUp) 布尔锁存器(Boolean Latch) 布尔非(Boolean Not) 布尔常闭延迟(Boolean OffDly) 布尔常开延迟(Boolean OnDly) 布尔或(Boolean Or) 布尔异或(Boolean XOr) 因果矩阵(Cause And Effect Matrix) 数字定值器(Digital Point) DMCplus控制器(DMCplus Controller) 外部数据连接器(External Data Linker) 模型预测控制器(MPC Controller) 动态矩阵控制器(PID Controller)

续表

类　型	模　块
逻辑操作 （Logicals）	比值控制器（Ratio Controller） 循环器（Recycle） 选择器（Selector Block） 设置器（Set） 分程控制器（Split Range Controller） 电子表格（Spreadsheet） 物流分割器（Stream Cutter） 防喘振控制器（Surge Controller） 传递函数（Transfer Function） 虚拟物流扩展（Virtual Stream Extn v2.0.0）
扩展操作（Extensions）	用户自定义（User Defined）
用户操作（User Ops）	用户自定义（User Defined）
电解质设备 （Electrolyte Equipment）	结晶器（Crystallizer） 中和器（Neutralizer） 沉淀器（Precipitation）
炼油模型 （Refinery Ops）	催化重整（Catalytic Reformer） 延迟焦化（Delayed Coker） 催化裂化（Fluidized Catalytic Cracking） 加氢裂化（Hydrocracker） 加氢处理床（Hydroprocessor Bed） 异构化模型（Isom Unit Op） 操作器（Manipulator） 汽油料加氢脱硫模型（CatGas Hydrotreater HDS） 汽油料选择性加氢模型（CatGas Hydrotreater SHU） 联立方程法计算器（EO Calculator） 石脑油加氢反应器（Naphtha Hydrotreater） 硫酸烷基化模型（H_2SO_4 Alkylation Unit） 氢氟酸烷基化模型（HF Alkylation Unit） 原油蒸馏塔（Petroleum Distillation） 原油进料处理器（Petroleum Feeder） 原油转换反应器（Petroleum Shift Reactor） 产品混合器（Product Blender） 减黏裂化（Visbreaker）
上游模型 （Upstream Ops）	Aspen 水力学子流程（Aspen Hydraulics Sub-Flowsheet） 粉碎器（Delumper） 整合器（Lumper） 原油专家 GAP（Petroleum Experts GAP） PIPESIM

2.7.3　添加物流与模块

Aspen HYSYS 主要的单元操作在 Model Palette（对象面板）上有详细分类，如图2-18所示。当鼠标指针放在模块图标上时，图标自动显示模块名称。用户可以从对象面板向流程添加物流、能流和模块，如果对象面板被隐藏，用户可单击 View 功能区选项卡下 **Model Palette** 按钮或按**F4** 键重新打开。

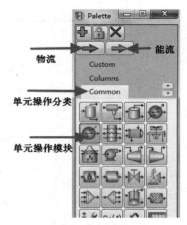

图 2-18　对象面板

　　(1)添加一股物流或一个模块，有以下三种方法：

　　① 单击图标，单击添加按钮➕，弹出对象属性窗口；

　　② 单击图标，单击 PFD 空白处，添加对象图标；

　　③ 双击图标，弹出对象属性窗口。

　　(2)添加同一类型的多股物流或多个模块，可以采用以下步骤：

　　① 单击面板顶端的锁住按钮🔒；

　　② 单击想要添加的物流或模块图标；

　　③ 单击 PFD 空白处，完成一次添加；

　　④ 根据需要重复步骤③，完成多次添加；

　　⑤ 单击取消按钮❌，退出连续添加模式。

　　用户也可以利用复制/粘贴(Copy/Paste)功能添加同类型的多个对象。

　　(3)连接两个模块，可采用以下步骤：

　　① 单击 Flowsheet/Modify 功能区选项卡下连接按钮⬛切换到连接模式，或长按**Ctrl** 键临时进入连接模式；

　　② 当鼠标指针滑过某图标时，可用的连接点高亮显示，将指针放置在所需连接点处，出现物流连接工具🔖，同时显示连接类型；

　　③ 拖动连接点到其他连接点，当遇到可接受的连接点时，连接工具出现；

　　④ 释放鼠标，完成连接。

　　此外，从模块创建一股新物流或连接模块与已有物流采用类似方法。用户可选择**File | Options | Simulation**，在 General Options 选项区域选择 Allow multiple stream connections 复选框，单击**OK** 按钮，此时一股物流可连接到多个模块，如图 2-19 所示。

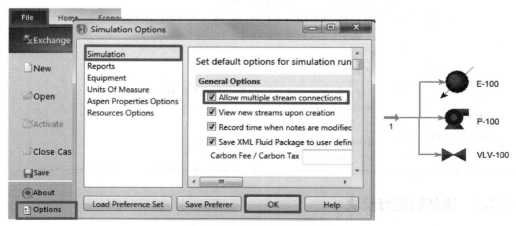

图 2-19　设置物流连接选项

除了使用对象面板，用户还可以利用快捷键、带状功能区和工作簿来添加物流和模块。物流和模块的添加方式归纳如表 2-14 所示。

表 2-14　物流和模块添加方式

方式	添加物流	添加模块
快捷键	F11	F12
对象面板	双击物流图标，或单击图标后再单击 PFD 空白处，或拖动图标到 PFD 中	双击模块图标，或单击图标后再单击 PFD 空白处，或拖动图标到 PFD 中
带状功能区	单击 Flowsheet/Modify 功能区选项卡下 Flowsheet 组右下角对话框启动器按钮，单击**Add Stream** 按钮	单击 Flowsheet/Modify 功能区选项卡下 Flowsheet 组右下角对话框启动器按钮，单击**Add Operation** 按钮
工作簿	选择 Material Streams 选项卡，在 New 单元格中输入新的物流/能流名称	选择 Unit Ops 选项卡，单击**Add UnitOp** 按钮

2.7.4　定义物流

Aspen HYSYS 有物流(Material Stream)和能流(Energy Stream)两种流股类型。物流有组成、温度、压力和流量等参数，用来代表工艺物流；能流只有热流量(Heat Flow)一个参数，用来表示供给或移走模块的能量。

物流用于模拟进出模块的物料，必须经定义后才能求解，其参数可在属性窗口输入，也可在 Workbook(工作簿)输入。用户在任一位置输入或更改数据，都会更新整个流程。

(1)物流的闪蒸计算

Aspen HYSYS 使用自由度结合内置算法的方法自动进行闪蒸计算，计算类型有三种：$T-p$(温度-压力)、$VF-p$(气相分数-压力)和 $VF-T$(气相分数-温度)。一旦已知温度(Temperature)、压力(Pressure)及气相分数(Vapour/Phase Fraction)三个参数中的任两个，再输入物流组成，软件就会对物流进行闪蒸计算，得出第三个参数。用户只能提供三个物流参数中的任两个，如果同时提供三个参数，会发生一致性错误。

Aspen HYSYS 通过闪蒸可进行露点和泡点计算：规定物流气相分数为 1，再规定一项压力(或温度)，可计算露点温度(或露点压力)；规定物流气相分数为 0，再规定一项压力(或温度)，可计算泡点温度(或泡点压力)。

闪蒸计算后，物流的其他物性也计算完毕，用户可进入**Worksheet | Properties** 页面查看其他物性的计算结果。

若物流闪蒸后形成多相，可将鼠标指针放在物流属性窗口的左侧或右侧，直到指针变成双向箭头，再拖动双向箭头即可看到所有相。

(2)复制现有物流

如果用户想复制流程中的现有物流，可单击物流属性窗口底部**Define from Stream** 按钮，在弹出的**Spec Stream As** 窗口中选择需要复制的物流及其条件，单击**OK** 按钮即可，如图 2-20 所示。或在 PFD 右击物流，在弹出的快捷菜单中选择**Define from Other Stream** 菜单项，进行物流复制。

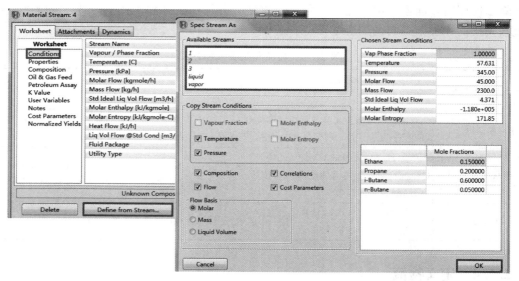

图 2-20　复制现有物流

2.8　其他环境

Aspen HYSYS 除 物 性 环 境（Properties）和 模 拟 环 境（Simulation）之外，还包括安全分析环境（Safety Analysis）和能量分析环境（Energy Analysis），如图 2-21 所示。单击导航窗格的 **Safety Analysis** 和 **Energy Analysis** 按钮，可分别进入安全分析环境和能量分析环境。

图 2-21　安全分析和能量分析

① 安全分析环境（Safety Analysis）　创建、定义和调整压力安全阀，将其作为超压保护系统的一部分，防止发生安全事故，避免设备损失，降低资本支出。用户可进入安全分析环境将安全阀（Pressure Safety Valve，PSV）连接到模块或物流上，根据行业标准进行工况分析和安全阀设计，如图 2-22 所示。

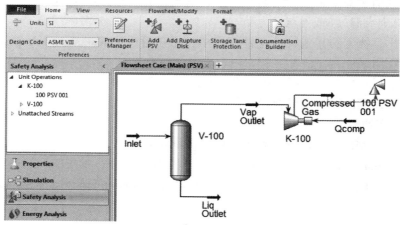

图 2-22　安全分析环境

② 能量分析环境(Energy Analysis) 将模拟数据传递给 Aspen Energy Analyzer,在能量分析环境中通过研究装置模型的变化来降低过程能耗。用户可调整或改造工况并与原工况进行比较,查看节能潜力。

用户可单击 PFD 窗口上部**Economics**(经济分析)、**Energy**(能量分析)和**EDR Exchanger Feasibility**(换热器分析)控制面板,对流程相关内容进行分析,如图 2-23 所示。经济分析、能量分析和换热器分析具体案例详见第 18 章。

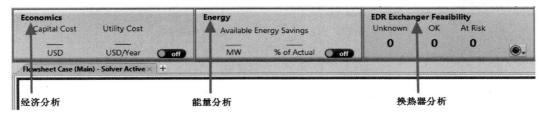

图 2-23 经济分析、能量分析和换热器分析控制面板

2.9 入门案例

建立流程模拟一般步骤如下:
(1) 新建模拟 启动 Aspen HYSYS 新建空白模拟,选择单位集,保存文件。
(2) 创建组分列表 添加组分。
(3) 定义流体包 选择适当的物性包与组分列表关联,查看二元交互作用参数。
(4) 添加物流 按**F11**键或单击对象面板添加。
(5) 添加模块 按**F12**键或单击对象面板添加。
(6) 查看物流和模块结果:① 对于所有物流和模块,可通过工作簿查看;② 对于单个物流或模块,双击物流或模块即可。

下面通过例 2.1 详细介绍流程模拟的建立。

【**例 2.1**】 如图 2-24 所示流程,一烃类混合物 Feed 含乙烷 0.15(摩尔分数,下同)、丙烷 0.20、异丁烷 0.60 和正丁烷 0.05,温度 10℃,压力 101.3kPa,流量 45kmol/h,将其压缩至 345kPa 后冷却至 0℃,送入分离器 Sep 分离。忽略冷却器 Cooler 压降,试计算两股产品物流的流量和摩尔组成。物性包选取 Peng-Robinson。

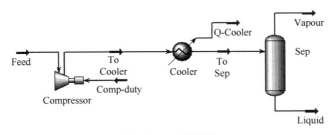

图 2-24 流程预览

本例模拟步骤如下:
(1) 新建模拟 启动 Aspen HYSYS V9,进入软件主窗口,单击**New**按钮,新建空白模

拟，如图 2-25 所示。用户也可以选择**File | New | Case**，或按**Ctrl+N**键，新建模拟。

图 2-25　新建模拟

选择**File | Options | Units Of Measure** 进入**Units Of Measure** 窗口，选择单位集 SI，单击**OK**按钮，如图 2-26 所示。在模拟环境下，用户也可以在 Home 功能区选项卡下 Units 选项区域选择或自定义单位集。

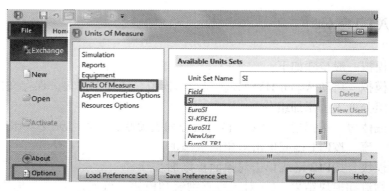

图 2-26　选择单位集

单击**Save** 按钮，弹出"**另存为**"对话框，选择保存路径，输入文件名称，单击"**保存**"按钮，将文件保存为 Example2.1-Flash Calculation.hsc，如图 2-27 所示。

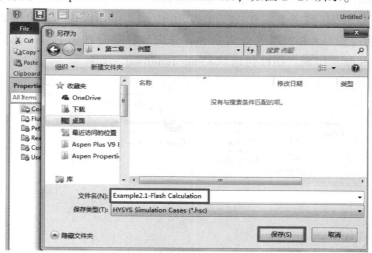

图 2-27　保存文件

在建立模拟的过程中，为防止信息丢失，应经常保存工况。用户可使用不同的方法保存工况：

① 单击 File 功能区选项卡下**Save** 按钮、单击快速访问工具栏**Save** 按钮🖫或按**Ctrl+S** 键，同名保存工况；

② 单击 File 功能区选项卡下**Save As** 按钮，以不同名称或不同路径保存工况；

③ 选择**File | Options | Simulation | Auto-recovery Settings** ，可设置自动保存工况。

（2）创建组分列表　进入 **Component Lists** 页面，单击 **Add** 按钮，新建组分列表 Component List-1；在 Search for 文本框输入 Ethane（乙烷），选择 Ethane 单击**Add** 按钮（或直接双击组分名称或输入后按**Enter** 键）将其添加到组分列表中；采用相同方式添加 Propane（丙烷）、i-Butane（异丁烷）和 n-Butane（正丁烷），如图 2-28 所示。添加组分后导航窗格 Component List-1 文件状态图标由红色变为蓝色。

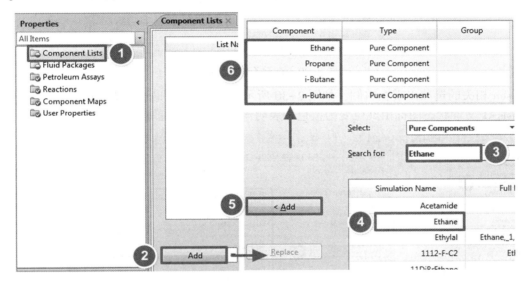

图 2-28　创建组分列表

在 Simulation Name 列表中拖动鼠标指针可选择多个连续排列的组分，按**Shift** 键或**Ctrl** 键可控制单个和多个组分的选择，单击**Add** 按钮同时添加多个组分。本例所需组分连续排列，因此也可同时选择所有组分，单击**Add** 按钮添加组分。在 Component 列表中，先选中组分再拖动可对添加的组分进行重新排列。

一个工况至少需要一个组分列表，但随模拟复杂程度增加，可以建立多个不同类型的组分列表。例如，一股只携带冷却剂的物流，如果它所在的组分列表中只包含冷却剂而不包含模拟中的其他组分，求解器将获得更快的求解速度。用户可以为不同的组分列表选择最为合适的物性包。

在 Component 列表中双击 Ethane，查看乙烷物性参数，如图 2-29 所示。用户不能修改组分的任何参数。

（3）定义流体包　进入**Fluid Packages** 页面，单击**Add** 按钮，新建流体包 Basis-1，在 Property Package Selection 列表框通过滚动条选取物性包 Peng-Robinson，此时与物性包 Peng-

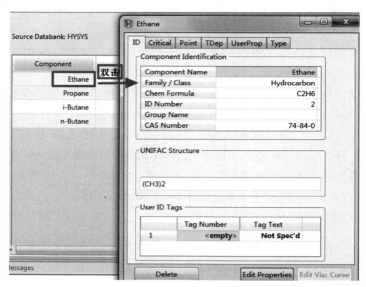

图 2-29　查看乙烷物性参数

Robinson 相关的选项出现在右侧，如图 2-30 所示。组分列表和物性包添加完毕后，导航窗格 Basis-1 文件状态图标由红色变为蓝色，表明流体包已定义完毕。

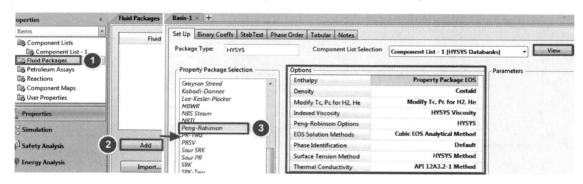

图 2-30　定义流体包

　　与多个组分列表类似，用户可以创建多个流体包。例如，由多个子流程组成的复杂模拟可能需要几个专门的流体包，分别与特定的物流、模块或子流程相关联。

　　由于模拟中只创建了一个组分列表，因此在流体包的 Component List Selection(组分列表选择)下拉列表框中默认关联 Component List-1 组分列表。如果模拟中有多个组分列表，用户可单击下三角按钮选择相应的组分列表与物性包关联，单击 **View** 按钮，可查看关联的组分列表。

　　单击 **Binary Coeffs** (二元交互作用参数)选项卡，用户可查看或更改组分间的二元交互作用参数，如图 2-31 所示，本例采用默认值。

　　至此，物性环境定义完毕，单击 **Simulation** 按钮进入模拟环境。离开物性环境后，用户可单击窗口左下角物性环境按钮，或按 **Ctrl+B** 键从模拟环境的任意位置进入物性环境。

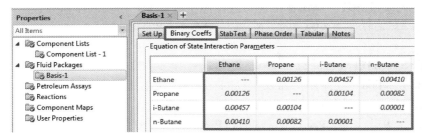

图 2-31　查看二元交互作用参数

（4）添加物流　通过对象面板添加一股物流，双击物流1图标，进入**1 | Worksheet | Conditions** 页面，修改名称为 Feed，输入题目已知条件，如图 2-32 所示。用户在输入时可从单元格右侧的下拉列表框中选择所需单位，程序自动进行单位换算。

注：建议用户为物流和模块输入有实际意义的名称，在选择连接物流或添加变量时，可避免或减少错误发生。

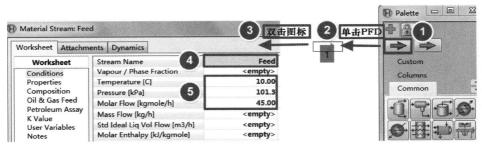

图 2-32　添加物流 Feed

进入**Feed | Worksheet | Composition** 页面，单击**Edit** 按钮，弹出**Input Composition for Stream**（输入物流组成）窗口，Composition Basis（组成基准）默认选择 Mole Fractions（摩尔分数），用户可根据需要选择不同组成基准，输入题目已知的进口物流组成，单击**OK** 按钮，如图 2-33 所示。用户也可在**Worksheet | Conditions** 页面双击摩尔流量单元格输入摩尔分数，双击质量

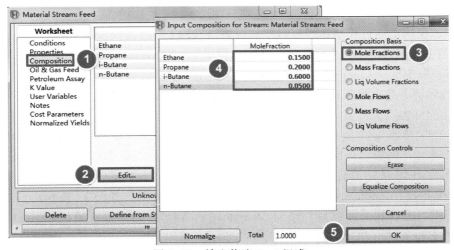

图 2-33　输入物流 Feed 组成

流量单元格输入质量分数，双击标准理想液体体积流量单元格输入体积分数。

注：如果存在<empty>，单击**OK**按钮或**Normalize**按钮将其自动设为0，系统对有数值输入的组成进行归一化。

Aspen HYSYS 的组成基准包括 Mole Fractions(摩尔分数)、Mass Fractions(质量分数)、Liquid Volume Fractions(液体体积分数)、Mole Flows(摩尔流量)、Mass Flows(质量流量)和 Liquid Volume Flows(液体体积流量)六种基准。

组成输入完毕后，进入**Feed | Worksheet | Properties**页面，查看物流物性详细信息，如图2-34所示，用户可单击窗口下方**Append New Correlation**按钮，添加所需关联的物性，将其在此页面下显示。

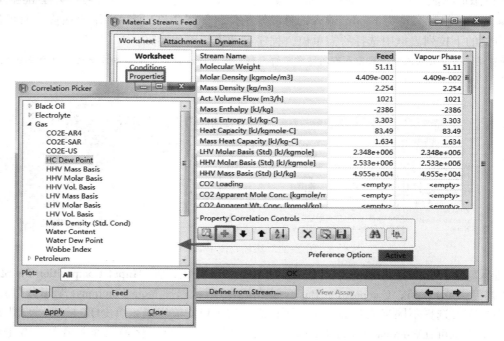

图2-34　查看添加物流物性

(5)添加模块　通过模块选择窗口添加模块。按**F12**键打开模块选择窗口，在 Categories(类型)选项区域选择 Rotating Equipment(转动设备)，在 Available Unit Operations(可用的单元操作)列表框中选择 Compressor(压缩机)，单击**Add**按钮；进入**K-100 | Design | Connections**页面，修改名称并建立物流连接；进入**Compressor | Worksheet | Conditions**页面，输入物流 To Cooler 压力 345kPa，如图2-35所示。

注：用户可以通过选择设备类型来筛选可用模块。本例先选择转动设备，再选择压缩机模块。

按**F12**键打开模块选择窗口，添加 Cooler(冷却器)；进入**E-100 | Design | Connections**页面，修改名称并建立物流连接；进入**Cooler | Design | Parameters**页面，输入压降0；进入**Cooler | Worksheet | Conditions**页面，输入物流 To Sep 温度0℃，如图2-36所示。

按**F12**键打开模块选择窗口，添加 Separator(分离器)，进入**V-100 | Design | Connections**页面，修改名称并建立物流连接，如图2-37所示。至此，流程建立完毕，全流程收敛。

(6)查看物流和模块结果　双击分离器 Sep，进入**Sep | Worksheet | Connections**页面查看

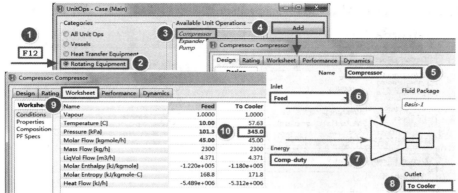

图 2-35 添加设置压缩机

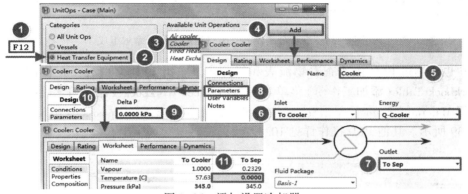

图 2-36 添加设置冷却器

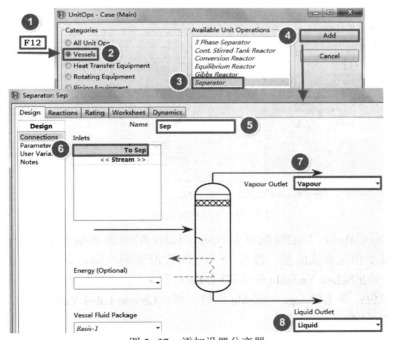

图 2-37 添加设置分离器

出口物流流量；进入 **Sep | Worksheet | Composition** 页面查看摩尔组成，如图 2-38 所示。

Name	To Sep	Liquid	Vapour
Vapour	0.2329	0.0000	1.0000
Temperature [C]	0.0000	0.0000	0.0000
Pressure [kPa]	345.0	345.0	345.0
Molar Flow [kgmole/h]	45.00	34.52	10.48

	To Sep	Liquid	Vapour
Ethane	0.1500	0.0732	0.4030
Propane	0.2000	0.1855	0.2478
i-Butane	0.6000	0.6821	0.3296
n-Butane	0.0500	0.0592	0.0196

图 2-38　查看分离器 Sep 出口物流流量和摩尔组成

用户也可通过 PFD 操作查看物流表和组分表。右击 PFD 空白处，在快捷菜单中选择 Add Workbook Table(添加工作簿) 菜单项；弹出 **Select Workbook Page**（工作簿页面选择）窗口，选择 Material Streams，单击 **Select** 按钮出现物流表，选择 Compositions 出现组分表，结果如图 2-39 所示。其他 PFD 操作详见 10.8 节。

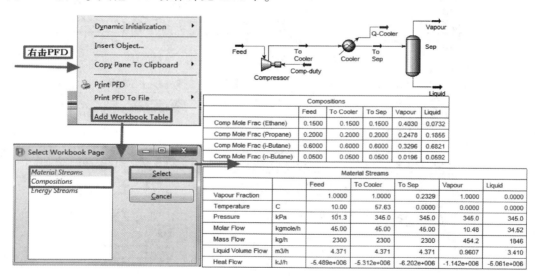

图 2-39　显示物流表和组分表

选择 Flowsheet/Modify 功能区选项卡 Stream Label 组中的 Name、Temperature 或 Pressure 单选按钮，可显示相应物流信息，带有"＊"号的数值为用户输入数值；单击右下角对话框启动器按钮，弹出 **Select Variable for PFD Labels** 窗口，显示当前变量为 Pressure，用户可以设置是否隐藏单位；单击 **Change Variable** 按钮，弹出 **Choose Label Variable** 窗口，选择显示其他变量，如图 2-40 所示。

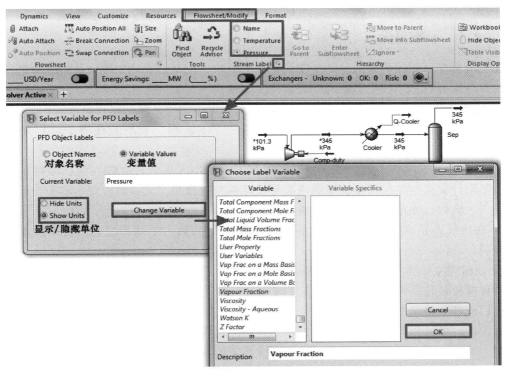

图 2-40 显示物流信息

2.10 子流程环境

Aspen HYSYS 利用子流程(Sub-Flowsheet)构建多级流程结构(Multi-Flowsheet Architecture),这种结构与文件夹和子文件夹之间的结构相似,具有极大灵活性。当模拟一个复杂装置,且流程由相对完整的生产单元构成时,采用这种结构可使流程简洁清晰。典型的 C3/MRC(丙烷预冷混合制冷剂液化天然气)多级流程结构如图 2-41 所示,其中包括 Natural Gas Purification Section(天然气净化)、Propane Pre-Cooling Train(丙烷预冷)、LNG Section(天然

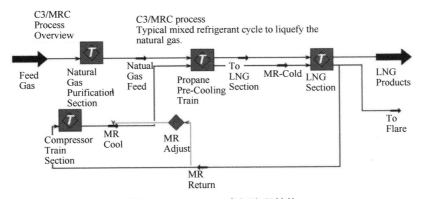

图 2-41 C3/MRC 多级流程结构

气液化)和 Compressor Train Section(压缩机组)四个子流程。

2.10.1　子流程优点

在主流程中，子流程作为一个多物流连接的模块，与其他模块相同，其信息随进口物流条件的改变即时更新。使用子流程的优点主要包括以下几个方面：

① 将大流程分成小的、易于管理的单元，易于用户管理流程；

② 用户可以建立嵌套流程，即在子流程中建立子流程，但不能在塔子流程中建立子流程；

③ 同一模拟工况中，每个子流程都可以有不同于主流程的独立物性包，如将主流程专为汽液平衡计算的物性包切换为专为液液平衡计算的物性包，又如将冷却水和蒸汽回路作为单独的工艺流程，使用专门的蒸汽物性包；

④ 在流程边界改变物性方法，确保不同物性方法的热力学基础之间的转换得以维持并易于控制；

⑤ 通过建立模板(Template)，将常用的过程单元单独存储，方便导入到其他模拟中。

塔和模板是特殊的子流程，因为它们本身也是流程。模板是完整定义的流程，可以包含塔子流程或者更复杂的系统。塔子流程(Column Sub-Flowsheet)是一类独特的子流程，专门用于塔设计，可以像其他子流程一样被创建、访问及导入到其他模拟中，但在塔子流程中不能创建子流程。同一模拟工况中塔、模板和子流程的功能一致，塔和模板的特殊之处在于它们能作为一个完整的对象导入任意模拟中，而普通子流程不能存储到磁盘用于其他模拟。

2.10.2　子流程组成

子流程的属性窗口与其他模块类似，可看作代表子流程"黑箱"的外部窗口，其中包含的信息与用于构建模板的信息相同。当模板被添加到其他流程中时，就会成为该流程中的一个子流程。

无论是主流程还是子流程，都包含如表 2-15 所示组件。

表 2-15　流程组件

组　件	名　称	说　明
Fluid Package	流体包	一个独立的流体包由物性包和组分等组成。模拟中的每个流程不需要有单独的流体包，多个流程可使用同一个流体包
Flowsheet Objects	流程对象	流程的内部连接拓扑，包括模块、流股和公用工程等
PFD	工艺流程图	显示工艺流程及流程对象之间的相互连接
Workbook	工作簿	显示流程对象信息
Desktop	桌面	包含 PFD 和 Workbook 窗口及常用的菜单栏和工具栏

2.10.3　多级子流程

对于同一模拟工况，用户可以在主流程环境中创建多个子流程，同样，在子流程环境中也可以创建子流程，即实现流程的嵌套，如图 2-6 所示。

子流程环境通常和主流程环境等同，都可在其中建立物流、模块和其他子流程。区别是一个模拟工况仅有一个主流程环境，而每一个子流程都有其相应的环境；另一个区别是当用户在子流程环境时，模拟环境其他区域所进行的稳态计算都将挂起（On Hold），直到返回主流程环境。

对于子流程，挂起时的计算过程与流程的层级（Hierarchy）有关。当用户在某一流程内操作时，仅有该流程及其以下级别的流程可自动按用户所做的改变进行计算，而其他的流程都将挂起，直到返回它们的流程环境或移动到上级流程为止。当用户进入某一子流程环境时，会发生以下情况：

① 主流程（以及模拟工况中高于当前流程层级的部分）会被暂时隐藏，当用户离开子流程时，主流程会回到原来的状态。

② 子流程条件改变时，主流程（以及模拟工况中高于当前流程层级的部分）求解器的计算暂时停止，而子流程的计算继续进行，但其计算结果在离开子流程环境之前不会传递到主流程。

对于图2-6所示的子流程结构，计算过程如下：

① 当进入塔子流程F修改塔板数时，其他所有流程都将挂起，直到子流程F得到新的方案；当返回主流程时，所有流程将基于新的方案重新进行计算；

② 若对子流程D做修改，那么除了子流程D和E，其他流程都将挂起；一旦D得到新的方案，可以向上传递到C，C将重新计算；最后，当返回到主流程时，其他流程（A、B、F）将重新进行计算；

③ 如果不按分层顺序修改流程，求解器将对所有流程进行计算，如用户从子流程D直接移动到子流程A，软件将自动访问主流程并更新所有计算结果，当访问子流程A时可以看到信息已更新。

2.10.4　流程信息传递

主流程和子流程相连接的每个物流（如进口或出口）与子流程内部的边界物流一一对应，主流程和子流程通过这些对应物流进行信息传递。当第一次通过流程边界建立物流连接时，Aspen HYSYS将自动以主流程的物流名称来命名子流程的相应物流，后续，用户可以更改子流程中的物流名称，如主流程物流To Decanter在子流程中可命名为Decanter Feed。

建立子流程的一个重要目的是使用不同的物性包。当主流程和子流程物性包不同时，需合理设置传递基准。在子流程属性窗口，单击**Transfer Basis**（传递基准）选项卡，用户可以设置子流程进出口物流的传递基准，实现信息传递（组成和流量直接传递）。传递基准各选项说明如表2-16所示。

表2-16　传递基准选项说明

选　　项	名　称	说　　明
T-P Flash	$T\text{-}p$ 闪蒸	传递物流的温度和压力，计算新的气相分数
VF-T Flash	$VF\text{-}T$ 闪蒸	传递物流的气相分数和温度，计算新的压力
VF-P Flash	$VF\text{-}p$ 闪蒸	传递物流的气相分数和压力，计算新的温度
P-H Flash	$p\text{-}H$ 闪蒸	传递物流的压力和焓，计算新的气相分数
User Specs	用户自定义	用户自定义传递基准
None Required	不需要	能流不需要计算，热流量在流程之间进行简单传递

　　默认情况下,子流程的计算水平(Calculation Level)设置为2500,确保主流程的所有计算在子流程之前进行。用户也可以修改子流程的计算水平改变其计算顺序。

　　下面通过例2.2介绍子流程的建立及其结构。

【例2.2】　建立如图2-42所示流程,物流Feed经冷却器Chiller冷却后进入子流程Sub进行汽液分离。物性包选取Peng-Robinson。

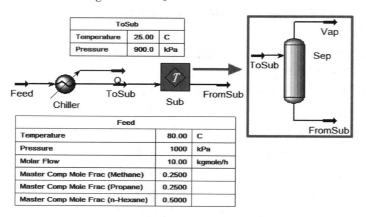

图2-42　流程预览

　　本例模拟步骤如下:

　　(1)新建模拟　启动Aspen HYSYS,单击**New**按钮,新建空白模拟,单位集选择SI,文件保存为Example2.2-Sub Flowsheet.hsc。

　　(2)创建组分列表　进入**Component Lists**页面,单击**Add**按钮;在Search for文本框输入Methane(甲烷),选择Methane,单击**Add**按钮;同理添加Propane(丙烷)和n-Hexane(正己烷),如图2-43所示。

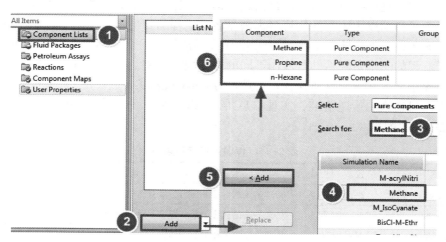

图2-43　创建组分列表

　　(3)定义流体包　进入**Fluid Packages**页面,单击**Add**按钮,选取物性包Peng-Robinson,如图2-44所示。进入**Fluid Packages | Basis-1 | Binary Coeffs**页面查看二元交互作

用参数，本例采用默认值。

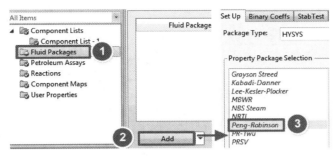

图2-44 定义流体包

（4）设置冷却器 单击**Simulation**按钮进入模拟环境。从对象面板选择 Cooler 模块添加到流程中，双击冷却器，进入**E-100 | Design | Connections**页面，修改名称为 Chiller，建立物流连接；进入**Chiller | Worksheet | Conditions**页面，按题目信息输入物流 Feed 条件；进入**Chiller | Worksheet | Composition**页面，输入物流组成，如图2-45所示。

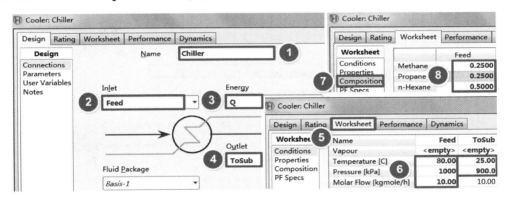

图2-45 设置冷却器

（5）添加子流程 在对象面板中单击子流程图标![icon]，单击 PFD 空白处，弹出**Sub-Flowsheet Option**（子流程选项）窗口，单击**Start With a Blank Flowsheet**按钮，新建空白子流程；双击图标进入子流程**Connections**页面，在 Name（名称）和 Tag（标签）文本框输入 Sub，在 Inlet Connections to Sub-Flowsheet（子流程进口物流连接）选项区域的 External Stream（外部物流）下拉列表框中选择物流 ToSub；单击**Sub-Flowsheet Environment**按钮，进入子流程环境，在内部物流 ToSub 基础上添加分离器建立子流程，如图2-46所示。

添加子流程过程中，Connections 页面的 Name 在同一流程下不能重复，不同流程下可重复，Tag（标签）是子流程在整个流程内的唯一标识，不超过 6 个字符。子流程的默认标签是 TPL1，当建立多个子流程时，软件会增加尾部数值保证标签的唯一性，如 TPL2。

（6）建立出口物流连接 单击 Flowsheet/Modify 功能区选项卡下**Go to Parent**按钮返回主流程，弹出子流程选项窗口，在 Outlet Connections to Sub-Flowsheet（子流程出口物流连接）组的内部物流 FromSub 右侧单元格中输入 FromSub，如图2-47所示。

注：① 连接时，如果内外物流名称不同，会以主流程物流名称为准；② 注意区分物流的位置及方向；③ 不必为每个内部物流指定相应的外部物流。

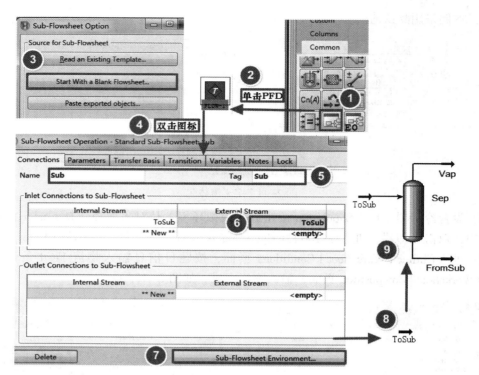

图 2-46　添加子流程

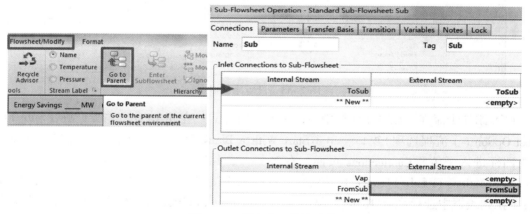

图 2-47　建立出口物流连接

此时主流程和子流程间的物流连接完毕，子流程有足够的信息求解，即利用主流程物流 ToSub 传递的信息进行计算，出口物流 FromSub 出现在主流程中，子流程外部物流连接如图 2-48 所示。

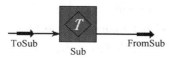

图 2-48　子流程外部物流连接

（7）设置传递基准　进入**Sub | Transfer Basis** 页面，设置子流程 ToSub 物流的传递基准，系统默认选择 P–H Flash，如图 2–49 所示。

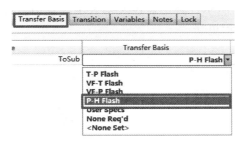

图 2–49　设置传递基准

用户可进入**Sub | Transition** 页面，单击**View Transition** 按钮查看流体包转换的详细信息，如图 2–50 所示。

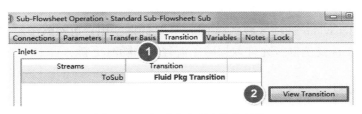

图 2–50　查看子流程流体包转换

（8）输出内部变量　进入**Sub | Variables** 页面，建立和管理外部可存取变量（Externally Accessible Variables）。用户可添加子流程内的关键变量，以便在子流程属性窗口的 Parameters 选项卡下查看其数值。

本例的关键变量是子流程气相物流 Vap 中正己烷的摩尔分数。进入**Sub | Variables** 页面，单击 **Add** 按钮，弹出 **Add Variable to Sub** 窗口，依次选择 Sub（Sub）、Vap @ Sub、Master Comp、Mole Frac、*n*–Hexane，单击**Select** 按钮，输出变量，如图 2–51 所示。当子流程对象在原流程范围以外进行观察时，对象名称后会自动添加子流程标签，因此，本例中子流程

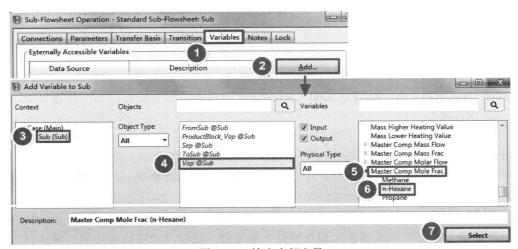

图 2–51　输出内部变量

Sub 的所有对象名称均以@ Sub 结尾。

进入**Sub | Parameters** 页面，查看子流程内部变量数值，子流程气相物流 Vap 中正已烷的摩尔分数 0.022，如图 2-52 所示。其中蓝色文本表示计算值，可随计算过程更新；黑色文本表示设定值，不随计算过程更新。

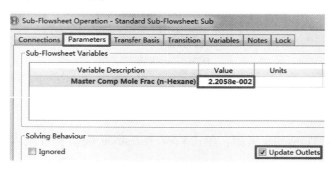

图 2-52　查看子流程参数变量

若在 Solving Behaviour 选项区域选择 Ignored 复选框，用户可忽略子流程的计算。软件默认选择 Update Outlets 复选框，允许数据随子流程计算随时更新。

2.11　模板

模板(Template)是保存在磁盘上可作为子流程的一个完整流程，包括子流程模块连接的附加信息。模板可作为子流程被其他模拟调用，其文件扩展名为 * . tpl。

模板的优点：① 可将大模拟工况转变为小工况，组分管理更容易；② 可连接两个或多个工况；③ 可使用与主流程不同的物性包；④ 可导入到多个工况。

模板的建立方法有以下两种。

(1) 将现有的模拟工况转换为模板：① 按**Ctrl+M** 键，弹出**Simulation Case**（模拟工况）窗口；② 单击**Convert to Template** 按钮；③ 单击**Exported Connections** 选项卡，设置模板标签、传递基准和附加信息；④ 将模拟工况作为模板保存。

需要注意的是，用户不能只选择主流程的一部分创建模板，需删除流程中不需要的物流和模块，再将其转换为模板保存到磁盘上。且用户不能将模拟中已创建的子流程单独作为模板保存。

(2) 创建新模板：① 选择**File | New | Template** ；② 建立流程；③ 按**Ctrl+M** 键，弹出**Simulation Case** 窗口；④ 单击**Exported Connections** 选项卡，设置模板标签、传递基准和附加信息；⑤ 保存模板文件。

读取模板，双击图标进入子流程选项属性窗口，如图 2-53 所示。子流程选项属性窗口的打开方法有两种：① 按**F12** 键或在工作簿中选择添加模块命令，弹出模块选择窗口，从可用单元操作列表框中选择 Standard Sub-Flowsheet，单击**Add** 按钮；② 按**F4** 键打开对象面板，双击空白子流程图标。

在子流程选项属性窗口选择子流程来源，单击**Read an Existing Template** 按钮，从磁盘中读取已有模板，模板将作为新子流程添加到当前流程。软件自动将模板使用的流体包添加到主流程流体包列表，并根据模板中模块流体包的选择，自动为新子流程选择流体包。

图2-53　子流程选项属性窗口

如果用户不想读取已有模板，可单击**Start with a Blank Flowsheet** 按钮创建一新子流程，但其不能被其他模拟工况调用。

制冷系统是天然气处理与加工、石油炼制、石油化工及化学工业中的一种通用工艺过程，其目的之一是使冷却气体满足烃露点(Hydrocarbon Dew Point)规定，得到满足需求的天然气凝液(Natural Gas Liquids，NGL)产品。例2.3以乙烷和丙烷混合液为工作介质吸收热量使天然气液化，对混合制冷循环流程进行搭建、运行、分析和调控，并将完成的模拟转换为模板，便于其他工况调用。

【例2.3】　如图2-54所示流程，乙烷和丙烷混合液进入蒸发器 Evaporator，从天然气吸收热量后进入压缩机 Compressor，压缩后的气体进入冷凝器 Condenser，最后通过J-T阀(焦耳-汤姆逊节流膨胀阀)回到进入蒸发器前的状态，完成循环。试建立流程，将其转换为模板。物性方法选取 Peng-Robinson。

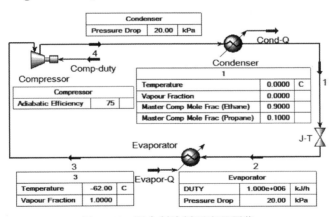

图2-54　混合制冷循环流程预览

本例模拟步骤如下：

(1)新建模拟　启动 Aspen HYSYS，单击**New** 按钮，新建空白模拟，单位集选择 SI，文件保存为 Example2.3-Mixed Refrigeration. hsc。

(2)创建组分列表　进入**Component Lists** 页面，单击**Add** 按钮，添加 Ethane(乙烷)和 Propane(丙烷)。

(3)定义流体包　进入 **Fluid Packages** 页面，单击**Add** 按钮，选取物性包 Peng-Robinson；进入**Fluid Packages|Basis-1|Binary Coeffs** 页面查看二元交互作用参数，本例采用默认值。

（4）添加物流　单击**Simulation** 按钮进入模拟环境。通过对象面板添加两股物流，双击物流1输入已知物流条件；双击物流2，修改名称为3，输入已知物流条件，如图2-55所示。

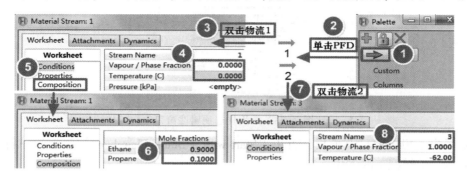

图 2-55　添加物流

（5）添加模块　混合制冷循环包含节流阀、蒸发器、压缩机和冷凝器四个模块。

使用阀（Valve）模拟 J-T 阀。按**F12** 键打开模块选择窗口，添加阀；进入**VLV-100 | Design | Connections** 页面，修改名称并建立物流连接，如图2-56所示。

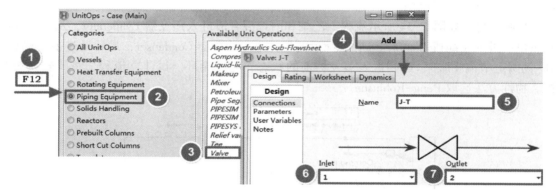

图 2-56　添加设置 J-T 阀

使用加热器（Heater）模块模拟蒸发器。按**F12** 键打开模块选择窗口，添加加热器；进入**E-100 | Design | Connections** 页面，修改名称并建立物流连接；进入**Evaporator | Design | Param-**

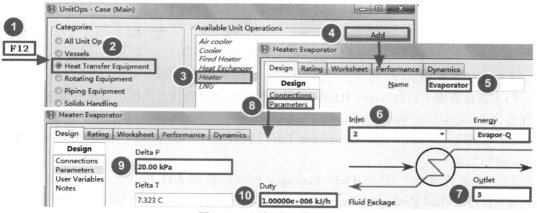

图 2-57　添加设置蒸发器

eters 页面，输入压降 20kPa，热负荷 $1×10^6$ kJ/h，如图 2-57 所示。

压缩机模块用于提高入口气体压力。双击对象面板压缩机图标，进入 **K-100 | Design | Connections** 页面，修改名称并建立物流连接；进入 **Compressor | Design | Parameters** 页面，输入压缩机效率，本例使用默认设置(75%)，如图 2-58 所示。

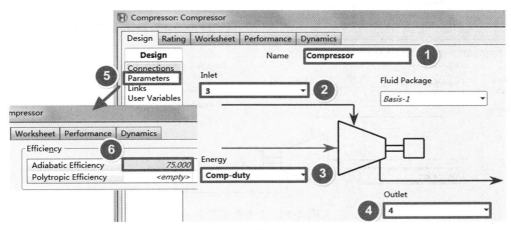

图 2-58　设置压缩机

使用冷却器(Cooler)模块模拟冷凝器。双击对象面板冷却器图标，进入 **E-101 | Design | Connections** 页面，修改名称并建立物流连接；进入 **Condenser | Design | Parameters** 页面，输入压降 20kPa，如图 2-59 所示。

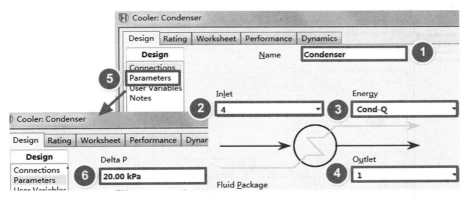

图 2-59　设置冷凝器

（6）查看模拟结果　至此流程搭建完毕，保存文件。进入 **1 | Worksheet | Conditions** 页面，查看混合液流量 116.1kmol/h；进入 **Compressor | Design | Parameters** 页面，查看压缩机轴功率 204.7 kW；进入 **J-T | Design | Parameters** 页面，查看阀压降 1939kPa，如图 2-60 所示。

（7）转换为模板　将模拟转换为模板前，需要将其设置成通用模块，以便用于其他模拟。本例中蒸发器的热负荷限定了所需的混合液流量，设置不同的蒸发器热负荷，可计算得到不同的流量。将模拟转换为模板步骤如下：

① 删除蒸发器热负荷数值。

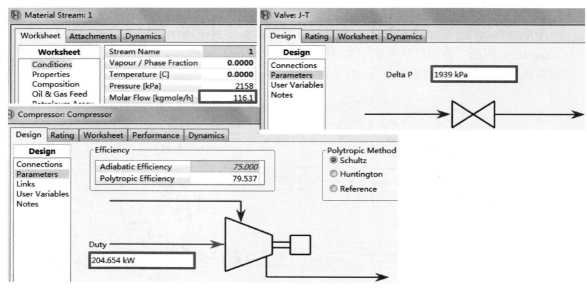

图 2-60　查看模拟结果

② 按**Ctrl+M** 键，进入模拟工况属性窗口。

③ 单击**Convert to Template**（转换为模板）按钮，弹出**Aspen HYSYS** 对话框，单击"**是**"按钮；提示是否保存模拟工况，单击"**否**"按钮（如果想保存模拟，单击"**是**"按钮），如图 2-61 所示。

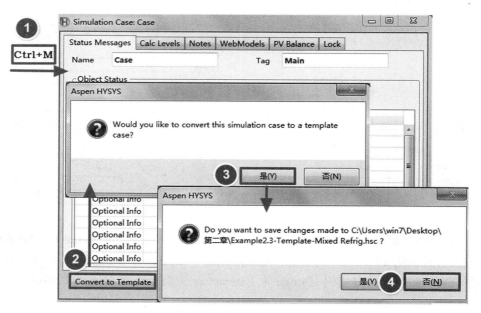

图 2-61　转换为模板

④ 单击**Save** 按钮，将模板保存为 Example2. 3-Template of Mixed Refrigeration. tpl。单击**Exported Connections** 选项卡，查看模板出口连接，如图 2-62 所示。

图 2-62　查看模板出口连接

　　Simulation Case 窗口的前六个选项卡对任何模拟都相同。将标准模拟工况转换为模板后，出现两个模板独有的选项卡 Exported Connections（出口连接）和 Exported Variables（输出变量），且 Convert to Template 按钮不再出现。

　　Installed Simulation Basis 选项区域用于控制导入到其他流程中的模板所使用的流体包，其中 Internal（内部）为应用模板目前使用的流体包，External（外部）为应用主流程的流体包。模拟基准的设置仅仅影响第一次添加模板时流体包的选择，后续用户可以在流体包管理器（Fluid Package Manager）中重新选择流程或模板所用的流体包。

　　Exported Connections 选项卡下包含模板所有的 Feed Stream Info（原料物流信息）和 Product Stream Info（产品物流信息）。物流信息包括以下三部分：

　　① 边界物流（Boundary Streams）　模板中所有不完全连接的物流，即未与其他模块相连的进口或出口物流。边界物流由软件自行确定，在相应的 Streams 选项区域显示。当模板添加到流程中时，用户需要对边界物流进行连接，但并非出现的每个物流都需要连接。

　　② 边界标签（Boundary Labels）　显示原料物流和产品物流名称，默认情况下，它与对应的边界物流名称相同。用户也可以更改边界标签以更好地识别边界物流。

　　③ 传递基准（Transfer Basis）　设置边界物流的信息交换，类型同子流程。当模板和导入的目标流程使用不同的物性包时，需合理设置传递基准。

　　Exported Variables 选项卡下用户可以建立和管理外部可存取变量，单击**Add** 按钮，弹出**Add Variable to Case**（添加变量到工况）窗口，在此选择流程对象和变量，也可更改默认变量的描述。当模板添加到另一个工况时，这些变量会出现在子流程属性窗口的 Parameters 选项卡下。输出变量页面如图 2-63 所示。

图 2-63　模板输出变量页面

　　除上述两个选项卡的附加信息，以及使用不同的文件扩展名之外，一个模板和常规流程

没有其他差别，用户可选择**File | Open | Template**打开已有模板。

（8）计算过程研究 Aspen HYSYS的关键特征之一是将模块化操作与非序贯求解算法相结合，不仅信息随着输入不断处理，而且计算的任何结果都可以双向扩展到整个流程，同时自动向前及向后传递，因此可以用出口物流信息来计算进口物流条件。这个特征可以用混合制冷循环来帮助理解，本例中信息双向传递过程如下：

① 最初，在工况中提供的信息只有物流1和物流3的温度和气相分数，以及物流1的组成，则物流1自动完成一个闪蒸计算，确定其他独立性质（压力、焓及密度等）。

② 当物流1和物流2与J-T阀相连后，软件首先判断进出口物流的已知信息，然后将数值传递给另一股物流。本例中，由于没有指定压降，且阀是等焓过程，因此只有物流1的组成和焓传递给了物流2。

③ 物流2和物流3通过蒸发器连接，物流2的组成传递给物流3，物流3完成闪蒸计算，确定其他独立性质。

④ 利用物流3压力和蒸发器压降，向后传递计算物流2压力，由于此时物流2压力、组成及焓均已知，可计算出物流2温度。

⑤ 然后，利用指定的蒸发器热负荷、物流2及物流3的焓计算物流2和物流3的流量，物流2的流量又向后传递给物流1。

⑥ 此时，流程中压缩机的进口物流条件全部已知，压缩机只保留两个自由度，其中设置的压缩机效率满足了第一个自由度要求，而第二个自由度将从冷凝器获得。

⑦ 最后，冷凝器的进口与压缩机的出口相连，冷凝器的出口和阀的入口相连，由于阀入口已完全求解，冷凝器压降已知，则算出冷凝器的进口压力或压缩机的出口压力，满足了压缩机的第二个自由度要求，流程收敛。

2.12 上游模型与炼油模型

Aspen HYSYS上游模型（Aspen HYSYS Upstream）是在Aspen HYSYS基础上模拟功能的扩展，包括Aspen水力学（Aspen Hydraulics）、整合器（Lumper）、粉碎器（Delumper）及黑油转换器（Black Oil Translator）等。用户可通过对象面板选择添加上游模型，如图2-64所示。

图2-64 选择添加上游模型

Aspen HYSYS炼油模型（Aspen HYSYS Refining，原名Aspen RefSYS）以Aspen HYSYS为模拟平台，融合AspenTech公司应用多年的各种炼油反应模型，是世界先进的炼油厂整厂模拟系统。基于Aspen HYSYS的模拟功能（部分信息的使用及信息的双向传递等），用户能够在原油评价信息和炼油模块的基础上使用Aspen HYSYS模拟工况。

Aspen HYSYS Refining为主要的炼油过程提供模型，包括催化裂化（Fluid Catalytic Cracking，FCC）、加氢处理（Hydroprocessing）、石脑油重整（Naphtha Reforming）、C_5异构化（C5 Isomerization）、延迟焦化（Delayed Coking）及减黏裂化（Visbreaking）等过程。用户可以在新建模拟时选择炼油模型，如图2-65所示，也可在对象面板上选择添加炼油模型，如图2-66所示。

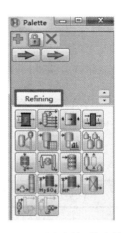

图2-65　新建炼油模型　　　　　　图2-66　选择添加炼油模型

习　　题

以例2.3为基础，熟悉流程的建立。

（1）若例2.3中蒸发器Evaporator热负荷未知，但已知压缩机Compressor轴功率165kW，压缩机效率70%，试计算蒸发器热负荷。

（2）按例2.3步骤，建立丙烷制冷循环流程，输入附表工艺条件（附表2-1），计算丙烷流量及膨胀阀J-T压降，并将其转换为模板。

附表2-1　丙烷制冷循环工艺条件

组分	物流1	蒸发器	物流3	压缩机	冷却器
Propane	温度50℃	压降5kPa	温度 -20℃	绝热效率75%	压降35kPa
	气相分数0	热负荷 1×10^6 kJ/h	气相分数1		

（3）在（2）的基础上，建立丙烷两级制冷循环过程，流程如附图2-1所示，计算两台压缩机轴功率。

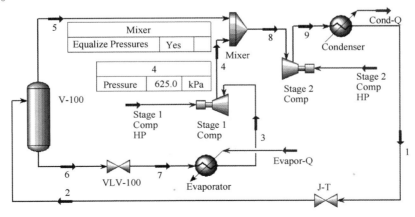

附图2-1　丙烷两级制冷循环流程

(4) 尝试将(3)的部分流程在子流程中建立，如附图2-2所示。

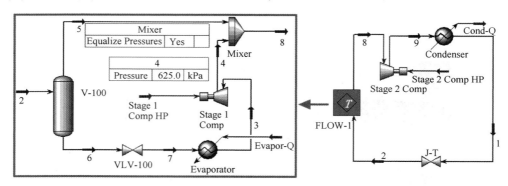

附图2-2　含子流程的丙烷两级制冷循环

第 3 章　物性方法与计算

物性方法（Property Methods）是过程模拟中所需的物性模型（Property Models）的集合，物性方法的选取是决定模拟结果准确性的关键步骤。Aspen HYSYS 提供了多种可供选取的物性方法。物性方法的选取不同，模拟结果就可能大相径庭，因此，进行过程模拟必须选取合适的物性方法。

3.1　组分列表

组分列表（Component Lists）是在物性环境中所选组分的集合，用户可以创建、删除和编辑组分列表中的组分。组分列表可由数据库中的纯组分（Pure Components）或用户创建的假组分（Hypotheticals）组成。一个组分可以同时存在于多个组分列表中。当同一个组分添加到多个组分列表中时，如果用户编辑一个组分列表中该组分的物性，则此编辑将应用于其他组分列表中的同一组分。

如果用户安装了 Aspen Properties 或 Aspen Plus 且已认证，则在不同组分列表中可使用 Aspen Properties 数据库和 Aspen HYSYS 数据库作为组分来源。但是，Aspen HYSYS 组分列表必须使用 Aspen HYSYS 物性包，Aspen Properties 组分列表必须使用 Aspen Properties 物性包。

下面通过例 3.1 介绍纯组分物性数据的查询。

【例 3.1】　使用 Aspen HYSYS 查询纯物质甲烷的物性。

本例模拟步骤如下：

（1）新建模拟　启动 Aspen HYSYS，新建空白模拟，单位集选择 SI，文件保存为 Example3.1-CH4 Property Inquiry.hsc。

（2）创建组分列表　进入 **Component Lists** 页面，添加 Methane（甲烷）。

（3）查看甲烷基本物性常数　在组分列表中双击 Methane，进入 **Methane | Critical** 页面，查看甲烷基本物性常数，包括 Molecular Weight（相对分子质量）、Normal Boiling Pt（正常沸点）、Ideal Liq Density（理想液体密度）、Critical Temperature（临界温度）、Critical Pressure（临界压力）、Critical Volume（临界体积）和 Acentricity（偏心因子），如图 3-1 所示。

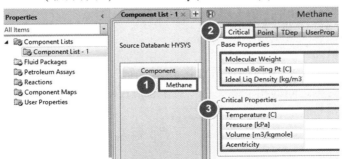

图 3-1　查看甲烷基本物性常数

（4）查看甲烷热力学性质　　进入**Methane | Point**页面，查看甲烷的 Heat of Form（25℃）［25℃时的生成热(焓)］，Heat of Comb（25℃）［25℃时的燃烧热(焓)］；进入**Methane | TDep**页面，选择 Vapor Pressure 单选按钮，查看 Antoine 蒸气压方程和甲烷的 Antoine 系数，如图 3-2 所示。

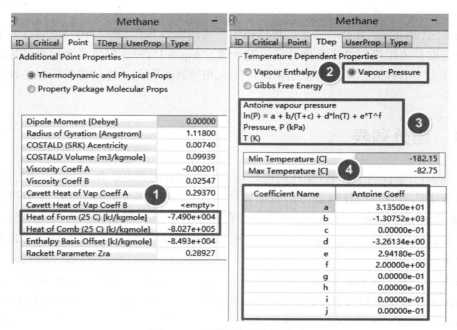

图 3-2　查看甲烷热力学性质

3.2　流体包

流体包(Fluid Packages)由组分列表(Component Lists)和物性包(Property Packages)以及其他模拟设置组成。物性包是组分物性和物性参数计算方法的集合。流体包含有关于物性计算的所有必要信息，这些信息可由用户定义。流体包的默认名称为 Basis-1，用户可从流体包页面选取组分列表所采用的物性包。

在物性环境的流体包页面中创建至少一个有效的流体包后，才能进入模拟环境，物性环境的其他部分是可选的。

3.3　流体相平衡基础

很多化工单元模型中都包括描述气液两相混合物之间相平衡关系的 E(Equilibrium)方程，准确计算气液两相之间的相平衡关系，对于正确模拟化工过程意义重大。

（1）相平衡关系

处于平衡的气液两相混合物必须满足以下相平衡关系式。

热平衡：
$$T^V = T^L \tag{3-1}$$

压力平衡：
$$p^V = p^L \tag{3-2}$$

组成平衡：
$$\hat{f}_i^V = \hat{f}_i^L, \quad i = 1, 2, \cdots, c \tag{3-3}$$

式中　T——温度；

　　　p——压力；

　　　$\hat{f}_i^V$——气相混合物中组分 i 的逸度（Fugacity）；

　　　$\hat{f}_i^L$——液相混合物中组分 i 的逸度。

根据相平衡关系式可以计算平衡的气液两相混合物的组成。

（2）气相逸度 $\hat{f}_i^V$

气相混合物中组分 i 的逸度为
$$\hat{f}_i^V = \hat{\phi}_i^V y_i p \tag{3-4}$$

式中　$\hat{\phi}_i^V$——气相中组分 i 的逸度系数；

　　　y_i——气相中组分 i 的摩尔分数。

气相混合物中各组分逸度的计算有如下两种情况：

① 在较低压力下，气相混合物可视为理想气体，可应用道尔顿分压定律（Dalton's Law of Partial Pressures），即
$$\hat{f}_i^V = p_i^V = y_i p \tag{3-5}$$

式中　p_i^V——气相混合物中组分 i 的分压。

② 在较高压力下，气相混合物可视为实际气体，即
$$\hat{f}_i^V = \hat{\phi}_i^V y_i p \tag{3-6}$$

（3）液相逸度 $\hat{f}_i^L$

当选择液相活度（Activity）系数法用于液相计算时，液相混合物中组分 i 的逸度为
$$\hat{f}_i^L = \gamma_i x_i f_i^0 \tag{3-7}$$

式中　γ_i——液相中组分 i 的活度系数；

　　　x_i——液相中组分 i 的摩尔分数；

　　　f_i^0——组分 i 的标准态逸度。

① 混合物的温度低于组分 i 的临界温度，即 $T < T_{c,i}$ 时，$f_i^0 = p_i^S$，p_i^S 为温度 T 下纯组分 i 的饱和蒸气压。

理想液体混合物可应用拉乌尔定律（Raoult's Law），此时 $\gamma_i = 1$，
$$\hat{f}_i^L = x_i f_i^0 = x_i p_i^S \tag{3-8}$$

对于非理想液体混合物，以活度代替浓度，$\hat{a}_i = \gamma_i x_i$，
$$\hat{f}_i^L = \gamma_i x_i f_i^0 = \gamma_i x_i p_i^S \tag{3-9}$$

② 混合物的温度高于组分 i 的临界温度（超临界组分 i），即 $T > T_{c,i}$ 时，$f_i^0 = H_i$。

理想液体混合物可应用亨利定律，此时 $\gamma_i = 1$，
$$\hat{f}_i^L = x_i f_i^0 = x_i H_i \tag{3-10}$$

对于非理想液体混合物，以活度代替浓度，$\hat{a}_i = \gamma_i x_i$，

$$\hat{f}_i^{\mathrm{L}} = \gamma_i x_i f_i^0 = \gamma_i x_i H_i \tag{3-11}$$

式中 H_i ——温度 T 下组分 i 在溶剂中的亨利常数。

（4）相平衡参数

常用的相平衡参数如下：

相平衡常数（相平衡比）

$$K_i = \frac{y_i}{x_i} \qquad i = 1, 2, \cdots, c \tag{3-12}$$

相对挥发度

$$\alpha_{i\,j} = \frac{K_i}{K_j} = \frac{y_i x_j}{x_i y_j} \qquad i, j = 1, 2, \cdots, c \tag{3-13}$$

模拟汽液平衡（VLE）时常用的物性方法如表3-1所示。

表3-1   模拟汽液平衡常用物性方法说明

方 法	方 程	说 明
状态 方程	$\hat{f}_i^{\mathrm{V}} = \hat{f}_i^{\mathrm{L}}$	气液相处于平衡状态
	$\hat{\phi}_i^{\mathrm{V}} y_i p = \hat{\phi}_i^{\mathrm{L}} x_i p$	使用状态方程计算 $\hat{\phi}_i^{\mathrm{V}}$ 和 $\hat{\phi}_i^{\mathrm{L}}$ 以解出 y_i 或 x_i
活度系数模型	$\hat{\phi}_i^{\mathrm{V}} y_i p = \gamma_i x_i \phi_i^{\mathrm{s}} p_i^{\mathrm{s}} (PF)_i$	使用活度系数模型计算 γ_i，使用状态方程计算 $\hat{\phi}_i^{\mathrm{V}}$ 和 ϕ_i^{s}，使用蒸气压关联式计算纯组分蒸气压 p_i^{s}，根据液体密度数据计算得到 Poynting 校正因子 $(PF)_i$
	$y_i p = \gamma_i x_i p_i^{\mathrm{s}}$	改进的拉乌尔定律
亨利 常数	$\hat{\phi}_i^{\mathrm{V}} y_i p = H_i x_i$	亨利常数形式的平衡方程，适用于在液相中溶解度很低的气体，如 N_2、H_2 和 CH_4

3.4   物性方法简介

本节介绍了 Aspen HYSYS 中可用的各种物性方法，包括状态方程、活度系数模型、半经验模型、蒸气压模型和其他模型。

3.4.1   状态方程(Equations of State)

Aspen HYSYS 提供了改进的 Peng-Robinson 和 SRK 状态方程。使用 Aspen HYSYS 的 Peng-Robinson 和 SRK 状态方程预测的物性可能与其他商业软件预测的物性有一定差异。

Aspen HYSYS 还提供了 Peng-Robinson 和 SRK 状态方程的改进方法，包括 PRSV、Zudkevitch Joffee(ZJ)和 Kabadi Danner(KD)。Lee-Kesler-Plocker(LKP)方程是针对混合物对 Lee-Kesler 方程的改进，而 Lee-Kesler 方程是对 BWR 方程的改进。在这些状态方程中，Peng-Robinson 方程的适用范围最宽，适用的体系也最多。Peng-Robinson 和 SRK 状态方程可直接生成所有需要的平衡和热力学性质。AspenTech 公司改进了这些状态方程，进一步拓展了它们的适用范围。PR 状态方程可选的物性包有 Peng-Robinson，Sour PR 和 PRSV；SRK 状态方程可选的物性包有 SRK，Sour SRK，Kabadi Danner 和 Zudkevitch Joffee。Aspen HYSYS

数据库中状态方程的具体介绍见表3-2。

表 3-2 状态方程

状态方程	说 明
BWRS	该模型通常用于压缩过程的应用和研究,专门用于处理气相组分在压缩过程中发生的复杂热力学变化,可用于上游和下游工业
GCEOS	该模型允许用户定义普遍化的立方型方程(包括混合规则和体积转化)和使用已定义的方程
Glycol Package	该模型包含 Twu-Sim-Tassone 状态方程,以更准确地确定三甘醇-水体系的相行为
Kabadi Danner	该模型是原 SRK 状态方程的改进模型,提高了烃-水体系的汽液液平衡(VLLE)计算的精度,且在稀溶液中的精度更高
Lee-Kessler Plocker	对于非极性物质或混合物,该模型是最准确的普遍化方法。对乙烯装置也推荐使用该模型
MBWR	该模型是原 Benedict/Webb/Rubin 方程的改进模型,该状态方程含有 32 项,只适用于一系列特定的组分和操作条件
Peng-Robinson	使用该模型计算体系的汽液平衡以及烃类体系的液体密度非常理想。经过对原 PR 方程的改进,其适用范围得到拓展,并且对某些非理想体系的预测也有所提升。但对于高度非理想体系,推荐使用活度系数模型
PR-Twu	该模型以 Peng-Robinson 方程为基础,加入了 Twu 状态方程 α 函数,提高了对所有 Aspen HYSYS 数据库组分蒸气压预测的准确性
PRSV	该模型是 Peng-Robinson 状态方程的改进模型,其适用范围已拓展到中度非理想体系
Sour PR	该模型结合了 Peng-Robinson 状态方程和 Wilson 的 API-Sour 模型,可处理酸性水体系,对酸性水汽提塔、原油蒸馏塔、加氢循环工艺以及其他含烃类、酸性气体和水的体系推荐使用该模型
Sour SRK	该模型结合了 SRK 状态方程和 Wilson 的 API-Sour 模型,可处理酸性水体系,对酸性水汽提塔、原油蒸馏塔、加氢循环工艺以及其他含烃类、酸性气体和水的体系推荐使用该模型
SRK	在很多情况下,该模型计算的精度与 Peng-Robinson 方程相当,但其适用范围却比 Peng-Robinson 方程要小很多。这种方法对于非理想体系并不可靠
SRK-Twu	该模型以 SRK 方程为基础,加入了 Twu 状态方程 α 函数,提高了对所有 Aspen HYSYS 数据库组分蒸气压预测的准确性
Twu-Sim-Tassone	该模型采用了新的体积函数,以提高中质和重质烃的液体摩尔体积预测的准确性,并加入了 Twu 状态方程 α 函数,提高了对所有 Aspen HYSYS 数据库组分蒸气压预测的准确性
ZudKevitch Joffee	该方程是 RK 状态方程的改进模型。它可以很好地预测烃类体系和含氢体系的汽液平衡。与 RK 方程相比,其优势在于方程计算所需的参数少,但对纯组分汽液平衡的预测却更准确

对于石油炼制、气体加工和石油化工过程,Peng-Robinson 状态方程是通常推荐的物性方法。Aspen HYSYS 对该方程进行了强化,使得它在很宽的操作条件范围内对很多体系都能准确计算。它可严格处理单相、两相和三相体系,且处理效率高,计算结果可靠。强化的 Peng-Robinson 状态方程对低温深冷体系和高温高压下的油藏体系都能进行准确的相平衡计算,同时还能准确预测重油、乙二醇水溶液及甲醇体系的组分分布。SRK 方程虽然也能得到与 Peng-Robinson 状态方程类似的计算结果,但其应用范围受到限制,比如,它不适用于甲醇或乙二醇体系。

3.4.2 活度系数模型(Activity Models)

尽管状态方程能够在很宽的操作条件范围内可靠地预测大多数烃类流体的物性,但其使用仍局限于非极性或轻度极性的组分。对于极性或非理想体系,一般使用双模型方法进行处理,双模型方法采用状态方程(一般为理想气体状态方程,RK、PR 或 SRK 状态方程)计算气相逸度系数,采用活度系数模型计算液相活度系数。虽然有相当多的研究试图将状态方程的应用扩展到化学体系(如 PRSV 方程),但是目前对化学体系物性的预测仍主要靠活度系数模型。

活度系数模型与可预测烃类物性的状态方程相比显得更经验化。由于活度系数模型的参数仅在特定条件范围内与实验数据吻合,因此这些模型不能普遍应用,也不能外推到未经测试的操作条件中。它们的待定参数应使用具有代表性的实验数据进行拟合,其应用范围局限于中等压力。因此,在使用这些模型时应特别注意其适用范围。对于低压下($p < 10\text{atm}$,$1\text{atm} = 101325\text{Pa}$)的高度非理想液体混合物,一般推荐使用活度系数模型;而对于高压下的非理想化学体系,则采用灵活的有预测功能的状态方程。常见的活度系数模型见表3-3。

表3-3 常见的活度系数模型

活度系数模型	说 明
Chien Null	该模型允许用户针对当前模拟的体系为每对组分选取最合适的活度系数模型,可用于高度非理想的化学体系
Extended NRTL	该模型是 NRTL 模型的改进,允许用户输入定义组分活度系数所需的参数值。该模型适用的情况:组分沸点范围很宽的体系;需要同时求解汽液平衡和液液平衡,且组分的沸点范围或浓度范围很宽
General NRTL	同 Extended NRTL 模型
Margules	此方程无任何理论基础,但可用于快速估算和数据内插
NRTL	该模型是 Wilson 方程的改进,利用统计学和液体晶胞理论(Liquid Cell Theory)描述液体结构,可以处理汽液平衡、液液平衡以及汽液液平衡的计算
UNIQUAC	该模型使用了统计学和 Guggenheim 准化学理论来描述液体的结构,可处理汽液平衡、液液平衡以及汽液液平衡,精度与 NRTL 模型相当,但不需要非随机因子。可用于含水、醇类、脂类、酮类、醛类、腈类、胺类、卤代烃和烃类的混合物
van Laar	此方程能够很好地预测液液平衡中的组分分布。对正偏差和负偏差体系均适用,但不能预测最大正偏差和最大负偏差体系的活度系数。因此对于卤代烃和醇类体系,该模型并不适用。注意该模型也不适用于稀溶液和醇—烃类体系
Wilson	该模型提供了一种热力学一致性检验的方法,通过回归二元体系的相平衡数据来预测多组分体系的相行为,但它不能处理液液平衡

表3-4列出了对于一些体系推荐的活度系数模型。

表3-4 推荐的活度系数模型

体　系	Margules	van Laar	Wilson	NRTL	UNIQUAC
二元体系	A	A	A	A	A
多元体系	LA	LA	A	A	A

续表

体　系	Margules	van Laar	Wilson	NRTL	UNIQUAC
共沸体系	A	A	A	A	A
液液萃取	A	A	N/A	A	A
稀溶液	?	?	A	A	A
自聚体系	?	?	A	A	A
聚合体系	N/A	N/A	N/A	N/A	A
外推	?	?	G	G	G

注：A—可用；N/A—不可用；? —适用性未知；G—适用性很好；LA—部分适用。

　　所有的这些模型都涉及二元交互作用参数（Binary Interaction Parameters），活度系数模型所需的二元交互作用参数可由汽液平衡数据回归拟合得到。Aspen HYSYS 数据库中有 16000 多对拟合的二元体系数据，还有可用于 UNIFAC 汽液平衡估算的所有库组分结构数据。当选取状态方程作气相模型时，将使用标准形式的 Poynting 校正因子对液相进行校正。若溶液近似为理想溶液，则忽略 Poynting 校正因子。

　　Aspen HYSYS 数据库中的所有二元交互作用参数都是使用理想气体模型回归的，如果使用数据库中的二元交互作用参数，气相需选取理想气体模型。给定正确的能量参数，除了 Wilson 模型外的其他活度系数模型均可自动进行三相计算。计算标准状态逸度需要蒸气压数据，可使用改进的 Antoine 方程根据 Aspen HYSYS 数据库中的纯组分参数进行计算。

　　Aspen HYSYS 中亨利定律（Henry's Law）不能直接作为供选取的物性方法，当选取活度系数模型且组分列表中含有"不凝组分"（Non-Condensable Components）时，HYSYS 会自动使用亨利定律处理该体系。"不凝组分"即临界温度低于体系温度的组分，Aspen HYSYS 中的"不凝组分"如表 3-5 所示。

表 3-5　Aspen HYSYS 中的"不凝组分"

组　分	Aspen HYSYS 中的名称	组　分	Aspen HYSYS 中的名称
CH_4	Methane	N_2	Nitrogen
C_2H_6	Ethane	O_2	Oxygen
C_2H_4	Ethylene	NO	NO
C_2H_2	Acetylene	H_2S	H2S
H_2	Hydrogen	CO_2	CO2
He	Helium	CO	CO
Ar	Argon	—	—

　　扩展的亨利定律方程可模拟稀溶液中溶质和溶剂的交互作用，方程形式如下：

$$\ln H_{ij} = A + \frac{B}{T} + C\ln T + DT \tag{3-14}$$

式中　　　　　i——溶质或"不凝组分"；

　　　　　　　j——溶剂或可冷凝的组分；

　　　　　　　H_{ij}——组分 i 和 j 的亨利系数，kPa；

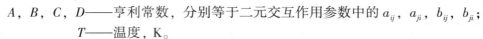

A，B，C，D——亨利常数，分别等于二元交互作用参数中的 a_{ij}，a_{ji}，b_{ij}，b_{ji}；

$\qquad$ T——温度，K。

用户可在物性环境中流体包页面的二元交互作用参数选项卡查看亨利常数。添加组分时建议用户先添加"不凝组分"，再添加可冷凝的组分，否则不便于查看亨利常数。如果用户需要确认查看的亨利常数是否正确，可与 Aspen Plus 中的值进行对比，对比时需注意压力单位。

3.4.3　活度系数模型的气相选项(Activity Model Vapour Phase Options)

选取活度系数模型时，可用状态方程进行气相计算。这些状态方程的选取取决于具体的体系。活度系数模型的气相选项(气相模型)介绍如下。

（1）Ideal

理想气体模型适用于低压且分子间相互作用较弱的气相。在压力 $p < 5$ atm 时，应选取理想气体模型。

（2）RK、PR 和 SRK

为了模拟气相的非理想性，可以考虑为活度系数模型选取 RK、PR 或 SRK 状态方程作为气相模型。PR 和 SRK 气相模型处理的情况与 PR 和 SRK 状态方程相同。Aspen HYSYS 数据库中的所有二元交互作用参数都是使用理想气体模型回归的，当选取 RK、PR 或 SRK 作为气相模型时，必须确保用于活度系数模型的二元交互参数适用于所选的气相模型。对于含有压缩机或涡轮机的流程，PR 或 SRK 优于 RK 或理想气体模型。使用 PR 或 SRK 气相模型时，只要所选的模型可处理流程中的轻组分，就可以得到更精确的功率值。

（3）Virial

Virial 方程能够更好地计算具有强烈相互作用的气相的逸度，如果气相发生二聚现象(气相缔合)，应选取 Virial 方程。通常这种情况发生在气相中含羧酸或可形成稳定氢键的化合物的体系中，即使在低压或中压下，这些体系的逸度系数也与理想气体存在较大偏差。

对于有机酸组分，如甲酸、乙酸、丙酸和丁酸等，Aspen HYSYS 建议用户使用 Virial 方程。Aspen HYSYS 包含了许多羧酸的拟合参数，当必要的参数缺失时，可由纯组分物性进行估计。如果物流中存在这些有机酸之一，则使用化学二聚化理论处理整个混合物。每个组分的二聚程度取决于其自身的缔合参数以及与其他组分的缔合参数。

3.4.4　半经验方法(Semi-Empirical Methods)

Chao-Seader(CS)和 Grayson-Streed(GS)方法是经典的半经验方法。GS 法是对 CS 法的拓展，可以更好地处理含氢气的体系。由于 Lee-Kesler 方法的焓值和熵值计算结果优于半经验方法，GS 法和 CS 法仅用来进行相平衡计算，而气液相的焓值和熵值计算采用 Lee-Kesler 方法。两种半经验方法的适用范围如表 3-6 所示。

表 3-6　半经验方法

方　　法	适用温度/℃	适用压力/kPa	说　　明
Chao Seader	−18~260	<10000	该方法可用于轻烃混合物
GraysonStreed	−18~260	<20000	该方法推荐用于模拟含氢气的重烃体系，如加氢处理装置，也可用于模拟减压塔

气相逸度系数由 RK 状态方程计算，纯液相逸度系数使用对应状态原理计算。对于大多数组分，Aspen HYSYS GS 数据库中包含修正的偏心因子。Aspen HYSYS 添加了用于计算 N_2、CO_2 和 H_2S 的液相逸度的特殊函数，这些函数仅适用于上述组分含量小于 5% 的烃类混合物。

3.4.5　蒸气压模型(Vapour Pressure Models)

蒸气压 K 值模型适用于低压理想混合物，如烃类体系、酮类或醇类混合物，其液相行为接近于理想情况。对于非理想体系，该模型的计算结果可用作初步近似值。此类模型不能预测高压条件下的汽液平衡，也不能处理轻烃含量很多的体系。使用蒸气压模型时，焓值和熵值计算采用 Lee-Kesler 方法(水的焓值和熵值使用蒸汽表关联式计算)。具体的蒸气压模型介绍见表 3-7。

表 3-7　蒸气压模型

模型	适用范围	说　　明
Antoine	$T < 1.6T_c$，$p < 700\text{kPa}$	该模型适用于低压下的理想体系
Braun K10	$-18℃ < T < 1.6T_c$，$p < 700\text{kPa}$	该模型严格适用于低压下的重烃体系，采用 Braun 收敛压力法，此方法根据组分的正常沸点计算体系温度、68.95kPa 下的 K 值
Esso Tabular	$T < 1.6T_c$，$p < 700\text{kPa}$	该模型严格适用于低压下的烃类体系，采用改进的 Maxwell-Bonnel 蒸气压模型

注：T_c 为临界温度。

半经验模型与蒸气压模型使用 API 数据手册中的蒸汽表和煤油溶解度表来处理水，这种处理水的方法对于天然气体系的精确度不高。这些关联式对所有体系进行三相计算，但需要注意的是，水相总是作为纯水使用蒸汽表关联式来处理，同时使用来自 API 数据手册的煤油溶解度方程来计算烃相中水的溶解度。

3.4.6　其他物性包

下面介绍的物性包用于某些特殊物质，不属于以上各类物性方法，具体见表 3-8。

表 3-8　其他物性包

物性包	说　　明
Amines Pkg	该物性包含有由 D. B. Robinson 等为胺装置模拟器 AMSIM 开发的热力学模型，可用该物性包进行胺装置模拟
ASME Steam	仅适用于只含水的体系，采用 ASME 1967 蒸汽表，适用的条件范围：$p < 1.03×10^5\text{kPa}$，$0℃ < T < 815.6℃$
Clean Fuels Pkg	专为硫醇和烃类体系设计的物性包

· 61 ·

续表

物性包	说　明
DBRAmines Package	类似于 Amines Pkg，但由 DBR 独立编码和维护，当 AMSIM 热力学特性和功能更新时该物性包随之更新。其特性包括：Aspen HYSYS 高级求解和流程图组合功能、DEPG 物理溶剂模拟功能以及基于最新实验数据改进的热力学预测模型
Infochem Multiflash	包含详尽的热力学和传递性质(Transport Properties)模型库、物性数据库、石油流体性质表征方法以及能够处理各种相态组合的多相闪蒸计算方法。该物性包需要 Aspen HYSYS 许可证
NBS Steam	仅适用于只含水的体系，采用 NBS 1984 蒸汽表
Neotec BlackOil	使用 Neotechnology Consultants 公司开发的方法，可以在石油和天然气数据有限的情况下使用。该物性包需要 Aspen HYSYS 许可证
OLI Electrolyte	该物性包由 OLI Systems Inc. 开发，可预测化学体系中的平衡性质，包括水溶液中的相平衡和化学反应平衡

Aspen HYSYS 有三种用于酸性气体脱除的物性包。

（1）Acid Gas - Chemical Solvents

Aspen HYSYS 酸性气体脱除工艺流程使用 Acid Gas - Chemical Solvents 物性包来模拟工艺物流中 H_2S、SO_2、CO_2 和硫醇等酸性气体的脱除。该工艺流程包括物流和塔模块中酸性气体的进料条件和产品规定，用于塔模块的基于速率的严格计算模型，以及一个用来补充系统中损失的胺和水的 makeup 模块。

在定义流体包过程中，如果组分列表包含 DGA、DIPA、MDEA、MEA、PZ，环丁砜-DIPA、环丁砜-MDEA、TEA、DEA 或任何胺混合物，Aspen HYSYS 将自动选取 Acid Gas - Chemical Solvents 物性包。选取 Acid Gas-Chemical Solvents 物性包前必须添加的组分：至少一种支持的胺或胺混合物，CO_2、H_2S 和 H_2O。Acid Gas - Liquid Treating 物性包支持的胺：DEA、DGA、DIPA、MDEA、MEA、PZ 和 TEA。该物性包支持的胺混合物详见 AspenTech 公司相关文档资料。

（2）Acid Gas - Liquid Treating

Acid Gas - Liquid Treating 物性包可用于模拟液化石油气(Liquefied Petroleum Gas，LPG)和液化天然气(Liquefied Natural Gas，LNG)中酸性气体的脱除。由于体系中的主要烃类组分是乙烷和丙烷，过程一般在低温高压下运行，所以需要一个特殊的物性包来正确地模拟所涉及的液液平衡。该物性包与 Acid Gas - Chemical Solvents 物性包所使用的热力学框架相同，但针对液液平衡计算优化了二元交互作用参数和电解质对参数。该物性包可模拟液-液萃取塔和再生塔，但不能用于模拟传统的气液吸收塔。

选取 Acid Gas - Liquid Treating 物性包前必须添加的组分：至少一种支持的胺或胺的混合，CO_2、H_2S 和 H_2O。Acid Gas - Liquid Treating 物性包支持的胺和胺混合物：MEA、DEA、MDEA、DGA 和 MDEA+PZ。

该物性包还支持主要的 LPG 和 LNG 组分(乙烷和丙烷)、其他轻烃(C_7 及 C_7 以下)、BTX、COS、CS_2 和轻硫醇(甲硫醇和乙硫醇)。而对于 Acid Gas - Chemical Solvents 物性包所支持的重烃(C_7以上)和重硫醇，Acid Gas – Liquid Treating 物性包不支持。

（3）Acid Gas – Physical Solvents

Acid Gas – Physical Solvents 物性包用于模拟使用 DEPG 进行的酸性气体脱除。该物性包基于 PC-SAFT 状态方程，包含 PC-SAFT 模型参数和其他传递性质模型参数，这些参数由 DEPG 和相关组分的大量热力学和物理性质数据回归得到。

经过验证，该模型适用于多种化合物，包括烃类（C_7及C_7以下）、天然气物流中的无机气体、轻硫醇（甲硫醇和乙硫醇）、水以及其他极性和缔合组分。通常情况下，汽液平衡和液液平衡可用相同的二元交互作用参数计算。该模型支持石油馏分（假组分）的模拟。而对于 Acid Gas – Chemical Solvents 物性包所支持的重烃（C_7以上）和重硫醇，Acid Gas – Physical Solvents 物性包不支持。

选取 Acid Gas – Liquid Treating 物性包前必须添加的组分：DEPG、CO_2、H_2S 和 H_2O。该流体包的局限性：不支持固体和胺，组分列表中不能添加原油评价，不能添加反应集。

3.5 物性方法选取

3.5.1 状态方程和活度系数模型的比较

选取物性包首先要确定体系，一般非极性体系选取状态方程或半经验模型；极性体系选取活度系数模型。此外还需确定该体系的关键二元对，核实其交互作用参数并估算缺少的其他二元对的交互作用参数。状态方程法和活度系数法的比较如表 3-9 所示。

表 3-9 状态方程和活度系数模型的比较

方法	状态方程	活度系数模型
优点	① 不需要标准态 ② 可将 pVT 数据用于相平衡的计算 ③ 易采用对应状态原理 ④ 可用于临界区和近临界区	① 活度系数方程和相应的系数较全 ② 温度的影响主要反映在 f_i^L 上，对 γ_i 的影响不大 ③ 适用于多种类型的化合物，包括聚合物、电解质体系
缺点	① 状态方程需要同时适用于气、液两相，难度大 ② 需要搭配使用混合规则，且其影响较大 ③ 对极性物质、大分子化合物和电解质体系难于应用	① 需要其他方法求取偏摩尔体积，进而求算摩尔体积 ② 需要确定标准态 ③ 对含有超临界组分的体系应用不便，在临界区使用困难
适用范围	原则上可适用于各种压力下的汽液平衡，但更常用于中、高压汽液平衡	适用于中、低压($p < 10atm$)下的汽液平衡，当缺少汽液平衡数据时，不适用于中压

3.5.2 经验选取

图 3-3 给出了根据经验选取物性包的过程。以例 2.1 为例，题中涉及的体系组成为乙烷、丙烷、异丙烷和正丁烷，为非极性体系，由图 3-3 可以考虑选择 Peng-Robinson、SRK、API 等物性包。

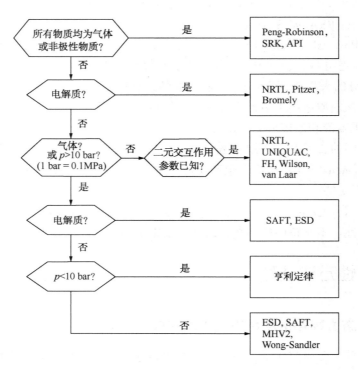

图 3-3　物性包经验选取示意图

3.5.3　使用帮助系统进行选择

Aspen HYSYS 提供了辅助用户选取物性包的帮助系统，该系统会根据组分的物性或者化工处理过程的特点为用户推荐不同类型的物性包，用户可以根据提示进行选取。同样以例 2.1 为例进行说明。

单击 Home 功能区选项卡下 **Method Assistant** 按钮，启动帮助系统，系统提供了两种方法，可以通过组分类型或是化工过程的类型进行选取。以指定组分类型为例，选择 Specify component type。帮助系统提供了三种组分体系类型，即化学体系、烃类体系以及特殊体系，这里选择烃类体系。系统提示用户是否含有原油评价或假组分，选择 No，系统会给用户提供几种物性包作为参考，如图 3-4 所示。

3.5.4　常见体系的物性方法推荐

Aspen HYSYS 的物性包可以帮助用户预测一些混合物的物性，这些混合物包括轻烃体系、复杂的石油混合物和高度非理想的化学体系。Aspen HYSYS 的 Peng-Robinson 方程或 PRSV 方程可严格处理烃类体系，半经验模型和蒸气压模型可处理重烃体系，水蒸气关联式可以准确预测水蒸气的物性，活度系数模型可处理化学体系。但这些方程都有局限性，用户需要对各物性包的适用范围有所了解。表 3-10 列出了对于一些常见体系推荐使用的物性包。

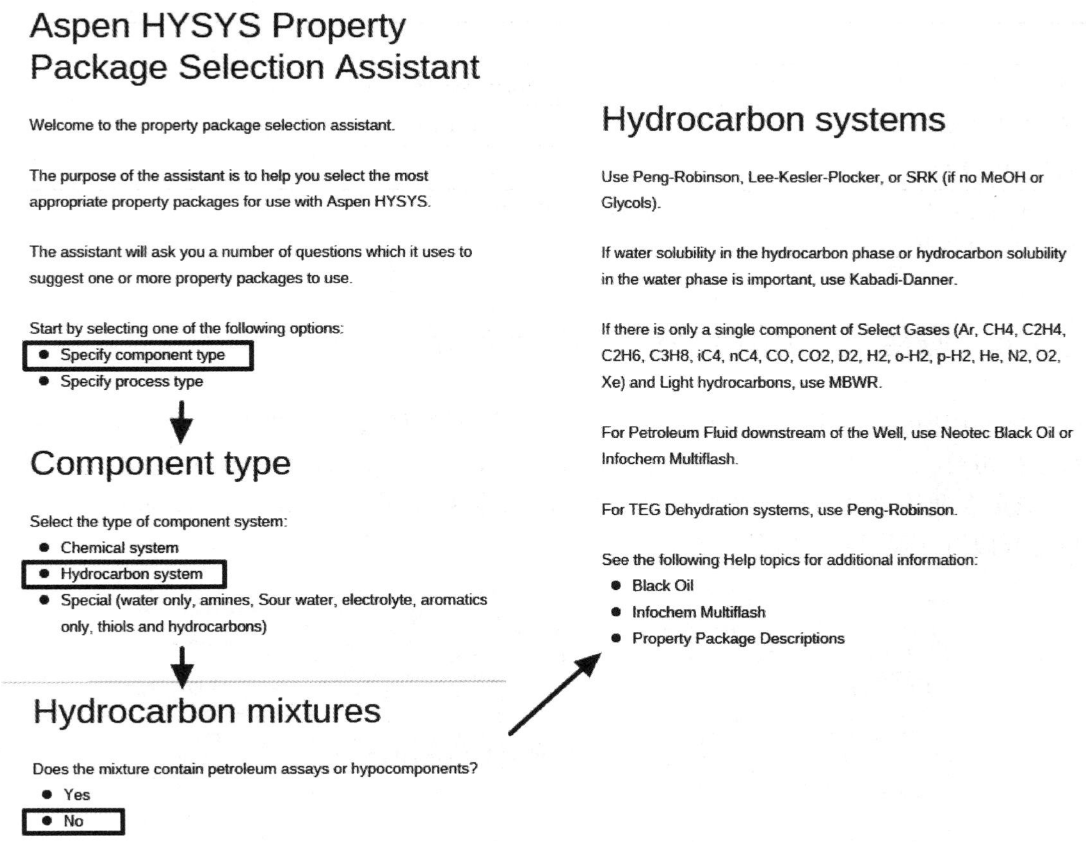

Aspen HYSYS Property Package Selection Assistant

Welcome to the property package selection assistant.

The purpose of the assistant is to help you select the most appropriate property packages for use with Aspen HYSYS.

The assistant will ask you a number of questions which it uses to suggest one or more property packages to use.

Start by selecting one of the following options:

- ● Specify component type
- ● Specify process type

↓

Component type

Select the type of component system:

- ● Chemical system
- ● Hydrocarbon system
- ● Special (water only, amines, Sour water, electrolyte, aromatics only, thiols and hydrocarbons)

↓

Hydrocarbon mixtures

Does the mixture contain petroleum assays or hypocomponents?

- ● Yes
- ● No

Hydrocarbon systems

Use Peng-Robinson, Lee-Kesler-Plocker, or SRK (if no MeOH or Glycols).

If water solubility in the hydrocarbon phase or hydrocarbon solubility in the water phase is important, use Kabadi-Danner.

If there is only a single component of Select Gases (Ar, CH4, C2H4, C2H6, C3H8, iC4, nC4, CO, CO2, D2, H2, o-H2, p-H2, He, N2, O2, Xe) and Light hydrocarbons, use MBWR.

For Petroleum Fluid downstream of the Well, use Neotec Black Oil or Infochem Multiflash.

For TEG Dehydration systems, use Peng-Robinson.

See the following Help topics for additional information:

- ● Black Oil
- ● Infochem Multiflash
- ● Property Package Descriptions

图 3-4 使用帮助系统选取物性包

表 3-10 对常见体系推荐的物性包

体系类型	推荐的物性包
三甘醇脱水体系	Peng-Robinson
酸性水体系	Sour PR
低温气体处理过程	Peng-Robinson，PRSV
空气分离过程	Peng-Robinson，PRSV
原油常压蒸馏塔	PR Options[①]，GS
减压蒸馏塔	PR Options，GS($p<10$ mmHg)，Braun K10，Esso K
乙烯塔	Lee-Kesler Plocker
高含氢体系	Peng-Robinson，ZJ，GS
油藏体系	PR Options
水蒸气体系	SteamPackages，CS，GS
水合物抑制体系	Peng-Robinson
化学体系	PRSV，活度系数模型
氟化氢烷基化体系	PRSV，NRTL

续表

体系类型	推荐的物性包
含芳烃的三甘醇脱水体系	Peng-Robinson
需要关注水在烃相中溶解度的烃类体系	Kabadi Danner
含特定气体[②]和轻烃的体系	MBWR

① PR Options 包括 Peng-Robinson，Sour PR 和 PRSV 状态方程。

② 特定气体包括 Ar、CO、CO_2、D_2、H_2、He、N_2、O_2、Xe。

3.6 假组分(虚拟组分)与物性估算

实际应用中经常遇到 Aspen HYSYS 物性数据库中没有的组分，即假组分(Hypotheticals，也称虚拟组分)。对于假组分，需要在 Aspen HYSYS 的 Hypotheticals Manager(假组分管理器)中选取合适的方法估算其物性，单击 Home 功能区选项卡下**Hypotheticals Manager** 按钮，即可打开假组分管理器，如图 3-5 所示。

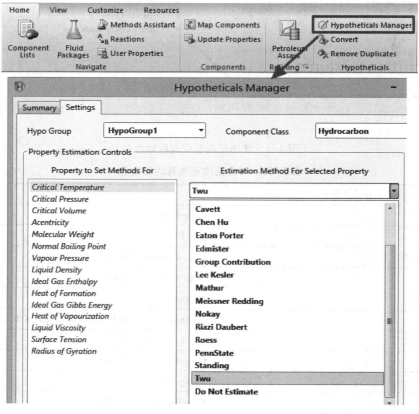

图 3-5 假组分管理器

表 3-11 列出了假组分物性默认的估算方法、可选取的估算方法以及估算该物性会影响到的变量，其中每一物性均可选择不估算。

表3-11 假组分物性的估算方法

物 性	默认估算方法	可选估算方法	影响到的变量
临界温度	若液体密度 $\rho > 1067$ kg/m³ 或正常沸点 $T > 526.85℃$，使用 Lee-Kesler；若正常沸点 $T < 275℃$ 且液体密度 $\rho < 850$ kg/m³，使用 Bergman；其他情况使用 Cavett	Aspen，Bergman，Cavett，Chen Hu，Eaton Porter，Edmister，Group Contribution，Lee-Kesler，Mathur，Meissner Redding，Nokay，Riazi Dauber，Roess，PennState，Standing，Twu	临界温度、标准液体密度、COSTALD 变量、黏度
临界压力	若液体密度 $\rho > 1067$ kg/m³ 或正常沸点 $T > 526.85℃$，使用 Lee-Kesler；若正常沸点 $T < 275℃$ 且液体密度 $\rho < 850$ kg/m³，使用 Bergman；其他情况使用 Cavett	Aspen，Bergman，Cavett，Edmister，Group Contribution，Lee-Kesler，Lydersen，Mathur，PennState，Riazi Daubert，Rowe，Standing，Twu	临界压力、标准液体密度、COSTALD 变量、黏度
临界体积	Pitzer	Group Contribution，Pitzer，Twu	临界体积、标准液体密度、COSTALD 变量、黏度
偏心因子	对于烃类使用 Lee-Kesler；其他情况使用 Cavett	Bergman，Edmister，Lee-Kesler，Pitzer，Pitzer Curl，Robinson Peng，Twu	标准液体密度、COSTALD 变量、黏度
相对分子质量	若正常沸点 $T < 68.33℃$，使用 Begman；其他情况使用 Lee-Kesler	API，Aspen，Aspen Leastq，Bergman，Hariu Sage，Katz Firoozabadi，Katz Nokay，Lee-Kesler，PennState，Riazi Daubert，Robinson Peng，Twu，Whitson	相对分子质量
正常沸点	Aspen HYSYS 专有方法	—	正常沸点、黏度
蒸气压	对于烃类，使用 Lee-Kesler；其他情况使用 Riedel	Gomez Thodos，Lee-Kesler	Antoine 系数、PRSV_kappa
液体密度	Yen-Woods	Bergman，BergmanPNA，Chueh Prausnitz，Gunn Yamada，Hariu Sage，Katz Firuzabadi，Lee-Kesler，Twu，Whitson，Yarborough，Yen Woods	标准液体密度、COSTALD 变量
理想气体焓变	Cavett	Cavett，Fallon Watson，Group Contribution，Lee-Kesler，Modified Lee-Kesler	理想 H 系数
生成热	对于在 UNIFAC 组中定义的化学结构使用 Joback；其他情况使用公式 $$\frac{H_{f(\text{Octane})} \cdot MW}{MW_{(\text{Octane})}}$$ 式中 $H_{f(\text{Octane})}$——辛烷的生成热；MW——相对分子质量；$MW_{(\text{Octane})}$——辛烷的相对分子质量	Group Contribution	生成热、燃烧热
理想气体吉布斯自由能	Aspen HYSYS 的专有方法	Group Contribution	Gibbs 系数
蒸发焓	双参考流体(苯和咔唑)	Chen，Pitzer，Riedel，Two Reference1，Vetere	Cavett 变量
液相黏度	对于非烃类或正常沸点 $T < -3.15℃$，使用 Letsou Stiel；对于烃类或正常沸点 $T < 61.85℃$，使用 NBS 黏度；其他情况使用 Twu	Aspen HYSYS，Proprietary，Letsou-Stiel	黏度

续表

物　　性	默认估算方法	可选估算方法	影响到的变量
表面张力	Brock Bird	Brock-Bird，Gray，Hakin，Sprow Prausnitz	表格变量
回转半径	Aspen HYSYS 专有方法	Default Only	临界温度、临界压力、正常沸点、相对分子质量、标准液体密度

　　在定义假组分时，有一些物性的估算方法是系统默认的，用户无法自定义，Aspen HYSYS 会根据用户提供的信息选取估算方法，表 3-12 列出了这些物性和系统默认的估算方法。

表 3-12　系统默认的估算方法

物　　性	默认的估算方法
液体焓	使用已计算出的液体比热容估算
气体焓	液体焓+蒸发焓
Chao Seader 摩尔体积	若临界温度 $T_c > 26.85℃$，使用 25℃、1 atm 下 COSTALD 法的计算值；其他情况使用 15℃下的液体密度 ρ 计算
Chao Seader 偏心因子	使用组分的偏心因子
Chao Seader 溶解度参数	若临界温度 $T_c > 26.85℃$，使用 Waston 蒸发焓，其他情况值为 5.0
Cavett 参数	双参考流体(苯和咔唑)法
偶极矩	没有可供选取的估算方法，将值设为 0
燃烧焓	没有可供选取的估算方法，将值设为<empty>
COSTALD 特征体积	若正常沸点 $T < 68.33℃$，使用 Begman，其他情况使用 Katz-Firoozabadi
液相黏度系数 A 和 B	对于非烃类或正常沸点 $T < -3.15℃$ 的物质，选取 Letsou Stiel 法计算；对于烃类或正常沸点 $T < 61.85℃$ 的物质，选取 NBS 计算黏度；其他情况选取 Twu
气相黏度	Chung 法
PRSV Kappa1	用 Antoine 方程计算蒸气压
K 因子	用 Antoine 方程计算蒸气压

　　Aspen HYSYS 中用户定义假组分所需的最少信息为以下几种之一。

① 若 $NBP < 371℃$，可只提供 NBP 数据；

② 若 $NBP > 371℃$，可只提供 NBP 数据和理想液体密度的信息；

③ 可只提供分子质量和液体密度的信息；

④ 可只提供 UNIFAC 结构信息。

注：用户提供的假组分的信息越多，对体系真实行为的描述就越准确。

　　用户应注意，在输入数据信息创建假组分时，对输入的数据信息要仔细判断，以免假组分不能正常添加到模拟流程中。

　　下面通过例 3.2 介绍假组分的添加过程。

　　【例 3.2】　用一个假组分 C_{7+} 来表示天然气中 C_7 及 C_7 以上组分，已知该假组分的正常沸点为 110℃。请估算该假组分的物性，并比较 C_{7+}、正庚烷和正辛烷的物性。

本例模拟步骤如下：

（1）新建模拟　启动 Aspen HYSYS，新建空白模拟，单位集选择 SI，文件保存为 Example3.2-Hypothetical Properties Calculation.hsc。

（2）创建组分列表　进入**Component Lists**页面，在 Select 下拉列表框中选择 Hypothetical（假组分），在 Method 下拉列表框中选择 Create and Edit Hypos（创建和编辑假组分），单击**New Hypo**（新建假组分）按钮新建一个假组分 Hypo20000*，单击**Add**按钮将其添加至组分列表中，如图3-6所示。

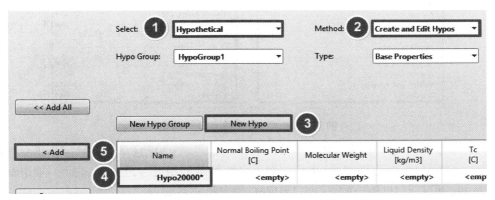

图3-6　添加假组分

（3）估算假组分物性　双击假组分 Hypo20000*，在**Hypo20000* | ID**页面将 Component Name（组分名称）改为 C_{7+}；进入**C7+* | Critical**页面，输入假组分 C_{7+} 正常沸点110℃，单击**Estimate Unknown Props**按钮，估算假组分 C_{7+} 物性，如图3-7所示。

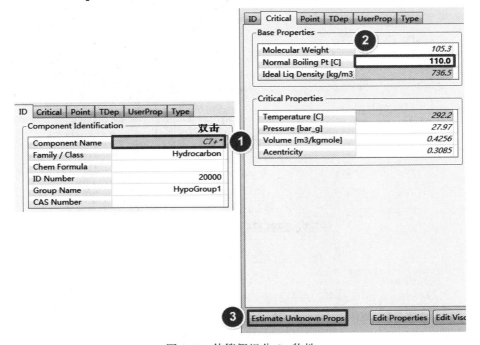

图3-7　估算假组分 C_{7+} 物性

(4) 比较物性　在组分列表中添加 n-Heptane(正庚烷)和 n-Octane(正辛烷), 分别双击 n-Heptane 和 n-Octane, 进入**n-Heptane | Critical** 页面和**n-Octane | Critical** 页面, 查看正庚烷和正辛烷物性, 如图 3-8 所示, 假组分 C_{7+} 的相对分子质量为 105.3, 介于正庚烷和正辛烷之间。

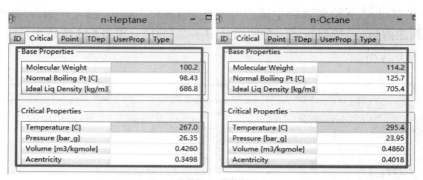

图 3-8　查看正庚烷和正辛烷物性

很多估算方法在进行估算时需要 UNIFAC 结构信息, UNIFAC 结构通过 UNIFAC Component Builder(UNIFAC 组分搭建器)生成。双击已添加的假组分, 进入**ID** 页面, 单击**Structure Builder** 按钮, 可打开如图 3-9 所示的 UNIFAC 组分搭建器窗口。

从图 3-9 可以看出, UNIFAC 组分搭建器由表 3-13 中的对象构成。

图 3-9　UNIFAC 组分搭建器

表 3-13 UNIFAC 组分搭建器的构成对象

对　　象	说　　明
UNIFAC Structure（UNIFAC 结构）	在 UNIFAC 结构栏下显示基团类型和数目
Add Group(s)（添加基团）	从可用的 UNIFAC 组列表框中选择基团添加到 UNIFAC 结构组中
Delete Group（删除基团）	删除在 UNIFAC 结构组中当前选定的基团
Free Bonds（自由键）	显示当前 UNIFAC 结构中自由键的数目，当结构完整时，自由键数为 0
Status Bar（状态条）	状态条位于组分搭建器窗口的中心，表明 UNIFAC 结构的当前状态。当结构不完整时显示红色，完整时显示绿色，出现多分子时显示黄色
Available UNIFAC Groups（可用 UNIFAC 基团）	包含所有可用的 UNIFAC 基团
UNIFAC Structure（UNIFAC 结构输入框）	显示正在构建的分子的化学结构
UNIFAC Calculated Base Properties（UNIFAC 计算的基础物性）	显示假组分的相对分子质量、关于 UNIFAC 结构的 UNQUAC-R 参数和 UNIQUAC-Q 参数
UNIFAC Calculated Critical Properties（UNIFAC 计算的临界性质）	显示使用 UNIFAC 结构计算的假组分的临界性质

有三种方法可以将基团添加到 UNIFAC 结构中，见表 3-14。

表 3-14 添加基团到 UNIFAC 结构的方法

方　　法	说　　明
单击基团添加	在 UNIFAC Structure Groups 列表框中找到想要添加的基团，选中后单击 **Add Group (s)** 按钮即可
使用基团数目添加	若要添加多个相同的基团，先添加基团，然后在 How Many 列中输入数目即可
在 UNIFAC 结构输入框中输入	在 UNIFAC 结构输入框中输入想要添加的基团，Aspen HYSYS 会自动将其添加到 UNIFAC 结构

注：若要在 UNIFAC 结构中添加多个相同基团，输入基团的数量和基团名，用空格隔开即可。例如，输入"3 CH$_2$"即添加了三个—CH$_2$—到 UNIFAC 结构中。

下面通过例 3.3 和例 3.4 分别介绍 UNIFAC 组分搭建器的应用和二元交互作用参数的估算。

【例 3.3】　莰烯是一种无色或微黄晶体，主要用作有机合成原料，可用于合成樟脑、香料、农药等。现要求：

（1）假设该物质的正常沸点等物性未知，请用 UNIFAC 组分搭建器进行物性估算，并将估算的物性与 Aspen HYSYS 数据库中该物质的物性进行比较；

（2）若已知该物质的正常沸点为 160.5℃，用同样的方法估算其他物性，比较估算结果的差异。

莰烯的分子结构式如图 3-10 所示。莰烯的 UNIFAC 基团及各基团在莰烯中出现的次数如表 3-15 所示。

图 3-10　莰烯分子结构式

表 3-15　莰烯的 UNIFAC 基团及出现次数

基　　团	基团编号	出现次数	基　　团	基团编号	出现次数
—C=CH$_2$	7	1	—CH—	3	2
—CH$_3$	1	2	—C—	4	1
—CH$_2$—	2	3	—	—	—

本例模拟步骤如下：

（1）新建模拟　启动 Aspen HYSYS，新建空白模拟，单位集选择 SI，文件保存为 Example3.3-UNIFAC Component Builder. hsc。

（2）创建组分列表　首先添加数据库中的组分，进入 **Component Lists** 页面，添加 Camphene（莰烯）。然后创建假组分，在 Select 下拉列表框中选择 Hypothetical，在 Method 下拉列表框中选择 Create and Edit Hypos，单击**New Hypo** 按钮新建一个假组分 Hypo20000*，单击**Add** 按钮将其添加至组分列表中，如图 3-11 所示。

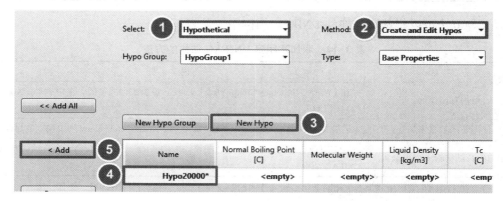

图 3-11　添加假组分

（3）输入 UNIFAC 结构　双击假组分 Hypo20000*，在**Hypo20000*｜ID** 页面单击**Structure Builder** 按钮，打开 UNIFAC 组分搭建器窗口，根据表 3-15 输入莰烯的 UNIFAC 结构信息，如图 3-12 所示。

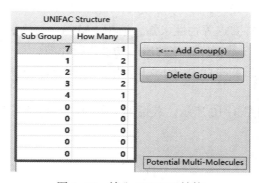

图 3-12　输入 UNIFAC 结构

（4）估算物性 关闭 UNIFAC 组分搭建器，进入 **Hypo20000* | Critical** 页面，单击 **Estimate Unknown Props** 按钮估算莰烯物性，查看估算结果；在组分列表中双击 Camphene，进入 **Camphene | Critical** 页面，查看 Aspen HYSYS 数据库中莰烯的物性数据。假组分物性与数据库组分物性比较如图 3-13 所示，可以看出正常沸点、理想液体密度、临界温度和偏心因子的估算值与数据库中的值存在较大误差。

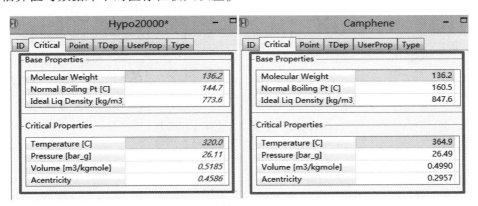

图 3-13 假组分物性与数据库组分物性比较

（5）输入正常沸点重新估算 在 **Hypo20000* | Critical** 页面输入莰烯的正常沸点 160.5℃，单击 **Estimate Unknown Props** 按钮，重新估算莰烯物性，估算结果如图 3-14 所示。

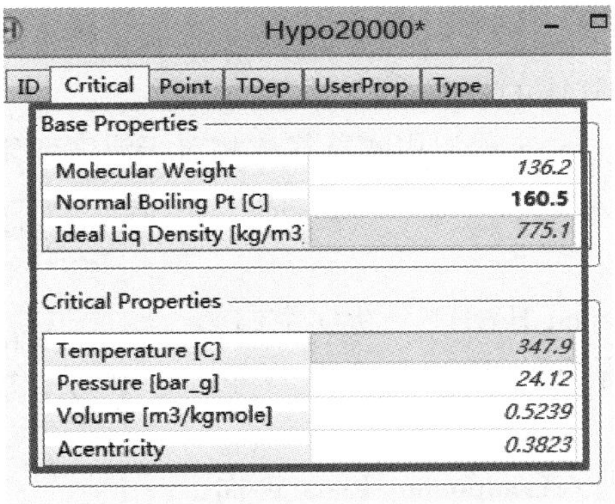

图 3-14 查看结果

由图 3-14 可以看出，输入正常沸点后临界温度和偏心因子的估算值与数据库值的误差大幅缩小。由于用户提供的假组分信息越多，对体系真实行为的描述就越准确，在创建假组分时应尽可能多地输入假组分信息。

【例 3.4】 使用 UNIFAC 法估算莰烯和水的液液平衡二元交互作用参数。物性包选取 NRTL。

本例模拟步骤如下：

（1）新建模拟 启动 Aspen HYSYS，新建空白模拟，单位集选择 SI，文件保存为 Example3.4-Interaction Parameters Estimation. hsc。

（2）创建组分列表 进入 **Component Lists** 页面，添加 Camphene(莰烯)和 H_2O(水)。

（3）定义流体包 进入 **Fluid Packages** 页面，选取物性包 NRTL。

（4）估算二元交互作用参数　进入 **Fluid Packages｜Basis−1｜Binary Coeffs** 页面，在 Coeff Estimation 选项区域选择 UNIFAC LLE 单选按钮，可以看到缺少二元交互作用参数，单击 **All Binaries** 按钮，估算莰烯和水的二元交互作用参数，如图 3-15 所示。

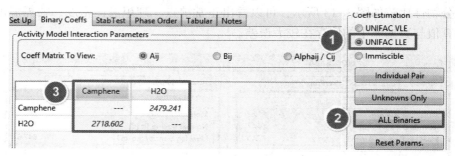

图 3-15　估算二元交互作用参数

3.7　物性分析

完成物性包选取后，用户需要分析模型预测的物性来确保结果可靠。用户可以使用 Equilibrium Plots（相平衡图）模块绘制二元体系相图，也可以使用 Case Studies（工况分析）工具绘制曲线以便理解预测的物性特征。

3.7.1　蒸气压（Vapor Pressure）

下面通过例 3.5 介绍蒸气压的查看。

【例 3.5】　使用 Aspen HYSYS 作出甲醇蒸气压相对于温度变化（0~200℃）的曲线，并查询 100℃时甲醇的蒸气压。物性包选取 Peng- Robinson。

本例模拟步骤如下：

（1）新建模拟　启动 Aspen HYSYS，新建空白模拟，单位集选择 SI，文件保存为 Example3.5-Vapor Pressure Analysis. hsc。

（2）创建组分列表　进入 **Component Lists** 页面，添加 Methanol（甲醇）；在组分列表中双击 Methanol，进入 **Methanol｜TDep** 页面，选择 Vapor Pressure 单选按钮，查看 Antoine 蒸气压方程和甲醇的 Antoine 系数，如图 3-16 所示。

（3）定义流体包　进入 **Fluid Packages** 页面，选取物性包 Peng-Robinson。

（4）添加物流　单击 **Simulation** 按钮进入模拟环境，从对象面板添加物流 Methanol；双击物流 Methanol，进入 **Methanol｜Worksheet｜Conditions** 页面，输入物流 Methanol 气相分数 0，流量 1kmol/h，并任意输入一个温度，本例输入 20℃；双击物流 Methanol 摩

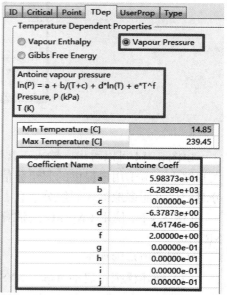

图 3-16　查看 Antoine 方程和甲醇的 Antoine 系数

尔流量数值，输入甲醇摩尔分数 1，单击**OK** 按钮，如图 3-17 所示。

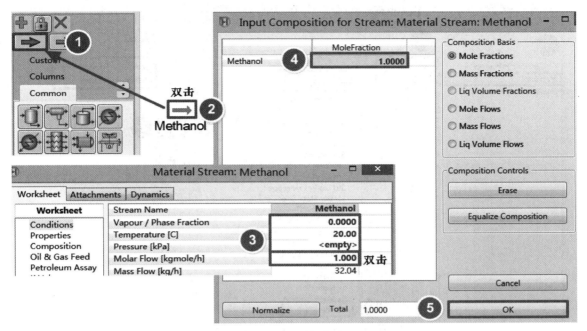

图 3-17　添加物流

（5）绘制曲线　单击 Home 功能区选项卡下 **Case Studies** 按钮，进入 **Case Studies** 页面，单击 **Add** 按钮，添加一个工况分析 Case Study 1；进入 **Case Studies | Case Study 1 | Variable Selection** 页面，单击 **Find Variables** 按钮，如图 3-18 所示；进入 **Variable Navigator**（变量导航）窗口，选择 Methanol | Temperature 和 Methanol | Pressure，单击 **Done** 按钮，如图 3-19 所示。

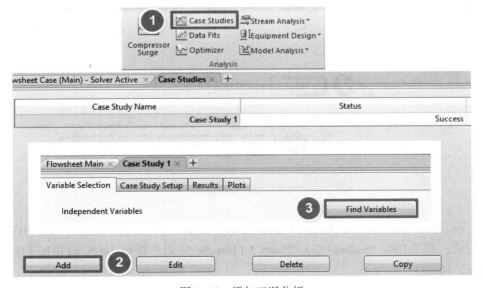

图 3-18　添加工况分析

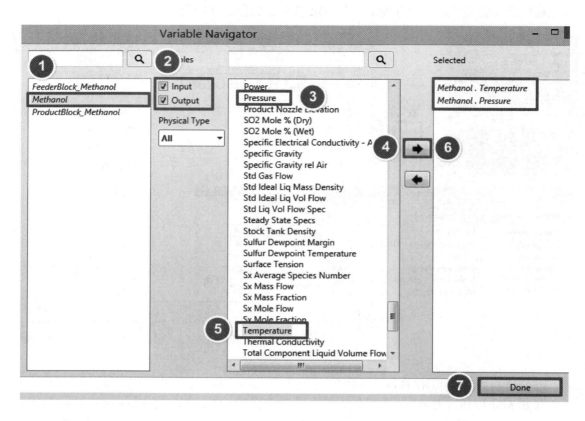

图 3-19　选择变量

进入 **Case Studies | Case Study 1 | Case Study Setup** 页面，在自变量变化范围和步长单元格中输入起点 0℃，终点 200℃ 和步长 5℃，如图 3-20 所示，单击 **Run** 按钮，运行工况分析。

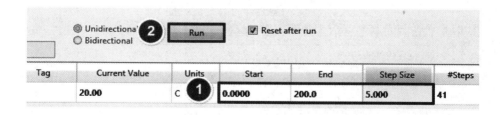

图 3-20　绘制曲线

（6）查看结果　进入 **Case Studies | Case Study 1 | Plots** 页面，查看甲醇蒸气压相对于温度变化的曲线；进入 **Case Studies | Case Study 1 | Results** 页面，查得 100℃ 时甲醇的蒸气压为 330.1kPa，如图 3-21 所示。

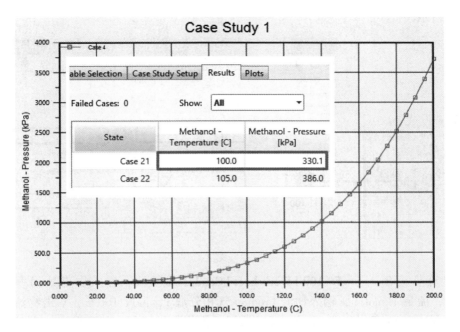

图 3-21 查看结果

3.7.2 蒸发焓(Enthalpy of Vaporization)

纯组分的蒸发焓(Heat of Vaporization，也称蒸发热)定义为单位物质的量或质量的纯物质在恒定温度及该温度的平衡压力下从饱和液体变为饱和蒸气时对应的焓变。Aspen HYSYS 中，混合物的蒸发焓定义为在相同压力下泡点与露点之间的焓差。由于考虑了混合效应，而且将温度升高至露点需要额外的能量(显热)，所以混合物的蒸发焓高于各个纯组分的蒸发焓。通常情况下，如果 Aspen HYSYS 无法执行泡点或露点计算，则不计算蒸发焓。例如，在临界点以上，不存在饱和蒸气(露点)和饱和液体(泡点)，因此蒸发焓无意义。

蒸发焓在冷凝器和再沸器设计中较为重要，在决定安全阀泄放量时也需要用到流体的蒸发焓。

下面通过例 3.6 介绍蒸发焓的计算和物性表的应用。

【例 3.6】 计算水在 100℃下的蒸发焓，并添加一个物性表，计算 100~300℃ 范围内饱和水蒸气的质量焓、质量熵、压力和密度。物性包选取 NBS Steam。

本例模拟步骤如下：

(1) 新建模拟 启动 Aspen HYSYS，新建空白模拟，单位集选择 SI，文件保存为 Example3.6-Enthalpy of Vaporization Calculation. hsc。

(2) 创建组分列表 进入**Component Lists** 页面，选择 H_2O(水)。

(3) 定义流体包 进入**Fluid Packages** 页面，选取物性包 NBS Steam。

(4) 建立流程 单击**Simulation** 按钮进入模拟环境，从对象面板选择 Heater 模块添加到流程中；双击加热器 E-100，进入**E-100 | Design | Connections** 页面，建立物流及能流连接，

如图 3-22 所示。

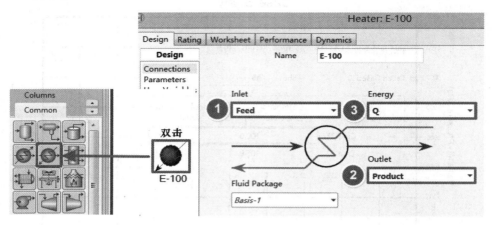

图 3-22　建立流程

（5）计算蒸发焓　进入 **E-100 | Worksheet | Conditions** 页面，输入物流 Feed 气相分数 0，温度 100℃，流量 1kmol/h，输入物流 Product 气相分数 1，温度 100℃；双击物流 Feed 摩尔流量数值，输入水的摩尔分数 1，单击 **OK** 按钮，模拟自动运行，流程收敛，能流 Q 的 Heat Flow(热流量)值即为水的蒸发焓。物流的蒸发焓也可直接查看，双击物流 Feed，进入 **Feed | Worksheet | Properties** 页面，查看物流 Feed 的蒸发焓，与通过加热器计算出的蒸发焓相同，如图 3-23 所示。

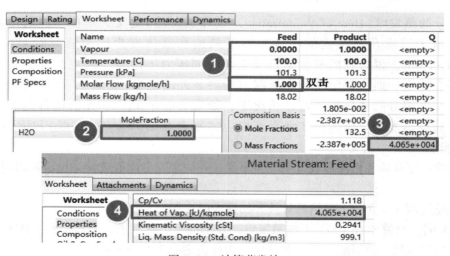

图 3-23　计算蒸发焓

（6）添加物性表　在 Home 功能区选项卡下的 Stream Analysis(物流分析)下拉列表框中选择 Property Table(物性表)，在弹出的 Select Process Stream 对话框中选择物流 Product，单击 **OK** 按钮。在导航窗格中单击 Property Table-Product，进入 **Stream Analysis | Property Table-Product | Design | Connections** 页面，Variable 1(变量 1)选择 Temperature(温度)，输入下限 100℃，上限 300℃，Variable 2(变量 2)选择 Vapour Fraction(气相分数)，Mode(模式)选择 State(状态)，输入气相分数 1，如图 3-24 所示。

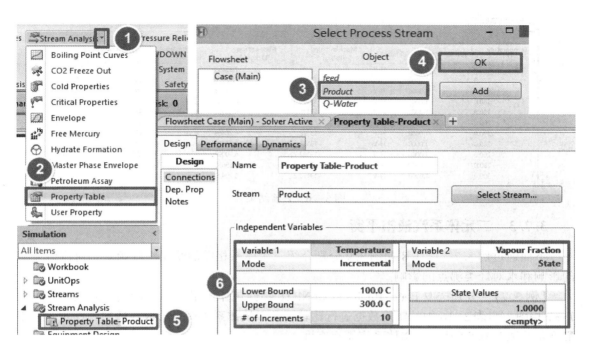

图 3-24 添加物性表

进入 **Stream Analysis | Property Table-Product | Design | Dep. Prop** 页面，单击 **Add** 按钮，选择 Mass Enthalpy（质量焓），单击 **OK** 按钮添加物性，按相同方法依次添加 Mass Entropy（质量熵），Pressure（压力）和 Mass Density（密度），如图 3-25 所示。完成后单击 **Calculate** 按钮进行计算，进入 **Stream Analysis | Property Table-Product | Performance | Table** 页面，查看饱和水蒸气的物性计算结果，如图 3-26 所示。

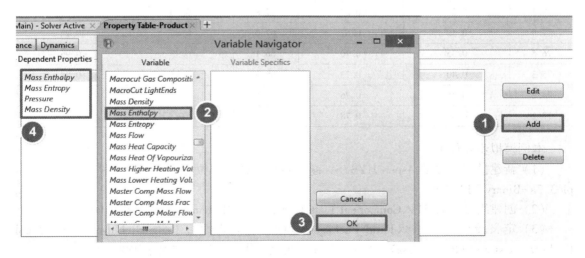

图 3-25 添加物性

Temperature [C]	Vapour Fraction	Phases	Mass Enthalpy [kJ/kg]	Mass Entropy [kJ/kg-C]	Pressure [kPa]	Mass Density [kg/m3]
100.0	1.0000	H-V	-13248.2	7.35453	101.322	0.597499
120.0	1.0000	H-V	-13217.7	7.12978	198.483	1.12083
140.0	1.0000	H-V	-13190.1	6.93023	361.195	1.96466
160.0	1.0000	H-V	-13166.0	6.75031	617.664	3.25634
180.0	1.0000	H-V	-13146.2	6.58532	1001.93	5.15391
200.0	1.0000	H-V	-13131.4	6.43128	1553.65	7.85416
220.0	1.0000	H-V	-13122.7	6.28469	2317.85	11.6067
240.0	1.0000	H-V	-13121.0	6.14233	3344.67	16.7386
260.0	1.0000	H-V	-13127.7	6.00090	4689.45	23.7001
280.0	1.0000	H-V	-13144.8	5.85658	6413.15	33.1521
300.0	1.0000	H-V	-13175.2	5.70422	8583.78	46.1535

图 3-26 查看结果

3.7.3 二元体系汽液相平衡

下面通过例 3.7、例 3.8 和例 3.9 分别介绍二元体系相图的绘制、气相缔合对汽液平衡的影响和水对烃类沸点的影响。

【例 3.7】 分别选取 Peng-Robinson 和 NRTL 物性包作出甲醇-水体系在 101.3kPa 下的 $T-xy$ 相图,与表 3-16 中的实验数据进行比较。并以该体系为例,选取合适的物性包介绍甲醇摩尔分数为 0.5 的甲醇-水体系泡露点查询。

表 3-16 甲醇-水体系汽液平衡实验数据($p=101.3$kPa)

温度 T/℃	液相甲醇摩尔分数 x	气相甲醇摩尔分数 y	温度 T/℃	液相甲醇摩尔分数 x	气相甲醇摩尔分数 y
100.0	0	0.00	72.2	0.55	0.81
92.4	0.05	0.28	71.3	0.60	0.83
87.5	0.10	0.43	70.4	0.65	0.85
84.0	0.15	0.52	69.6	0.70	0.87
81.5	0.20	0.59	68.7	0.75	0.89
79.5	0.25	0.64	67.8	0.80	0.92
77.9	0.30	0.67	67.0	0.85	0.94
76.5	0.35	0.70	66.1	0.90	0.96
75.3	0.40	0.73	65.3	0.95	0.98
74.2	0.45	0.76	64.5	1	1.00
73.1	0.50	0.78	—	—	—

本例模拟步骤如下:

(1)新建模拟 启动 Aspen HYSYS,新建空白模拟,单位集选择 SI,文件保存为 Example3.7a-Binary VLE. hsc。

(2)创建组分列表 进入**Component Lists** 页面,添加 Methanol(甲醇)和 H_2O(水)。

(3)定义流体包 进入 **Fluid Packages** 页面,选取物性包 Peng-Robinson,进入 **Fluid Packages | Basis-1 | Binary Coeffs** 页面,查看二元交互作用参数,本例采用默认值。

(4)添加模块 单击 **Simulation** 按钮进入模拟环境,按 **F12** 键打开模块选择窗口,在 Categories(类型)选项区域选择 Extensions(扩展操作),在 Available Unit Operations(可用的单

元操作)列表框中选择 Equilibrium Plots 模块，单击 **Add** 按钮。

（5）使用 Peng-Robinson 物性包绘制相图 在 **op-100 | Binary** 页面的 Plot Data（绘图数据）下拉列表框中选择 TXY Plot（T-xy 相图），在 Available（可用）列表框中依次选择 Methanol 和 H_2O，单击 **Add Comp** 按钮添加组分，输入体系压力 101.3kPa，单击 **Plot** 按钮，得到使用 Peng-Robinson 物性包绘制的甲醇-水体系在 101.3kPa 下的 T-xy 相图，如图 3-27 所示；单击 **View Table** 按钮查看 Peng-Robinson 物性包计算的汽液平衡数据，如图 3-28 所示。

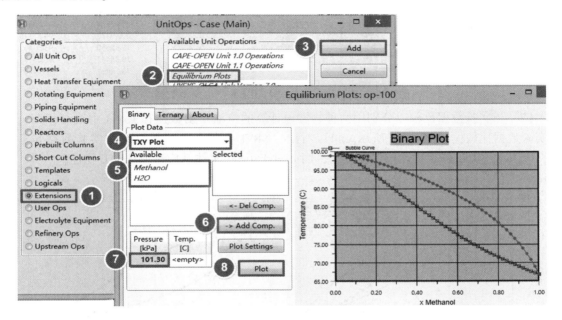

图 3-27 使用 Peng-Robinson 物性包绘制相图

x Methanol (mole)	Bubble Point [C]	Dew Point [C]
0.00000	99.95206	99.95406
0.02000	99.52009	99.71168
0.04000	99.02989	99.46103
0.06000	98.48516	99.20029
0.08000	97.89019	98.92978
0.10000	97.24948	98.64970
0.12000	96.56776	98.36021
0.14000	95.85063	98.06140
0.16000	95.10218	97.75342
0.18000	94.32729	97.43581
0.20000	93.53066	97.10897
0.22000	92.71722	96.77263

图 3-28 查看 Peng-Robinson 物性包计算的汽液平衡数据

（6）使用 NRTL 物性包绘制相图 将文件另存为 Example3.7b-Binary VLE.hsc，进入物性环境的 **Fluid Packages | Basis-1 | Set Up** 页面将物性包改为 NRTL，进入 **Fluid Packages | Basis-1 | Binary Coeffs** 页面，查看二元交互作用参数，采用默认值。按步骤（5）重新绘制甲醇-水体系在 101.3kPa 下的 T-xy 相图，并查看汽液平衡数据，如图 3-29 所示。

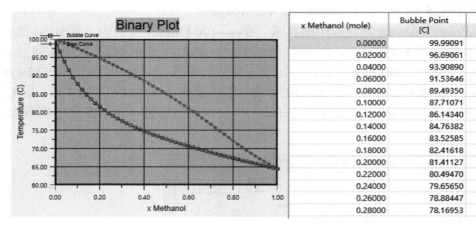

x Methanol (mole)	Bubble Point [C]	Dew Point [C]
0.00000	99.99091	99.99252
0.02000	96.69061	99.50284
0.04000	93.90890	99.00683
0.06000	91.53646	98.50353
0.08000	89.49350	97.99257
0.10000	87.71071	97.47621
0.12000	86.14340	96.94624
0.14000	84.76382	96.41044
0.16000	83.52585	95.86604
0.18000	82.41618	95.31257
0.20000	81.41127	94.74973
0.22000	80.49470	94.17719
0.24000	79.65650	93.59462
0.26000	78.88447	93.00136
0.28000	78.16953	92.39765

图 3-29　查看 NRTL 物性包相图和汽液平衡数据

（7）与实验数据比较　分别用两种物性包计算的汽液平衡数据在 Excel 中绘制相图，并与实验数据比较，如图 3-30 所示。可以看出，NRTL 物性包的计算结果与实验数据非常吻合，而 Peng-Robinson 物性包误差较大，因此对于甲醇-水体系应选取 NRTL 物性包。

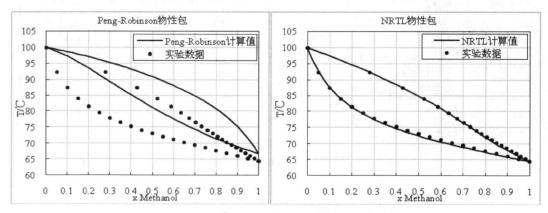

图 3-30　计算值与实验数据比较

（8）查询泡露点　进入 **op-100 | Binary** 页面单击 **View Table** 按钮查看汽液平衡数据，可知甲醇摩尔分数为 0.5 时的泡点为 72.5℃，露点为 84.9℃，如图 3-31 所示。

x Methanol (mole)	Bubble Point [C]	Dew Point [C]
0.48000	72.93643	85.68065
0.50000	72.52881	84.93155
0.52000	72.13367	84.16599
0.54000	71.74969	83.38496

图 3-31　查询泡露点

【例 3.8】　作出 101.3kPa 下乙酸-水体系的汽液平衡相图，并比较考虑与不考虑乙酸气相缔合对结果的影响。物性包选取 NRTL，气相模型分别选取 Ideal 与 Virial。

本例模拟步骤如下：

（1）新建模拟　启动 Aspen HYSYS，新建空白模拟，单位集选择 SI，文件保存为 Example3. 8a-Vapor Association. hsc。

（2）创建组分列表 进入**Component Lists** 页面，添加 AceticAcid（乙酸）和 H_2O（水）。

（3）定义流体包（不考虑乙酸气相缔合） 进入**Fluid Packages** 页面，选取物性包 NRTL，气相模型选取 Ideal，进入**Fluid Packages | Basis-1 | Binary Coeffs** 页面，查看二元交互作用参数，本例采用默认值。

（4）添加模块 单击**Simulation** 按钮进入模拟环境，按**F12** 键打开模块选择窗口，选择 Equilibrium Plots 模块，单击**Add** 按钮。

（5）绘制相图 在**op-100 | Binary** 页面的 Plot Data 下拉列表框中选择 TXY Plot，在 Selected（选择）列表框中依次添加 AceticAcid 和 H_2O，输入体系压力 101.3kPa，单击**Plot** 按钮，绘制乙酸-水体系在 101.3kPa 下的 $T\text{-}xy$ 相图，如图 3-32 所示。从图中可以看出，乙酸-水体系存在共沸点，与实际情况不符。

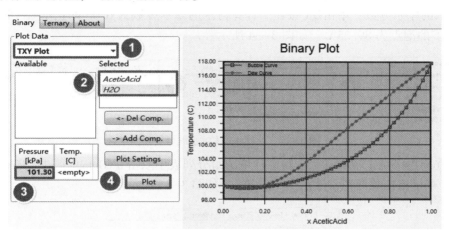

图 3-32 绘制乙酸-水体系相图（不考虑乙酸气相缔合）

（6）考虑乙酸气相缔合 将文件另存为 Example3. 8b-Vapor Association. hsc，进入物性环境的**Fluid Packages | Basis-1 | Set Up** 页面将气相模型改为 Virial，进入**Fluid Packages | Basis-1 | Binary Coeffs** 页面，查看二元交互作用参数，采用默认值。按步骤（5）重新绘制乙酸-水体系在 101.3kPa 下的 $T\text{-}xy$ 相图，如图 3-33 所示。图中不存在共沸点，符合实际情况。

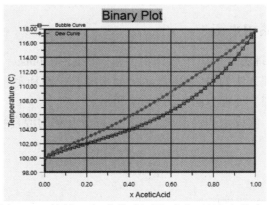

图 3-33 绘制乙酸-水体系相图（考虑乙酸气相缔合）

【例3.9】 计算水的摩尔分数为 0.05 的正辛烷-水混合物在 101.3kPa 下的泡点，并与正辛烷的正常沸点比较。物性包选取 Peng-Robinson。

本例模拟步骤如下：

(1) 新建模拟　启动 Aspen HYSYS，新建空白模拟，单位集选择 SI，文件保存为 Example3.9-Bubble Point Calculation. hsc。

(2) 创建组分列表　进入**Component Lists** 页面，添加 n-Octane(正辛烷)和 H$_2$O(水)。

(3) 定义流体包　进入 **Fluid Packages** 页面，选取物性包 Peng-Robinson，进入**Fluid Packages | Basis-1 | Binary Coeffs** 页面，查看二元交互作用参数，本例采用默认值。

(4) 计算正辛烷-水混合物泡点　单击**Simulation** 按钮进入模拟环境，从对象面板添加物流 Mixture；双击物流 Mixture，进入**Mixture | Worksheet | Conditions** 页面，输入物流 Mixture 气相分数 0，压力 101.3kPa，流量 1kmol/h；双击物流 Mixture 摩尔流量数值，按题目信息输入正辛烷和水的摩尔分数，单击**OK** 按钮。计算得水的摩尔分数为 0.05 的正辛烷-水混合物在 101.3kPa 下的泡点为 89.25℃，如图 3-34 所示。

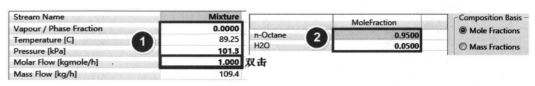

图 3-34　计算正辛烷-水混合物泡点

(5) 查询正辛烷正常沸点　在物性环境的组分列表中双击 n-Octane，进入**Methane | Critical** 页面，查得正辛烷的正常沸点为 125.7℃，如图 3-35 所示。

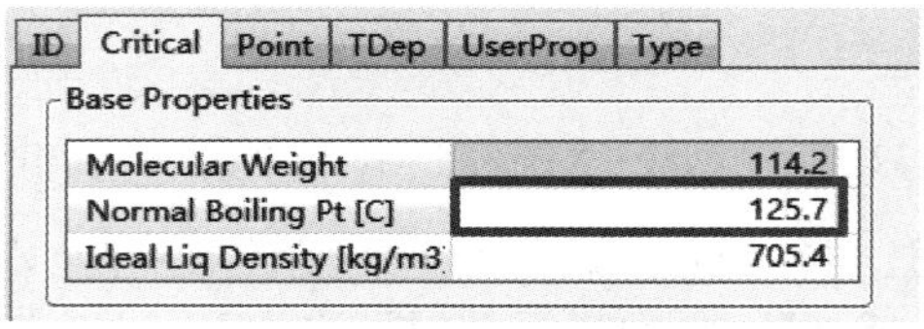

ID	Critical	Point	TDep	UserProp	Type
Base Properties					
Molecular Weight					114.2
Normal Boiling Pt [C]					125.7
Ideal Liq Density [kg/m3]					705.4

图 3-35　查询正辛烷正常沸点

可以看出，在相同压力下，水和正己烷混合物的泡点低于纯正己烷的沸点。本例说明水可降低某些化合物的沸点使其更易挥发，这也是水蒸气在汽提塔中的作用原理之一。

3.7.4　烃-水体系相平衡

烃-水体系中水的处理方式取决于所选物性包。Peng-Robinson，PRSV 和活度系数模型可以严格地处理水，处理方法如图 3-36 所示；而半经验模型和蒸气压模型将水相作为纯水使用蒸汽表关联式来处理，处理方法如图 3-37 所示。

在蒸汽表关联式中，假设水和烃形成理想的、部分互溶的混合物，由以下关系式计算水的 K 值。

$$K_w = \frac{p^0}{x_s p} \qquad (3-15)$$

式中　p^0——蒸汽表中水的蒸气压；

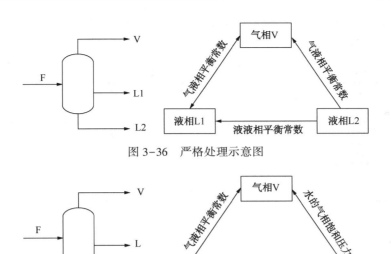

图 3-36　严格处理示意图

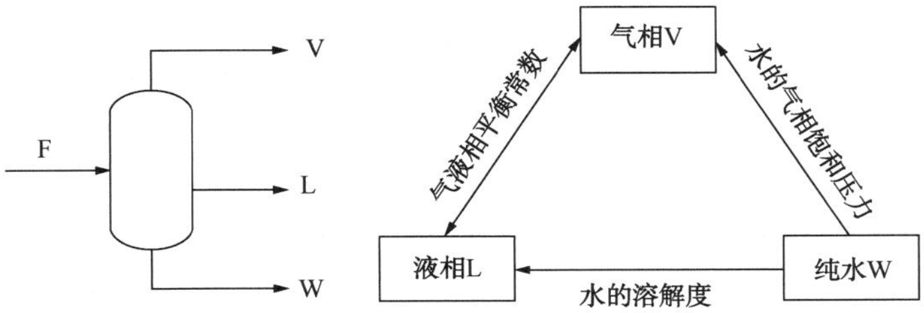

图 3-37　水相作为纯水处理示意图

p——体系压力;

x_s——饱和条件下水在烃相的溶解度。

x_s 值由 API 数据手册中的煤油溶解度数据估算，对于重烃体系这种方法通常足够准确，但不推荐用于天然气体系。

对于三相体系，只有 Peng-Robinson，PRSV 和活度系数模型允许第二液相中存在除水以外的组分。在酸性气体体系中，采用与温度相关的二元交互作用参数计算酸性组分在水相的溶解度。

在低压下，通常使用活度系数模型(如 NRTL 或 UNIQUAC)模拟汽液平衡、液液平衡或汽液液平衡。选取活度系数模型时应注意，模型参数应由具有代表性的实验数据拟合得到。

在较高压力下，状态方程通常更合适。对于烃类体系，通常推荐选取 Peng-Robinson 物性包，但某些情况下，Peng-Robinson 状态方程计算的烃在水相的溶解度可能偏低。如果需要准确计算烃在水相的溶解度，用户可以使用 Kabadi Danner 物性包。该物性包对 SRK 状态方程进行了改进，以提高烃-水体系(尤其是稀溶液)的汽液液平衡计算精度。此改进基于非对称混合规则，根据烃-水的交互作用和烃对水-水交互作用的干扰来计算水相中的交互作用。另外，可以使用 Glycol Package 计算甲醇和乙二醇的溶解度，Aspen HYSYS 改进了此物性包，更新了二元交互作用参数以更准确地进行预测。

使用活度系数模型时，可以通过选择不混溶选项，将烃-水体系按部分互溶处理。对于活度系数模型(Wilson 方程除外)，Aspen HYSYS 按要求生成二元交互作用参数来计算水在烃相的溶解度和烃在水相的溶解度。

Peng-Robinson 和 SRK 物性包总是将三相物流中的水相作为重液相，因此无论是否存在轻液相(烃相)，水相总是由三相分离器的底部排出。

下面通过例 3.10 介绍物性包对烃-水体系相平衡计算的影响。

【例 3.10】 一股原油物流温度 150℃，压力 2000kPa，各组分流量如表 3-17 所示，石油馏分性质如表 3-18 所示，将其送入三相分离器进行分离。忽略三相分离器的压降，试计算出口物流的流量和组成。物性包分别选取 Peng Robinson、PRSV、Kabadi-Danner、NRTL 和 Chao Seader，比较不同物性包的计算结果。

表 3-17　原油物流流量

组分	水	二氧化碳	氮气	甲烷	乙烷	丙烷	异丁烷	正丁烷
流量/(kmol/h)	1361	16	14	404	136	236	48	128
组分	异戊烷	正戊烷	CUT11	CUT12	CUT13	CUT14	CUT15	—
流量/(kmol/h)	45	60	75	137	254	422	136	—

表 3-18　石油馏分性质

馏分	相对分子质量	API 度	正常沸点/℃
CUT11	91	64	82.2
CUT12	100	61	98.9
CUT13	120	55	137.8
CUT14	150	48	187.8
CUT15	200	40	257.2

本例模拟步骤如下：

（1）新建模拟　启动 Aspen HYSYS，新建空白模拟，单位集选择 SI，文件保存为 Example3.10-Phase Behavior of Hydrocarbon-Water Mixture.hsc。

（2）创建组分列表　进入 **Component Lists** 页面，添加 H_2O（水）、CO_2（二氧化碳）、Nitrogen（氮气）、Methane（甲烷）、Ethane（乙烷）、Propane（丙烷）、i-Butane（异丁烷）、n-Butane（正丁烷）、i-Pentane（异戊烷）和 n-Pentane（正戊烷）。

（3）将密度单位改为 API　单击 File 功能区选项卡下 **Options** 按钮，进入 **Simulation Options | Units Of Measure** 页面，在 Available Units Sets 组中选择 SI，单击 **Copy** 按钮，新建一个单位集 NewUser，将 Display Units 组中的 Mass Density 单位改为 API，单击 **OK** 按钮，如图 3-38 所示。

（4）添加石油馏分　参考例 3.2 中的步骤（2）创建假组分 CUT11~CUT15，按表 3-18 输入石油馏分性质数据，如图 3-39 所示；输入完成后将各石油馏分添加到组分列表中。

注：输入 API 度时，也可不更改单位集中的密度单位，而是在 Liquid Density 单元格中输入 API 度数值后，在右侧下拉列表框中选择单位为 API，Aspen HYSYS 自动将输入的 API 度转换为以 kg/m^3 为单位的密度值。为方便输入，本例采用更改单位集的方法。

（5）定义流体包　进入 **Fluid Packages** 页面，选取物性包 Peng-Robinson，进入 **Fluid Packages | Basis-1 | Binary Coeffs** 页面，查看二元交互作用参数。可以看到缺少石油馏分的二元交互作用参数，这是由于目前尚未进行石油馏分的物性估算，当进入模拟环境时，Aspen HYSYS 将自动估算石油馏分的物性和二元交互作用参数，因此这里不作改动。

（6）建立流程　单击 **Simulation** 按钮进入模拟环境，从对象面板选择 3-Phase Separator 模块添加到流程中；双击三相分离器 V-100，进入 **V-100 | Design | Connections** 页面，建立物流连接，如图 3-40 所示。

（7）输入物流条件　进入 **V-100 | Worksheet | Conditions** 页面，按题目信息输入物流 Feed

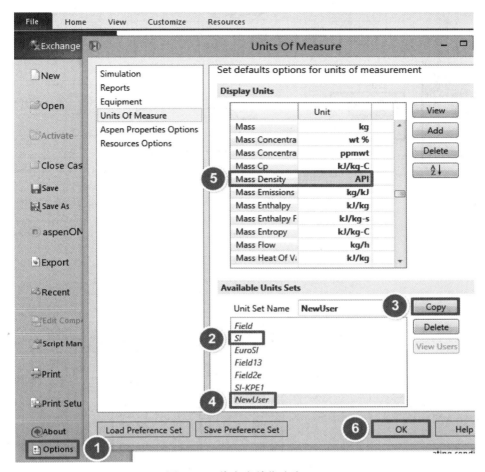

图 3-38　将密度单位改为 API

Name	Normal Boiling Point [C]	Molecular Weight	Liquid Density [API]
CUT11*	82.20	91.00	64.00
CUT12*	98.90	100.00	61.00
CUT13*	137.80	120.00	55.00
CUT14*	187.80	150.00	48.00
CUT15*	257.20	200.00	40.00

图 3-39　输入石油馏分性质数据

条件，如图 3-41 所示。

（8）查看结果　进入 **V-100 | Worksheet | Conditions** 页面，查看物流 Vapour、Liquid 和 Water 摩尔流量；依次双击各物流摩尔流量数值，打开其组成输入窗口，选择摩尔流量基准，查看各组分的摩尔流量，如图 3-42 所示。

（9）比较不同物性包的计算结果　分别选取 PRSV、Kabadi-Danner、NRTL 和 Chao

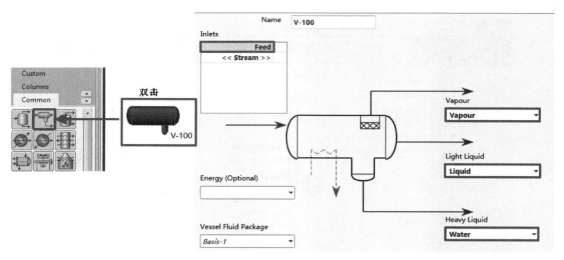

图 3-40 建立流程

Name	Feed
Vapour	0.3668
Temperature [C]	150.0
Pressure [kPa]	2000
Molar Flow [kgmole/h]	3472
Mass Flow [kg/h]	2.059e+005
Std Ideal Liq Vol Flow [m3/h]	291.3
Molar Enthalpy [kJ/kgmole]	-2.106e+005
Molar Entropy [kJ/kgmole-C]	205.8
Heat Flow [kJ/h]	-7.314e+008

	CompMoleFlow
H2O	1361.0000
CO2	16.0000
Nitrogen	14.0000
Methane	404.0000
Ethane	136.0000
Propane	236.0000
i-Butane	48.0000
n-Butane	128.0000
i-Pentane	45.0000
n-Pentane	60.0000
CUT11*	75.0000
CUT12*	137.0000
CUT13*	254.0000
CUT14*	422.0000
CUT15*	136.0000

Composition Basis: Mole Fractions, Mass Fractions, Liq Volume Fractions, **Mole Flows**, Mass Flows, Liq Volume Flows. Composition Controls: Erase, Equalize Compositi

图 3-41 输入物流条件

Name	Feed	Liquid	Vapour	Water
Vapour	0.3668	0.0000	1.0000	0.0000
Temperature [C]	150.0	150.0	150.0	150.0
Pressure [kPa]	2000	2000	2000	2000
Molar Flow [kgmole/h]	3472	1187	1274	1012
Mass Flow [kg/h]	2.059e+005	1.430e+005	4.471e+004	1.822e+004

	CompMoleFlow		CompMoleFlow		CompMoleFlow
H2O	35.5387	H2O	313.9254	H2O	1011.5359
CO2	1.4533	CO2	14.5146	CO2	0.0322
Nitrogen	0.4610	Nitrogen	13.5366	Nitrogen	0.0024
Methane	24.4409	Methane	379.5518	Methane	0.0073
Ethane	18.4103	Ethane	117.5893	Ethane	0.0003
Propane	55.2176	Propane	180.7823	Propane	0.0000
i-Butane	16.0275	i-Butane	31.9725	i-Butane	0.0000
n-Butane	47.7726	n-Butane	80.2274	n-Butane	0.0000
i-Pentane	22.3503	i-Pentane	22.6497	i-Pentane	0.0000
n-Pentane	31.6183	n-Pentane	28.3817	n-Pentane	0.0000
CUT11*	55.0337	CUT11*	19.9663	CUT11*	0.0000
CUT12*	108.6399	CUT12*	28.3601	CUT12*	0.0000
CUT13*	227.6260	CUT13*	26.3740	CUT13*	0.0000
CUT14*	406.9781	CUT14*	15.0219	CUT14*	0.0000
CUT15*	135.1894	CUT15*	0.8106	CUT15*	0.0000

图 3-42 查看结果

Seader 物性包进行计算并查看结果（选取 NRTL 物性包时需要估算缺失的二元交互作用参数），各物性包计算的出口物流摩尔流量以及物流 Liquid 和 Water 中水和烃的流量如表 3-19 所示。

表 3-19 不同物性包计算结果比较

物性包		Peng Robinson	PRSV	Kabadi-Danner	NRTL	Chao Seader
流量/ (kmol/h)	Vapour	1273.7	1275.3	1282.8	1255.3	1262.4
	Liquid	1186.8	1182.9	1223.7	1157.6	1198.6
	Liquid 中的水	35.5	32.7	70.6	20.9	49.4
	Liquid 中的烃	1151.2	1150.2	1153.1	1136.7	1149.3
	Water	1011.6	1013.9	965.6	1059.1	1011.0
	Water 中的水	1011.5	1013.8	965.2	1053.4	1011.0
	Water 中的烃	0.042	0.040	0.3	5.7	0

由表 3-19 可以看出，使用 Chao Seader 物性包计算得到的水相为纯水，Peng Robinson 和 PRSV 物性包计算的烃在水相中的量明显低于 Kabadi-Danner 和 NRTL 的结果。整体看来，在压力不太高的情况下，烃在水相中的溶解度很小，将水相作为纯水处理的计算误差不大，可满足实际工程的需要。

3.7.5 天然气含水量

下面通过例 3.11 和例 3.12 分别介绍天然气饱和含水量的计算及含水天然气露点的计算。

【例 3.11】 已知天然气的组成如表 3-20 所示，计算 25℃、5.0MPa 下天然气的饱和含水量。物性包选取 Peng-Robinson。

表 3-20 天然气组成

组分	甲烷	乙烷	丙烷	正丁烷	正戊烷	二氧化碳	硫化氢	氮气	水
摩尔分数/%	83.5	2.0	0.8	0.6	0.4	4.5	7.5	0.2	0.5

本例模拟步骤如下：

（1）新建模拟 启动 Aspen HYSYS，新建空白模拟，单位集选择 SI，文件保存为 Example3.11-Saturated Water Content of Natural Gas.hsc。

（2）创建组分列表 进入 **Component Lists** 页面，添加 Methane（甲烷）、Ethane（乙烷）、Propane（丙烷）、n-Butane（正丁烷）、n-Pentane（正戊烷）、CO_2（二氧化碳）、H_2S（硫化氢）、Nitrogen（氮气）和 H_2O（水）。

（3）定义流体包 进入 **Fluid Packages** 页面，选取物性包 Peng-Robinson，进入 **Fluid Packages|Basis-1|Binary Coeffs** 页面，查看二元交互作用参数，本例采用默认值。

（4）建立流程 单击 **Simulation** 按钮进入模拟环境，按 **F12** 键打开模块选择窗口，在 Categories 选项区域选择 Extensions，在 Available Unit Operations 列表框中选择 Saturate with water 模块，单击 **Add** 按钮；在 **op-100|Connections** 页面建立物流连接，如图 3-43 所示。

（5）输入物流条件 进入 **op-100|Worksheet** 页面，输入物流 Feed 温度 25℃，压力 5.0

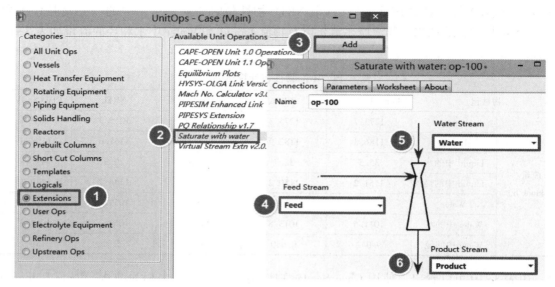

图 3-43　建立流程

MPa，流量 1kmol/h；双击物流 Feed 摩尔流量数值，按表 3-20 输入各组分摩尔分数，单击 **OK** 按钮，如图 3-44 所示。

图 3-44　输入物流条件

（6）查看结果　进入 **op-100 | Parameters** 页面，查看饱和含水量计算结果，如图 3-45 所示。

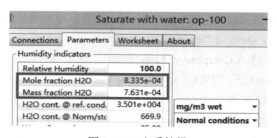

图 3-45　查看结果

【例 3.12】　计算例 3.11 中的天然气在 -50℃、5MPa 下的气相分数，并计算其在 5MPa 下的露点及液相组成。

本例模拟步骤如下：

（1）打开本书配套文件　打开 Example3.11－Saturated Water Content of Natural Gas.hsc，另存为 Example3.12－Dew Point of Natural Gas.hsc，仅保留物流 Feed，删除其余模块及物流。

（2）计算气相分数　双击物流 Feed，进入 **Feed|Worksheet|Conditions** 页面，将物流 Feed 温度改为－50℃，计算得该天然气在－50℃、5 MPa 下的气相分数为 0.8997，如图 3－46 所示。

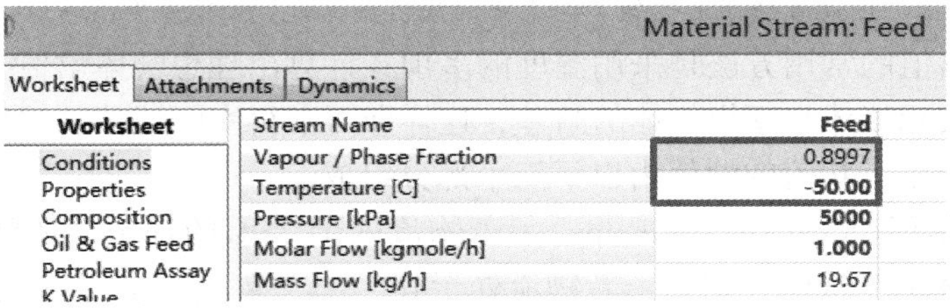

图 3－46　计算气相分数

（3）计算露点及液相组成　在 **Feed|Worksheet|Conditions** 页面删除物流 Feed 温度值，输入气相分数 1，计算得该天然气在 5 MPa 下的露点为 60.35℃；进入 **Feed|Worksheet|Composition** 页面，查看液相组成，如图 3－47 所示。

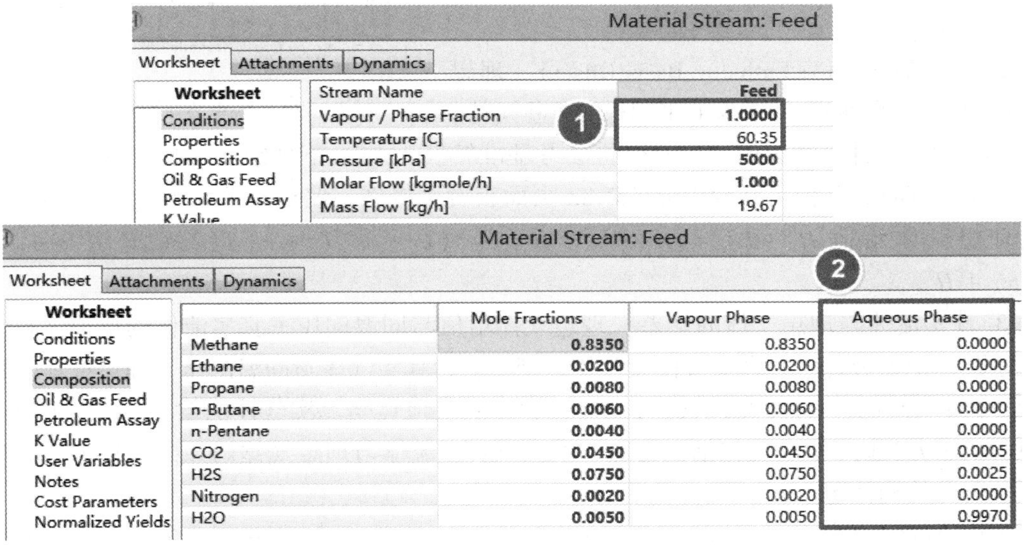

图 3－47　计算露点及液相组成

3.8　焓值与熵值

在实际应用中用户关心和需要计算的是两个状态之间的焓差，因此通常使用焓的相对值。焓的绝对值是根据某一参考基准计算的，故焓值计算中必须先定义参考基准。Aspen HYSYS 焓值的参考基准为 25℃下理想气体的生成焓，若物流处于 25℃的理想气体状态下，其焓值恰好等于 25℃下理想气体的生成焓。当物流中含有许多组分时，其参考状态的焓值 H_m^0 可采用如下方法计算：

$$H_m^0 = \sum H_i x_i \tag{3-16}$$

式中 x_i——每一组分的摩尔分数；

$\quad\quad H_i$——每一组分的参考状态下的焓值。

注：除 Aspen HYSYS 使用的焓值参考基准外，还有一些通常采用的焓值参考基准，例如，0 K 下理想气体的焓值为 0，0 K 下理想气体的焓值为 0 K 下理想气体的生成焓等。对于同一流体，焓值的参考基准不同，得到的焓值也不同，因此在使用或比较不同来源的焓值数据时，必须先查明其所用的焓值参考基准。

工程中计算焓值的常用方法是采用温度的多项式计算出理想气体焓值，然后选用适当的状态方程计算出实际流体与理想气体的焓差，这样即可求得实际流体的焓值。

Aspen HYSYS 中，物流的焓值由以下三个部分组成。

① 理想气体焓值(Ideal Gas Enthalpy) 若物流处于 25℃ 的理想气体状态下，其焓值等于 25℃ 下理想气体的生成焓。但是，若物流处于其他温度，温度的变化会导致理想气体焓值发生变化。使用纯组分 **TDep** 页面的方程 $H = a + b^*T + c^*T\char`^2 + d^*T\char`^3 + \cdots + f^*T\char`^5$ 可计算温度 T 下理想气体的焓值，如图 3-48 所示。将此方程的计算值记为 $H(T)$。

注：方程中的 T 为热力学温度，K。

② 焓值基准偏移(Enthalpy Basis Offset) 理想气体焓值方程的参考状态为 0 K 下的理想气体，

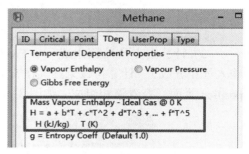

图 3-48 理想气体焓值的计算

Aspen HYSYS 在计算物流的焓值时会将参考基准转换为 25℃ 下理想气体的生成焓，所以存在焓值基准偏移，其值可在纯组分的 **Point** 页面查看。将这一偏移量记为 H_{offset}，则给定温度下的理想气体焓值 $H^{ID}(T) = H(T) + H_{offset} = (a + b^*T + c^*T\char`^2 + d^*T\char`^3 + \cdots + f^*T\char`^5) + H_{offset}$。

③ 真实流体与理想气体的焓差 理想气体焓值与同温同压下真实流体的焓值还存在着一定差距，记为 H_{Dep}。若真实流体为气体，则 H_{Dep} 为真实气体与同温同压下理想气体的焓差（剩余焓）；若真实流体不是纯气体，H_{Dep} 还包括真实流体与真实气体的焓差（汽化相变焓）；当使用状态方程时，H_{Dep} 还包括混合热。模拟时真实流体与理想气体焓差的计算方法取决于用户所选取的物性包。

故物流的焓值为 $H = H(T) + H_{offset} + H_{Dep} = (a + b^*T + c^*T\char`^2 + d^*T\char`^3 + \cdots + f^*T\char`^5) + H_{offset} + H_{Dep}$，计算途径如图 3-49 所示。温度 T 下的理想气体焓值 $H^{ID}(T)$ 为①中的 $H(T)$ 与②中的 H_{offset} 之和，温度 T 下的理想气体焓值 $H^{ID}(T)$ 加上③中的真实流体与理想气体的焓差

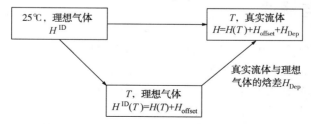

图 3-49 Aspen HYSYS 物流焓值的计算途径

H_{Dep} 即为温度 T 下真实流体的焓值 H。

Aspen HYSYS 使用如下两个热力学关系式严格计算物流的生成焓和生成熵：

$$\frac{H - H^{\text{ID}}}{RT} = Z - 1 + \frac{1}{RT}\int_{\infty}^{V}\left[T\left(\frac{\partial p}{\partial T}\right)_{V} - p \right]\mathrm{d}V \tag{3-17}$$

$$\frac{S - S^{\text{ID}}}{R} = \ln Z - \ln\frac{p}{p^{0}} + \frac{1}{R}\int_{\infty}^{V}\left[\frac{1}{R}\left(\frac{\partial p}{\partial T}\right)_{V} - \frac{1}{V} \right]\mathrm{d}V \tag{3-18}$$

式中 H^{ID}——25℃下理想气体的生成焓；

S^{ID}——25℃、1atm 下理想气体的生成熵。

不同类型物性包计算剩余焓和剩余熵的方法如下：

① 使用状态方程计算剩余焓和剩余熵，即将状态方程代入式(3-17)和式(3-18)导出剩余焓和剩余熵的计算式。

② 活度系数模型以 Cavett 关联式为基础计算液相剩余焓和剩余熵，气相剩余焓和剩余熵取决于所选的表示气相行为的模型。

③ 半经验模型和蒸气压模型使用 Lee-Kesler 方法计算剩余焓和剩余熵，Lee-Kesler 方法将 Pitzer 方法的温度适用范围扩展到低于 $0.8T_{\text{r}}$。

各物性包计算汽液平衡、剩余焓和剩余熵的方法如表 3-21 所示。

表 3-21 各物性包的汽液平衡、剩余焓和剩余熵计算方法

类　型		物性包	汽液平衡的计算方法	剩余焓和剩余熵的计算方法
状态方程		Peng-Robinson	Peng-Robinson	Peng-Robinson
		PR LK ENTH	Peng-Robinson	Lee-Kesler
		SRK	SRK	SRK
		SRK LK ENTH	SRK	Lee-Kesler
		Kabadi Danner	Kabadi Danner	SRK
		Lee-Kesler-Plocker	Lee-Kesler-Plocker	Lee-Kesler
		PRSV	PRSV	PRSV
		PRSV LK	PRSV	Lee-Kesler
		Sour PR	Peng-Robinson 和 API-Sour	Peng-Robinson
		Sour SRK	SRK&API-Sour	SRK
		Zudkevitch-Joffee	Zudkevitch-Joffee	Lee-Kesler
活度系数模型	液相	Chien Null	Chien Null	Cavett
		NRTL	NRTL	Cavett
		Margules	Margules	Cavett
		NRTL	NRTL	Cavett
		UNIQUAC	UNIQUAC	Cavett
		van Laar	van Laar	Cavett

续表

类　　型		物性包	汽液平衡的计算方法	剩余焓和剩余熵的计算方法
活度系数模型	气相	Wilson	Wilson	Cavett
		Ideal Gas	Ideal Gas	Ideal Gas
		RK	RK	RK
		Virial	Virial	Virial
		Peng-Robinson	Peng-Robinson	Peng-Robinson
		SRK	SRK	SRK
半经验方法		Chao Seader	CS-RK	Lee-Kesler
		GraysonStreed	GS-RK	Lee-Kesler
蒸气压模型		Antoine	Mod Antoine-Ideal Gas	Lee-Kesler
		Braun K10	Braun K 10-Ideal Gas	Lee-Kesler
		Esso Tabular	Esso-Ideal Gas	Lee-Kesler
其他模型		Amines	Mod Kent Eisenberg(L)，Peng-Robinson(V)	Curve Fit
		ASME Steam	ASME Steam Tables	ASME Steam Tables
		NBS Steam	NBS/NRC Steam Tables	NBS/NRC Steam Tables
		MBWR	Modified BWR	Modified BWR

下面通过例3.13介绍焓值计算方法对模拟结果的影响。

【例3.13】　一股温度40℃、压力200kPa、流量10000 kg/h的正十六烷物流经高扬程泵后的出口压力为16000kPa，泵效率为100%，计算泵出口物流温度。物性包分别选取SRK，NRTL和Grayson Streed(对应的焓值计算方法分别为状态方程法、Cavett法和Lee-Kesler法)，比较不同物性包的计算结果。

本例模拟步骤如下：

(1)新建模拟　启动 Aspen HYSYS，新建空白模拟，单位集选择 SI，文件保存为 Example3.13-Enthalpy Calculation. hsc。

(2)创建组分列表　进入**Component Lists**页面，添加 $n\text{-}C_{16}$(正十六烷)。

(3)定义流体包　进入**Fluid Packages**页面，选取物性包 SRK，进入**Fluid Packages | Basis-1 | Set Up**页面，查看焓值计算方法为 Property Package EOS(状态方程法)。

(4)建立流程　单击**Simulation**按钮进入模拟环境，从对象面板选择 Pump 模块添加到流程中；双击泵 P-100，进入**P-100 | Design | Connections**页面，建立物流及能流连接，如图 3-50 所示。

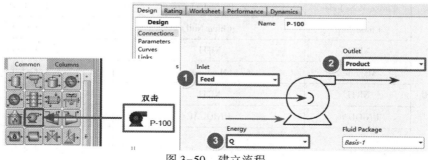

图 3-50　建立流程

（5）输入物流条件　进入 **P-100 | Worksheet | Conditions** 页面，按题目信息输入物流 Feed，Product 条件，如图 3-51 所示。

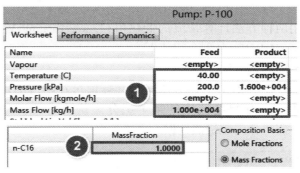

图 3-51　输入物流条件

（6）设置模块参数　进入 **P-100 | Design | Parameters** 页面，输入 Adiabatic Efficiency（绝热效率）100%，如图 3-52 所示。

图 3-52　设置模块参数

（7）查看结果　进入 **P-100 | Worksheet | Conditions** 页面，查看物流 Product 温度，如图 3-53 所示。分别选取 NRTL 和 Grayson Streed 物性包进行计算并查看结果，各物性包的模拟结果如表 3-22 所示。可以看出，不同的物性包模拟结果不同且出口温度相差较大，原因在于焓值计算方法不同，对于本例中的高压体系建议选取状态方程法。

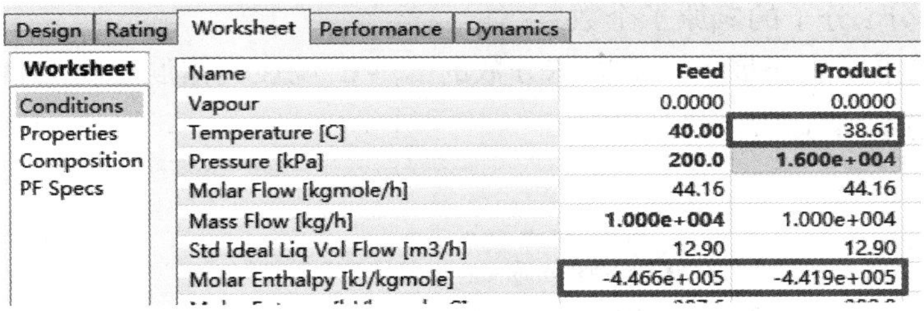

图 3-53　查看结果

表 3-22　三种物性包模拟结果

物性包	SRK		NRTL		Grayson Streed	
焓值计算方法	状态方程法		Cavett 法		Lee-Kesler 法	
物流	Feed	Product	Feed	Product	Feed	Product
温度/℃	40	38.61	40	49.55	40	41.96
焓值/（kJ/kmol）	-4.466×10^5	-4.419×10^5	-4.442×10^5	-4.395×10^5	-4.456×10^5	-4.409×10^5

3.9 低热值与高热值

Aspen HYSYS 采用两种方法计算物流的低热值(Lower Heating Values, LHV)和高热值(Higher Heating Values, HHV),分别介绍如下。

(1) Aspen HYSYS 的默认方法

第一种方法为 Aspen HYSYS 的默认方法,其计算值可在物流的**Worksheet | Properties** 页面查看,如图 3-54 所示。如果物流中的某个组分燃烧热未知,LHV 和 HHV 将显示为 <empty>,默认情况下,假组分无燃烧热数据。

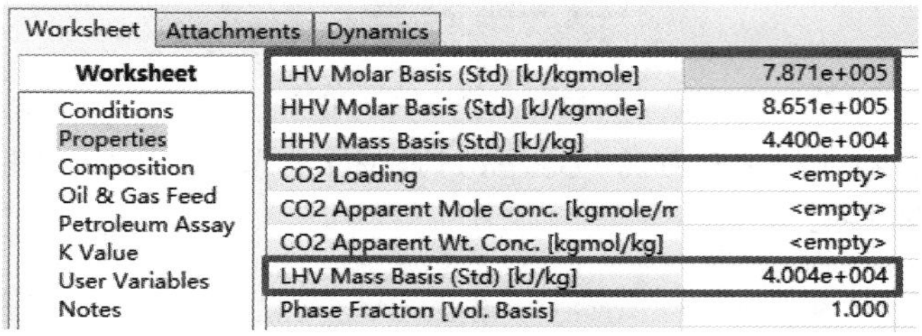

图 3-54 查看物流 LHV 和 HHV

此方法计算 LHV 和 HHV 的公式如下:

$$LHV = \sum x_i \Delta_c H_i \tag{3-19}$$

$$HHV = LHV + \sum x_i \Delta_{vap} H_{H_2O} \frac{N_{H,\ i}}{2} \tag{3-20}$$

式中 x_i ——组分 i 的摩尔分数;

$\Delta_c H_i$ ——25℃、1atm 下组分 i 的燃烧热;

$\Delta_{vap} H_{H_2O}$ ——标准条件下水的蒸发焓;

$N_{H,\ i}$ ——组分 i 分子的氢原子个数。

图 3-55 中的电子表格展示了等摩尔分数的 $C_1 \sim C_4$烷烃气体混合物 LHV 和 HHV 的计算

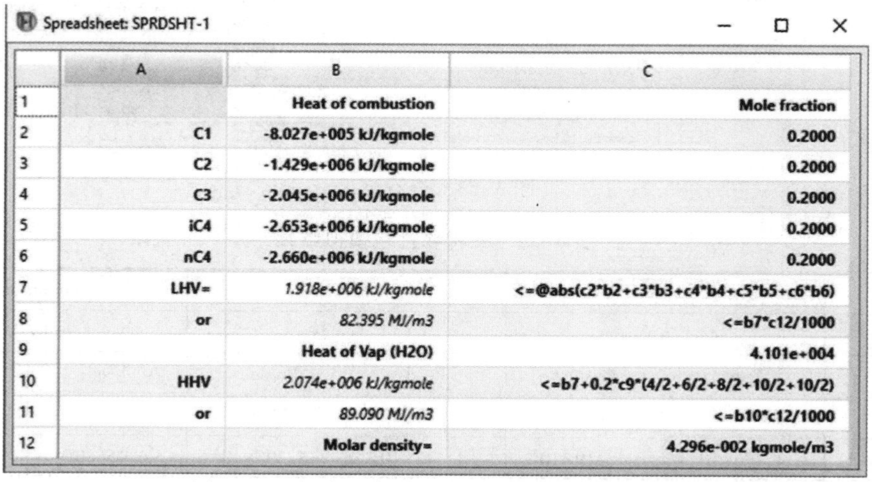

	A	B	C
1		Heat of combustion	Mole fraction
2	C1	-8.027e+005 kJ/kgmole	0.2000
3	C2	-1.429e+006 kJ/kgmole	0.2000
4	C3	-2.045e+006 kJ/kgmole	0.2000
5	iC4	-2.653e+006 kJ/kgmole	0.2000
6	nC4	-2.660e+006 kJ/kgmole	0.2000
7	LHV=	1.918e+006 kJ/kgmole	<=@abs(c2*b2+c3*b3+c4*b4+c5*b5+c6*b6)
8	or	82.395 MJ/m3	<=b7*c12/1000
9		Heat of Vap (H2O)	4.101e+004
10	HHV	2.074e+006 kJ/kgmole	<=b7+0.2*c9*(4/2+6/2+8/2+10/2+10/2)
11	or	89.090 MJ/m3	<=b10*c12/1000
12		Molar density=	4.296e-002 kgmole/m3

图 3-55 烃类混合物 LHV 和 HHV 的计算过程

过程。单元格 B2~B6 各组分的燃烧热数据来自 Aspen HYSYS 纯组分数据库，这些数据可在模拟中查看。

（2）ISO 6976：1995（E）方法

此方法使用与默认方法相同的公式计算热值，但使用来自 ISO 6976：1995（E）的数据，其中包含如表 3-23 所示的组分在 15℃、1 atm 下的数据。如果物流含表 3-23 以外的组分，则使用分子量最接近的烃组分数据，此时跟踪窗口中将出现提醒。

表 3-23　ISO 6976：1995（E）所包含的组分

甲烷	正庚烷	正十五烷	正二十三烷	乙烯	1,2,4-三甲基苯	氦
乙烷	正辛烷	正十六烷	正二十四烷	丙烯	环戊烷	水
丙烷	正壬烷	正十七烷	正二十五烷	甲醇	环己烷	氢气
异丁烷	正癸烷	正十八烷	正二十六烷	乙二醇	甲基环戊烷	氮气
正丁烷	正十一烷	正十九烷	正二十七烷	三甘醇	甲基环己烷	氩气
异戊烷	正十二烷	正二十烷	正二十八烷	苯	一氧化碳	氧气
正戊烷	正十三烷	正二十一烷	正二十九烷	甲苯	二氧化碳	—
正己烷	正十四烷	正二十二烷	正三十烷	乙苯	硫化氢	—

默认情况下物流的**Worksheet | Properties** 页面不显示该方法的计算值，若需要进行查看，单击物流**Worksheet | Properties** 页面中的 按钮，打开**Correlation Picker** 窗口，在 Gas 中选择需要查看的 HHV 或 LHV，单击**Apply** 按钮，所选的 HHV 或 LHV 数据即出现在**Worksheet | Properties** 页面的最下方，如图 3-56 所示。

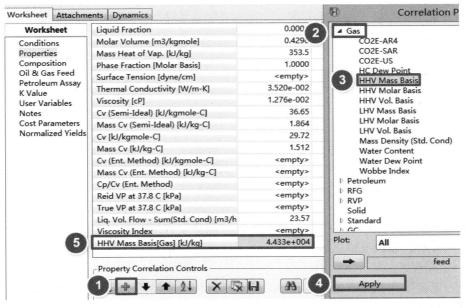

图 3-56　查看 ISO 6976：1995（E）方法 HHV 或 LHV

3.10 物理性质与传递性质

Aspen HYSYS 可以计算物质的多种物理性质和传递性质。对于不同的体系需选取不同的传递性质计算模型，传递性质的计算模型必须经过仔细筛选。例如，预测轻烃（$NBP < 155℃$）的黏度宜选取 Ely 和 Hanley 提出的对应状态原理法，预测重烃的黏度宜选取 Twu 模型法，预测非理想化学体系的液相黏度宜选取改进的 Letou-Stiel 方法。

对于多相物流，讨论混合相的传递性质没有意义。除管道和换热器模块外，即使已知各相的传递性质，Aspen HYSYS 中多相物流的传递性质仍会显示<empty>。对于三相流体，Aspen HYSYS 会使用经验型的混合规则来确定混合液相的表观性质。

3.10.1 密度(Density)

（1）液体密度

液体密度的计算主要有状态方程法、对应状态液体密度法（Corresponding State Liquid Density，Costald）和 Rackett 模型法，如图 3-57 所示。

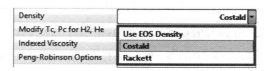

图 3-57 密度计算方法

虽然 Costald 关联式是为计算饱和液体密度建立的，但它也可使用 Chueh 和 Prausnitz 关联因子来计算过冷液体的密度。Costald 法可用于预测对比温度 T_r 小于 1 的所有体系的密度，当对比温度 T_r 大于 1 时，应使用状态方程法计算液体密度。

Rackett 模型可计算中低压下石油和烃类液体混合物密度，方程为

$$\frac{1}{\rho} = \frac{RT_c}{p_c} Z_c^{\left[1+(1-T_r)\frac{2}{7}\right]} \tag{3-21}$$

式中　ρ——液体混合物的密度；

R——摩尔气体常数；

T_c——混合物的临界温度；

p_c——混合物的临界压力；

Z_c——临界压缩因子；

T_r——对比温度，$T_r = T/T_c$。

状态方程法计算液体密度时准确度较差，尤其是立方型状态方程，因其对密度或体积展开最高只到三次，无法准确描述液体 pVT 关系，故通常不用立方型状态方程计算液体密度。

（2）气体密度

对于一定温度和压力下的气体，可采用状态方程法或在活度系数模型下选取合适的气相模型计算其密度。

下面通过例 3.14 介绍密度计算方法对纯组分液体密度计算结果的影响。

【例 3.14】 纯组分水、苯、二氧化碳和乙醇密度的实验值如表 3-24 所示，使用 Aspen

HYSYS 计算各纯组分在表中所示条件下的液体密度。分别选取 Peng-Robinson 物性包的 Use EOS Density 密度方法，NRTL 物性包的 Costald 密度方法和 NRTL 物性包的 Rackett 密度方法，比较不同方法的计算结果，并与实验值进行比较。

表 3-24 各纯组分密度实验值

组分	温度/℃	压力/kPa	相态	密度(实验值)/(kg/m³)
水	25	98	液相	996
苯	25	98	液相	874
二氧化碳	25	—	液相(饱和)	709
乙醇	25	98	液相	786
二氧化碳	40	9806	超临界流体	630

本例模拟步骤如下：

（1）新建模拟 启动 Aspen HYSYS，新建空白模拟，单位集选择 SI，文件保存为 Example3.14-Pure Component Density Calculation. hsc。

（2）创建组分列表 进入**Component Lists** 页面，添加 H_2O（水）、Benzene（苯）、CO_2（二氧化碳）和 Ethanol（乙醇）。

（3）定义流体包 进入**Fluid Packages** 页面，选取物性包 Peng-Robinson，出现如图 3-58 所示窗口，提示乙醇不推荐用于该物性包。为了比较三种密度方法的计算值，本例忽略该提示，但将不考虑 Peng-Robinson 物性包计算的乙醇密度。选择 Keep Components 单选按钮，单击**OK** 按钮。在**Fluid Packages | Basis-1 | Set Up** 页面选取密度方法 Use EOS Density。

图 3-58 物性包不推荐提示窗口

（4）添加物流 单击**Simulation** 按钮进入模拟环境，从对象面板分别添加物流 H_2O、Benzene、Saturated CO_2，Ethanol 和 Supercritical CO_2；双击物流 H_2O，在**H_2O | Worksheet | Conditions** 页面输入物流 H_2O 温度 25℃，压力 98kPa，流量 1kmol/h；双击物流 H_2O 摩尔流量数值，输入水的摩尔分数 1，单击**OK** 按钮，如图 3-59 所示；按表 3-24 依次输入其他物

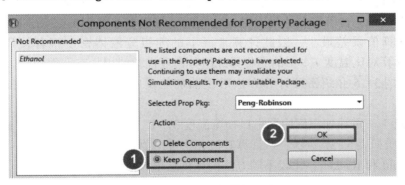

图 3-59 输入物流条件

流条件。

(5)查看结果 双击物流 H₂O，进入 **H₂O | Worksheet | Properties** 页面，查看物流 H_2O 密度计算结果，如图 3-60 所示，按相同方法依次查看其他物流密度计算结果。分别选取 NRTL 物性包的 Costald 密度方法和 NRTL 物性包的 Rackett 密度方法进行计算并查看结果，为便于与实验值比较，现将各纯组分密度计算值与实验值列于表 3-25 中。

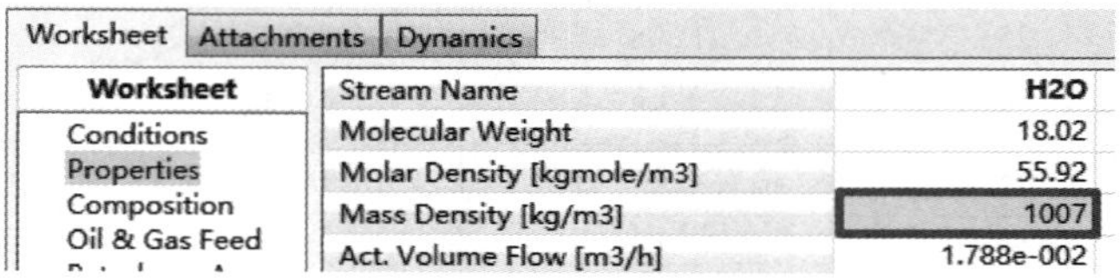

Worksheet	Attachments	Dynamics	
Worksheet	Stream Name		**H2O**
Conditions	Molecular Weight		18.02
Properties	Molar Density [kgmole/m3]		55.92
Composition	Mass Density [kg/m3]		1007
Oil & Gas Feed	Act. Volume Flow [m3/h]		1.788e-002

图 3-60 查看结果

表 3-25 不同密度方法的计算值与实验值比较

组　　分	温度/℃	压力/kPa	密度(计算值)/ (kg/m³)			密度(实验值)/ (kg/m³)
			Use EOS Density	Costald	Rackett	
水	25	98	849.1	1007	996.2	996
苯	25	98	901.0	872.2	877.2	874
二氧化碳(饱和)	25	—	625.5	719.4	718.1	709
乙醇	25	98	—	787.6	799.9	786
二氧化碳(超临界)	40	9806	545.3	2445	512.3	630

由表 3-25 可看出，状态方程法计算的常温下纯组分的密度误差很大，Costald 法和 Rackett 法误差较小，在可接受的范围之内。而对于超临界状态下的二氧化碳液体密度，状态方程法的计算值误差最小。因此计算常温下的纯组分液体密度推荐使用 Costald 法或 Rackett 法；计算对比温度 $T_r > 1$ 的超临界纯组分密度推荐使用状态方程法。

下面通过例 3.15 介绍密度计算方法对重油加氢反应器出口物流液相密度计算结果的影响。

【例 3.15】 一重油加氢反应器出口物流温度 375℃，压力 11.4 MPa，组成如表 3-26 所示，假组分性质如表 3-27 所示，试计算其液相密度。物性包选取 Peng Robinson，密度方法分别选取 Costald 和 Rackett，比较不同方法的计算结果。

表 3-26 重油加氢反应器出口物流组成

组分	氢气	水	氮气	硫化氢	甲烷	乙烷	丙烷	异丁烷	正丁烷	异戊烷
摩尔分数/%	7.0	2.0	1.3	1.7	1.4	1.6	2.7	3.3	3.4	1.2
组分	正戊烷	CUT11	CUT12	CUT13	CUT14	CUT15	CUT16	CUT17	CUT18	—
摩尔分数/%	0.6	12.0	13.6	13.6	8.1	6.5	9.6	5.9	4.5	—

表 3-27 假组分性质数据

馏　　分	相对分子质量	API 度	正常沸点/℃
CUT11	87	78	64.8
CUT12	114	60	119.2

续表

馏 分	相对分子质量	API 度	正常沸点/℃
CUT13	138	43	179.3
CUT14	156	31	217.9
CUT15	204	37	277.2
CUT16	249	39	322.8
CUT17	292	30	375.6
CUT18	371	44	416.3

本例模拟步骤如下：

（1）新建模拟 启动 Aspen HYSYS，新建空白模拟，单位集选择 SI，文件保存为 Example3.15-Density of Effluent in Hydrocraker. hsc。

（2）创建组分列表 进入 **Component Lists** 页面，添加 Hydrogen（氢气）、H_2O（水）、Nitrogen（氮气）、H_2S（硫化氢）、Methane（甲烷）、Ethane（乙烷）、Propane（丙烷）、i-Butane（异丁烷）、n-Butane（正丁烷）、i-Pentane（异戊烷）和 n-Pentane（正戊烷）；参考例 3.2 中的步骤（2）创建假组分 CUT11~CUT18，按表 3-27 输入假组分性质数据，输入完成后将各假组分添加到组分列表中。

（3）定义流体包 进入 **Fluid Packages** 页面，选取物性包 Peng–Robinson，在 **Fluid Packages | Basis-1 | Set Up** 页面选取密度方法 Costald。

（4）添加物流 单击**Simulation** 按钮进入模拟环境，从对象面板添加物流 Hydrocraker Effluent；双击物流 Hydrocraker Effluent，进入 **Hydrocraker Effluent | Worksheet | Conditions** 页面，输入物流 Hydrocraker Effluent 温度 375℃，压力 11.4 MPa，流量 1kmol/h；双击物流 Hydrocraker Effluent 摩尔流量数值，按表 3-26 输入各组分的摩尔分数，单击**OK** 按钮，如图 3-61 所示。

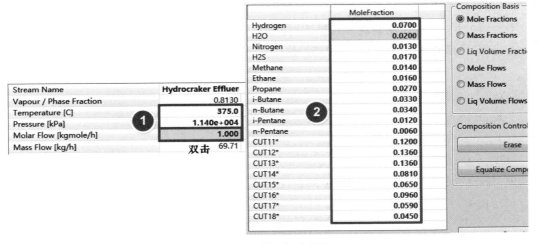

图 3-61 输入物流条件

（5）查看结果 进入**Hydrocraker Effluent | Worksheet | Properties** 页面，查看物流 Hydrocraker Effluent 液相密度计算结果，如图 3-62 所示。选取密度方法为 Rackett 进行计算并查

看结果，两种方法计算的物流 Hydrocraker Effluent 液相密度如表 3-28 所示。可以看出，Rackett 法与 Costald 法的密度计算值存在较大偏差。加氢反应器出口物流密度不仅影响到其后的膨胀机设计，还决定能量的回收和损失，其计算的准确性非常重要，应通过与实际值的比较选取合适的密度计算方法。

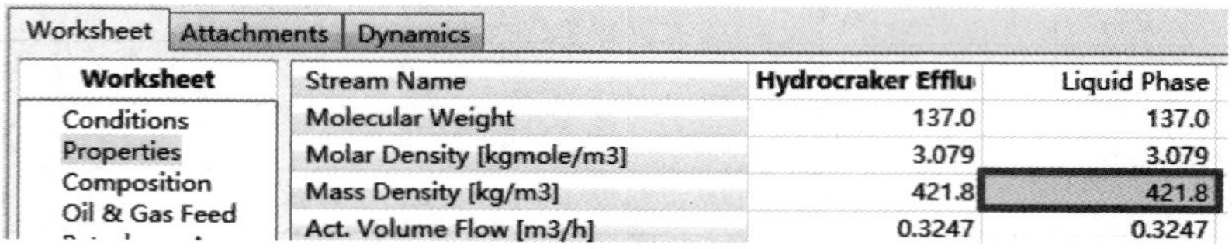

Worksheet	Attachments	Dynamics		
Worksheet	Stream Name	Hydrocraker Efflu	Liquid Phase
Conditions	Molecular Weight	137.0	137.0
Properties	Molar Density [kgmole/m3]	3.079	3.079
Composition	Mass Density [kg/m3]	421.8	421.8
Oil & Gas Feed	Act. Volume Flow [m3/h]	0.3247	0.3247

图 3-62　查看结果

表 3-28　不同密度方法计算结果比较

密度计算方法	Costald	Rackett
密度/(kg/m^3)	421.8	345.5

3.10.2　黏度(Viscosity)

Aspen HYSYS 会自动选取最合适的模型预测体系的各相黏度。Aspen HYSYS 有三种黏度计算方法：改进的 NBS 法(由 Ely 和 Hanley 提出)、Twu 模型和改进的 Letsou-Stiel 模型。黏度计算方法的选取标准见表 3-29。

表 3-29　黏度计算方法的选取标准

化学体系	气相	液相
轻烃(NBP<155℃)	改进的 NBS 法	改进的 NBS 法
重烃(NBP>155℃)	改进的 NBS 法	Twu 模型
非理想体系	改进的 NBS 法	改进的 Letsou-Stiel 模型

不混溶的烃-水混合物表观液相黏度可使用以下混合规则进行计算。

① 如果烃相的体积分数 $V_{oil} \geqslant 0.5$，使用如下所示的混合规则计算：

$$\mu_{eff} = \mu_{oil}e^{3.6(1-V_{oil})} \tag{3-22}$$

式中　μ_{eff}——表观黏度；

$\quad\quad\mu_{oil}$——烃相黏度；

$\quad\quad V_{oil}$——烃相体积分数；

$\quad\quad\mu_{H_2O}$——水相黏度。

② 如果烃相的体积分数 $V_{oil} < 0.33$，使用如下所示的混合规则计算：

$$\mu_{eff} = \left[1 + 2.5V_{oil}\left(\frac{\mu_{oil} + 0.4\mu_{H_2O}}{\mu_{oil} + \mu_{H_2O}}\right)\right]\mu_{H_2O} \tag{3-23}$$

式中　μ_{H_2O}——水相黏度。

③ 如果烃相的体积分数 $0.33 \leqslant V_{oil} < 0.5$，混合液相的表观黏度使用式(3-22)和式(3-23)加权平均进行计算。

3.10.3 导热系数(Thermal Conductivity)

计算气液相导热系数可使用多种不同的模型和关联式。对于烃类体系,通常采用 Ely 和 Hanley 提出的对应状态法,该方法需要已知各组分的相对分子质量、偏心因子和理想比热容。气相导热系数的计算常使用 Misic 法、Thodos 法或 Chung 法,高压下可使用 Chung 法。

对于液相导热系数的预测,采用如下方法:

① 对于纯水,使用蒸汽表;

② 对于水、甲烷、乙烷、乙烯、丙烷、丙烯、二甘醇、三甘醇、乙二醇、氮气、氢气和氨,使用专用的关联式;

③ 对于平均沸点 $T_B > 337$ K 的假组分,使用 API 关联式;

④ 对于相对分子质量大于 140 且 $T_r > 0.8$ 的烃类,使用改进的 Missenard 和 Reidel 法;

⑤ 对于醇类、酯类和其他烃类,使用 Latini 法;

⑥ 对于其他组分,使用 Sato-Reidel 法。

3.10.4 表面张力(Surface Tension)

Aspen HYSYS 只能预测气液表面张力。对于烃类体系,采用改进的 Brock 和 Bird 方程来计算表面张力,方程的基本形式如下:

$$\sigma = b p_c^{\frac{2}{3}} T_c^{\frac{1}{3}} Q (1 - T_r)^a \tag{3-24}$$

式中 σ ——表面张力,dyn/cm(1 dyn/cm = 1×10^{-3} N/m);

a——由各类组分数据拟合得到的参数。

$b = c_0 + c_1 \omega_1 + c_2 \omega_2 + c_3 \omega_3$,$c_0$,$c_1$,$c_2$,$c_3$ 为由各类组分数据拟合得到的参数,ω 为偏心因子。

$$Q = 0.1207 \left(1 + \frac{T_{BR} \ln p_c}{1 - T_{BR}} \right) - 0.281 \tag{3-25}$$

式中 T_{BR} ——对比沸点温度,$T_{BR} = T_b / T_c$。

对于水溶液体系,Aspen HYSYS 采用专用的多项式预测表面张力。

3.10.5 比热容(Heat Capacity)

Aspen HYSYS 使用 H-T 关系计算 c_p,焓值计算方法取决于所选物性包。Aspen HYSYS 通过计算 c_v 得到 c_p / c_v 的值,计算 c_v 的方法有以下三种。

① 严格方法 Aspen HYSYS 基于物流的实际温度和压力计算 c_v 值,所用方程如下所示,此方法可用于压缩机性能和泄压阀尺寸计算。

$$c_p - c_v = -T \left(\frac{\partial V}{\partial T} \bigg|_p \right)^2 \bigg/ \frac{\partial V}{\partial p} \bigg|_T \tag{3-26}$$

式中 V——摩尔体积。

② 半理想方法 Aspen HYSYS 还可以采用半理想方法,使用 $c_v = c_p - R$ 计算 c_v 值。此方法得到的是近似值,该值可用于理想气体的关联式。此方法的适用情况有:严格方法不可用;物流含有固相;$|\mathrm{d}V / \mathrm{d}p| < 10^{-12}$;$c_p / c_v < 0.1$ 或 $c_p / c_v > 20$。

③ 熵方法　熵方法所用的方程如下所示，该方法最初是作为半理想方法的改进添加到 Aspen HYSYS 的。

$$\frac{c_v}{T} = \frac{\partial S}{\partial T}\bigg|_V \tag{3-27}$$

注：当 Aspen HYSYS 进行压缩机或膨胀机计算时，不明确使用计算出的 c_p/c_v 值，而是使用从所选物性包中直接计算的焓、熵和密度。

下面通过例 3.16 介绍传递性质和比热容的计算。

【例 3.16】　计算乙醇–水溶液的传递性质和比热容数据，已知乙醇–水溶液温度 80℃，压力 101.3kPa，乙醇的摩尔分数 0.5。物性包选取 NRTL。

（1）新建模拟　启动 Aspen HYSYS，新建空白模拟，单位集选择 SI，文件保存为 Example3.16–Transport Properties and Heat Capacity Calculation.hsc。

（2）创建组分列表　进入**Component Lists**页面，添加 Ethanol(乙醇)和 H_2O(水)。

（3）定义流体包　进入**Fluid Packages**页面单击 **Add** 按钮，物性包选取 NRTL，进入**Fluid Packages|Basis-1|Binary Coeffs**页面，查看二元交互作用参数，本例采用默认值。

（4）添加物流　单击 **Simulation** 按钮进入模拟环境，添加物流 Mixture；双击物流 Mixture，进入 **Mixture|Worksheet|Conditions** 页面，输入物流 Mixture 温度 80℃，压力 101.3kPa，流量 1kmol/h；双击物流 Mixture 摩尔流量数值，按题目信息输入甲醇和水的摩尔分数，单击**OK**按钮，如图 3-63 所示。

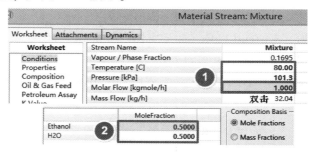

图 3-63　输入物流条件

（5）查看结果　进入**Mixture|Worksheet|Properties**页面，查看传递性质和比热容计算结果，如图 3-64 所示。

Stream Name	Mixture	Vapour Phase	Aqueous Phase
Molecular Weight	32.04	36.06	31.20
Molar Density [kgmole/m3]	0.1972	3.450e-002	26.71
Mass Density [kg/m3]	6.320	1.244	833.3
Act. Volume Flow [m3/h]	5.070	5.039	3.093e-002
Mass Enthalpy [kJ/kg]	-8371	-6488	-8829
Mass Entropy [kJ/kg-C]	2.042	4.552	1.431
Heat Capacity [kJ/kgmole-C]	107.4	60.30	117.3
Mass Heat Capacity [kJ/kg-C]	3.350	1.672	3.759
Mass Heat of Vap. [kJ/kg]	1255	\<empty\>	\<empty\>
Phase Fraction [Molar Basis]	0.1738	0.1738	0.8262
Surface Tension [dyne/cm]	41.14	\<empty\>	41.14
Thermal Conductivity [W/m-K]	\<empty\>	1.858e-002	0.3522
Viscosity [cP]	\<empty\>	7.887e-003	0.4394
Cv (Semi-Ideal) [kJ/kgmole-C]	99.04	51.99	108.9
Mass Cv (Semi-Ideal) [kJ/kg-C]	3.091	1.442	3.492
Cv [kJ/kgmole-C]	105.9	51.99	103.8
Mass Cv [kJ/kg-C]	3.305	1.442	3.327

图 3-64　查看结果

3.11 体积流量

Aspen HYSYS 可以转换和输出各种类型的流量数据，可用各种形式输入物流流量，也能以各种形式输出物流、相和组分的流量。但使用体积流量时，由于流量类型较多，易产生混淆。Aspen HYSYS 输出报告中会出现的流量类型：

① 摩尔流量(Molar Flow)；

② 质量流量(Mass Flow)；

③ 标准理想液体体积流量(Std Ideal Liq Vol Flow)；

④ 标准液体体积流量(Liq Vol Flow @ Std Cond)；

⑤ 实际体积流量(Act. Volume Flow)；

⑥ 标准气体流量(Std. Gas Flow)；

⑦ 实际气体流量(Act. Gas Flow)。

但只有一部分输出报告中的流量类型可用作物流输入：

① 摩尔流量(Molar Flow)；

② 质量流量(Mass Flow)；

③ 标准理想液体体积流量(Std Ideal Liq Vol Flow)。

当用户在单位集中更改体积流量单位时，可以注意到单位集中的体积流量名称与 Aspen HYSYS 对象(物流、模块或表格等)中显示的体积流量名称有所不同。表 3-30 列出了单位集与 Aspen HYSYS 对象中的体积流量名称间的对应关系。

表 3-30 单位集与 Aspen HYSYS 对象中的体积流量名称对应关系

单位集中的名称	Aspen HYSYS 对象中的名称
Act. Gas Flow	Act. Gas Flow
Act. Vol. Flow	Act. Volume Flow
	Liq. Vol. Flow-Sum(Std. Cond)
Actual Liquid Flow	Act. Liq. Flow
Liq. Vol. Flow	Std Ideal Liq Vol Flow
Std. Gas Flow	Std. Gas Flow
Std. Vol. Flow	Liq Vol Flow @ Std Cond
	Liq. Vol. Flow (Std. Cond)

体积流量的计算基于密度计算，Aspen HYSYS 使用的密度基准如表 3-31 所示。

表 3-31 Aspen HYSYS 使用的密度基准

密度基准	说明
标准理想液体密度(Std Ideal Liq Mass Density)	基于标准参考状态下纯组分的理想混合物计算
标准液体密度(Liq Mass Density @ Std Cond)	在标准参考状态下严格计算
实际液体密度(Actual Liquid Density)	在物流当前的温度和压力条件下严格计算
标准气体密度(Standard Vapor Density)	由理想气体定律直接计算
实际气体密度(Actual Vapor Density)	在物流当前的温度和压力条件下严格计算

体积流量的标准参考状态被定义为 15℃、1 atm，实际密度在物流温度和压力下计算。标准液体密度和实际液体密度由严格计算得到，计算方法取决于所选物性包，基于标准液体密度和实际液体密度的流量考虑了非理想体系的混合效应，此类体积流量可被认为是真实的。而标准理想液体密度的计算是非严格的，由于其简单的假设而不考虑任何混合效应，因此基于此的流量在本质上更具经验性。物流的标准理想液体密度计算公式如下

$$\rho_{\text{Stream}}^{Ideal} = \frac{1}{\sum \dfrac{x_i}{\rho_i^{Ideal}}} \tag{3-28}$$

式中　x_i ——组分 i 的摩尔分数；

ρ_i^{Ideal} ——组分 i 的标准理想液体密度。

Aspen HYSYS 纯组分数据库中包含所有组分的标准理想液体密度，根据组分的性质不同，这些值由以下三种方式之一确定。

① 对于在参考状态下为液体的组分，数据库包含参考状态下的组分密度。

② 对于在15℃下饱和蒸气压大于1atm的组分，数据库包含15℃、饱和蒸气压下的组分密度。

③ 对于在15℃下不可冷凝的组分，即组分的临界温度小于15℃，数据库中包含等效液体密度的值，这些密度是通过测量溶解不可冷凝组分后的烃类液体体积变化计算的。

对于所有假组分，使用基础物性中的标准液体密度计算标准理想液体密度。如果未提供标准液体密度，则使用 Aspen HYSYS 的估计值。石油表征对其假组分给予特殊处理，使得计算的物流理想密度与石油表征环境中提供的原油评价、整体性质和流量数据相匹配。

基于摩尔流量计算其他流量的步骤如下：

① 标准理想液体体积流量　使用物流的理想密度计算得到，因此在本质上带有经验性。按液体体积基准输入或输出的组成对应标准理想液体体积流量。

$$液体体积流量 = \frac{总摩尔流量 \times 物流的相对分子质量}{物流的理想密度} \tag{3-29}$$

② 标准液体体积流量　使用严格计算的标准液体密度计算体积流量，反映了非理想混合效应。

$$标准液体体积流量 = \frac{摩尔流量 \times 相对分子质量}{标准液体密度} \tag{3-30}$$

③ 实际体积流量　使用在物流实际温度和压力条件下计算的严格液体密度计算实际体积流量，反映了非理想混合效应。

$$实际体积流量 = \frac{摩尔流量 \times 相对分子质量}{密度} \tag{3-31}$$

④ 标准气体流量　标准气体流量基于标准条件下理想气体的摩尔体积由物流的摩尔流量直接计算得到，理想气体在 15℃、1atm（1atm ≈ 1.01 × 10⁵Pa）下的摩尔体积为23.644m³/kmol。

⑤ 实际气体流量　使用在物流实际温度和压力条件下计算的严格气体密度计算实际气体流量，反映了非理想的混合和压缩效应，可作为纯气体物流或气相的输出数据。

$$实际气体流量 = \frac{摩尔流量 \times 相对分子质量}{密度} \tag{3-32}$$

如果要求根据标准密度或实际密度而不是标准理想液体密度指定物流流量，则必须按照以下步骤进行操作。

（1）标准液体体积流量

① 规定物流的组成；

② 使用物流的标准液体密度计算相应的质量流量，可以手算或使用电子表格计算；

③ 使用步骤②计算的质量流量规定物流。

（2）实际液体体积流量

① 规定物流的组成和条件(温度和压力)；

② 使用物流的密度计算相应的质量流量，可以手算或使用电子表格计算；

③ 使用步骤②计算的质量流量规定物流。

习　题

3.1　使用 Aspen HYSYS 查询纯物质氢气的物性。

3.2　定义一个假组分 Ethanol，已知该假组分的正常沸点 78.25℃，液体密度796kg/m³。使用该假组分估算乙醇的物性，并与 Aspen HYSYS 数据库中乙醇的物性进行比较；输入乙醇的 UNIFAC 结构信息重新估算并比较。

3.3　已知 2,3-二甲基异丙苯的结构式如附图 3-1 所示，请用 UNIFAC 组分搭建器估算该组分的临界温度、临界压力和偏心因子。

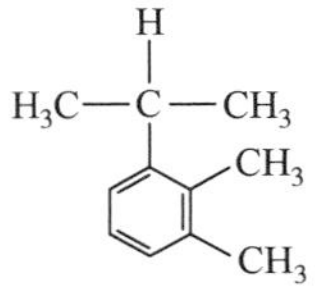

附图 3-1　2,3-二甲基异丙苯的结构式

3.4　使用 UNIFAC 法估算丙酮-水-1,2-二氯丙烷体系缺少的二元交互作用参数。物性包选取 NRTL。

3.5　使用 Aspen HYSYS 作出乙烯蒸气压相对于温度变化(-100~0℃)的曲线，并查询-50℃时乙烯的蒸气压。物性包选取 Peng-Robinson。

3.6　计算 3-甲基己烷在 92℃下的蒸发焓。物性包选取 Peng-Robinson。

3.7　乙腈和水可形成共沸物，使用 Aspen HYSYS 作出乙腈-水体系在 50kPa、101.3kPa和 1300kPa 下的 T-xy 相图，考察该体系共沸组成变化的情况。物性包选取 NRTL。

3.8　已知天然气的组成如附表 3-1 所示，温度为 20℃，使用 Aspen HYSYS 作出饱和含水量相对于压力变化(1~6 MPa)的曲线。物性包选取 Peng-Robinson。

附表 3-1　天然气组成

组分	甲烷	乙烷	丙烷	异丁烷	正丁烷	异戊烷
摩尔分数/%	78.216	7.296	7.891	0.966	2.629	0.438

续表

组分	正戊烷	正己烷	正庚烷	二氧化碳	氮气	硫化氢
摩尔分数/%	0.942	0.421	0.054	0.180	0.964	0.003

3.9 计算习题 3.8 中的天然气在 -25℃、5.22 MPa 下的气相分数和气液相组成，并计算其在 5 MPa 时的露点。

3.10 计算习题 3.8 中的天然气在 6.12 MPa 下，温度从 25℃ 升到 100℃ 时焓值的变化，已知流量为 1kmol/h。

3.11 已知乙醇-水溶液压力 101.3kPa，乙醇的摩尔分数 0.2，计算 20～80℃ 内该溶液的密度、传递性质和比热容数据。物性包选取 NRTL。

第4章 逻辑单元模拟

Aspen HYSYS 中内置的逻辑单元有调节器（Adjust）、平衡器（Balance）、布尔运算（Boolean Operations）、控制操作（Control Operations）、数字定值器（Digital Point）、外部数据连接器（External Data Linker）、循环器（Recycle）、选择器（Selector Block）、设置器（Set）、电子表格（Spreadsheet）、物流分割（Stream Cutter）、黑油转换器（Black Oil Translator）和传递函数（Transfer Function）等。逻辑单元对于调节 Aspen HYSYS 中的模拟有重要作用，在模拟中，常常需要使用逻辑单元辅助模拟达到预期的结果。各逻辑单元的说明如表 4-1～表 4-3 所示。本章仅对常用的调节器、设置器、循环器、电子表格和平衡器作详细介绍。

表 4-1 逻辑单元模块介绍

模块	名称	图标	说明
Adjust	调节器		改变一个物流变量的值（自变量），以满足另一物流或单元操作中的所需值或规定值（因变量）
Balance	平衡器		通用的能量衡算与物料衡算逻辑单元
Boolean Operations	布尔运算	—	布尔运算是一种逻辑运算模块，可以使用布尔运算算法将一系列的输入转化为输出。例如，用于放热反应器的紧急关闭
Control Operations	控制操作	—	控制操作模块主要应用于动态控制
Digital Point	数字定值器		数字定值器是一个 ON/OFF 控制开关
External Data Linker	外部数据连接器	—	允许用户将内部物流（收敛模拟中存在的物流）连接到外部物流（存在于 RTI 数据服务器中的物流）
Recycle	循环器		主要用于求解物流循环，加速循环回路收敛
Selector Block	选择器		选择器是一个多输入单输出控制器，具有提供信号调节功能，它根据用户设置的输入函数来定义输出值
Set	设置器	Cn(A)	基于一过程变量的值（源变量或自变量）设置另一过程变量的值（目标变量或因变量），这种关系存在于两个相似对象中的相同过程变量
Spreadsheet	电子表格		电子表格将电子表格程序功能应用到流程模拟中，用户通过将流程变量导入到电子表格，可以执行自定义计算、逻辑编程和布尔逻辑运算；同时还可以将公式计算结果导出到流程中。此外，电子表格还可用于计算动态模式下换热器的压降值

续表

模块	名 称	图 标	说 明
Stream Cutter	物流分割		允许在流程中的任一位置对物流的流体包进行改变，同时也称流体包转换器
Black Oil Translator	黑油转换器		利用物流分割与定制黑油转换程序包将黑油转换为含有特定组成的物流
Transfer Function	传递函数		传递函数是一个逻辑运算，它接受一个指定的输入，并应用所选择的传递函数来产生一个输出

表 4-2 布尔运算 (Boolean Operations)

模块	名 称	图 标	说 明
And Gate	与门		实现逻辑"与"功能
Or Gate	或门		实现逻辑"或"功能
Not Gate	非门		实现逻辑"非"功能
Xor Gate	异或门		该逻辑操作需要两个输入，若两个输入相同时则输出 0，若两个输入不同时则输出 1
On Delay Gate	常开延迟门		该操作对单一的输入进行时间延迟的运算，当输入 1 时，输出信号将被延迟一定的时间(θ)
Off Delay Gate	常闭延迟门		该操作对单一的输入进行时间延迟的运算，当输入 0 时，输出信号将被延迟一定的时间(θ)
Latch Gate	锁存门		该操作实现锁存功能。此操作需要两个输入信号，一个用来设置，另一个用来重置，即它决定输出信号是否设置为 1，重置为 0，或保持不变
Counter Up Gate	向上计数门		该操作实现一个向上数序计数器。它向上计数直到一个用户定义的最大计数值
Counter Down Gate	向下计数门		该操作实现一个向下数序计数器。它向下计数直到一个用户定义的最小计数值
Cause And Effect Matrix	因果矩阵		该操作复制了一个因果矩阵，一般用于石油、天然气等加工工厂的安全系统的设计与操作。依据整个流程的相关参数，以安全极限为基础，判断是否关闭某一设备或阀门

表 4-3 控制操作 (Control Operations)

模块	名 称	图 标	说 明
Split Range Controller	分程控制器		在分程控制器中，可以用多个操作变量来控制一个过程变量
Ratio Controller	比值控制器		比值控制器是一种前馈控制器，其作用为保持两个变量的比值恒定

续表

模块	名　　称	图　标	说　　明
PID Controller	比例积分微分控制器		PID 控制是动态模型中的主要控制方法。它通过调节一股物流使某一特定过程变量维持一定值
MPC Controller	模型预测控制器		模型预测控制器用于控制存在多个变量且变量之间存在相互作用的过程，即一个或多个输入影响多个输出
DMCplus Controller	动态矩阵控制器		动态矩阵控制器引擎在 Aspen DMCplus Online 中运行。Aspen HYSYS 使用 DMCplus API 与 DMCplus 建立连接

4.1　调节器

调节器（Adjust）通过改变一物流变量的值（调节变量或自变量），来满足另一物流或单元操作中的所需值或规定值（目标变量或因变量）。调节操作仅适用于稳态模拟。

在流程模拟中，有时需要对流程添加设计规定，而这些设计规定不能被直接求解，必须采用试差法，调节器可以自动执行试差迭代运算，从而将此类问题快速求解。

调节器允许用户在流程中将物流变量与调节器进行关联，求解单一目标变量的期望值，或者添加多个调节器同时求解多个目标变量的期望值。

调节器主要有以下两个功能：

① 改变调节变量（自变量）的值直到目标变量（因变量）等于目标值；

② 改变调节变量（自变量）的值直到目标变量（因变量）等于另一个对象相同变量的值加上合理偏差。

4.1.1　连接页面

双击调节器进入 **Connections | Connections**（连接）页面，可设置 Adjusted Variable（调节变量或自变量），Target Variable（目标变量或因变量）与 Target Value（目标值），如图 4-1 所示。

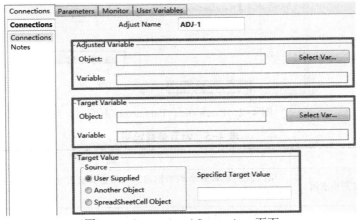

图 4-1　Connections | Connections 页面

各变量说明如表4-4所示。

表4-4　Connections | Connections 页面各变量说明

变　　量		说　　明
Adjusted Variable (调节变量或自变量)	Object(对象)	指调节变量(自变量)所属的物流或模块
	Variable(变量)	指调节变量(自变量)类型,如温度、压力等。而实际可选择的变量取决于对象类型(物流、能流等)
Target Variable (目标变量或因变量)	Object(对象)	指目标变量(因变量)所属的物流或模块
	Variable(变量)	指目标变量(因变量)类型,如温度、压力等。而实际可选择的变量取决于对象类型(物流、能流等)
Target Value (目标值)	User Supplied (用户自定义)	当目标值是一个确定的数时,选择 User Supplied,并在 Specified Target Value 文本框中输入合适的数值
	Another Object (其他对象)	当目标值是另一股物流或单元操作所对应相同变量的值时,选择 Another Object 并在 Matching Value Object 文本框中选择所匹配的物流或单元操作,最后在 Offset 栏中输入允许的误差值
	SpreadSheetCell Object (电子表格单元格对象)	当目标值是电子表格中定义的相同变量的值时,选择 Spread-SheetCell Object 并在 Matching Value Object 中选择对应目标值所在的单元格,最后在 Offset 栏中输入允许的误差值

4.1.2　参数页面

进入**Parameters | Parameters**（参数）页面,可设置调节器参数,如图4-2所示。其中各调节参数说明如表4-5所示。

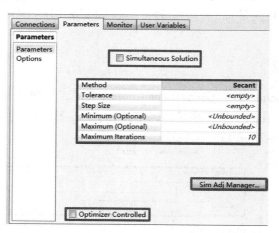

图4-2　Parameters | Parameters 页面

表4-5　调节参数说明

调节参数	说　　明
Simultaneous Solution(同步求解)	用于同时求解多个调节回路。如果选择此复选框,Method(方法)单元格将被去除
Method(方法)	设置单独求解模式下的求解方法:Secant 法或 Broyden 法

续表

调节参数	说　　明
Tolerance(容差)	设置绝对误差，即目标变量与期望值之间的最大差值
Step Size(步长)	设置求解计算的初始步长
Maximum/Minimum(最大值/最小值)	设置调节变量(自变量)的上下限(可选)
Maximum Iterations(最大迭代次数)	Aspen HYSYS 停止计算前所允许的最大迭代次数(假设未得到目标值)
Sim Adj Manager(同步调节管理器)	打开同步调节管理器可以监视或修改所有同时进行的调节操作
Optimizer Controlled(最优化控制)	传递一个变量和常数到优化器。激活后，可提高联立求解的效率，默认不选择

对于调节操作可以选择单独求解模式或同步求解模式。在单独求解模式下，可以选择 Secant 搜索法(缓慢但稳定)或 Broyden 搜索法(速度快但不稳定)；在同步求解模式下，调节变量(自变量)在流程中最后一个操作结束后重新进行调整，同步求解模式下的调节操作不受计算顺序的影响。

下面通过例 4.1 介绍调节器的应用。

【例 4.1】　如图 4-3 所示流程，在例 2.1 的基础上添加调节器 ADJ-1，确定压缩机 Compressor 出口物流 To Cooler 压力值，使分离器 Sep 液相物流 Liquid 中异丁烷(i-Butane)的摩尔分数为 0.7。

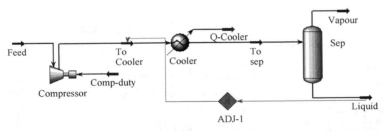

图 4-3　添加调节器流程

本例模拟步骤如下：

(1) 打开本书配套文件　打开 Example2.1-Flash Calculation.hsc，另存为 Example4.1-Adjust.hsc。

(2) 添加调节器 ADJ-1　从对象面板中选择 Adjust 模块添加到流程中，如图 4-4 所示。

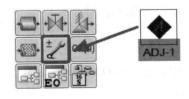

图 4-4　添加调节器 ADJ-1

(3) 设置调节变量与目标变量　双击调节器 ADJ-1，进入 **ADJ-1 | Connections | Connections** 页面，设置调节变量为 To Cooler，Pressure，如图 4-5 所示。同理设置目标变量为 Liquid，Master comp Mole Frac(i-Butane)，如图 4-6 所示。

注：调节器的调节变量必须为用户定义的变量。

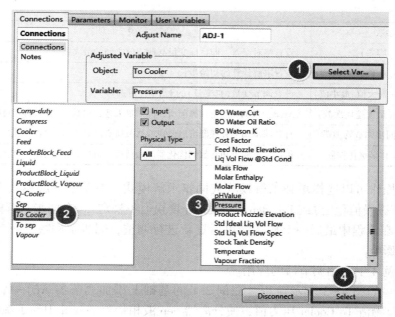

图 4-5　设置调节变量

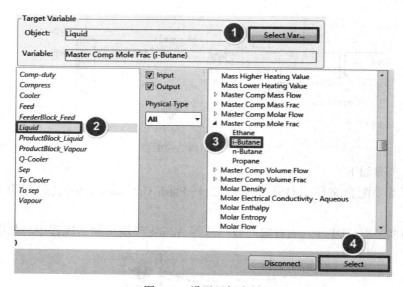

图 4-6　设置目标变量

单击**Select** 按钮返回**ADJ-1 | Connections | Connections** 页面，保持 Target Value 组中 Source 选项区域的默认设置，在 Specified Target Value 文本框中输入 0.7，如图 4-7 所示。

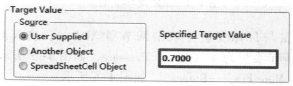

图 4-7　设置目标变量值

（4）设置调节器 ADJ-1 参数 进入 **ADJ-1 | Parameters | Parameters** 页面，修改 Tolerance 为 0.0001，Step Size 为 1kPa，Maximum Iterations 为 40，单击 **Start** 按钮运行计算，如图 4-8 所示。

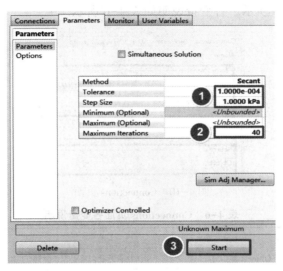

图 4-8 设置调节器 ADJ-1 参数

（5）查看结果 进入 **ADJ-1 | Monitor | Tables** 页面，查看结果，总迭代次数为 30，最后收敛于目标值 0.7，相应的调节变量（To Cooler，Pressure）值为 319.393kPa，如图 4-9 所示。

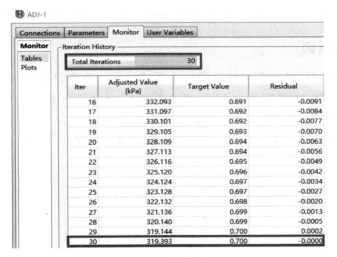

图 4-9 查看结果

4.2 设置器

设置器（Set）为基于一过程变量（自变量）值来设置另一过程变量（因变量）值的逻辑模块，这种关系存在于两个相似对象中的相同过程变量之间，例如，两股物流的温度或两换热器的 UA 值。设置器同时适用于动态模拟和稳态模拟。

4.2.1　连接页面

双击设置器进入 **Connections**(连接)页面,可设置目标对象,目标变量(因变量)与源变量(自变量)。如图4-10所示。各变量说明如表4-6所示。

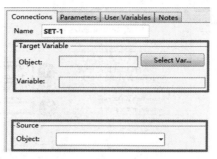

图4-10　Connections 页面

表4-6　**Connections 页面各变量说明**

变　　量		说　　明
Target Variable (目标变量或因变量)	Object(对象)	指目标变量(因变量)所属的物流或单元模块
	Variable(变量)	指目标变量(因变量)类型,如温度、压力和流量等。而实际可用的变量取决于对象类型(物流、能流等)
Source (源变量或自变量)	Object(对象)	指源变量(自变量)所属的物流或单元模块

4.2.2　参数页面

进入 **Parameters**(参数)页面可修改线性关系式参数,改变目标变量(因变量)与源变量(自变量)的差值。线性关系式为 $Y = MX + B$,式中 Y,X,M 与 B 分别代表目标变量(因变量)、源变量(自变量)、系数(斜率)与偏差(截距)。

通常采用默认设置(系数为1,偏差为0),如图4-11所示,也可以按照需要更改系数与偏差。

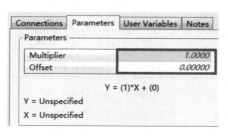

图4-11　Parameters 页面

注:设置器具有双向求解能力,求解源变量还是因变量取决于此变量是否为已知。

下面通过例4.2介绍设置器的应用。

【**例4.2**】　如图4-12所示流程,在例2.2的基础上删除冷却器 Chiller 出口物流 ToSub

压力，添加设置器 SET-1，使冷却器 Chiller 出口物流 ToSub 的压力比进口物流 Feed 压力低 100kPa。

本例模拟步骤如下：

（1）打开本书配套文件 打开 Example2.2-Sub Flowsheet.hsc，另存为 Example 4.2-Set.hsc。

（2）添加设置器 SET-1 从对象面板中选择 Set 模块添加到流程中，如图 4-13 所示。

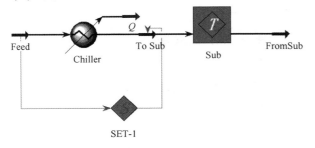

图 4-12 添加设置器流程

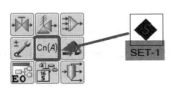

图 4-13 添加设置器 SET-1

（3）设置目标变量与源变量 双击物流 ToSub 进入 **ToSub | Worksheet | Conditions** 页面删除物流 ToSub 的压力值。进入 **SET-1 | Connections** 页面单击 **Select Var** 按钮，弹出 **Select Target Object and Variable**（选择目标对象与变量）窗口，选择 Object（目标对象）与 Variable（目标变量）依次为 ToSub 与 Pressure，单击 **Select** 按钮，返回 **SET-1 | Connections** 页面，完成 Object（目标对象）与 Variable（目标变量或因变量）的选择，在 Source 组中 Object（对象）右侧的下拉列表框中选择 Feed，如图 4-14 所示。

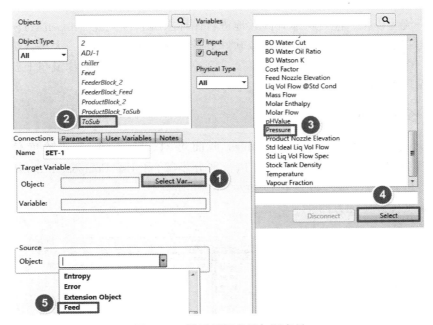

图 4-14 设置目标变量与源变量

（4）设置设置器 SET-1 参数 进入 **SET-1 | Parameters** 页面，修改 Offset（偏差）为

-100kPa,模块自动收敛，如图 4-15 所示。

Connections
Parameters
User Variables
Notes
Parameters
Multiplier
1.0000
Offset [kPa]
-100.00 kPa
Y = (1)*X + (-100) [kPa]
Y = Material Stream (ToSub) : Pressure
X = Material Stream (Feed) : Pressure
OK

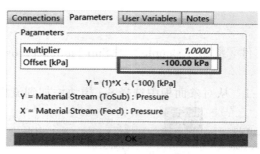

图 4-15　设置设置器 SET-1 参数

(5) 查看结果　双击冷却器 Chiller，进入**Chiller | Worksheet | Conditions** 页面，查看结果，其中物流 Feed 和物流 ToSub 的压力值分别为 1000kPa 和 900kPa，符合题目要求。如图 4-16 所示。

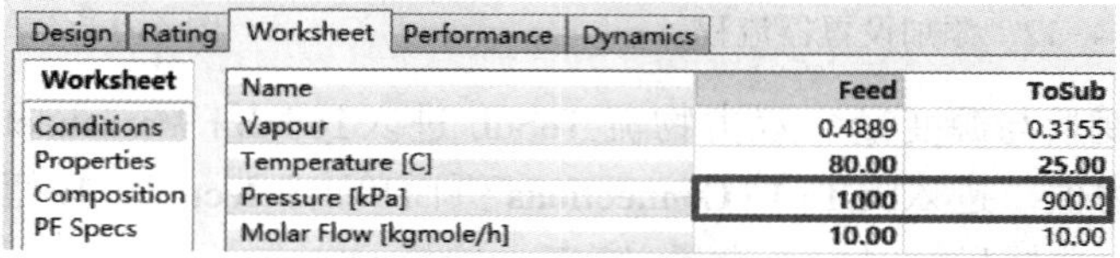

Design
Rating
Worksheet
Performance
Dynamics
Worksheet
Conditions
Properties
Composition
PF Specs
Name
Feed
ToSub
Vapour
0.4889
0.3155
Temperature [C]
80.00
25.00
Pressure [kPa]
1000
900.0
Molar Flow [kgmole/h]
10.00
10.00

图 4-16　查看结果

4.3　循环器

对于任一流程模拟，能否可靠并高效地进行循环求解非常关键。Aspen HYSYS 由于其独特的反算能力在求解循环方面较其他模拟软件更具有内在优势。例如，大多数热量循环与制冷循环在没有循环操作的情况下也可以直接求解；而物流循环，下游物流与上游物流的混合则需要通过循环器(Recycle)才能实现。

4.3.1　变量页面

双击循环器进入 **Parameters | Variables** 页面可对 Sensitivities(灵敏度值)，Transfer Direction(传递方向)，Take Partial Steps(执行部分步骤)和 Use Component Sensitivities(使用组分灵敏度分析)进行设置，如图 4-17 所示。

(1) 灵敏度值和传递方向

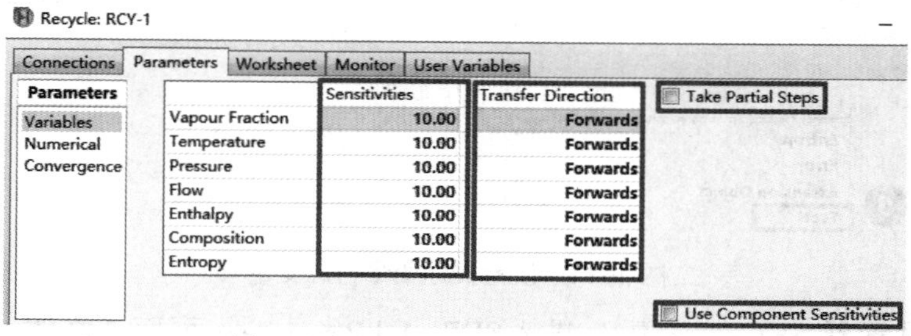

Recycle: RCY-1
Connections
Parameters
Worksheet
Monitor
User Variables
Parameters
Variables
Numerical
Convergence
Sensitivities
Transfer Direction
Take Partial Steps
Vapour Fraction
10.00
Forwards
Temperature
10.00
Forwards
Pressure
10.00
Forwards
Flow
10.00
Forwards
Enthalpy
10.00
Forwards
Composition
10.00
Forwards
Entropy
10.00
Forwards
Use Component Sensitivities

图 4-17　Parameters | Variables 页面

Aspen HYSYS 允许用户为每个列出的变量设置 Sensitivities（灵敏度值）和 Transfer Direction（传递方向）。灵敏度值为 Aspen HYSYS 内部收敛容差的一个放大系数，内部容差如表 4-7 所示。传递方向有 Not Transferred（不传递），Forwards（向前传递）和 Backwards（向后传递）三种。

表 4-7　物流变量及其内部容差

变量	内部容差	变量	内部容差
Vapour Fraction（气相分数）	0.01（绝对容差）	Enthalpy（焓）	1.00（绝对容差）
Flow①（流量）	0.001（相对容差）	Composition（组成）	0.0001（绝对容差）
Pressure（压力）	0.01（绝对容差）	Entropy（熵）	0.01（绝对容差）
Temperature（温度）	0.01（绝对容差）		

　　① 当循环器两侧物流变量差值满足实际容差范围，循环器收敛。实际容差＝灵敏度值×绝对容差。在循环器中流量为相对容差，其绝对容差＝物流流量×相对容差。假设流量为 100kmol/h，默认灵敏度值为 10，实际容差为 10×100×0.001 = 1kmol/h，所以流量在 99~101kmol/h 之间能够收敛。

　　循环器在工艺物流中安装一个理论模块，该模块的进口物流和出口物流条件变量的传递方向可以分为向前、向后和不传递三种。入口物流和出口物流的每个变量，均可被称为假定值或计算值，具体取决于它的传递方向。例如，如果用户指定温度向后传递，那么入口物流的温度为假定值，出口物流的温度为计算值。

　　循环收敛过程的步骤如下：

　　① Aspen HYSYS 首先利用物流假定值求解流程而得到物流计算值；

　　② Aspen HYSYS 将物流计算值与物流假定值进行比较，根据两者的差值重新调整物流假定值；

　　③ 这一计算过程不断重复，直到物流计算值与物流假定值之间的误差在允许范围之内。

　　（2）执行部分步骤

　　当选择了 Take Partial Steps（执行部分步骤）复选框后，只要传递的变量满足循环器进行计算所需条件，循环器就会进行计算；反之，循环器会等待所有变量都计算结束后再进行下一次循环迭代计算。此复选框默认不选择。

　　（3）组分灵敏度分析

　　当选择 Use Component Sensitivities（使用组分灵敏度分析）复选框，可设置每个组分的灵敏度值，循环器将收敛于单个组分容差，此复选框默认不选择。

4.3.2　数值页面

　　进入 **Parameters | Numerical** 页面可对 Calculation Mode（计算模式），Wegstein Parameters（韦格斯坦参数）和 Properties Tolerance（属性容差）进行设置，如图 4-18 所示。各数值参数说明如表 4-8 所示。

　　注：只有当 Accleration（加速）选择 Wegstein（韦格斯坦）法时，才会出现 Wegstein Parameters（韦格斯坦参数）组。

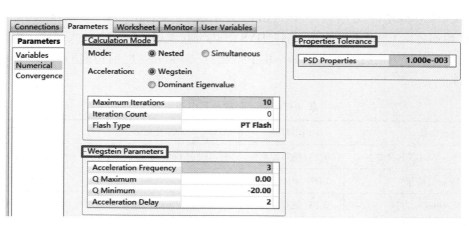

图 4-18　Parameters | Numerical 页面

表 4-8　数值参数说明

数值参数	说　明
Mode(模式)	通过单选按钮选择 Nested(嵌套)或 Simultaneous(同时)模式。系统默认模式为嵌套型
Acceleration(加速)	Wegstein(韦格斯坦)法：忽略正在加速变量之间的相互作用 Dominant Eigenvalue(主特征值)法：不忽略正在加速变量之间的相互作用。此外，当处理非理想体系或组分之间存在强相互作用时，宜选用主特征值加速
Maximum Iterations (最大迭代次数)	Aspen HYSYS 循环计算所能进行的最大迭代次数，默认值为 10。可以通过单击位于循环器窗口底部的 **Continue** 按钮来继续计算
Iteration Count(迭代计数)	从循环计算开始到循环计算结束所进行迭代的次数
Flash Type(闪蒸类型)	循环过程中所采用的闪蒸计算类型
AccelerationFrequency (加速频率)	该区域中的值是进入加速前需要的步数，该值越低，获得加速的变量越多
Q maximum/ Q minimum (Q 最大值/Q 最小值)	加速步骤的阻尼因子，Q 为负时代表加速，Q 为正时代表阻尼。Q 最大值和 Q 最小值默认值分别为 0 和 -20
Acceleration Delay (延迟加速)	延迟加速直到达到指定的步长值，默认值为 2
PSD Properties (粒度分布属性)	应用于物流及循环操作中组成含有固体的流程，默认值为 0.001

注：如果流程中只有一个循环操作或者多个循环操作但各个循环操作之间没有相互连接时推荐选择 Nested 循环模式，如果流程中含有多个相互连接的循环操作时推荐选择 Simultaneous 循环模式。

下面通过例 4.3 介绍循环器的应用。

【例 4.3】　在例 2.1 的基础上添加循环器 RCY-1 使分离器 Sep 气相出口物流 Vapour 返回到压缩机 Compressor 入口，流程如图 4-19 所示。

本例模拟步骤如下：

（1）打开本书配套文件　打开 Example2.1-Flash Calculation.hsc，另存为 Example4.3-Recycle.hsc。

（2）添加循环器 RCY-1　从对象面板中选择 Recycle 模块添加到流程中，如图 4-20 所示。

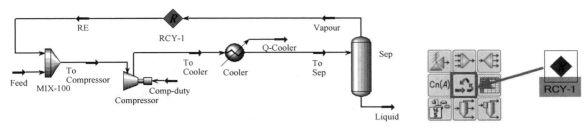

图 4-19 添加循环器流程　　　　　　图 4-20 添加循环器 RCY-1

（3）建立循环器 RCY-1 物流连接　双击循环器 RCY-1，进入**RCY-1 | Connections | Connections** 页面，在 Inlet（进口）下拉列表框中选择 Vapour，Outlet（出口）下拉列表框中输入 RE，如图 4-21 所示。

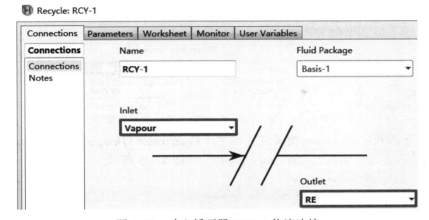

图 4-21 建立循环器 RCY-1 物流连接

（4）添加混合器 MIX-100　断开进口物流 Feed 与压缩机 Compressor 的物流连接，向流程中添加混合器 MIX-100，并建立如图 4-22 所示的物流连接。

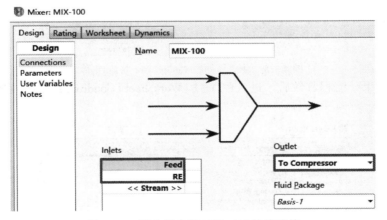

图 4-22 建立混合器 MIX-100 物流连接

（5）设置循环器 RCY-1 参数　进入**RCY-1 | Parameters | Variables** 页面，修改 Flow 的 Sensitivities（灵敏度值）为 1，如图 4-23 所示。

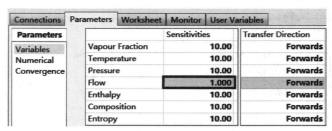

图 4-23　设置循环器 RCY-1 参数

（6）修改循环器 RCY-1 最大迭代次数　进入 **RCY-1 | Parameters | Numerical** 页面修改 Maximum Iterations(最大迭代次数)为 200，其余参数保持默认设置，如图 4-24 所示。

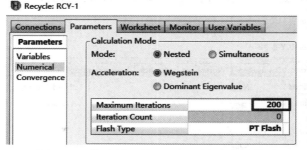

图 4-24　修改循环器 RCY-1 最大迭代次数

（7）建立压缩机 Compressor 物流连接　进入 **Compressor | Design | Connections** 页面，建立物流 To Compressor 与压缩机 Compressor 的连接，如图 4-25 所示。

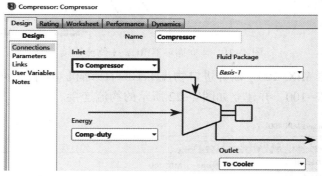

图 4-25　建立压缩机 Compressor 物流连接

（8）查看结果　流程收敛后。进入 **RCY-1 | Worksheet | Conditions** 页面，查看结果，如图 4-26 所示。

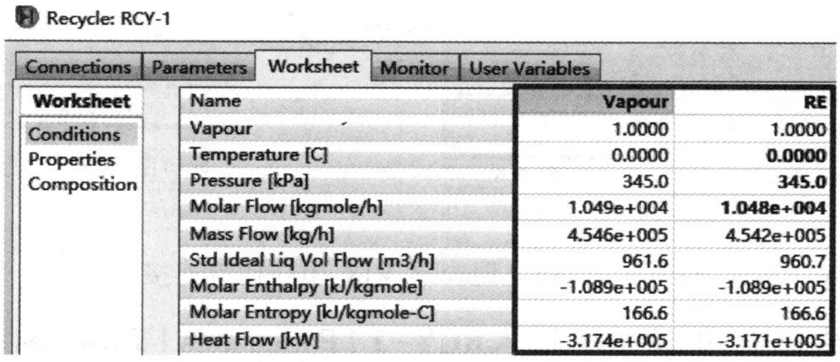

Name	Vapour	RE
Vapour	1.0000	1.0000
Temperature [C]	0.0000	0.0000
Pressure [kPa]	345.0	345.0
Molar Flow [kgmole/h]	1.049e+004	1.048e+004
Mass Flow [kg/h]	4.546e+005	4.542e+005
Std Ideal Liq Vol Flow [m3/h]	961.6	960.7
Molar Enthalpy [kJ/kgmole]	-1.089e+005	-1.089e+005
Molar Entropy [kJ/kgmole-C]	166.6	166.6
Heat Flow [kW]	-3.174e+005	-3.171e+005

图 4-26　查看结果

4.3.3　循环器顾问

当一个流程中同时含有多个循环器时，流程将变得十分复杂，此时利用循环器顾问（Recycle Advisor）可以优化流程中循环器的数目及安装位置，并为流程收敛提供最佳计算顺序。

当用户接受循环器顾问给出的建议时，流程将自动断开旧的循环器连接并重新创建新的循环器，同时循环器顾问的操作是可逆的，利用此工具可以还原初始的设置。

（1）运行循环器顾问

单击 Flowsheet/Modify 功能区选项卡下 **Recycle Advisor** 按钮，进入 **Recycle Advisor | Flowsheet Analysis** 页面，如图 4-27 所示，也可以在循环器的操作页面直接进入 **Recycle Advisor | Flowsheet Analysis** 页面。单击 **Run Advisor** 按钮 Aspen HYSYS 将自动进行分析，并给出新的循环器及截断物流删除与添加建议，用户可以选择接受或者拒绝 Recycle Advisor 提供的修改建议，当选择 Accept Selected Actions 按钮时，流程中将会产生新的循环器配置方案。

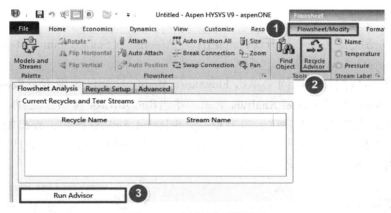

图 4-27　运行循环器顾问

（2）循环器设置页面

进入 **Recycle Advisor | Recycle Setup** 页面可对 Condition Sensitivities（条件灵敏度），Component Sensitivities（组分灵敏度），Solver Settings（求解器设置）和 Petroleum Properties（石油性质）进行设置。同时还可以将这些设置复制给用户选择的循环器或全部循环器，如图 4-28 所示。

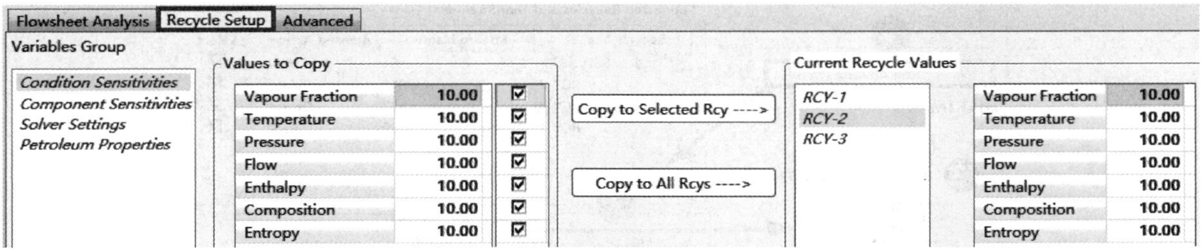

图 4-28　Recycle Setup 页面

下面通过例 4.4 介绍 Recycle Advisor 的应用。

【例 4. 4】 如图 4-29 所示流程，在例 16.7 的基础上运用 Recycle Advisor 使流程中的循环操作得到简化。

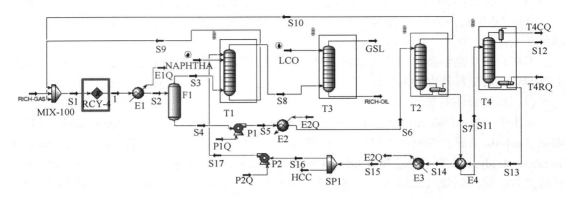

图 4-29　简化后的催化裂化装置吸收稳定系统工艺流程

本例模拟步骤如下：

（1）打开本书配套文件　打开 Example16.7-Absorption Stabilization System.hsc，另存为 Example4.4-Recycle Advisor.hsc。

（2）设置并运行循环器顾问　单击 Flowsheet/Modify 功能区选项卡下**Recycle Advisor** 按钮进入**Recycle Advisor | Flowsheet Analysis** 页面，单击**Run Advisor** 按钮，流程进行分析并给出循环器及截断物流删除与添加建议，单击**Accept Selected Actions** 按钮，弹出物流删除建议对话框，依次单击"**是**"按钮，接受物流及循环器的删除与添加，如图 4-30 所示。从图 4-29 可以看到流程中只剩下一个循环器 RCY-4。

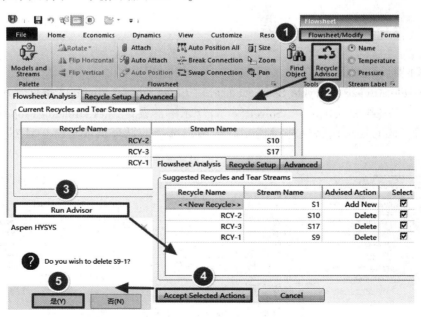

图 4-30　设置并运行循环器顾问

4.4　电子表格

电子表格(Spreadsheet)功能强大，能够对流程变量进行导入并执行自定义计算，当流程变量发生变化时电子表格的单元格内的数据将自动进行更新。在动态模拟中，电子表格中的数据将随着积分器的运行不断进行更新。

4.4.1　电子表格功能

电子表格将电子表格程序功能应用到流程模拟中，通过创建复杂的数学公式，对流程变量执行自定义计算。除了其全面的数学计算功能外，电子表格还提供逻辑编程和支持布尔逻辑运算，其中布尔逻辑运算允许用户使用逻辑运算符比较两个或更多变量的值，然后根据结果执行相应的操作。此外，电子表格还可用于计算动态模式下换热器的压降值。

电子表格常应用于如下操作：① 在流程对象间传递变量；② 实时查看用户自定义变量之间的运算结果；③ 对流程中的变量进行数学运算或逻辑运算。

4.4.2　变量导入与公式结果导出

模拟环境中任何单元操作的变量都可以导入到电子表格中，电子表格中公式计算值也可导出到模拟环境中的相应模块，但是电子表格同一单元格不能同时进行导入与导出操作。常用以下三种方法进行变量导入与公式结果导出。

① 拖拽　将鼠标指针放置于所需项上，按住鼠标左键，当鼠标指针形状变为"牛眼"状，移动鼠标至电子表格的单元格时松开鼠标左键，导入变量的信息将出现在当前单元格内，如图4-31所示。公式结果导出与变量导入拖拽方向相反。

图4-31　通过拖拽将流程变量到电子表格中

② 变量浏览　右击 Spreadsheet(电子表格)选项卡空单元格，在弹出的快捷菜单中选择 Add Import Variable(s)(添加导入变量)命令，并利用变量浏览功能选择变量，即可将变量导入到电子表格当中，如图4-32所示。公式结果导出选择 Export Formula Result(导出公式结

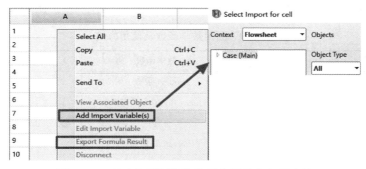

图4-32　通过变量浏览将流程变量导入电子表格

果)命令，其余步骤与变量导入相同。

注：进入**Parameters**页面，在 Spreadsheet Parameters 组中单击 Units Set 右侧的下三角按钮可以对导入的变量进行单位设置。

③ Connections(连接)页面　进入**Connections**页面单击**Add Import**按钮，利用变量浏览功能选择所需变量，并从 Cell 下拉列表框中选择需要放置的单元格，如图 4-33 所示。公式结果导出单击**Add Export**按钮，其余步骤与变量导入相同。

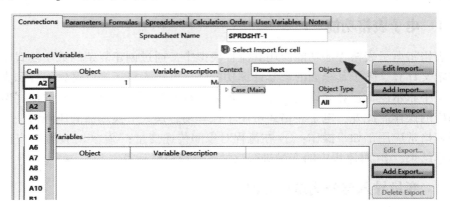

图 4-33　通过 Connections 页面将流程变量导入电子表格

注：当将电子表格中公式计算结果导入到流程中时，如果所对应的物流或单元模块数据为计算值且与电子表格数值不相等时，则会出现一致性错误警告。

4.4.3　电子表格函数

Aspen HYSYS 中的电子表格具有丰富的数学和逻辑计算功能，双击电子表格进入任一页面，单击页面底部的**Function Help**(函数帮助)按钮可以查看电子表格函数和表达式，分别为 Mathematical Expressions(数学表达式)，Logical Expressions(逻辑表达式)和 Mathematical Functions(数学函数)，如图 4-34 所示。

利用 Aspen HYSYS 电子表格进行运算时，所有的函数必须以"+""="或"@"开头，其中"+""="用于加、减、乘和除等数学运算，而"@"则用于对数运算、三角函数运算及逻辑运算，常用的函数及公式如下所示。

(1) 通用数学函数

通用数学函数(General Math Functions)包括加、减、乘与除等，使用方法见表 4-9。

表 4-9　通用数学函数及使用方法

数学函数	使用方法	数学函数	使用方法
Addition(加)	使用"+"号	Power(乘方)	使用"^"号
Subtraction(减)	使用"-"号	Square Root(开平方根)	使用"@ SQRT"
Multiplication(乘)	使用"＊"号	π(Pi)	输入"Pi"即代表数值 3.1415……
Division(除)	使用"/"号	Factorial(阶乘)	使用"!"号
Absolute Value(绝对值)	使用"@ ABS"		

注：计算常用的层次结构先后次序依次为括号>指数>除法与乘法>加法与减法。

Mathematical Expressions	Logical Expressions	Mathematical Functions

Mathematical Operators

( )	Brackets	(2 + 3) / 5
*	Multiplication	2*A4
/	Division	A2/4
+	Addition	A4 + B5
-	Subtraction	A4 - B5
^	X to the Y	2 ^ 3
!	Factorial	4 !
,	Comma	@INRANGE(A1,A2,A3)
RT	Root	4 RT 2 == 2
PI	pi = 3.14159..	PI * D1
:	Cells Range	A2:C3

Operator Precedence

Highest	all functions
	^, !, RT, :
	*, /
	+, -
	<, >, ==, !=, <=, >=
	OR, AND, XOR
Lowest	commas and parentheses

图 4-34 电子表格函数及表达式

（2）对数函数与三角函数

对数函数（Logarithmic Functions）与三角函数（Trigonometric Functions）的使用方法分别如表 4-10 和表 4-11 所示。

表 4-10 对数函数及使用方法

对数函数	使用方法
Natural Log（自然对数）	使用"@ ln"
Base 10 Log（以 10 为底的对数）	使用"@ log"
Exponential（指数）	使用"@ exp"
Hyperbolic（双曲线）	使用"@ sinh" "@ cosh" "@ tanh"
Expression within Range（范围函数表达式）	使用"@ Inrange"，如果数字在函数指定的范围内则返回 1。 例如：A1 = 5，@ Inrange（A1，4，7）= 1，@ Inrange（A1，6，10）= 0
Expression within Limit（限制函数表达式）	使用"@ Inlimit"，如果数字位于函数指定范围内，且在指定数值的任意一侧，则返回 1 例如：A1 = 5，@ Inlimit（A1，7，2）= 1；@ Inlimit（A1，7，1）= 0
Expression within Percentage（百分函数表达式）	使用"@ Inpercentage"，如果数字位于函数指定百分比内，且在指定数值的任意一侧，则返回 1 例如：A1 = 5，@ Inpercentage（A1，8，40）= 1；@ Inpercentage（A1，8，35）= 0

表 4-11 三角函数及使用方法

三角函数	使用方法
Standard（正三角函数）	使用"@ sin" "@ cos" "@ tan"
Inverse（反三角函数）	使用"@ asin" "@ acos" "@ atan"

（3）逻辑运算符

Aspen HYSYS 电子表格支持布尔逻辑运算（Boolean Logical Operators），例如，真/假逻辑判断，逻辑真值为 1，逻辑假值为 0。假如 A1 单元格的值为 10，A2 单元格的值为 5，如果在 A3 单元格内输入逻辑语句+A1<A2，则显示值为 0，因为该逻辑算式的值为假。布尔运算及使用方法如表 4-12 所示。

表 4-12　布尔运算及使用方法

布尔运算	使用方法	布尔运算	使用方法
Equal To(等于)	"=＝"	Less Than(小于)	"<"
Not Equal To(不等于)	"!＝"	Greater Than or Equal to(大于等于)	">＝"
Greater Than(大于)	">"	Less Than or Equal to(小于等于)	"<＝"

注：Aspen HYSYS 电子表格也支持基本的 IF/THEN/ELSE 语句，语句格式为@ if(condition) then(if true) else(if false)。例如，@ if(B1<＝10) then(B1 * 2) else(B1/10)。假定"B1=8"，则输出结果应为 16。

下面通过例 4.5 介绍电子表格的应用。

【例 4.5】　基于例 2.1 模拟结果，添加电子表格 SPRDSH-1，将物流 Vapour 的摩尔流量与物流 Liquid 的摩尔流量依次导入到电子表格 SPRDSH-1 中，并计算两股物流的摩尔流量之比，流程如图 4-35 所示。

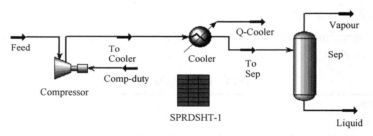

图 4-35　添加电子表格流程

本例模拟步骤如下：

（1）打开本书配套文件　打开 Example2.1-Flash Calculation.hsc，另存为 Example4.5-Spreadsheet.hsc。

（2）添加电子表格 SPRDSH-1　从对象面板中选择 Spreadsheet 添加到流程中，如图 4-36 所示。

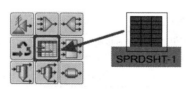

图 4-36　添加电子表格 SPRDSH-1

（3）导入流程变量　双击电子表格 **SPRDSH-1** 进入 **SPRDSHT-1 | Spreadsheet** 页面，首先在 A1 单元格中输入 Vapour Molar Flow，然后在 B1 单元格单击鼠标右键，在弹出的对话框中选择 Add Import Variable(s)命令，弹出 **Select Import for cell** 窗口，依次选择 Vapour，Molar

Flow，单击**Done**按钮，返回**SPRDSHT-1 | Spreadsheet**页面，物流 Vapour 的摩尔流量值出现在 B1 单元格中，如图 4-37 所示。同理，导入物流 Liquid 的摩尔流量。

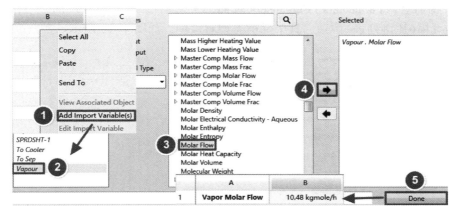

图 4-37　导入变量

（4）输入公式及查看结果　在 D2 单元格输入公式=b1/b2，按**Enter**键计算结果显示在 D2 单元格中，由图可知气液两相出口物流 Vapour 与 Liquid 的摩尔流量之比为 0.3035，如图 4-38 所示。

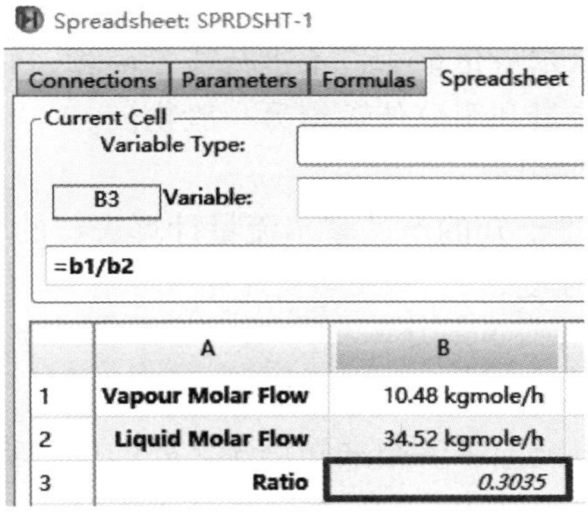

图 4-38　输入公式及查看结果

注：在电子表格中，用户输入变量显示蓝色，流程计算值显示黑色，经公式计算得到的值显示浅蓝色（斜体）。

4.5　平衡器

平衡器（Balance）是通用的能量衡算与物料衡算逻辑单元，所需输入的信息只有进入和流出操作的物流名称。平衡器可同时添加多股进出口物流，在 General Balance（通用平衡）模式下，用户可以规定每个组分的比率。由于 Aspen HYSYS 允许物流进入或离开多个单元操作，所以平衡器可以与其他单元操作并行使用，来处理总的物料平衡与能量平衡。同时，平衡器还可以进行双向求解，例如，在没有自由度限制的情况下，平衡器可以根据出料物流反算出未知进料的摩尔流量。

4.5.1 参数页面

双击平衡器进入 **Parameters | Parameters** 页面，平衡器的参数包含 Balance Type(平衡类型)和 Ratio List(比例列表)两项，其中平衡类型有六种，如图 4-39 所示。

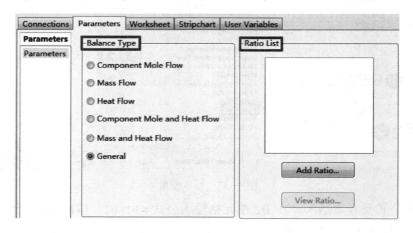

图 4-39　Parameters | Parameters 页面

(1) Component Mole Flow(组分摩尔流量)

对选定的物流进行组分摩尔流量衡算，不进行能量衡算。并用于提供流程中的物料平衡数据或者将一个过程物流的流量和组分传输给另一股物流。

① 不需要指定所有物流的组成。

② Aspen HYSYS 可以基于已知的产品摩尔流量计算进口的摩尔流量，反之亦然。

③ 此操作不传递压力和温度。

(2) Mass Flow(质量流量)

只进行质量流量衡算。常用于化学计量系数未知而进料与出料条件已知的反应器模拟，如果指定了所有物流的组成以及除了一个未知物流之外的所有物流流量，质量平衡操作就会计算未知物流的流量，常用于烷基化装置、加氢反应器等。

① 必须指定所有物流的组成。

② 除了一股物流外，所有的流量都必须指定，Aspen HYSYS 通过质量平衡来计算质量流量。

③ 不能进行能量、摩尔流量以及化学组成的衡算，只能确定进出口物流组分的质量平衡。

④ 此操作不传递温度和压力。

(3) Heat Flow(热流量)

此操作只对所选物流进行热量衡算。用于计算流程中的热量平衡或者一股物流到另一股物流的焓传递。

① 必须给定组分及质量流量，热量不会传递到没有指定组分和流量的物流。

② Aspen HYSYS 可以根据已知的产品计算进口的热流量，反之亦然。

③ 此操作不传递压力或温度。

④ 不能在一个物流中进行热量衡算。

（4）Component Mole and Heat Flow（组分摩尔流量和热流量）

通常用于执行总物料平衡（以摩尔为基准）和所选工艺物流的热量平衡计算，以此来检查平衡或计算某一未知变量（例如流量）。

① 该操作分别进行物料与热量衡算。

② 该操作可计算基于热量平衡下的一股未知能流及基于物料平衡下的一股未知物流。

③ 该操作不依赖计算方向，可以确定进料或产品的信息。

④ 平衡器也是流程中的一部分，同样定义了一个约束。任何一个变化都会使连接到平衡器的物流重新进行物料和热量衡算，因此，此约束减少了规定中的一个可用变量。

⑤ 由于组分摩尔流量平衡与热流量平衡是以摩尔量为基础的，因此不能用于有化学组成变化的反应器。

（5）Mass and Heat Flow（质量流量和热流量）

与质量平衡相似，此平衡模式也是进行总质量衡算和热量衡算。

① 必须指定所有物流的组成。

② 除了一股物流外，必须给定其余所有物流流量，根据质量衡算求未知流量。

③ 除了一股未知物流外，必须给定其余所有物流的焓，根据热量衡算求未知物流的焓。

④ 不对摩尔量和化学组成进行衡算。

（6）General（通用）

通用平衡能够求解更大范围内的问题，如连接物流（进口或者出口）中 n 个未知量与 n 个方程的问题。随着求解方法的改进，该操作不仅可以求解连接物流的未知流量与组成，还可以计算物流组分间的比率。当计算方法确定后，将会保持规定的组分间的比率。

① 该操作可以分别求解物料和能量平衡，其中能流可来自进口或出口。

② 该操作可以求解流量或者组成问题，并且可以指定物流中组分间的比率。

③ 比率可以用指定的未知类型、摩尔、质量或液体体积作为基准。

下面通过例 4.6 介绍平衡器的应用。

【例 4.6】　如图 4-40 所示流程，在例 2.1 的基础上，添加平衡器 BAL-1 确定物流 To Sep 的温度范围，使得物流 To Sep 为气液两相。

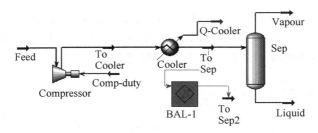

图 4-40　添加平衡器流程

本例模拟步骤如下：

（1）打开本书配套文件　打开 Example2.1-Flash Calculation.hsc，另存为 Example4.6-Balance.hsc。

（2）添加平衡器 BAL-1　从对象面板中选择 Balance 添加到流程中，如图 4-41 所示。

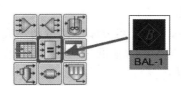

图 4-41　添加平衡器 BAL-1

（3）建立平衡器 BAL-1 物流连接　双击平衡器 BAL-1，进入 **BAL-1 | Connections | Connections** 页面，建立物流连接，如图 4-42 所示。

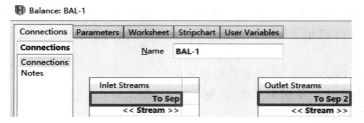

图 4-42　建立平衡器 BAL-1 物流连接

（4）设置平衡器 BAL-1 参数　双击平衡器 BAL-1，进入 **BAL-1 | Parameters | Parameters** 页面，选择 Balabce Type(平衡类型)为 Component Mole Flow，如图 4-43 所示。

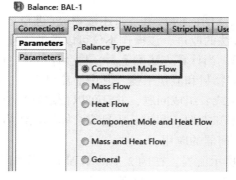

图 4-43　设置平衡器 BAL-1 参数

（5）设置物流 To Sep 2 参数　双击物流 To Sep 2，进入 **To Sep 2 | Worksheet | Conditions** 页面，输入压力 345kPa，依次输入气相分数 0 和 1 并查看对应物流温度值，如图 4-44 所示，物流 To Sep 的温度范围可在-13.43~14.92℃之间选取。

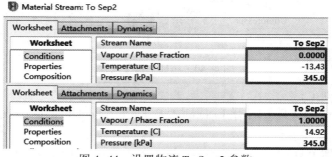

图 4-44　设置物流 To Sep 2 参数

习 题

4.1 本书配套文件 Dehydrogenation. hsc 模拟乙烯工厂中从氢气、甲烷、乙烷和乙烯混合物中脱除氢气生产过程，其流程如附图 4-1 所示。在此基础上，① 添加电子表格，计算此流程中乙烯的损失率；② 添加调节器，通过调节冷却器 E-100 的热负荷，使此流程中乙烯的损失率小于 0.01。其中，乙烯的损失率为(分离器 V-100 气相出口物流 Vap 中乙烯的摩尔流量)/(物流 Feed 中乙烯的摩尔流量)。

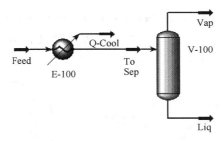

附图 4-1 脱除氢气流程

4.2 本书配套文件 Concentration of Aqueous Sucrose Solution. hsc 模拟蔗糖水溶液浓缩的部分生产过程，其流程如附图 4-2 所示。为满足后续工况要求，在此基础上，删除分离器 V-101 的压降值，添加设置器，使物流 L2 的温度始终比冷却器 E-101 出口物流 C2 的温度低 3℃。

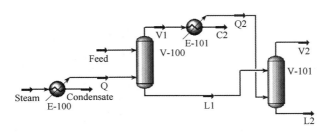

附图 4-2 蔗糖水溶液浓缩部分流程

4.3 本书配套文件 Preparation of Ethylene Glycol by Ethylene Oxide Catalytic Hydration. hsc 模拟环氧乙烷催化水合制乙二醇工艺过程，其流程如附图 4-3 所示。在此基础上，添加循环器使塔顶物流 DIST 返回至反应器 CSTR-100 入口。

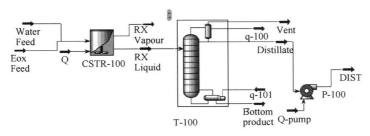

附图 4-3 环氧乙烷催化水合制乙二醇流程

4.4 本书配套文件 Propane Tank. hsc 模拟将 25℃ 条件下的丙烷储罐移至环境温度为 58℃ 条件下进行使用的过程，检测到 58℃ 时液态丙烷刚好充满整个罐体，其流程如附图 4-4 所示。在此基础上，添加电子表格计算在 25℃ 条件下丙烷体积占罐体积的百分比。其中，体积比用不同温度条件下丙烷的摩尔密度替代。

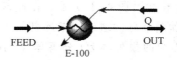

附图 4-4　丙烷储罐模拟流程

4.5 本书配套文件 Vapour-Liquid Separation. hsc 模拟物流 C1-C4 Mixer 与物流 Water 混合与气液分离过程，其流程如附图 4-5 所示。在此基础上，添加平衡器，计算当前压力与组成条件下气相出口物流 Vapour 的泡点温度。

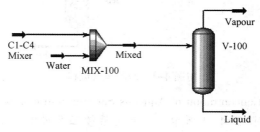

附图 4-5　气液分离流程

第5章　简单单元模拟

Aspen HYSYS 提供了六种不同的简单混合分离过程的单元模块，包括混合器（Mixer）、分流器（Tee）、阀（Valve）、分离器（Separator）、三相分离器（3-Phase Separator）和罐（Tank），如表5-1所示。

表5-1　简单单元模块介绍

模块	名称	图标	说明
Mixer	混合器		将两股以上（含两股）物流混合成一股物流
Tee	分流器		将一股物流分成多股物流
Valve	阀		根据进口压力、进口温度、出口压力、出口温度及压降五个变量中任意三个（至少一个温度和一个压力），计算其他两个未知量
Separator	分离器		多股进口物流，一股气相出口物流和一股液相出口物流。分离器把容器中的物料分为气相和液相
3-Phase Separator	三相分离器		多股进口物流，一股气相出口物流和两股液相出口物流。三相分离器把容器中的物料分为气相、轻液相和重液相
Tank	罐		多股进口物流，一股气相出口物流和一股液相出口物流

5.1　闪蒸

闪蒸（Flash）是连续单级平衡分离过程。该过程使进料混合物部分汽化或冷凝，得到含易挥发组分较多的蒸气和含难挥发组分较多的液体。在图5-1（a）中，液体进料在一定压力

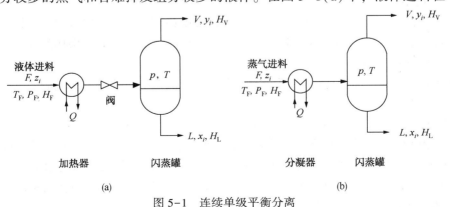

图5-1　连续单级平衡分离

下被加热，通过阀绝热闪蒸到较低压力，在闪蒸罐内分离出易挥发组分较多的气体。如果省略阀，低压液体在加热器中被加热部分汽化后，在闪蒸罐内分成两相。与之相反，如图5-1(b)所示，气体进料在分凝器中部分冷凝，进入闪蒸罐进行相分离，得到难挥发组分较多的液体。在两种情况下，如果设备设计合理，则离开闪蒸罐的气、液两相处于平衡状态。

除非组分的相对挥发度相差很大，单级平衡分离所能达到的分离程度是很低的，所以，闪蒸和部分冷凝通常作为进一步分离的辅助操作。但是，用于闪蒸过程的计算方法极为重要，普通精馏塔中的理论板就是一简单绝热闪蒸级。

Aspen HYSYS可以执行的闪蒸计算(Flash Calculations)类型有T-p(温度-压力)，T-VF(温度-气相分数)，T-H(温度-焓)，T-S(温度-熵)，p-VF(压力-气相分数)，p-H(压力-焓)，p-S(压力-熵)，具体执行哪一种类型的闪蒸计算取决于用户提供的物流信息。

注：① Wilson方程、Amines物性包与Steam物性包只能执行两相平衡计算，其他状态方程和活度系数模型均可进行三相平衡计算；② 当相平衡系统的自由度数为0时，Aspen HYSYS自动对物流进行闪蒸计算；③ 一旦物流的组成及气相分数、温度、压力、焓或熵中的两个物性变量被确定(其中一个必须是温度或压力)，物流的热力学状态也就被确定了，Aspen HYSYS会自动完成闪蒸计算。但是若用户指定的变量过多，就会出现一致性错误警告。

(1) T-p闪蒸

用户可以指定物流的温度和压力，计算物流的气相分数、焓和熵。利用状态方程和活度系数模型，通过最小吉布斯自由能执行严格的闪蒸计算，以确定不互溶相的共存性和组分分布。在使用蒸气压模型或半经验模型进行闪蒸计算时，组分分布以API数据手册中的煤油溶解度数据为基准进行计算。如果混合物在指定条件下为单相，则物性包通过计算等温压缩系数(dV/dp)确定流体为液体或气体。

(2) T-VF、p-VF闪蒸

用户可以指定物流的气相分数和温度(或压力)，计算露点或泡点压力(或温度)。

① 泡点　指定气相分数为0，并指定压力或温度。若已知的是压力，可求泡点温度；若已知的是温度，可求泡点压力。

② 露点　指定气相分数为1，并指定压力或温度。若已知的是压力，可求露点温度；若已知的是温度，可求露点压力。

注：气相分数通常以摩尔分数表示。

(3) T-H、p-H闪蒸

这种类型的闪蒸计算，自变量是物流的焓和温度(或压力)。尽管用户不能直接指定物流的焓，但它通常以单元操作(如阀、换热器和混合器)能量衡算的结果作为变量。

(4) T-S、p-S闪蒸

自变量是物流的熵和温度(或压力)。同样，用户也不能直接指定物流的熵。

(5) 电解质闪蒸

电解质闪蒸计算可以处理电解质水溶液问题。Aspen HYSYS OLI接口包是OLI系统的一个接口，当OLI的电解质包与物流相关联时，则此物流就成为流程中的电解质物流，即该物流同时进行相平衡和反应平衡闪蒸计算。Aspen HYSYS中的电解质物流可以进行的闪蒸类型有T-p闪蒸、p-H闪蒸、T-H闪蒸、T-VF闪蒸和p-VF闪蒸。Aspen HYSYS OLI接口包对于电解质物流闪蒸计算的适用范围：

① 水相中 H_2O 的组成大于 0.65；

② 温度介于 0~300℃ 之间；

③ 压力介于 0~1500 atm 之间；

④ 离子强度介于 0~30 mol/kg 之间。

（6）烃-水体系闪蒸

详见 3.7.4 节。

（7）超临界体系闪蒸

对于超临界状态下的物流，Aspen HYSYS 中气相分数显示为 0 或 1，此值没有任何物理意义，因为在超临界区没有液相或气相的区别。但是确定超临界流体是类液体的流体或类气体的流体十分重要，这是因为 Aspen HYSYS 使用针对具体相态的模型计算某些物性。换言之，必须识别物流的相态，才能确定使用何种模型计算物性。Aspen HYSYS 中，所有闪蒸结果都由相序功能识别相态，不同物性包识别相态的准则有异。

（8）含固体体系闪蒸

在闪蒸计算中 Aspen HYSYS 不检测纯组分固体的形成，但是，利用公用工程包（Utility Package）可以预测 CO_2 和水合物的起始固体形成条件。

固体材料如催化剂或焦炭，可以作为由用户定义的固体组分进行处理。Aspen HYSYS 物性包将固体组分考虑在内计算物流的变量，包括物流的总流量、组成（摩尔、质量和体积）、气相分数、熵、焓、比热、密度、分子量、压缩因子和各种临界性质。传递性质是在无固体的基础上计算的。固体通常在第二液相（即富水相）中携带。

固体不参与汽液平衡计算，蒸气压为零。但是，由于固体会影响热量平衡计算，因此，经闪蒸计算后的温度相同，但焓受固体存在的影响。

5.2　混合器

混合器（Mixer）可将多股物流混合为一股物流。在混合器进出口之间执行热量和物料衡算，换言之，进口和出口物流之间的一个未知温度是严格计算得到的。如果已知所有进口物流的物性，则会自动计算出口物流的物性。

混合器出口物流的压力和温度通常是待确定的量。但是，如果出口物流完全定义，混合器也会反算其中一股进口物流的未知温度，此时所有进口物流的压力必须确定。

用户可以在 **Parameters** 页面选择混合器的压力分配方式，如图 5-2 所示。

① Set Outlet to Lowest Inlet（默认）　设置出口物流的压力为进口物流中的最低压力；

② Equalize All　Aspen HYSYS 将把已知的一股物流的压力值设置为其他物流的压力值。

若选择 Equalize All 且两个或两个以上进口物流有不同的压力值时，就会弹出压力不一致的警告，用户只需保留一股物流的压力，或者选择 Set Outlet

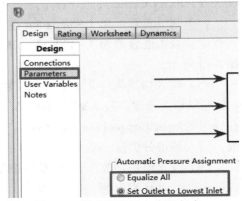

图 5-2　混合器的压力分配方式

to Lowest Inlet。压力分配在模拟多重管网的混合器时尤为重要，读者可以通过第6章例6.6加深理解。

下面通过例5.1介绍混合器的应用。

【例5.1】 将四股物流 Inlet-1、Inlet-2、Inlet-3 和 Inlet-4 混合，求混合后物流 Outlet温度、压力及各组分流量。进口物流条件及组成如表5-2所示。物性包选取 SRK。

表5-2 进口物流条件及组成

物流	组分	流量/(kmol/h)	温度/℃	压力/kPa
Inlet-1	苯(Benzene)	45	40	100
Inlet-2	氢气(Hydrogen)	135	50	2325
	氮气(Nitrogen)	0.5		
	甲烷(Methane)	3		
Inlet-3	氢气	12	50	2120
	氮气	6		
	甲烷	16		
	苯	0.001		
	环己烷(Cyclohexane)	0.5		
Inlet-4	氢气	0.05	50	2120
	氮气	0.07		
	甲烷	0.5		
	苯	0.03		
	环己烷	20		

本例模拟步骤如下：

(1)新建模拟 启动 Aspen HYSYS，新建空白模拟，单位集选择 SI，文件保存为 Example5.1-Mixer.hsc。

(2)创建组分列表 进入 **Component Lists** 页面，添加 Hydrogen、Nitrogen、Methane、Benzene 和 Cyclohexane。

(3)定义流体包 进入 **Fluid Packages** 页面，选取物性包 SRK。进入 **Fluid Package | Basis-1 | Binary Coeffs** 页面查看二元交互作用参数，本例采用默认设置。

(4)建立流程 单击 **Simulation** 按钮进入模拟环境，从对象面板选择 Mixer 模块添加到流程中，双击混合器 MIX-100，进入 **MIX-100 | Design | Connections** 页面，建立物流连接，如图5-3所示。

(5)输入物流条件及组成 进入 **MIX-100 | Worksheet | Conditions** 页面，按题目信息输入4股进口物流条件；进入 **MIX-100 | Worksheet | Compositions** 页面，输入4股进口物流组成，在弹出的 **Input Composition for Stream：Material Stream** 窗口中选择 Mole Flows(摩尔流量)基准，输入各组分流量，结果如图5-4所示。

(6)设置模块参数 进入 **MIX-100 | Design | Parameters** 页面，在 Automatic Pressure Assignment(自动压力分配)选项区域中，选择压力分配方式 Set Outlet to Lowest Inlet(设置出口物流的压力为进口物流中的最低压力)。

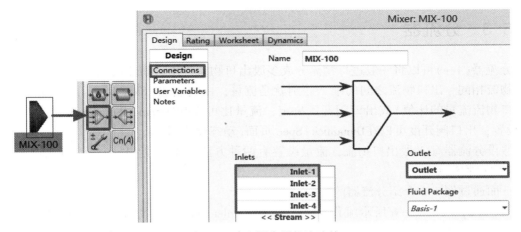

图 5-3　建立混合器物流连接

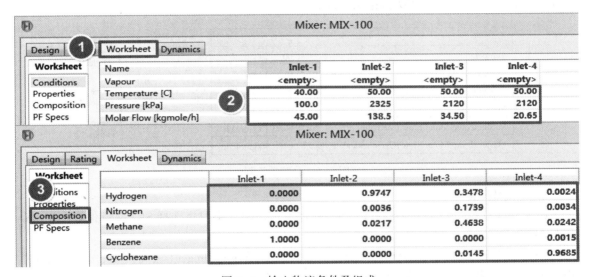

图 5-4　输入物流条件及组成

（7）查看结果　进入 **MIX-100 | Worksheet | Conditions** 页面，查看物流 Outlet 温度和压力；双击 Molar Flow 单元格，弹出 **Input Composition for Stream：Material Stream：Outlet** 窗口，选择 Mole Flows(摩尔流量)单选按钮，查看物流 Outlet 各组分流量，如图 5-5 所示。

注：由于混合效应，如混合过程中相态发生变化，出口物流温度可能与进口物流温度差别较大。

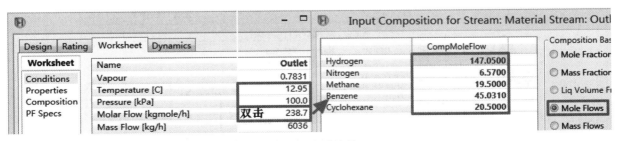

图 5-5　查看结果

5.3 分流器

分流器(Tee)可以将一股进口物流分成多股出口物流，出口物流的温度、压力和组成与进口物流相同。出口物流之间的唯一差别就是流量，由流量比(Flow Ratios，出口物流流量与进口物流流量的比值)或出口阀开度决定，流量比可以在**Design | Parameters**页面(稳态模式)设置，出口阀开度可以在**Dynamics | Spec**页面(动态模式)设置。

假设分流器有 N 股出口物流，流量设置有两种方法：① 指定 N-1 个流量比；② 指定 N-1个出口物流流量。

下面通过例5.2介绍分流器的应用。

【例5.2】 如图5-6所示流程，将一股物流 Inlet 分成三股物流 Outlet-1、Outlet-2 和 Outlet-3，要求物流 Outlet-1 和 Outlet-2 的摩尔流量分别为物流 Inlet 的8%和22%，求物流 Outlet-3 的流量。物性包选取 Peng-Robinson。

Inlet		
Temperature	50.00	C
Pressure	2120	kPa
Master Comp Molar Flow (Hydrogen)	15.0000	kgmole/h
Master Comp Molar Flow (Nitrogen)	10.0000	kgmole/h
Master Comp Molar Flow (Methane)	20.0000	kgmole/h
Master Comp Molar Flow (Cyclohexane)	5.0000	kgmole/h

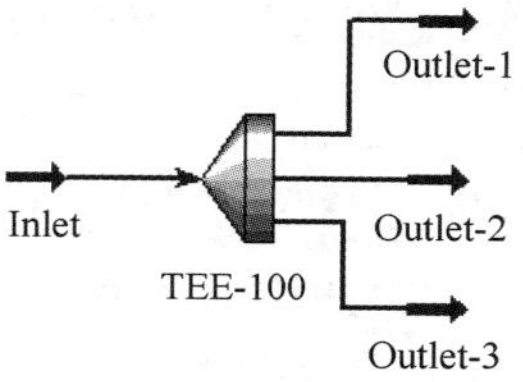

图5-6　分流器流程

本例模拟步骤如下：

(1) 新建模拟　启动 Aspen HYSYS，新建空白模拟，单位集选择 SI，文件保存为 Example5.2-Tee.hsc。

(2) 创建组分列表　进入**Component Lists**页面，添加 Hydrogen(氢气)、Nitrogen(氮气)、Methane(甲烷)和 Cyclohexane(环己烷)。

(3) 定义流体包　进入**Fluid Packages**页面，选取物性包 Peng-Robinson。

(4) 建立流程　单击**Simulation**按钮进入模拟环境，从对象面板选择 Tee 模块添加到流程中；双击分流器 TEE-100，进入**TEE-100 | Design | Connections**页面，建立物流连接，如图5-7所示。

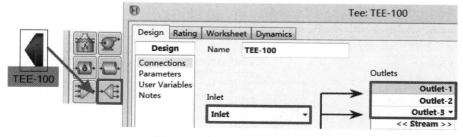

图5-7　建立分流器物流连接

（5）输入物流条件及组成 进入**TEE-100 | Worksheet | Conditions** 页面，按题目信息输入物流 Feed 条件；进入**TEE-100 | Worksheet | Composition** 页面，输入物流 Feed 组成，如图5-8 所示。

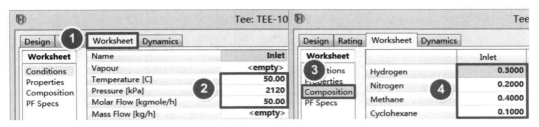

图 5-8 输入物流条件及组成

（6）设置模块参数 进入**TEE-100 | Design | Parameters** 页面，输入物流 Outlet-1 和 Outlet-2 的 Flow Ratios（流量比）分别为 0.08 和 0.22，如图5-9所示。

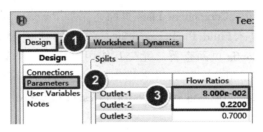

图 5-9 输入分流器流量比

（7）查看结果 进入**TEE-100 | Worksheet | Conditions** 页面，查看物流 Outlet-3 的流量 35kmol/h，如图 5-10 所示。

Name	Inlet	Outlet-1	Outlet-2	Outlet-3
Vapour	0.9174	0.9174	0.9174	0.9174
Temperature [C]	50.00	50.00	50.00	50.00
Pressure [kPa]	2120	2120	2120	2120
Molar Flow [kgmole/h]	50.00	4.000	11.00	35.00

图 5-10 查看结果

5.4 阀

Aspen HYSYS 对阀（Valve）进出口物流进行物料和能量衡算，基于进出口物流的物料守恒和等焓过程进行闪蒸计算，假设阀是等焓操作。在阀中，用户可以指定五个变量，分别是进口温度、进口压力、出口温度、出口压力和阀压降。用户需要输入三个变量的值，至少包含一个温度和一个压力，Aspen HYSYS 可以计算另外两个变量。

阀是 Aspen HYSYS 动态模拟的基本单元。物流流经阀的方向取决于阀两侧单元操作的压力。与稳态阀一样，动态阀单元操作也是等焓过程，详见第17章。

下面通过例5.3介绍阀的应用。

【例5.3】 如图5-11所示流程,要求阀VLV-100出口物流Outlet压力500kPa,计算出口物流Outlet的温度。物性包选取Peng-Robinson。

Feed		
Temperature	50.00	C
Pressure	2000	kPa
Molar Flow	600.0	kgmole/h
Mole Frac (Propane)	0.9500	
Mole Frac (Propene)	0.0500	

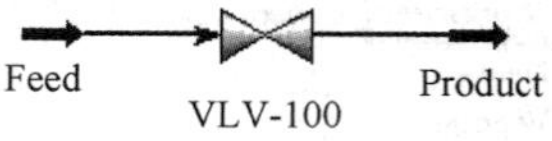

Feed → VLV-100 → Product

图5-11　阀流程

本例模拟步骤如下:

(1) 新建模拟　启动 Aspen HYSYS,新建空白模拟,单位集选择 SI,文件保存为 Example5.3-Valve.hsc。

(2) 创建组分列表　进入**Component Lists**页面,添加 Propane(丙烷)和 Propene(丙烯)。

(3) 定义流体包　进入**Fluid Packages**页面,选取物性包 Peng-Robinson。进入**Fluid Package|Basis-1|Binary Coeffs**页面查看二元交互作用参数,本例采用默认设置。

(4) 建立流程　单击**Simulation**按钮进入模拟环境,从对象面板选择 Control Valve 模块添加到流程中;双击阀 VLV-100,进入**VLV-100|Design|Connections**页面,建立物流连接,如图5-12所示。

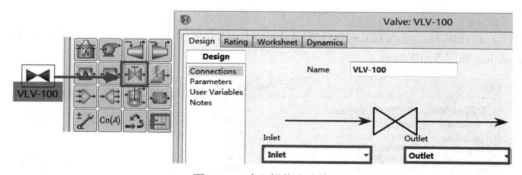

图5-12　建立阀物流连接

(5) 输入物流条件及组成　进入**VLV-100|Worksheet|Conditions**页面,按题目信息输入物流 Inlet 和 Outlet 条件;进入**VLV-100|Worksheet|Conditions**页面,输入物流 Inlet 组成,如图5-13所示。

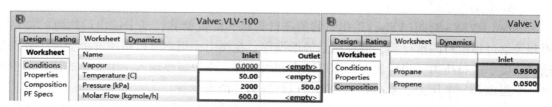

图5-13　输入物流条件及组成

(6) 查看结果　进入**VLV-100|Worksheet|Conditions**页面,如图5-14所示,物流 Outlet

温度为 1.333℃。

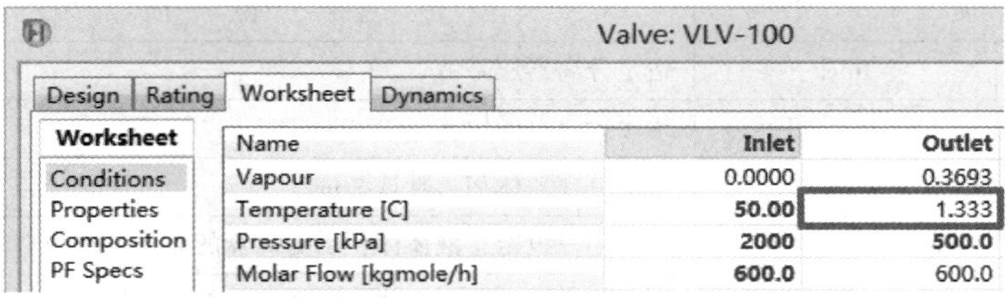

图 5-14　查看结果

5.5　分离器/三相分离器/罐

分离器(Separator)、三相分离器(3-Phase Separator)和罐(Tank)的属性窗口相似,因此本节将一起介绍这三个单元操作。

(1) 闪蒸分离原理

通过对出口物流进行 $p-H$ 闪蒸计算,确定出口物流的温度、压力和相态。当有多股进口物流时,闪蒸压力是进口物流最小压力减去容器的压降,焓值是进口物流的焓值加上热负荷(加热时热负荷是正值,冷却时热负荷是负值)。

分离器、三相分离器和罐都有反算(Back-Calculation)功能,基于物料守恒,已知一股出口物流组成计算其他出口物流组成。具体操作为:① 指定一股出口物流的组成;② 指定一股出口物流的温度或压力;③ 指定两股(分离器)或三股(三相分离器)进、出口物流的流量。如果有多股进口物流,仅能有一股进口物流的组成未知。

(2) 参数设置

三种单元操作的 **Design | Parameters** (参数)页面相同,以分离器为例,如图 5-15 所示,各选项及其说明见表 5-3。

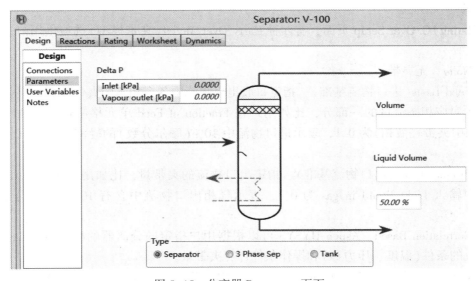

图 5-15　分离器 Parameters 页面

表 5-3 **Design | Parameters** 页面各选项及其说明

选　项		说　明
Delta P	Inlet	指定分离器压降 Δp
	Vapour outlet	指定分离器静压 p_{head}
Volume		指定分离器体积，默认 2 m^3
Liquid Volume		无需用户设定，液体体积由分离器的体积与液位百分比相乘得到
Liquid Level SP		指定液位百分比，该值为液体体积与分离器体积的比值，默认 50%
Type		在分离器、三相分离器和罐操作之间切换

分离器中压力关系为

$$p = p_L = p_{feed} - \Delta p = p_{head} + p_V$$

式中　p——闪蒸压力；

　　p_L——液相出口物流压力；

　p_{feed}——进口物流压力(当有多股进口物流时，为所有进口物流中的最低压力)；

　　Δp——分离器压降；

p_{head}——分离器静压；

　p_V——气相出口物流压力。

注：容器默认压降为 0。

三种分离器操作的关键区别在于物流的连接，具体见表 5-1。用户可以在 **Design | Parameters** 页面的 Type(操作类型)选项区域中切换这三种分离器。

(3) 闪蒸夹带

理想分离器中气液相完全分离。在现实的分离器中，分离并不完全，气相可能夹带液体，液相可能夹带气体和另一液相的液滴。Aspen HYSYS 默认的分离器是理想分离器。用户可以在 **Rating | C. Over Setup** 页面设置实际分离操作中的夹带量以模拟真实的分离器，如图 5-16所示。

在 **Rating | C. Over Setup** 页面，有四种 Carry Over Model(夹带模型)选项供用户选择，分别为：

① None　无夹带；

② Feed Basis(进口物流基准)　指定每股出口物流中各个相态的夹带量，此夹带量是进口物流中对应相态流量的一部分，比如用户在 Fraction of Feed 单元格中输入 Light liquid in gas(气相中夹带轻液相)为 0.1，表示进口物流中 10%(摩尔分数)的轻液相将随气相出口物流流出；

③ Product Basis(出口物流基准)　指定出口物流的夹带量，比如用户在 Frac In Product 单元格中输入 Light liquid in gas 为 0.1，表示气相出口物流中含有 10%(摩尔分数)的轻液相；

④ Correlation Based　Aspen HYSYS 可以根据用户指定的分离器的配置(Configuration)、进口物流的条件(温度、压力等)和操作条件计算夹带量。

注：Light liquid(轻液相)和 Heavy liquid(重液相)分别指有机相和水相。

在稳态模式下，如果进口物流中不存在用户指定的相态，则选择 Use 0.0 as product spec

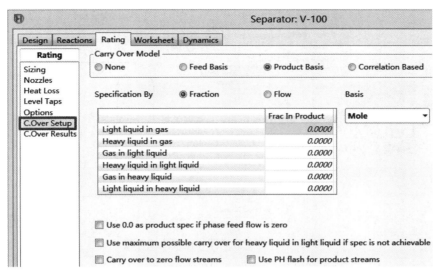

图 5-16   分离器 C. Over Setup 页面

if phase feed flow is zero 复选框，分离器将继续进行夹带量计算且不影响结果。

（4）反应设置   三种单元操作都可以添加反应，详见第 8 章。

下面通过例 5.4 介绍分离器的应用。

【例 5.4】   如图 5-17 所示流程，用操作压力 100kPa 的分离器 V-100 分离甲醇-水混合液 Inlet。求混合液 Inlet 和液相出口物流 Liq-Outlet 组成及设备尺寸。物性包选取 NRTL。

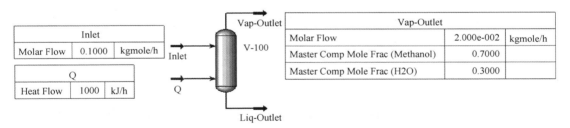

图 5-17   分离器流程

本例模拟步骤如下：

（1）新建模拟   启动 Aspen HYSYS，新建空白模拟，单位集选择 SI，文件保存为 Example5. 4-Separator. hsc。

（2）创建组分列表   进入 **Component Lists** 页面，添加 Methanol（甲醇）和 H_2O（水）。

（3）定义流体包   进入 **Fluid Packages** 页面，选取物性包 NRTL。进入 **Fluid Package | Basis-1 | Binary Coeffs** 页面查看二元交互作用参数，本例采用默认值。

（4）建立流程   单击 **Simulation** 按钮进入模拟环境，从对象面板选择 Separator 模块添加到流程中；双击分离器 V-100，进入 **V-100 | Design | Connections** 页面，建立物流及能流连接，如图 5-18 所示。

（5）输入物流条件及组成   进入 **V-100 | Worksheet | Conditions** 页面，按题目信息输入物流 Inlet 和 Vap-Outlet 条件；进入 **V-100 | Worksheet | Conditions** 页面，输入物流 Vap-Outlet 组成。由式(5-2)可知，分离器 V-100 的闪蒸压力等于液相出口物流的压力，因此输入液

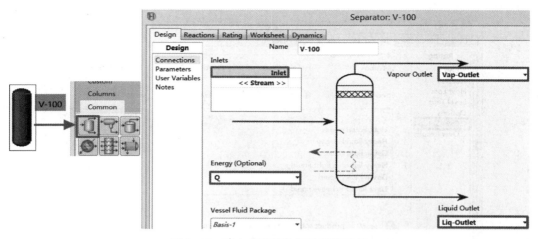

图 5-18　建立分离器物流及能流连接

相出口物流 Liq-Outlet 的压力 100kPa，如图 5-19 所示。

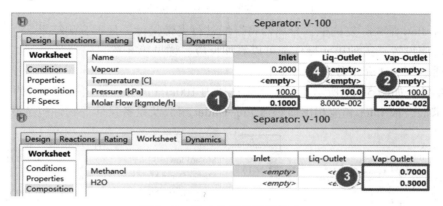

图 5-19　输入物流条件及组成

（6）设置模块参数　进入**V-100 | Design | Parameters** 页面，输入 Duty（热负荷）1000kJ/h，如图 5-20 所示。

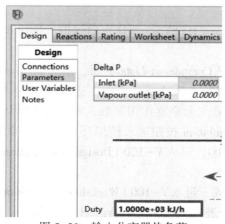

图 5-20　输入分离器热负荷

（7）查看结果　进入**V-100 | Worksheet | Composition** 页面，查看混合液 Inlet 和液相出口物流 Liq-Outlet 组成，如图 5-21 所示。

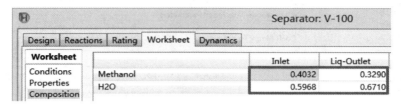

图 5-21　查看结果

（8）计算分离器几何结构尺寸　进入**V-100 | Rating | Sizing** 页面，默认选择 Flat Cylinder（平底圆筒），Vertical（垂直），单击**Quick Size** 按钮，如图 5-22 所示。

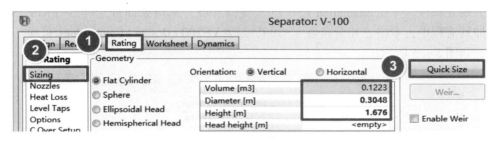

图 5-22　计算分离器几何结构尺寸

下面通过例 5.5 介绍三相分离器的应用。

【**例 5.5**】　如图 5-23 所示流程，用三相分离器 V-100 分离由乙醇（Ethanol）-水（H_2O）-环己烷（Cyclohexane）组成的混合液 Inlet。求各出口物流流量。物性包选取 UNIQUAC。

Inlet		
Vapour Fraction	0.0100	
Pressure	100.0	kPa
Molar Flow	100.0	kgmole/h
Master Comp Mole Frac (Ethanol)	0.3500	
Master Comp Mole Frac (H2O)	0.0600	
Master Comp Mole Frac (Cyclohexane)	0.5900	

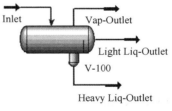

图 5-23　三相分离器流程

本例模拟步骤如下：

（1）新建模拟　启动 Aspen HYSYS，新建空白模拟，单位集选择 SI，文件保存为 Example5.5-3 Phase Separator. hsc。

（2）创建组分列表　进入**Component Lists** 页面，添加 Ethanol、H_2O 和 Cyclohexane。

（3）定义流体包　进入**Fluid Packages** 页面，选取物性包 UNIQUAC。进入**Fluid Package | Basis-1 | Binary Coeffs** 页面，在 Coeff Estimation（交互作用参数估算）选项区域中依次选择 UNIFAC LLE 和 UNIFAC VLE，查看二元交互作用参数，单击**Unknowns Only** 按钮，估算二元交互作用参数，如图 5-24 所示。

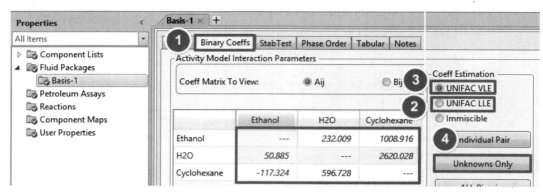

图 5-24　估算二元交互作用参数

（4）建立流程　单击**Simulation** 按钮进入模拟环境，从对象面板选择 3-Phase Separator 模块添加到流程中；双击三相分离器 V-100，进入**V-100 | Design | Connections** 页面，建立物流连接，如图 5-25 所示。

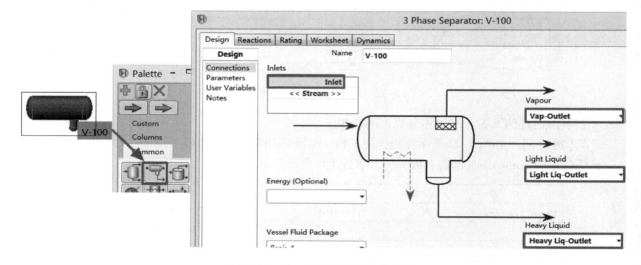

图 5-25　建立三相分离器物流连接

（5）输入物流条件及组成　进入**V-100 | Worksheet | Conditions** 页面，按题目信息输入物流 Inlet 条件；进入**V-100 | Worksheet | Composition** 页面，输入物流 Inlet 组成，如图 5-26 所示。

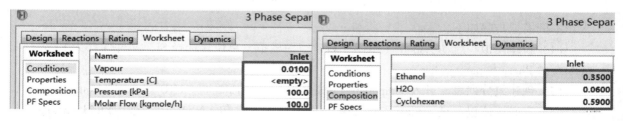

图 5-26　输入物流条件及组成

（6）查看结果　进入**V-100 | Worksheet | Conditions** 页面，查看各出口物流流量，如图 5-27所示。

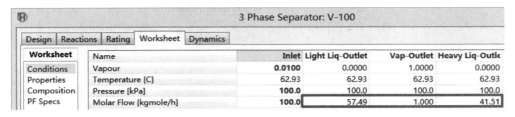

图 5-27　查看结果

下面通过例 5.6 介绍罐的应用。

【例 5.6】　如图 5-28 所示流程，罐 V-100 将进口物流 Inlet 分离成物流 Vap-Outlet 和 Liq-Outlet，计算罐 V-100 闪蒸温度；若罐 V-100 在闪蒸过程中有 0.5kmol/h 的液相被夹带到气相，计算物流 Vap-Outlet 组成变化。物性包选取 Peng-Robinson。

Inlet		
Temperature	100.0	C
Pressure	4000	kPa
Molar Flow	40.00	kgmole/h
Master Comp Mole Frac (Hydrogen)	0.0152	
Master Comp Mole Frac (Methane)	0.0143	
Master Comp Mole Frac (Benzene)	0.7534	
Master Comp Mole Frac (Toluene)	0.2171	

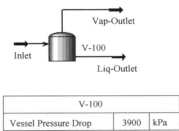

V-100		
Vessel Pressure Drop	3900	kPa

图 5-28　罐流程

本例模拟步骤如下：

（1）新建模拟　启动 Aspen HYSYS，新建空白模拟，单位集选择 SI，文件保存为 Example5.6-Tank.hsc。

（2）创建组分列表　进入 **Component Lists** 页面，添加 Hydrogen（氢气）、Methane（甲烷）、Benzene（苯）和 Toluene（甲苯）。

（3）定义流体包　进入 **Fluid Packages** 页面，选取物性包 Peng-Robinson。进入 **Fluid Package | Basis-1 | Binary Coeffs** 页面查看二元交互作用参数，本例采用默认值。

（4）建立流程　单击 **Simulation** 按钮进入模拟环境，从对象面板选择 Tank 模块添加到流程中；双击罐 V-100，进入 **V-100 | Design | Connections** 页面，建立物流连接，如图 5-29 所示。

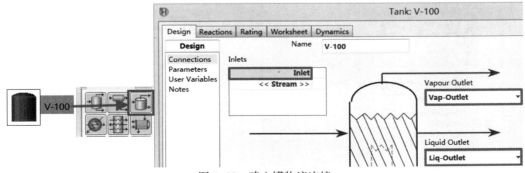

图 5-29　建立罐物流连接

（5）输入物流条件及组成　进入**V-100 | Worksheet | Conditions** 页面，按题目信息输入物流 Inlet 条件；进入**V-100 | Worksheet | Composition** 页面，输入物流 Inlet 组成，如图 5-30 所示。

Tank: V-
Design
Reactions
Rating
Worksheet
Dynamics
Worksheet
Conditions
Properties
Composition
PF Specs
Name
Inlet
Vapour
<empty>
Temperature [C]
100.0
Pressure [kPa]
4000
Molar Flow [kgmole/h]
40.00
Tank: V-
Design
Reactions
Rating
Worksheet
Dynamics
Worksheet
Conditions
Properties
Composition
PF Specs
Inlet
Hydrogen
0.0152
Methane
0.0143
Benzene
0.7534
Toluene
0.2171

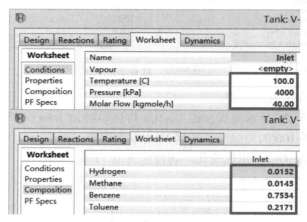

图 5-30　输入物流条件及组成

（6）设置模块参数 进入**V-100 | Design | Parameters** 页面，输入罐 V-100 压降 3900kPa，如图 5-31 所示。

Design
Reactions
Rating
Worksheet
Dynamics
Design
Connections
Parameters
User Variables
Notes
Delta P
Inlet [kPa]
3900
Vapour outlet [kPa]
0.0000

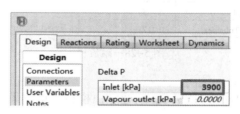

图 5-31　输入罐压降

（7）查看结果　进入**V-100 | Worksheet | Conditions** 页面，查看罐 V-100 的闪蒸温度为 77.25℃；进入**V-100 | Worksheet | Composition** 页面，查看出口物流 Vap-Outlet 的摩尔组成，如图 5-32 所示。

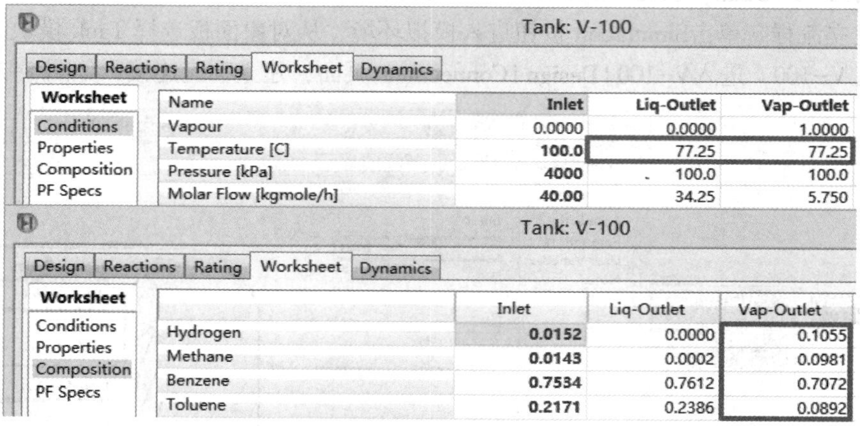

Tank: V-100
Design
Reactions
Rating
Worksheet
Dynamics
Worksheet
Conditions
Properties
Composition
PF Specs
Name
Inlet
Liq-Outlet
Vap-Outlet
Vapour
0.0000
0.0000
1.0000
Temperature [C]
100.0
77.25
77.25
Pressure [kPa]
4000
100.0
100.0
Molar Flow [kgmole/h]
40.00
34.25
5.750
Tank: V-100
Design
Reactions
Rating
Worksheet
Dynamics
Worksheet
Conditions
Properties
Composition
PF Specs
Inlet
Liq-Outlet
Vap-Outlet
Hydrogen
0.0152
0.0000
0.1055
Methane
0.0143
0.0002
0.0981
Benzene
0.7534
0.7612
0.7072
Toluene
0.2171
0.2386
0.0892

图 5-32　查看结果

（8）设置夹带量　进入 **V-100 | Rating | C. Over Setup** 页面，按题目信息，有 0.5kmol/h 的液相被夹带到气相，故在 Carry Over Model 选项区域中选择 Product Basis（产物基准）单选按钮，选择 Flow（流量）单选按钮，输入 Light liquid in gas 为 0.5kmol/h，如图 5-33 所示。

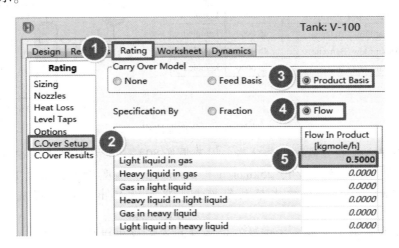

图 5-33　设置夹带量

（9）查看结果　进入 **V-100 | Worksheet | Composition** 页面，查看气相出口物流 Vap-Outlet 的摩尔组成，如图 5-34 所示。

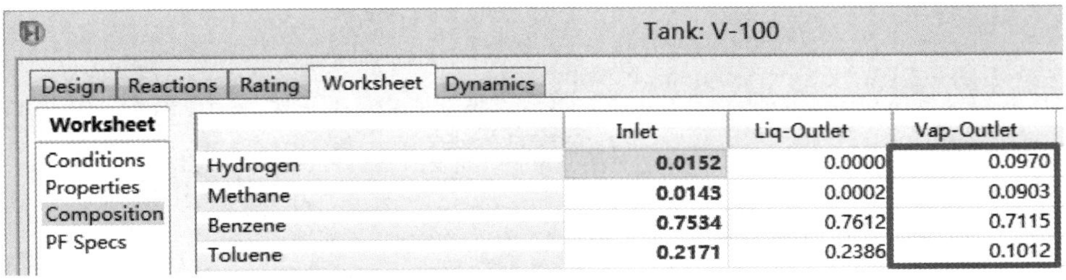

	Inlet	Liq-Outlet	Vap-Outlet
Hydrogen	0.0152	0.0000	0.0970
Methane	0.0143	0.0002	0.0903
Benzene	0.7534	0.7612	0.7115
Toluene	0.2171	0.2386	0.1012

图 5-34　查看结果

习　题

5.1　一股物流为环氧丙烷，温度 70℃，压力 110kPa，流量 1kmol/h，另一股物流为水，压力 110kPa，流量 99kmol/h，两股物流混合后的温度为 80℃，求进入混合器的水的温度。物性包选取 UNIQUAC。

5.2　温度 25℃、压力 600kPa、流量 100 m³/h 的水流经一阀后，压力降至 400kPa，求水温变化。物性包选取 NBS Steam。

5.3　如附图 5-1 所示流程，物流 Inlet 进入分离器 V-100 分离成气液两相，液相 Liq-1-Outlet 进入分离器 V-101 进行绝热闪蒸，求分离器 V-101 的闪蒸温度。物性包选取 Peng-Robinson。

Inlet		
Temperature	100.0	C
Pressure	4000	kPa
Master Comp Molar Flow (Hydrogen)	185.0000	kgmole/h
Master Comp Molar Flow (Methane)	45.0000	kgmole/h
Master Comp Molar Flow (Benzene)	45.0000	kgmole/h
Master Comp Molar Flow (Toluene)	5.0000	kgmole/h

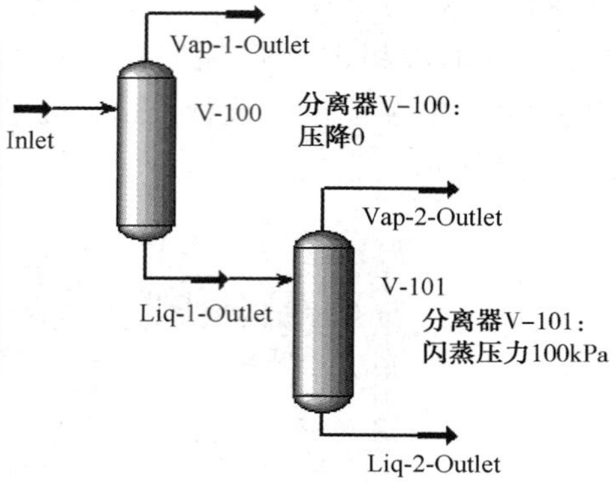

附图 5-1　分离器流程

5.4　物流进入三相分离器闪蒸分离，闪蒸温度80℃，压力100kPa。进口物流中乙醇、甲苯和水的流量分别为5kmol/h、25kmol/h和20kmol/h，温度25℃，压力100kPa。若闪蒸过程中有0.3kmol/h的气相被夹带到轻液相，求轻液相出口物流组成。物性包选取UNIQUAC。

5.5　用罐分离由正己烷、正庚烷、正辛烷和正壬烷组成的混合液，进口温度120℃，压力150kPa，流量100kmol/h，各组分的摩尔分数分别为0.35、0.3、0.25和0.1，求气相出口物流组成。物性包选取Peng-Robinson。

第 6 章　流体输送单元模拟

Aspen HYSYS 提供了四种不同的流体输送单元模块，包括泵（Pump）、压缩机（Compressor）、膨胀机（Expander）和管道（Pipe Segment），如表 6-1 所示。

表 6-1　流体输送单元模块介绍

模块	名称	图标	说明
Pump	泵		提高液体压力，计算压力、温度和泵效率
Compressor	压缩机		增加气体压力，计算压力、温度和压缩效率
Expander	膨胀机		降低气体压力，计算压力、温度和膨胀效率
Pipe Segment	管道		用于多种类型的管道计算

6.1　泵

泵（Pump）用于增加管道中不可压缩流体的压力，可以计算泵的压力、温度和效率。

汽蚀余量（Net Positive Suction Head，NPSH）是选择泵时需要考虑的重要因素。在泵的入口处需要足够大的汽蚀余量以防止在泵壳中形成损坏泵的小气泡（汽蚀、空化或空蚀）。汽蚀余量又分为有效汽蚀余量（NPSH available）和泵必需的汽蚀余量（NPSH required）。

下面通过例 6.1 介绍泵的应用。

【例 6.1】　用泵将温度 25℃、压力 100kPa、流量 100m³/h 的水加压。物性包选取 NBS Steam。

（1）泵出口压力 900kPa，泵绝热效率 70%，试计算泵的轴功率和有效汽蚀余量；

（2）若出口压力未知，已知泵的曲线方程为 $He = 300 - 2.0q_v - 0.005q_v^2$，其中 He 为泵的扬程，m；q_v 为输水量，m³/h，试利用泵的曲线方程求泵出口压力（泵的绝热效率默认为 75%）；

（3）泵的特性曲线如表 6-2 所示，试求泵出口压力。

表 6-2　泵特性曲线

流量 $Q/(\text{m}^3/\text{h})$	扬程 H/m	效率 $\eta/\%$
83.4	54	60
111.2	51	64
139	48	67

本例模拟步骤如下：

（1）新建模拟 启动 Aspen HYSYS，新建空白模拟，单位集选择 SI，文件保存为 Example6.1-Pump.hsc。

（2）创建组分列表 进入**Component Lists** 页面，添加 H_2O(水)。

（3）定义流体包 进入**Fluid Packages** 页面，选取物性包 NBS Steam。

（4）建立流程 单击**Simulation** 按钮进入模拟环境，从对象面板选择 Pump 模块添加到流程中；双击泵 P-100，进入**P-100 | Design | Connections** 页面，建立物流及能流连接，如图6-1所示。

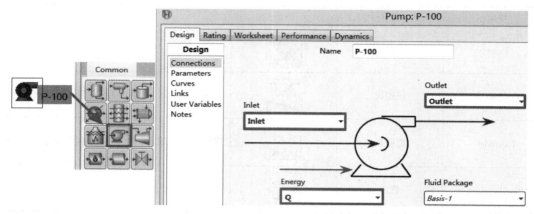

图6-1 建立泵物流及能流连接

（5）输入物流条件及组成 进入**P-100 | Worksheet | Conditions** 页面，按题目信息输入物流 Inlet 和 Outlet 条件；进入**P-100 | Worksheet | Composition** 页面，输入物流 Inlet 组成，如图6-2所示。

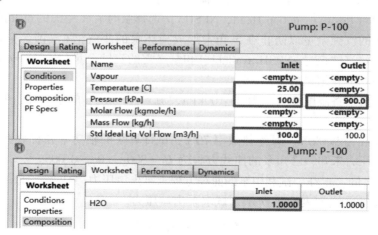

图6-2 输入物流条件及组成

（6）设置模块参数 进入**P-100 | Design | Parameters** 页面，输入 Adiabatic Efficiency(绝热效率)70%。

注：如要模拟绝热闪蒸过程，可将泵的绝热效率设置为99.99%。但要注意，泵处理的是不可压缩流体。如要模拟可压缩流体的绝热闪蒸过程，可用绝热效率为99.99%的压缩机、膨胀机或阀门，参见例6.3。

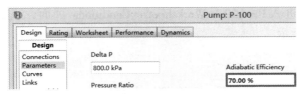

图6-3 输入泵的绝热效率

（7）查看结果 进入 **P-100 | Performance | Results** 页面，查看泵的 Total Power（轴功率）为 31.78kW；进入 **P-100 | Rating | NPSH** 页面，查看泵的 NPSH available（有效汽蚀余量）为 20.13m，如图6-4所示。

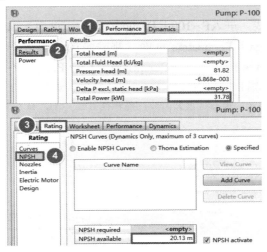

图6-4 查看结果

（8）添加泵曲线方程 进入 **P-100 | Worksheet | Conditions** 页面，删除物流 Outlet 压力。进入 **P-100 | Design | Parameters** 页面，输入泵的绝热效率为75%。进入 **P-100 | Design | Curves** 页面，输入 Coefficient A（系数A）为300，Coefficient B 为 -2.0，Coefficient C 为 -0.005，其余系数保持默认值0，注意单位，选择 Activate Curves 复选框，弹出 **Aspen HYSYS** 对话框，单击"**确定**"按钮，如图6-5所示。

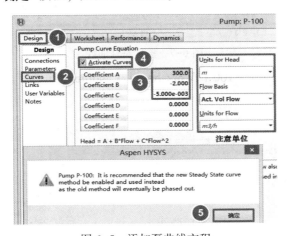

图6-5 添加泵曲线方程

(9) 查看结果　进入 **P – 100 | Worksheet | Conditions** 页面，查看物流 Outlet 压力为 586.2kPa，如图 6-6 所示。

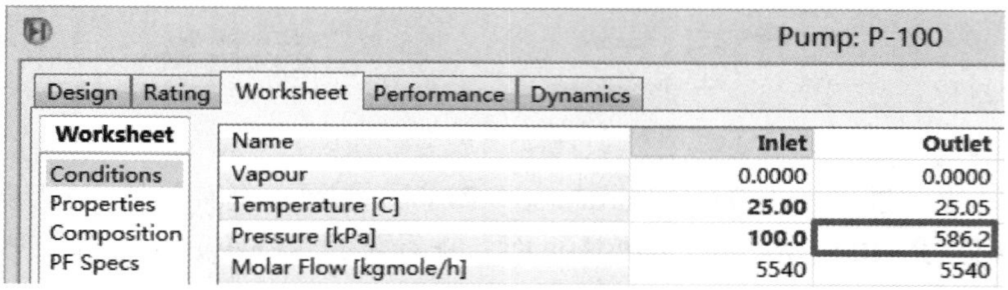

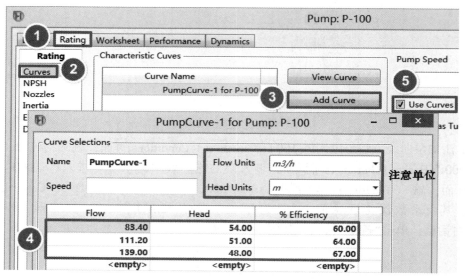

图 6-6　查看结果

(10) 添加泵特性曲线　进入 **P – 100 | Design | Curves** 页面，取消选择 Activate Curves 复选框。进入 **P – 100 | Design | Parameters** 页面，删除泵的绝热效率。进入 **P – 100 | Rating | Curves** 页面，单击 **Add Curve** 按钮，弹出 **PumpCurve-1 for Pump：P-100** 窗口，按题目信息输入泵特性曲线数据，关闭窗口，选择 Use Curves 复选框，如图 6-7 所示。

注：用户不必输入泵的转速，因为这里只添加一条特性曲线，在添加多条曲线时，用户需要输入不同的转速。

图 6-7　添加特性曲线

(11) 查看结果　进入 **P – 100 | Worksheet | Conditions** 页面，查看物流 Outlet 压力为 617.7kPa，如图 6-8 所示。

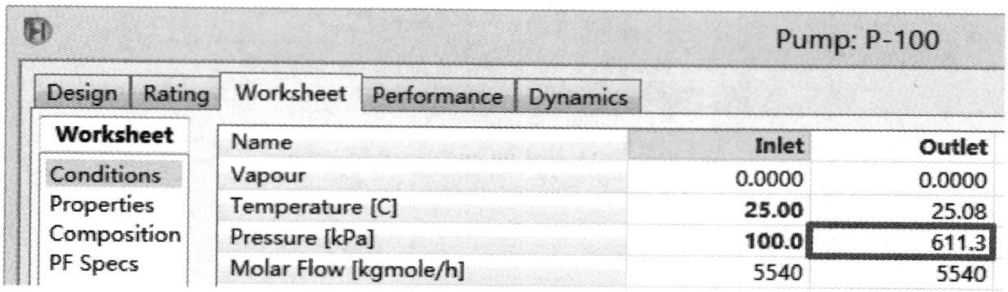

图 6-8　查看结果

6.2 压缩机与膨胀机

压缩机(Compressor)分为离心式压缩机(Centrifugal Compressor)、往复式压缩机(Reciprocating Compressor)和螺杆式压缩机(Screw Compressor),用户可在 **Design | Parameters** 页面中切换,默认选择离心式压缩机。离心式压缩机和膨胀机工作的热力学原理相同,能流方向相反,因为压缩过程需要能量,而膨胀过程释放能量。下面对离心式压缩机与膨胀机进行对比介绍。

6.2.1 离心式压缩机(Centrifugal Compressor)与膨胀机(Expander)

离心式压缩机用于提高气相物流的压力,适用于处理量相对较大和压缩比较低的场合,可以计算物流压力、温度和压缩效率。如上节所述,泵处理的是不可压缩流体,如果遇到泵入的液体接近临界点,成为可压缩流体的情况,用户可以使用离心式压缩机替换泵。离心式压缩机将液体的可压缩性考虑在内,计算结果更加精确。

膨胀机用于降低高压进口气流的压力以产生低压高速的出口气流。膨胀过程中气体的内能转化为动能,最终转化为轴功。膨胀机可以计算气流温度、压力和膨胀效率。

表 6-3 给出了离心式压缩机与膨胀机的典型算法。

表 6-3 离心式压缩机与膨胀机的典型算法

不使用特性曲线	使用特性曲线
已知流量和进口压力,指定出口压力和绝热效率(或多变效率),计算轴功率、出口温度和多变效率(或绝热效率)	已知流量和进口压力,指定操作转速,利用特性曲线确定效率和压头,计算出口压力、温度和轴功率
已知流量和进口压力,指定绝热效率(或多变效率)和轴功率,计算出口压力、温度和多变效率(或绝热效率)	已知流量、进口压力和效率,利用特性曲线确定操作转速和压头,计算出口压力、温度和轴功率

多变效率(Polytropic Efficiency,η_{pol}),气体在级中的实际压缩过程可用与始态、终态的压力和温度相同的可逆多变过程来表示。多变效率 η_{pol} 总是小于 1。级中能量损失越大,多变效率越低。一般压缩的多变效率 η_{pol} 在 0.70~0.90 之间。

注:离心式压缩机是由一级或多级组成的,所谓"级"就是由一个叶轮和与之相配合的固定元件所构成的基本单元。

绝热效率(Adiabatic Efficiency,η_{ad}),有时称为等熵效率,是假定级中气体由始态绝热压缩至终态压力时的可逆压缩功与可用能头之比。

用户只能输入一个效率(绝热效率或多变效率),则 Aspen HYSYS 通过计算得出的轴功率和物流温度、压力计算另一个效率。计算离心式压缩机多变功和多变效率最经典且应用最广泛的方法是 Schultz 于 1962 年提出的实际气体多变功分析方法,该方法仅需要已知进出口状态参数便可以进行多变功计算。其他两种方法(Huntington 和 Reference)参见软件自带 Help。

下面通过例 6.2 介绍离心式压缩机的应用。

【例 6.2】 一股气流经离心式压缩机加压。已知进气温度 50℃,压力 3450kPa,流量 4780 kmol/h,组成如表 6-4 所示,。物性包选取 Peng-Robinson。

表6-4   气流组成

组分	氮气	二氧化碳	甲烷	乙烷	丙烷	异丁烷	正丁烷	异戊烷	正戊烷	正己烷
摩尔分数	0.0093	0.0176	0.6210	0.1639	0.0680	0.0466	0.0358	0.0195	0.0136	0.0047

（1）出口物流压力6900kPa，离心式压缩机的绝热效率70%，求出口物流温度；

（2）离心式压缩机特性曲线如表6-5所示，求出口物流温度、压力及多变、绝热效率。

表6-5   离心式压缩机特性曲线

流量/(m³/h)	实际压头/m	绝热效率/%	流量/(m³/h)	实际压头/m	绝热效率/%
7812	7680	69.20	10080	7153	73.08
8388	7575	72.00	10620	6717	72.46
8964	7481	72.48	11196	5858	69.39
9504	7347	72.58	11484	4957	62.61

本例模拟步骤如下：

（1）新建模拟   启动Aspen HYSYS，新建空白模拟，单位集选择SI，文件保存为Example6.2-Centrifugal Compressor.hsc。

（2）创建组分列表   进入**Component Lists**页面，添加Nitrogen(氮气)、CO$_2$(二氧化碳)、Methane(甲烷)、Ethane(乙烷)、Propane(丙烷)、i-Butane(异丁烷)、n-Butane(正丁烷)、i-Pentane(异戊烷)、n-Pentane(正戊烷)和n-Hexane(正己烷)。

（3）定义流体包   进入**Fluid Packages**页面，选取物性包Peng-Robinson。

（4）建立流程   单击**Simulation**按钮进入模拟环境，从对象面板选择Compressor模块添加到流程中；双击压缩机K-100，进入**K-100 | Design | Connections**页面，建立物流及能流连接，如图6-9所示。

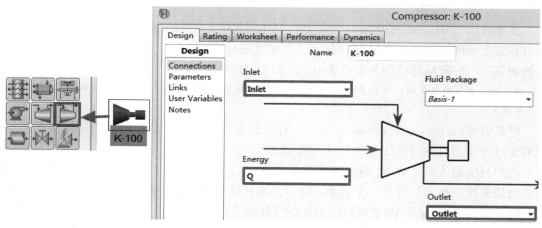

图6-9   建立离心式压缩机物流及能流连接

（5）输入物流条件及组成   进入**K-100 | Worksheet | Conditions**页面，按题目信息输入物流Inlet和Outlet条件；进入**K-100 | Worksheet | Composition**页面，输入物流Inlet组成，如图6-10所示。

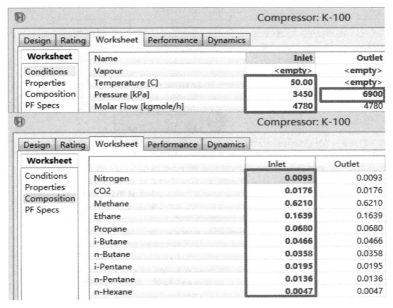

图6-10 输入物流条件及组成

（6）设置模块参数 进入**K-100 | Design | Parameters** 页面，输入 Adiabatic Efficiency（绝热效率）为 70%，如图6-11所示。

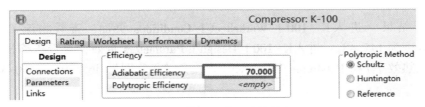

图6-11 输入压缩机绝热效率

（7）查看结果 进入**K-100 | Worksheet | Conditions** 页面，查看出口物流 Outlet 温度为105.1℃，如图6-12所示。

图6-12 查看结果

（8）添加离心式压缩机特性曲线 进入**K-100 | Worksheet | Conditions** 页面，删除物流Outlet 压力；进入**K-100 | Design | Parameters** 页面，删除压缩机的绝热效率。进入**K-100 | Rating | Curves** 页面，Efficiency 默认选择 Adiabatic（绝热），单击**Add Curve** 按钮，弹出**Curve-1 for Compressor：K-100** 窗口，按题目信息输入压缩机特性曲线数据，关闭窗口，选择Activate 复选框和 Enable Curves 复选框，如图6-13所示。

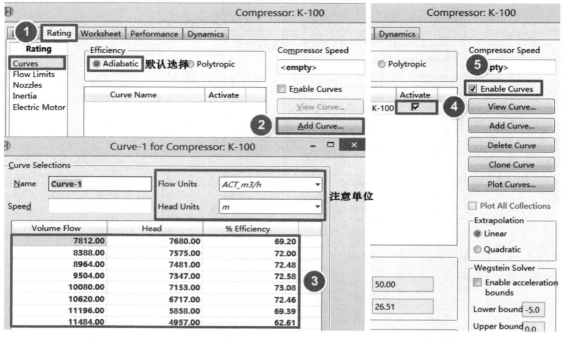

图 6-13　添加特性曲线

注：用户不必输入压缩机转速，因为这里仅添加一条特性曲线。添加多条曲线时，用户需要输入对应的转速。

(9)查看结果　进入 **K-100 | Worksheet | Conditions** 页面，查看物流 Outlet 压力为 8610kPa，温度为 145.4℃；进入 **K-100 | Design | Parameters** 页面，查看压缩机的 Adiabatic Efficiency(绝热效率)和 Polytropic Efficiency(多变效率)分别为 46.514% 和 50.384%，如图 6-14 所示。

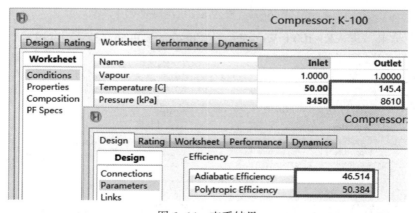

图 6-14　查看结果

下面通过例 6.3 介绍膨胀机的应用。

【例 6.3】　如图 6-15 所示流程，同一股物流分别经绝热闪蒸和绝热膨胀至相同的压力，比较两者的出口温度，并计算膨胀机的轴功率。物性包选取 Peng-Robinson。

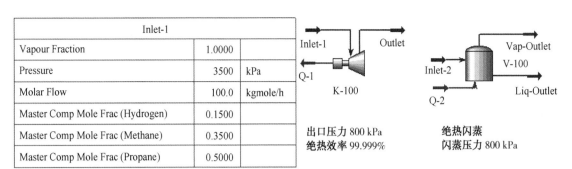

Inlet-1		
Vapour Fraction	1.0000	
Pressure	3500	kPa
Molar Flow	100.0	kgmole/h
Master Comp Mole Frac (Hydrogen)	0.1500	
Master Comp Mole Frac (Methane)	0.3500	
Master Comp Mole Frac (Propane)	0.5000	

出口压力 800 kPa
绝热效率 99.999%

绝热闪蒸
闪蒸压力 800 kPa

图 6-15　绝热膨胀与绝热闪蒸流程

本例模拟步骤如下：

（1）新建模拟　启动 Aspen HYSYS，新建空白模拟，单位集选择 SI，文件保存为 Example6.3-Expander.hsc。

（2）创建组分列表　进入 **Component Lists** 页面，添加 Hydrogen（氢气）、Methane（甲烷）和 Propane（丙烷）。

（3）定义流体包　进入 **Fluid Packages** 页面，选取物性包 Peng-Robinson。进入 **Fluid Package | Basis-1 | Binary Coeffs** 页面查看二元交互作用参数，本例采用默认设置。

（4）建立流程　单击 **Simulation** 按钮进入模拟环境，从对象面板选择 Tank 和 Expander 模块添加到流程中；双击膨胀机 K-100，进入 **K-100 | Design | Connections** 页面，建立物流及能流连接，如图 6-16 所示。同理建立罐物流及能流连接，如图 6-15 所示。

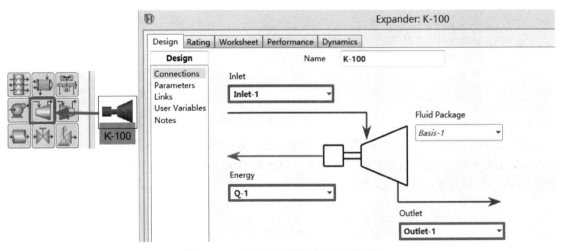

图 6-16　建立膨胀机物流及能流连接

（5）输入物流条件及组成　双击物流 Inlet-1，进入 **Inlet-1 | Worksheet | Conditions** 页面，按题目信息输入物流 Inlet-1 条件；进入 **Inlet-1 | Worksheet | Composition** 页面，输入物流 Inlet-1 组成，如图 6-17 所示。双击物流 Inlet-2，进入 **Inlet-2 | Worksheet | Conditions** 页面，单击 **Define from Stream** 按钮，弹出 **Spec Stream As** 窗口，选择 Inlet-1，单击 **OK** 按钮，如图 6-18 所示。

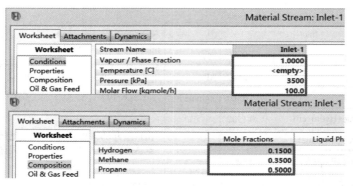

图 6-17　输入物流 Inlet-1 条件及组成

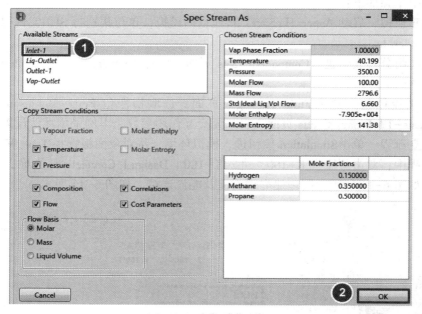

图 6-18　选择参考物流

（6）设置模块参数　双击膨胀机 K-100，进入 **K-100 | Design | Parameters** 页面，输入 Adiabatic Efficiency（绝热效率）为 99.999%，进入 **K-100 | Worksheet | Conditions** 页面，输入 物流 Outlet-1 压力 800kPa，如图 6-19 所示。

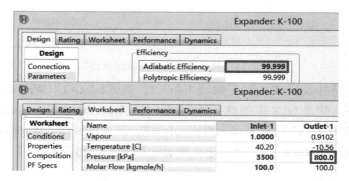

图 6-19　设置膨胀机绝热效率

双击罐 V-100, 进入**V-100 | Design | Parameters** 页面, 输入罐压降 2700kPa, 使罐的闪蒸压力为 800kPa; 输入热负荷为 0, 如图 6-20 所示。

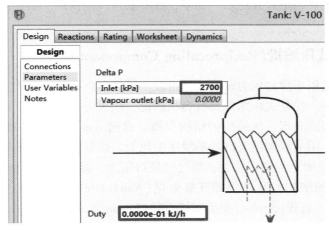

图 6-20 输入罐压降及热负荷

(7) 查看结果 单击进入**K-100 | Worksheet | Conditions** 页面, 查看物流 Outlet 温度为 -10.56℃; 进入**K-100 | Design | Parameters** 页面, 查看膨胀机轴功率为 80.87kW, 如图 6-21 所示。进入**V-100 | Worksheet | Conditions** 页面, 查看物流 Vap-Outlet 温度为 15.94℃, 如图 6-22 所示。

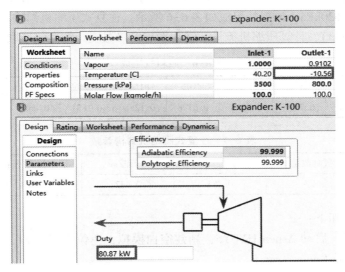

图 6-21 查看绝热膨胀结果

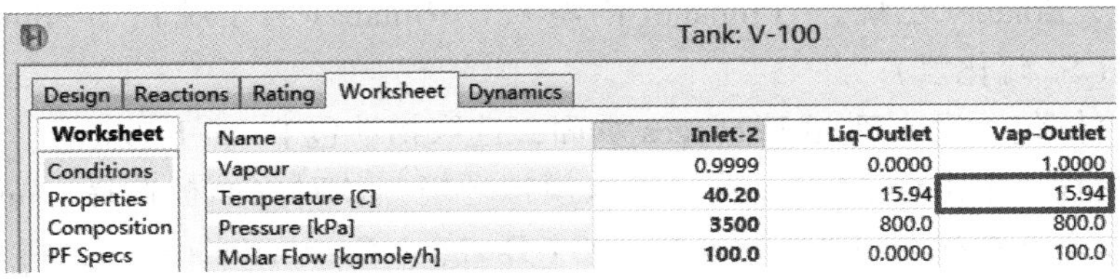

图 6-22 查看绝热闪蒸结果

物流绝热膨胀后的温度比绝热闪蒸后的温度低,而且膨胀过程对外做功。由此可知,在绝热闪蒸过程中,高压气体的能量没有被利用,而绝热膨胀过程不仅可以回收高压气体的能量,还可以产生比绝热闪蒸过程更低的温度,故膨胀过程是获得低温和回收高压气体能量的有效手段。

6.2.2 往复式压缩机(Reciprocating Compressor)

往复式压缩机适用于排放压力较高、流量较小的场合,也称为容积式压缩机。与离心式压缩机截然不同的是,往复式压缩机具有容积固定、压头可变的特点。往复式压缩机不需要指定压缩机曲线,而需要指定压缩机的结构参数。目前 Aspen HYSYS 往复式压缩机的性能主要集中在具有单作用或双作用气缸的单级压缩机上。往复式压缩机的典型求解步骤如下:

① 指定一股完全确定的进口物流,即已知进口压力、温度、流量和组成。

② 设置压缩机的结构参数,例如气缸数量(Number of Cylinders)、气缸类型(Cylinder Type)、缸径(Bore)、行程(Stroke)和活塞杆直径(Piston Rod Diameter)。Aspen HYSYS 也提供默认值。

③ 指定压缩机性能参数,即绝热效率(或多变效率)和容积效率损失常数(Constant Volumetric Efficiency Loss)。

④ 输入出口压力,Aspen HYSYS 计算轴功率与出口温度。

下面通过例 6.4 介绍往复式压缩机的应用。

【例 6.4】 用一台绝热效率 80% 的往复式压缩机压缩原料气。已知进口温度 45℃,压力 260kPa,出口压力 630kPa,原料气组成如表 6-6 所示。往复式压缩机结构参数如表 6-7 所示。若转速 500rpm(r/min),计算压缩机流量、轴功率与出口温度。物性包选取 Peng-Robinson。

表 6-6 原料气组成

组分	水	氢气	甲烷	乙烷	丙烷	异丁烷	正丁烷	氨气	硫化氢
摩尔组成	0.0040	0.1596	0.2258	0.0798	0.1265	0.1831	0.0686	0.0029	0.1497

表 6-7 往复式压缩机结构参数

气缸类型	气缸数量	缸径/m	行程/m	活塞杆直径/m	固定余隙容积
单作用	2	0.254	0.442	0.0508	5%

本例模拟步骤如下:

(1)新建模拟 启动 Aspen HYSYS,新建空白模拟,单位集选择 SI,文件保存为 Example6.4-Reciprocating Compressor.hsc。

(2)创建组分列表 进入 **Component Lists** 页面,添加 H_2O(水)、Hydrogen(氢气)、Methane(甲烷)、Ethane(乙烷)、Propane(丙烷)、i-Butane(异丁烷)、n-Butane(正丁烷)、NH_3(氨气)和 H_2S(硫化氢)。

(3)定义流体包 进入 **Fluid Packages** 页面,选取物性包 Peng-Robinson。

(4)建立流程 单击 **Simulation** 按钮进入模拟环境,从对象面板选择 Compressor 模块添加到流程中;双击压缩机 K-100,进入 **K-100 | Design | Connections** 页面,将名称改为 Recip Compressor,建立物流及能流连接,如图 6-23 所示。

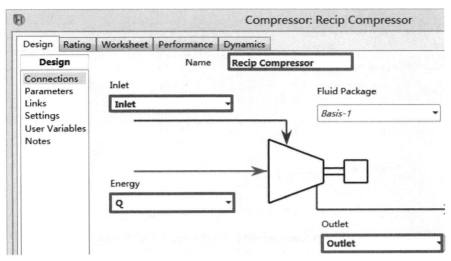

图 6-23 建立往复式压缩机物流及能流连接

（5）输入物流条件及组成 进入 **Recip Compressor | Worksheet | Conditions** 页面，按题目信息输入物流 Inlet 和 Outlet 条件；进入 **Recip Compressor | Worksheet | Composition** 页面，输入物流 Inlet 组成，如图 6-24 所示。

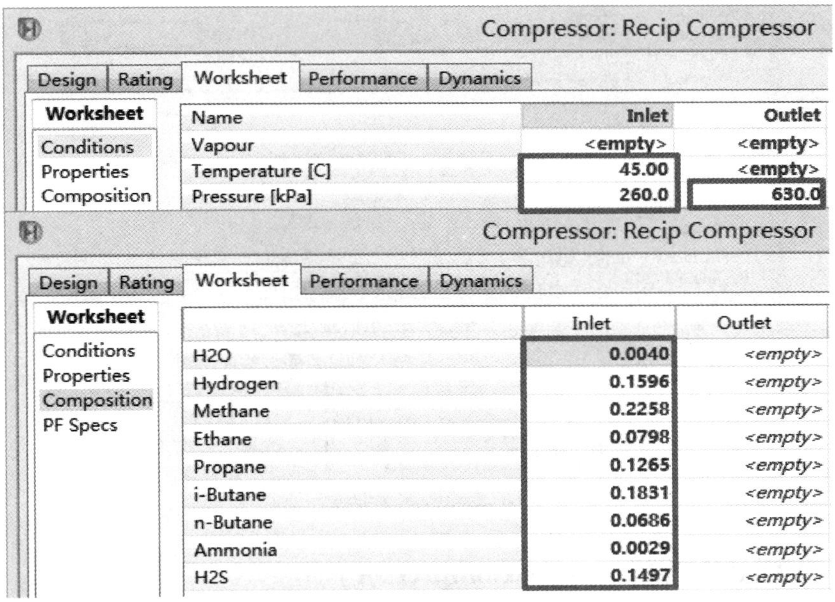

图 6-24 输入物流条件及组成

（6）设置模块参数 进入 **Recip Compressor | Design | Parameters** 页面，在 Operating Mode 选项区域中选择 Reciprocating 单选按钮；输入 Adiabatic Efficiency 为 80%；进入 **Recip Compressor | Design | Settings** 页面，输入往复式压缩机结构参数，如图 6-25 所示。

注：Aspen HYSYS 提供四种气缸类型供用户选择。如果选择双作用气缸，用户需要指定曲柄侧（crank side）或外侧的固定余隙容积（Fixed Clearance Volume）。

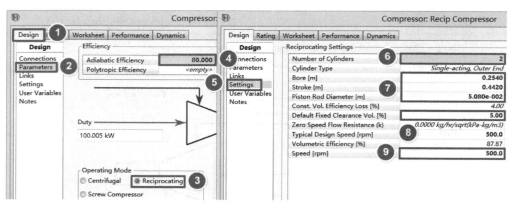

图6-25 设置往复式压缩机绝热效率及结构参数

（7）查看结果 进入**Recip Compressor | Worksheet | Conditions** 页面，查看物流流量为3750kg/h，出口温度96.59℃；进入**Recip Compressor | Design | Parameters** 页面，查看压缩机的轴功率为100.005kW，如图6-26所示。

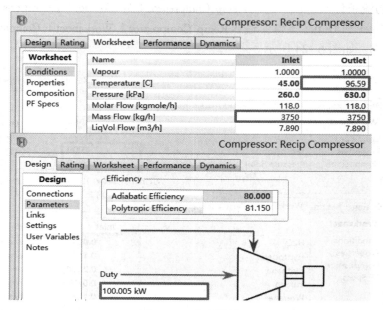

图6-26 查看结果

6.2.3 螺杆式压缩机(Screw Compressor)

螺杆式压缩机是 Aspen HYSYS V9 新添加的一个压缩机，类似于往复式压缩机，它是一种正位移压缩机。基于用户设置的螺杆式压缩机结构参数，Aspen HYSYS 通过评估容积效率(Volumetric Efficiency)计算气体流量。在往复式压缩机中，由于存在余隙容积(Clearance Volume)，即活塞不能在整个压缩容积内运行，容积效率降低。而对于螺杆式压缩机，由于在复合转子装配(Complex Rotor Assembly)中存在各种余隙泄漏，容积效率同样降低，泄漏有两种类型，分别为叶片间泄漏(Interlobe Leakage)和气孔泄漏(Blowhole Leakage)。

注：容积效率是指在进气行程时气缸真实吸入的混和气体积除以气缸容积。

下面通过例 6.5 介绍螺杆式压缩机的应用。

【例 6.5】 一台干式螺杆式压缩机，介质为空气(氮气、氧气的摩尔分数分别为 0.79 和 0.21)，流量 15 kmol/h，吸入压力 100kPa，吸入温度 20℃，绝热效率 80%，压缩比 3.5，试求压缩机的轴功率和容积效率。物性包选取 Peng-Robinson。

本例模拟步骤如下：

(1) 新建模拟 启动 Aspen HYSYS，新建空白模拟，单位集选择 SI，文件保存为 Example6.5-Screw Compressor. hsc。

(2) 创建组分列表 进入 **Component Lists** 页面，添加 Nitrogen(氮气)和 Oxygen(氧气)。

(3) 定义流体包 进入 **Fluid Packages** 页面，选取物性包 Peng-Robinson。

(4) 建立流程 单击 **Simulation** 按钮进入模拟环境，从对象面板选择 Compressor 模块添加到流程中；双击压缩机 K-100，进入 **K-100 | Design | Connections** 页面，将名称改为 Screw Compressor，建立物流及能流连接，如图 6-27 所示。

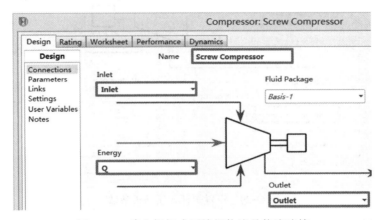

图 6-27 建立螺杆式压缩机物流及能流连接

(5) 输入物流条件及组成 进入 **Screw Compressor | Worksheet | Conditions** 页面，按题目信息输入物流 Inlet 条件；进入 **Screw Compressor | Worksheet | Composition** 页面，输入物流 Inlet 组成，如图 6-28 所示。

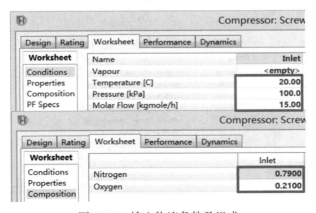

图 6-28 输入物流条件及组成

（6）设置模块参数　进入**Screw Compressor | Design | Parameters** 页面，在 Operating Mode 选项区域中选择 Screw Compressor 单选按钮，在 Oil Feed 选项区域中选择 Dry（干式）单选按钮；输入 Adiabatic Efficiency 为 80，Pressure Ratio（压缩比）为 3.5，如图 6-29 所示。进入 **Screw Compressor | Design | Settings** 页面，输入螺杆式压缩机的几何参数，本例采用默认值。

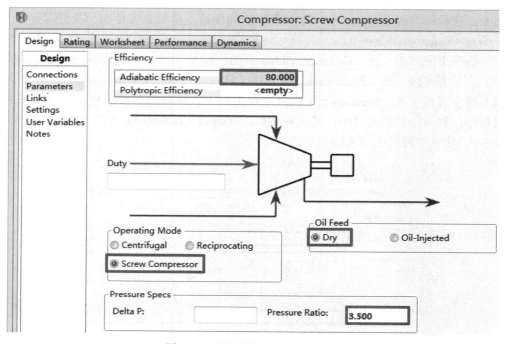

图 6-29　设置螺杆式压缩机参数

注：螺杆式压缩机分为干式(Dry)螺杆式压缩机与喷油(Oil-Injected)螺杆式压缩机。

（7）查看结果　进入**Screw Compressor | Design | Parameters** 页面，查看压缩机的轴功率为 19.0900kW；进入**Screw Compressor | Design | Settings** 页面，查看容积效率为 70.64%，如图 6-30 所示。

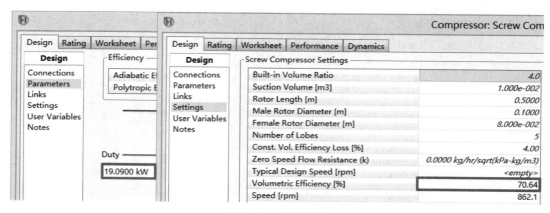

图 6-30　查看结果

6.3 管道

管道(Pipe Segment)可广泛用于模拟多种类型的管道输送，例如对单相流或多相流管道进行严格的传热估算，大规模的闭环管道问题。

管道提供了四种计算模式，分别为压降(Pressure Drop)、管长(Length)、流量(Flow)和管径(Diameter)。根据用户提供的数据信息，Aspen HYSYS 自动选择合适的计算模式。无论使用哪种模式，用户必须指定计算段数(Increments)。Aspen HYSYS 在每个计算段中逐次进行计算，例如，为了计算压降，在每个计算段进行能量和质量衡算，每个计算段的出口压力作为下一个计算段的进口压力，依次迭代计算直到计算出整个管道的出口压力。管道可以正向计算也可以反算，求解器一般是从温度已知的一端开始进行计算。表 6-8 列出了管道的四种计算模式。

表6-8 管道的四种计算模式

计算模式	必需数据
压降	流量、管长、管径和高程差、传热信息、至少一个进口(或出口)温度和压力
管长	流量、传热信息、管径、进出口压力、进口(或出口)温度、管长的初始估值
流量	管长和管径、传热信息、进出口压力、进口(或出口)温度、流量的初始估值
管径	流量、传热信息、管长、进出口压力、进口(或出口)温度、管径的初始估值

下面通过例 6.6 介绍管道的应用。

【例6.6】 图 6-31 为某天然气集输管网示意图，该气田位于丘陵地区，共有 4 口气井，将分散在各处的气井所产天然气集中后输送到净化厂进行集中处理。各段集输管网的管长和海拔高度如表 6-9 所示。管网全部使用 Schedule 40 规格钢管，同一支线的钢管直径都相同，不同支线的管径设计参数如表 6-10 所示。所有钢管均无保温层，埋藏于地表 1m 深处，周围环境温度为 5℃。为模拟简便，这里假设 4 口气井的天然气组成相同，其组成和工艺条件见表 6-11 和表 6-12。要求计算每个支线的压降和热损失。集输管网模拟流程如图 6-32 所示。物性包选取 Peng-Robinson。

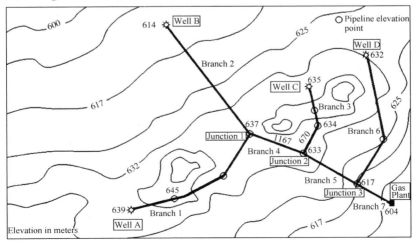

图 6-31 天然气集输管网

表6-9　管道长度和海拔

支线	分段	管道长度/m	海拔高度/m	高程差/m
支线1	气井A→集气站1		639	
	1	150	645	6
	2	125	636.5	−8.5
	3	100	637	0.5
支线2	气井B→集气站1		614	
	1	200	637	23
支线3	气井C→集气站2		635.5	
	1	160	648	12.5
	2	100	634	−14
	3	205	633	−1
支线4	集气站1→集气站2		637	
	1	355	633	−4
支线5	集气站2→集气站3		633	
	1		617	−16
支线6	气井D→集气站3		632.5	
	1		625	−7.5
	2		617	−8
支线7	集气站3→净化厂		617	
	1		604	−13

表6-10　支线钢管直径

支线	支线1	支线2	支线3	支线4	支线5	支线6	支线7
公称直径/in	3	4	3	4	6	3	6

表6-11　气井天然气组成

组分	摩尔分数	组分	摩尔分数
Methane	0.6230	n-Pentane	0.00405
Ethane	0.2800	n-Hexane	0.00659
Propane	0.0163	C_{7+}(NBP 为 110℃)	0.00992
i-Butane	0.00433	N_2	0.00554
n-Butane	0.00821	CO_2	0.0225
i-Pentane	0.00416	H_2S	0.0154

表6-12　气井工艺条件

工艺条件	气井A	气井B	气井C	气井D
温度/℃	40	45	45	35
压力/kPa	4135	3450		
流量/(kmol/h)	425	375	575	545

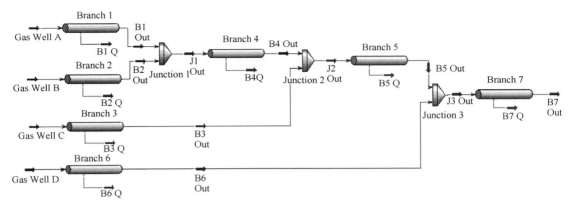

图6-32 集输系统流程

本例模拟步骤如下：

（1）新建模拟 启动 Aspen HYSYS，新建空白模拟，进入 **File | Options | Units Of Measure** 窗口，在 Available Units Sets 列表框中选择单位集 SI，单击**Copy** 按钮，将单位集 NewUser名称改为 testUser1，在 Display Units 列表框中的 Small Length 下拉列表框中选择 in（英寸），单击**OK** 按钮，如图6-33 所示。文件保存为 Example6.6-Pipe Segment.hsc。

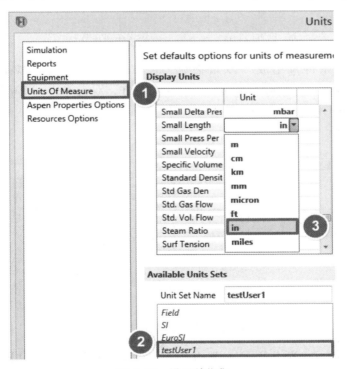

图6-33 设置单位集

（2）创建组分列表 进入**Component Lists** 页面，添加 Methane（甲烷）、Ethane（乙烷）、Propane（丙烷）、i-Butane（异丁烷）、n-Butane（正丁烷）、i-Pentane（异戊烷）、n-Pentane（正戊烷）、n-Hexane（正己烷）、C_{7+}、N_2（氮气）、CO_2（二氧化碳）和 H_2S（硫化氢）。

注：假组分 C_{7+} 的添加方法详见例 3.2，这里不再赘述。

（3）定义流体包　进入**Fluid Packages** 页面，选取物性包 Peng-Robinson。

（4）建立流程　单击**Simulation** 按钮进入模拟环境，从对象面板选择 Pipe Segment 模块添加到流程中；双击管道 PIPE-100，进入**PIPE-100 | Design | Connections** 页面，将名称改为 Branch1，建立物流及能流连接，如图 6-34 所示。同理，建立整个管网物流及能流连接，如图 6-32 所示。

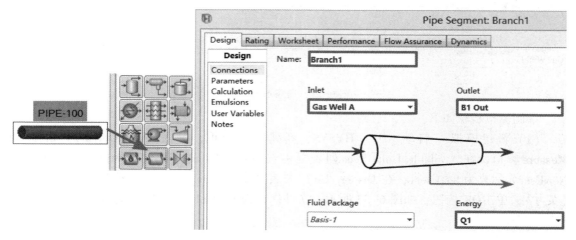

图 6-34　建立管道物流及能流连接

（5）输入物流条件及组成　双击物流 Gas Well A，进入**Gas Well A | Worksheet | Conditions** 页面，按题目信息输入物流 Gas Well A 条件，双击 Molar Flow 输入单元格，弹出 Input Composition for Stream：Material Stream 窗口，输入物流 Gas Well A 组成，如图 6-35 所示。

Stream Name	Gas Well A
Vapour / Phase Fraction	0.9798
Temperature [C]	40.00
Pressure [kPa]	4135
Molar Flow [kgmole/h]	425.0
Mass Flow [kg/h]	1.009e+004
Std Ideal Liq Vol Flow [m3/h]	27.63
Molar Enthalpy [kJ/kgmole]	-8.818e+004
Molar Entropy [kJ/kgmole-C]	162.1
Heat Flow [kJ/h]	-3.748e+007
Liq Vol Flow @Std Cond [m3/h]	9997
Fluid Package	Basis-1
Utility Type	

	MoleFraction
Methane	0.6230
Ethane	0.2800
Propane	0.0163
i-Butane	0.0043
n-Butane	0.0082
i-Pentane	0.0042
n-Pentane	0.0040
n-Hexane	0.0066
C7+*	0.0099
Nitrogen	0.0055
CO2	0.0225
H2S	0.0154

Composition Basis
- Mole Fractions
- Mass Fractions
- Liq Volume Fra
- Mole Flows
- Mass Flows
- Liq Volume Flow

图 6-35　输入物流条件及组成

同理，输入物流 Gas Well B，Gas Well C 和 Gas Well D 温度、压力和流量，然后由 Gas Well A 指定 Gas Well B 的组成。双击物流 Gas Well B，进入**Gas Well B | Worksheet | Conditions** 页面，单击**Define from Stream** 按钮，弹出**Spec Stream As** 窗口，在 Available Streams 列表框中选择 Gas Well A，在 Copy Stream Conditions 选项区域中选择 Composition，单击**OK** 按钮，如图 6-36 所示。同理，指定物流 Gas Well C 和 Gas Well D 组成。

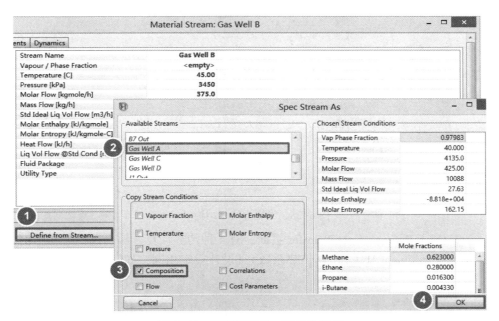

图 6-36　指定物流 Gas Well B 组成

（6）设置模块参数　双击管道 Branch1，进入**Branch1 | Rating | Sizing** 页面，单击**Append Segment** 按钮，为管道 Branch1 添加第一段，输入 Length/Equivalent Length（长度/当量长度，m）为 150，Elevation Change（高程差，m）为 6，单击**View Segment** 按钮，弹出**Pipe Info：Pipe Segment：Bran** 窗口，在 Pipe Schedule 下拉列表框中选择 Schedule 40，在 Nominal Diameter（公称直径，inch）下拉列表框中选择 3 inch，管道的内径和外径由 Aspen HYSYS 计算得出，如图 6-37 所示。

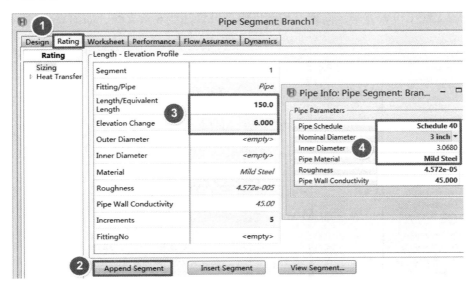

图 6-37　设置管道 1 结构尺寸

同理，按题目信息添加管道 Branch1 的另外两个管段，如图 6-38 所示。

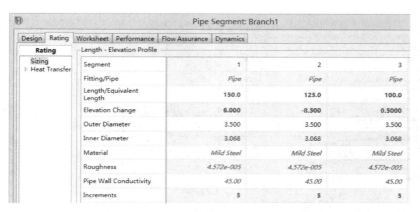

图 6-38　设置支线 1 结构尺寸

进入 **Branch1 ∣ Rating ∣ Heat Transfer** 页面，有 4 种传热计算方法供选择，在本例模拟中，所有支线均选择 Estimate HTC(估算传热系数)且设计规定相同，如图 6-39 所示。

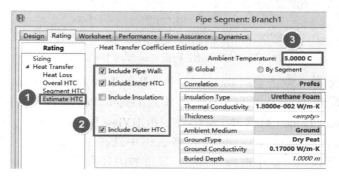

图 6-39　设置支线 1 传热数据

至此，支线 1 设置完毕，同理，按题目信息设置其他 6 条支线，如图 6-40 所示。

Length - Elevation Profile

Segment	支线2	1	支线3	1	2	3	支线4	1
Fitting/Pipe		Pipe		Pipe	Pipe	Pipe		Pipe
Length/Equivalent Length		200.0		160.0	100.0	205.0		355.0
Elevation Change		25.00		12.50	-14.00	-1.000		-4.000
Outer Diameter		4.500		3.500	3.500	3.500		4.500
Inner Diameter		4.026		3.068	3.068	3.068		4.026
Material		Mild Steel		Mild Steel	Mild Steel	Mild Steel		Mild Steel
Roughness		4.572e-005		4.572e-005	4.572e-005	4.572e-005		4.572e-005
Pipe Wall Conductivity		45.00		45.00	45.00	45.00		45.00
Increments		5		5	5	5		5

Segment	支线5	1	支线6	1	2	支线7	1
Fitting/Pipe		Pipe		Pipe	Pipe		Pipe
Length/Equivalent Length		300.0		180.0	165.0		340.0
Elevation Change		-16.00		-7.500	-8.000		-13.00
Outer Diameter		6.625		3.500	3.500		6.625
Inner Diameter		6.065		3.068	3.068		6.065
Material		Mild Steel		Mild Steel	Mild Steel		Mild Steel
Roughness		4.572e-005		4.572e-005	4.572e-005		4.572e-005
Pipe Wall Conductivity		45.00		45.00	45.00		45.00
Increments		5		5	5		10

图 6-40　设置支线 2~7 结构尺寸

双击混合器 Junction2，进入**Junction2 | Design | Parameters** 页面，在 Automatic Pressure Assignment 选项区域选择 Equalize All；混合器 Junction3 的压力设置与混合器 Junction2 相同。

（7）查看结果　双击管道 Branch1，进入**Branch1 | Performance | Profiles** 页面，单击**View Profile** 按钮，弹出**Pipe Profile View-Pipe Segment：Branch1** 窗口，在**Table** 页面可查看支线 1 各参数分布列表，在**Plot** 页面可查看支线 1 各参数分布曲线图，如图 6-41 所示。

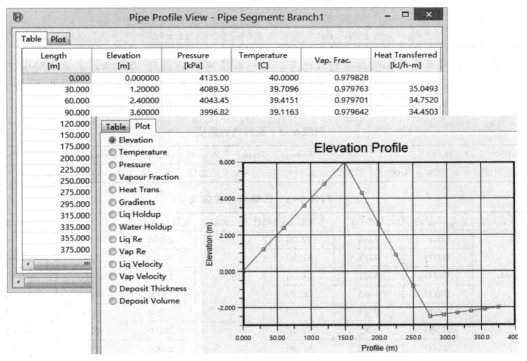

图 6-41　查看支线 1 分布列表和分布曲线图

进入**Branch1 | Design | Parameters** 页面，查看支线 1 压降 656.1kPa，热损失 12440kJ/h，如图 6-42 所示。同理，可查看其他支线的压降和热损失。

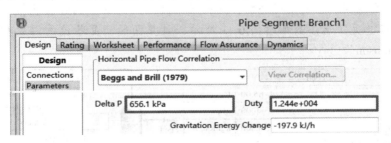

图 6-42　查看支线 1 压降和热损失

习　　题

6.1　用泵将温度 25℃、压力 100kPa、流量 100m^3/h 的水加压，泵的特性曲线如附表 6-1所示，当泵的转速为 2500rpm（r/min）时，求泵出口压力及效率。物性包选取 NBS Steam。

附表 6-1　离心泵特性曲线

转速/(r/min)	流量/(m³/h)	扬程/m	效率/%
2900	60	54	65
	100	50	76
	120	47	77
1450	30	13.5	60
	50	12.5	73
	60	11.8	74

6.2　用离心式压缩机提高原料气压力，进口温度40℃，压力180kPa，流量1900kmol/h，原料气组成和压缩机的特性曲线如附表 6-2 和附表 6-3 所示。若压缩机的转速为6285rpm(r/min)，求出口温度、压力及轴功率。物性包选取 Peng-Robinson。

附表 6-2　原料气的组成

组分	H_2O	N_2	CO_2	Methane	Ethane	Propane	i-Butane	n-Butane	i-Pentane	n-Pentane
摩尔组成	0.0280	0.0002	0.0225	0.1732	0.1341	0.2352	0.0956	0.1938	0.0616	0.0558

附表 6-3　压缩机特性曲线

转速/(r/min)	流量/(m³/h)	压头/m	多变效率/%	转速/(r/min)	流量/(m³/h)	压头/m	多变效率/%
4900	14800	7364	79.00	6125	23000	11367	80.6
	16000	7151	81.00		24000	11153	81.60
	18000	6831	81.90		26000	10780	82.20
	20000	6083	78.90		28000	10193	82.10
	20500	5763	76.80		31000	8111	75.00
5513	17500	9285	79.10	6431	26150	12274	81.00
	20000	9072	81.60		28000	11954	81.90
	22000	8752	82.50		30000	11367	82.00
	24000	8037	81.30		32000	10459	80.60
	25800	6831	75.30		33500	8965	75.30

6.3　用分离器闪蒸分离某混合物，气相产品和液相产品分别经膨胀机和阀门减压，进口物流条件和各单元工艺参数如附图 6-1 所示，计算两股产品物流的温度和组成。物性包选取 Peng-Robinson。

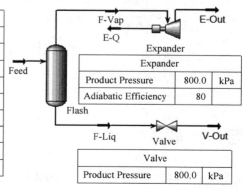

Feed		
Temperature	-65.00	C
Pressure	4000	kPa
Molar Folw	4800	kgmole/h
Master Comp Mole Frac (Methane)	0.7500	
Master Comp Mole Frac (Ethane)	0.0870	
Master Comp Mole Frac (Propane)	0.0680	
Master Comp Mole Frac (i-Butane)	0.0120	
Master Comp Mole Frac (n-Butane)	0.0350	
Master Comp Mole Frac (Nitrogen)	0.0480	

Expander		
Product Pressure	800.0	kPa
Adiabatic Efficiency	80	

Valve		
Product Pressure	800.0	kPa

附图 6-1　工艺流程

6.4 用一台往复式压缩机压缩原料气。进口压力 100kPa，温度 30℃，流量 1000kmol/h，出口压力 300Pa，原料气组成参见习题 6.2，求压缩机消耗的轴功率。往复式压缩机的几何参数采用默认值。物性包选取 Peng-Robinson。

6.5 如附图 6-2 所示为某天然气输送管网示意图，共有 4 口气井，模拟流程由从气井到处理工厂的输送管网组成，包括气体洗涤和脱除凝液单元操作。各段输送管网的管道长度如附表 6-4 所示。管网全部使用 Schedule 80 规格钢管，同一支线的钢管直径相同，不同支线的管径设计参数如附表 6-5 所示。钢管均无保温层，周围环境温度 30℃，为模拟简便，这里假设 4 口气井的天然气组成相同，其组成和工艺条件如附表 6-6 所示。要求计算各个支线的压力分布和热损失。天然气输送管网模拟流程如附图 6-3 所示。物性包选取 Peng-Robinson。

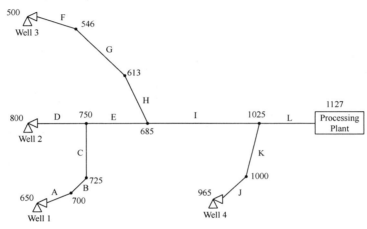

附图 6-2 天然气输送管网

附表 6-4 管网参数

支线	分段	公称直径/in	管长/m	高程差/m	支线	分段	公称直径/in	管长/m	高程差/m
支线 1	A	6	2100	50	支线 4	G	6	698	67
	B	6	1015	25		H	6	1526	72
	C	6	550	25	支线 5	I	10	1752	340
支线 2	D	6	800	−50	支线 6	J	8	125	35
支线 3	E	8	1536	−65		K	8	456	25
支线 4	F	6	412	46	支线 7	L	12	2582	102

附表 6-5 天然气组成

组分	质量分数/%	组分	质量分数/%
Carbon dioxide	11.31	n-Pentane	2.06
Nitrogen	0.59	n-Hexane	1.25
Methane	60.83	n-Heptane	2.76
Ethane	6.59	n-Octane	0.56
Propane	5.23	n-Nonane	0.65
i-Butane	2.46	Decane	0.25
n-Butane	3.53	Undecanes	0.57
i-Pentane	1.36	Total	100

附表 6-6 气井工艺条件

气井编号	压力/MPa	温度/℃	气体流量/(m³/h)
1	6.5	30	75
2	6.0	30	100
3	5.0	30	70
4	4.0	30	100
	总计		345

（提示：Saturate with water 单元用来计算在给定温度和压力下，使天然气达到饱和状态所需要的水量。）

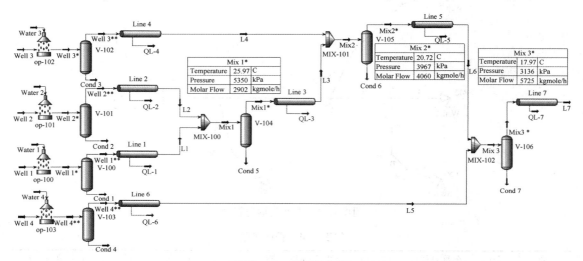

附图 6-3 模拟流程图

第7章 传热单元模拟

传热设备是一种使不同温度物流间发生热量传递的设备。高温物流输出热量，焓值减少；低温物流获得热量，焓值增加。根据物流性质和过程要求，物流在焓值变化时发生温度变化或相态变化。Aspen HYSYS 提供了多种传热单元模块，如表7-1所示。

表7-1 传热单元模块简介

模块	名称	图标	说明
Cooler/Heater	冷却器/加热器		模拟单股物流与能流的热量交换
Air Cooler	空冷器		模拟以空气为传热介质的热量交换
Heat Exchanger	管壳式换热器		模拟两股物流的热量交换
LNG Exchanger	LNG 换热器		模拟多股物流的热量交换
Fired Heater	燃烧加热炉		模拟燃料燃烧传热给物流

7.1 冷却器/加热器

冷却器/加热器(Cooler/Heater)为单物流换热器，模拟过程为能流吸收(或提供)进出口物流的焓差，使进口物流冷却(或加热)到要求的出口条件。当用户只计算使用公用工程冷却(或加热)物流所需的能量时，这两个模块比较常用。

冷却器和加热器分别使用式(7-1)和式(7-2)进行能量衡算

$$\text{进口物流热流量} - \text{冷却器热负荷} = \text{出口物流热流量} \tag{7-1}$$

$$\text{进口物流热流量} + \text{加热器热负荷} = \text{出口物流热流量} \tag{7-2}$$

下面通过例7.1介绍冷却器的应用。

【例7.1】 如图7-1所示流程，物流 Hot In 含甲苯0.1(摩尔分数，下同)、甲醇0.1、苯乙烯0.25、乙苯0.05、水0.3和氢气0.2，初始温度384℃，压力330kPa，流量1280kmol/h。该物流经冷却器 E-100 冷却至38℃，冷却器压降10kPa。公用工程选择冷却水，试求冷却器热负荷和冷却水用量。物性包选取 PRSV。

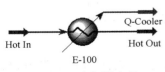

图7-1 冷却器流程

本例模拟步骤如下：

(1)新建模拟 启动 Aspen HYSYS，新建空白模拟，单位集选择 SI，文件保存为 Example7.1-Cooler.hsc。

（2）创建组分列表　进入**Component Lists** 页面，添加 Toluene(甲苯)、Methanol(甲醇)、Styrene(苯乙烯)、E-Benzene(乙苯)、H_2O(水)和 Hydrogen(氢气)。

（3）定义流体包　进入**Fluid Packages** 页面，选取物性包 PRSV。

（4）建立流程　单击**Simulation** 按钮进入模拟环境。从对象面板选择 Cooler 模块添加到流程中，双击冷却器 E-100，进入**E-100 | Design | Connections** 页面，建立物流及能流连接，如图 7-2 所示。

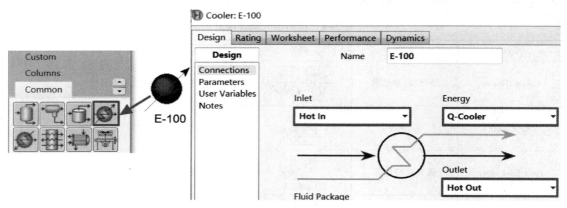

图 7-2　建立冷却器物流及能流连接

（5）输入物流条件及组成　进入**E-100 | Worksheet | Conditions** 页面，按题目信息输入各物流条件；进入**E-100 | Worksheet | Composition** 页面，按题目信息输入各组分摩尔分数，如图 7-3 所示。

Cooler: E-100		
Name	Hot In	Hot Out
Vapour	\<empty\>	\<empty\>
Temperature [C]	384.0	38.00
Pressure [kPa]	330.0	\<empty\>
Molar Flow [kgmole/h]	1280	1280

Cooler: E-100	Hot In	Hot Out
Toluene	0.1000	0.1000
Methanol	0.1000	0.1000
Styrene	0.2500	0.2500
E-Benzene	0.0500	0.0500
H2O	0.3000	0.3000
Hydrogen	0.2000	0.2000

图 7-3　输入物流条件及组成

（6）设置模块参数　进入**E-100 | Design | Parameters** 页面，输入冷却器压降 10kPa，Aspen HYSYS 自动进行计算，冷却器热负荷为 $8.503×10^7 kJ/h$，如图 7-4 所示。

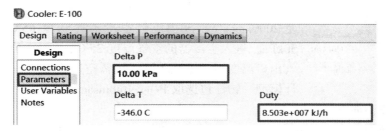

图 7-4　输入冷却器压降

（7）选用公用工程　双击能流 Q-Cooler，进入 **Q-Cooler | Stream** 页面，在 Utility Type 下拉列表框中选择 Cooling Water（冷却水），Aspen HYSYS 自动进行计算，公用工程冷却水用量为 $4.066 \times 10^6 \text{kg/h}$，如图 7-5 所示。

图 7-5　选用公用工程

注：用户可以通过 Process Utility Manager 查看公用工程进出口温度等数据，参见 10.1 节。

7.2　空冷器

空冷器（Air Cooler）是空气冷却器的简称，它以空气作为冷却介质，对流经管内的热流体进行冷却或冷凝，所用的空气通常由通风机供给。

空冷器的计算基于空气与工艺物流间的能量平衡，计算公式为

$$M_{\text{air}} (H_{\text{out}} - H_{\text{in}})_{\text{air}} = M_{\text{process}} (H_{\text{in}} - H_{\text{out}})_{\text{process}} \tag{7-3}$$

式中　M_{air}——空气质量流量；

　　M_{process}——工艺物流质量流量；

　　H——焓值。

空冷器的总传热速率方程为

$$Q = - UAT_{\text{LM}}F_{\text{t}} \tag{7-4}$$

式中　Q——空冷器热负荷；

　　U——总传热系数；

　　A——传热面积；

　　T_{LM}——对数平均温差（Logarithmic Mean Temperature Difference，LMTD）；

　　F_{t}——对数平均温差校正因子。

注：在 Aspen HYSYS 中总传热系数 U 与传热面积 A 通常组合为一个单一变量 UA。

下面通过例 7.2 介绍空冷器的应用。

【例 7.2】　如图 7-6 所示流程，物流 Hot In 含乙烷 0.1（摩尔分数，下同）、丙烷 0.5、

图 7-6　空冷器流程

正丁烷 0.2 和正戊烷 0.2，初始温度 120℃，压力 2000kPa，流量 2000kmol/h。该物流经空冷器冷却至 65℃，空冷器压降 50kPa，进入空冷器的空气温度 25℃，压力 101.3kPa。要求空气出口温度不超过 60℃，求所需空气流量。空冷器选用简捷设计模型。物性包选取 Peng-Robinson。

本例模拟步骤如下：

（1）新建模拟　启动 Aspen HYSYS，新建空白模拟，单位集选择 SI，文件保存为 Example7.2-Air Cooler.hsc。

（2）创建组分列表　进入**Component Lists** 页面，添加 Ethane(乙烷)、Propane(丙烷)、*n*-Butane(正丁烷)和 *n*-Pentane(正戊烷)。

（3）定义流体包　进入**Fluid Packages** 页面，选取物性包 Peng-Robinson。

（4）建立流程　单击**Simulation** 按钮进入模拟环境。从对象面板选择 Air Cooler 模块添加到流程中，双击空冷器 AC-100，进入**AC-100 | Design | Connections** 页面，建立物流连接，如图 7-7 所示。

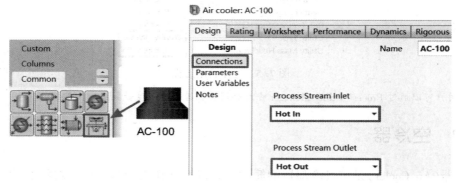

图 7-7　建立空冷器物流连接

（5）输入物流条件及组成　进入**AC-100 | Worksheet | Conditions** 页面，按题目信息输入各物流条件；进入**AC-100 | Worksheet | Composition** 页面，按题目信息输入各组分摩尔分数，如图 7-8 所示。

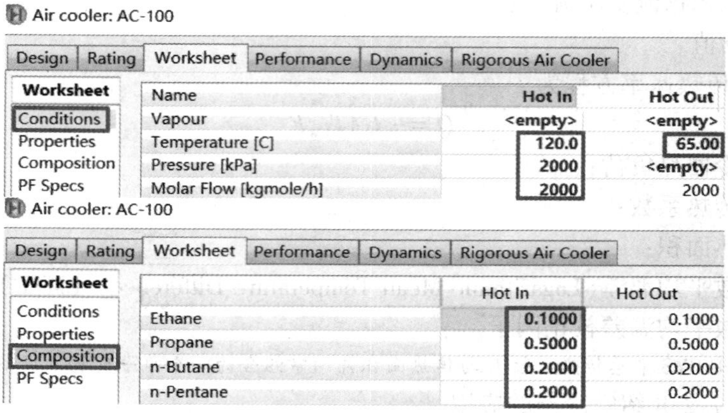

Name	Hot In	Hot Out
Vapour	<empty>	<empty>
Temperature [C]	120.0	65.00
Pressure [kPa]	2000	<empty>
Molar Flow [kgmole/h]	2000	2000

	Hot In	Hot Out
Ethane	0.1000	0.1000
Propane	0.5000	0.5000
n-Butane	0.2000	0.2000
n-Pentane	0.2000	0.2000

图 7-8　输入物流条件及组成

（6）设置模块参数 在 Air Cooler Simple Design（空冷器简捷设计）模型下，默认空气流量为 $3.6 \times 10^5 \mathrm{m}^3/\mathrm{h}$，进入 **AC-100 | Rating | Sizing** 页面删除该默认值，如图 7-9 所示；进入 **AC-100 | Design | Parameters** 页面，输入空气出口温度 60℃，空冷器压降 50kPa，其余选项保持默认设置，如图 7-10 所示。

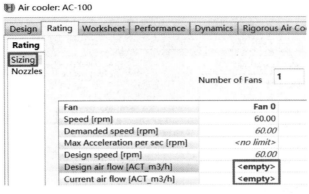

图 7-9 删除默认空气流量

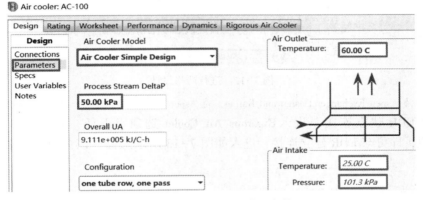

图 7-10 设置空冷器模块参数

（7）查看结果 进入 **AC-100 | Performance | Results** 页面，查看空气流量为 1.02×10^6 m^3/h，如图 7-11 所示。

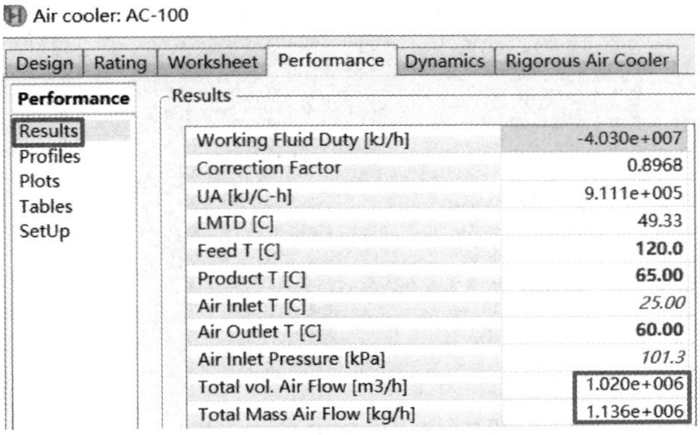

Air cooler: AC-100	
Working Fluid Duty [kJ/h]	-4.030e+007
Correction Factor	0.8968
UA [kJ/C-h]	9.111e+005
LMTD [C]	49.33
Feed T [C]	120.0
Product T [C]	65.00
Air Inlet T [C]	25.00
Air Outlet T [C]	60.00
Air Inlet Pressure [kPa]	101.3
Total vol. Air Flow [m3/h]	1.020e+006
Total Mass Air Flow [kg/h]	1.136e+006

图 7-11 查看结果

(8) 进行严格设计　若用户想使用 EDR 进行严格设计，进入 **AC－100 | Design | Parameters** 页面，单击 **Size Air Cooler** 按钮，用户可以选择 Auto Size(自动设计)，Size Interactively(交互设计)，Auto Size using Template(使用模板文件自动设计)或 Size Interactively using Template(使用模板文件交互设计)。本例选择 Auto Size，单击 **Convert** 按钮即可进行严格设计，如图 7-12 所示。

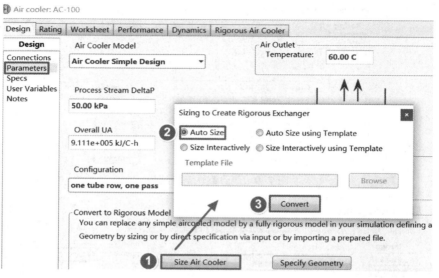

图 7-12　进行严格设计

注：EDR 为 Aspen Exchanger Design and Rating，是 AspenTech 公司推出的一款换热器设计专用软件。

(9) 与 EDR 建立连接　进入 **Rigorous Air Cooler** 选项卡下任一页面，单击 **View EDR Browser** 按钮，即可与 EDR 建立连接，进入如图 7-13 所示页面。该页面的详细介绍请参见文献[3]。

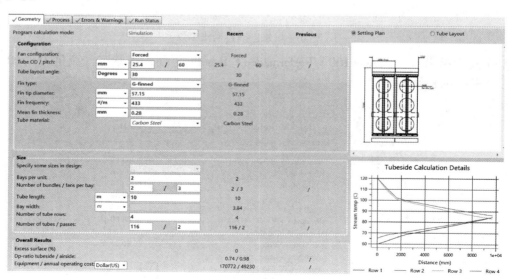

图 7-13　与 EDR 建立连接

7.3 管壳式换热器

管壳式换热器（Heat Exchanger）主要由圆筒形壳体及其内部的管束组成，管子是基本传热元件，管子两端紧密连接在管板上形成管束，并与前端管箱和后端管箱构成管程。壳体焊在两块管板之间。壳体内设有若干块折流板以引导壳程流体的合理流动并支承管子，用拉杆和定距管保持折流板间距并与管束组装在一起。

在 Aspen HYSYS 中，管壳式换热器既可以进行简捷计算，又可以进行严格计算。简捷计算不需要提供管壳式换热器的结构参数，而严格计算需根据给定的管壳式换热器结构参数计算实际的传热面积、总传热系数、对数平均温差和压降等参数。

管壳式换热器的计算基于冷热物流的能量平衡，计算公式为

$$\text{Balance Error} = \left[M_{cold} \left(H_{out} - H_{in} \right)_{cold} - Q_{leak} \right] - \left[M_{hot} \left(H_{in} - H_{out} \right)_{hot} - Q_{loss} \right] \tag{7-5}$$

式中　Balance Error——平衡误差（一般为0）；

　　　　　M——物流质量流量；

　　　　　H——焓值；

　　　　Q_{leak}——热漏；

　　　　Q_{loss}——热损失。

注：热漏（Heat Leak）指冷物流的热负荷损失。热损失（Heat Loss）指热物流的热负荷损失。

管壳式换热器的总传热速率方程为

$$Q = UAT_{LM}F_t \tag{7-6}$$

式中　Q——管壳式换热器热负荷；

　　　　U——总传热系数；

　　　　A——传热面积；

　　　T_{LM}——数平均温差；

　　　　F_t——对数平均温差校正因子。

在 Aspen HYSYS 中，管壳式换热器计算模型（Heat Exchanger Model）有以下五种：

① 简易端点模型（Simple End Point）　该模型假设总传热系数 U 和管壳两侧物流比热容 c_p 均为常数，将换热器两侧的热负荷曲线均视为线性。适用于物流无相变且 c_p 相对恒定的简单问题。

② 简易加权模型（Simple Weighted）　该模型将热负荷曲线分为若干区间，计算每个区间的能量平衡，得到每个区间的 T_{LM} 和 UA，然后相加计算整个管壳式换热器的 UA。简易加权模型适用于热负荷曲线为非线性的问题，比如，物流存在相变的情况。该模型仅适用于逆流换热器，F_t 默认为 1。

③ 简易稳态校核模型（Simple Steady State Rating）　该模型为 Simple End Point 模型的扩展，增加了校核功能，与 Simple End Point 模型采用相同的假设。若用户提供了管壳式换热器的结构参数，可以使用该模型进行校核。

④ 动态校核模型（Dynamic Rating）　该模型有三种：Basic（基本型）、Intermediate（中间型）和 Detailed（详细型）。若用户指定了三个温度，或两个温度和 UA 值，可以使用 Basic 模型进行校核；若用户提供详细的结构参数，则可以使用 Detailed 模型进行校核；而

Intermediate 模型精确性介于前两者之间，需要用户提供管程体积、壳程体积、管质量、管壁比热容和传热面积等参数。

⑤ 严格模型(Rigorous Shell & Tube)　使用该模型可以直接访问 Aspen EDR 程序，并在 EDR 中对管壳式换热器进行严格设计或校核，需要用户输入详细的换热器结构参数，也可以直接将 *.edr 格式的文件导入到 Aspen HYSYS 中。使用该模型时，用户可以通过 Aspen EDR Exchanger Feasibility 面板对换热器进行分析和检测。

下面通过例 7.3 和例 7.4 介绍管壳式换热器的应用。

【例 7.3】　如图 7-14 所示流程，在管壳式换热器中，用温度 25℃，压力 895kPa 的冷水将流量 100kg/h，压力 6895kPa 的热水由 250℃ 冷却至 190℃。冷水走壳程，壳程压降 8kPa，管程压降 70kPa，换热器选用简易端点模型。忽略热漏/热损失，若冷水的出口温度为 150℃，求冷水的流量。物性包选取 NBS Steam。

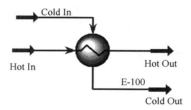

图 7-14　管壳式换热器流程

本例模拟步骤如下：

(1) 新建模拟　启动 Aspen HYSYS，新建空白模拟，单位集选择 SI，文件保存为 Example7.3-Heat Exchanger.hsc。

(2) 创建组分列表　进入**Component Lists** 页面，添加 H_2O。

(3) 定义流体包　进入**Fluid Packages** 页面，选取物性包 NBS Steam。

(4) 建立流程　单击**Simulation** 按钮进入模拟环境。从对象面板选择 Heat Exchanger 模块添加到流程中，双击管壳式换热器 E-100，进入**E-100 | Design | Connections** 页面，建立物流连接，如图 7-15 所示。

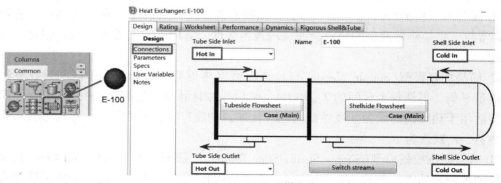

图 7-15　建立管壳式换热器物流连接

(5) 输入物流条件及组成　进入**E-100 | Worksheet | Conditions** 页面，按题目信息输入物流条件；进入**E-100 | Worksheet | Composition** 页面，输入物流 Hot In 和物流 Cold In 中 H_2O 的摩尔分数均为 1，如图 7-16 所示。

图 7-16 输入物流条件及组成

（6）设置模块参数　进入 **E-100 | Design | Parameters** 页面，在 Heat Exchanger Model（换热器模型）下拉列表框中选择 Simple End Point（简易端点模型），在 Heat Leak/Loss（热漏/热损失）选项区域选择 None 单选按钮，输入 SHELL-SIDE（壳程）压降 8kPa，TUBE-SIDE（管程）压降 70kPa，如图 7-17 所示。

注：Heat Leak/Loss 选项区域中有三个单选按钮，其意义分别为：① None 默认选项，指无热漏/热损失；② Extremes 在热物流温度最高处损失热量，在冷物流温度最低处获得热量；③ Proportional 热量损失分布于所有区间。

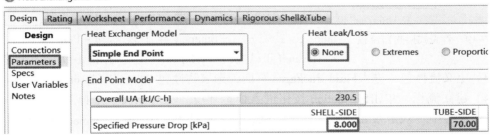

图 7-17 设置管壳式换热器模块参数

（7）查看结果　流程收敛后，进入 **E-100 | Worksheet | Conditions** 页面，可以查看冷水的流量为 52.20kg/h，如图 7-18 所示。

图 7-18 查看结果

【例 7.4】　如图 7-19 所示流程，校核一台双管程单壳程 BEM 型换热器，换热器壳程内径为 600mm，管数为 416，管间距为 25mm，正三角形排列，壳程污垢热阻为 0.000047 ℃·h·m²/kJ，折流板圆缺率为 30%，折流板间距为 300mm；管外径为 19mm，管壁厚为

2mm，管长为 4.5m，管程污垢热阻为 0.000028 ℃·h·m²/kJ。壳程允许压降为 35kPa，管程允许压降为 50kPa，计算当前操作条件下冷热物流出口温度及换热器热负荷。冷热物流进料条件如表 7-2 所示。物性包选取 Peng-Robinson。

表 7-2　冷热物流进料条件

项目		冷物流	热物流
名称		Cold In	Hot In
温度/℃		21	105
压力/kPa		1300	930
流量/(kmol/h)		2000	1750
摩尔组成	正丁烷	0.15	0.04
	异丁烷	0.14	0.15
	正戊烷	0.16	0.16
	正己烷	0.22	0.25
	正庚烷	0.13	0.15
	正辛烷	0.2	0.25

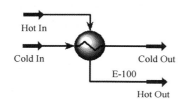

图 7-19　管壳式换热器流程

本例模拟步骤如下：

（1）新建模拟　启动 Aspen HYSYS，新建空白模拟，单位集选择 SI，文件保存为 Example7.4-Rigorous Heat Exchanger.hsc。

（2）创建组分列表　进入**Component Lists** 页面，添加 n-Butane（正丁烷）、i-Butane（异丁烷）、n-Pentane（正戊烷）、n-Hexane（正己烷）、n-Heptane（正庚烷）和 n-Octane（正辛烷）。

（3）定义流体包　进入**Fluid Packages** 页面，选取物性包 Peng-Robinson。

（4）建立流程　单击**Simulation** 按钮进入模拟环境。从对象面板选择 Heat Exchanger 模块添加到流程中，双击管壳式换热器 E-100，进入**E-100 | Design | Connections** 页面，建立物流连接，如图 7-20 所示。

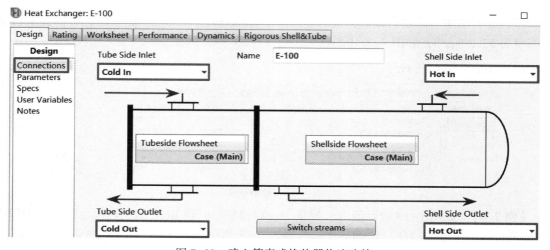

图 7-20　建立管壳式换热器物流连接

（5）输入物流条件及组成　进入 **E-100 | Worksheet | Conditions** 页面，按题目信息输入物流条件。进入 **E-100 | Worksheet | Composition** 页面，按题目信息输入各组分摩尔分数，如图 7-21 所示。

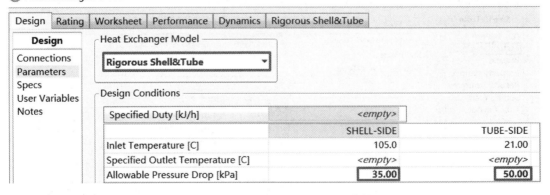

图 7-21　输入物流条件及组成

（6）设置模块参数　进入 **E-100 | Design | Parameters** 页面，选择 Heat Exchanger Model 为 Rigorous Shell & Tube（严格模型），并将 Allowable Pressure Drop（允许压降）分别设置为 35kPa 和 50kPa，如图 7-22 所示。

Heat Exchanger: E-100

| Design | Rating | Worksheet | Performance | Dynamics | Rigorous Shell&Tube |

Design
Connections
Parameters
Specs
User Variables
Notes

Heat Exchanger Model
Rigorous Shell&Tube

Design Conditions

	SHELL-SIDE	TUBE-SIDE
Specified Duty [kJ/h]	*empty*	
Inlet Temperature [C]	105.0	21.00
Specified Outlet Temperature [C]	*empty*	*empty*
Allowable Pressure Drop [kPa]	35.00	50.00

图 7-22　设置管壳式换热器模块参数

（7）输入管壳式换热器详细数据　进入 **E-100 | Rating | Sizing** 页面，在 Sizing Data 选项区域选择 **Overall** 单选按钮，将 TEMA Type 修改为 BEM；选择 **Shell** 单选按钮，按题目信息输入壳程相关数据；选择 **Tube** 单选按钮，按题目信息输入管程相关数据，如图 7-23 所示。

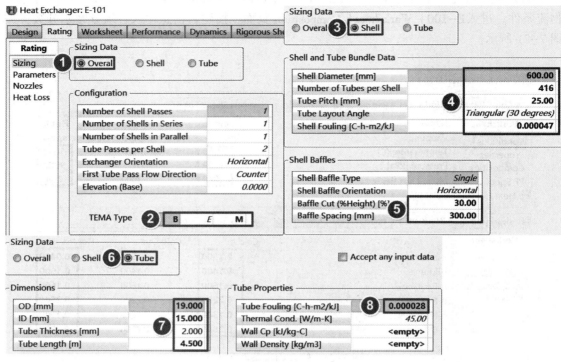

图7-23　输入管壳式换热器详细数据

进入E-100 | Rigorous Shell & Tube | Exchanger 页面，单击Transfer Geometry from HYSYS 按钮，使用E-100 | Rating | Sizing 页面数据进行校核，如图7-24所示。

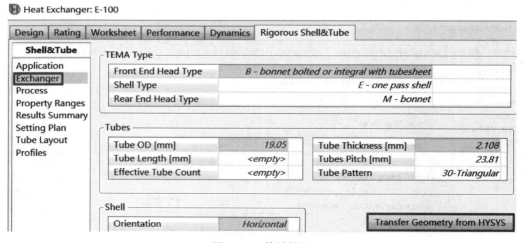

图7-24　传输数据

（8）查看结果　进入E-100 | Worksheet | Conditions 页面，查看冷热物流出口温度分别为57.14℃和69.92℃。进入E-100 | Rigorous Shell & Tube | Results Summary 页面，查看换热器热负荷为$1.366×10^7$kJ/h。另外，在该页面还可以查看传热面积及换热器压降等参数，如图7-25所示。

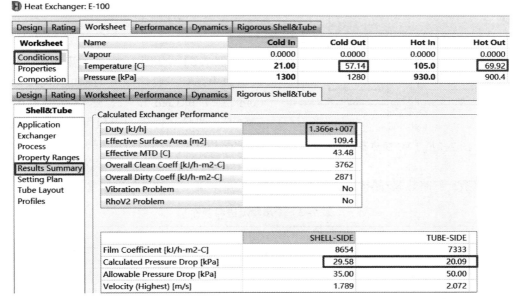

图 7-25　查看结果

（9）与 EDR 建立连接　进入 **Rigorous Shell & Tube** 选项卡下任一页面，单击 **View EDR Browser** 按钮，即可与 EDR 建立连接，如图 7-26 所示，该页面的详细介绍请参见文献[3]。

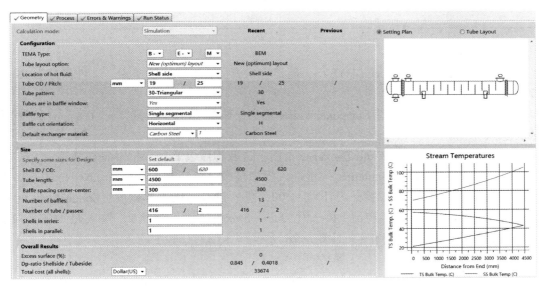

图 7-26　与 EDR 建立连接

7.4　LNG 换热器

LNG 换热器（LNG Exchanger）能够计算多股物流的物料平衡和能量平衡。用户可以指定热漏/热损失、*UA* 或温度等参数。LNG 换热器有两种求解方法，求解单一未知变量时，根据能量平衡直接计算；求解多个未知变量时，根据能量平衡和其他约束条件，使用迭代法求解计算。

下面通过例7.5介绍LNG换热器的应用。

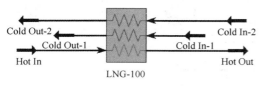

图7-27　LNG换热器流程

【例7.5】　如图7-27所示流程，在一LNG换热器中，有一股热物流Hot In，两股冷物流Cold In-1和Cold In-2。热物流出口温度为-156℃，两股冷物流的出口温度相同。热物流压降为10kPa，冷物流压降均为5kPa，每股物流的进料条件如表7-3所示，LNG换热器选择简易加权模型，忽略热漏/热损失，求两股冷物流的出口温度。物性包选取Peng-Robinson。

表7-3　冷热物流进料条件

项目		热物流	冷物流1	冷物流2
名称		Hot In	Cold In-1	Cold In-2
温度/℃		-5	-184	-194
压力/kPa		600	120	125
流量/（kmol/h）		250	10	180
摩尔组成	氮气	0.7811	0.8008	0.9905
	氧气	0.2096	0.0092	0.0050
	氩气	0.0093	0.1900	0.0045

本例模拟步骤如下：

（1）新建模拟　启动Aspen HYSYS，新建空白模拟，单位集选择SI，文件保存为Example7.5-LNG Exchanger.hsc。

（2）创建组分列表　进入**Component Lists**页面，添加Nitrogen(氮气)、Oxygen(氧气)和Argon(氩气)。

（3）定义流体包　进入**Fluid Packages**页面，选取物性包Peng-Robinson。

（4）建立流程　单击**Simulation**按钮进入模拟环境。从对象面板选择LNG Exchanger模块添加到流程中，双击LNG换热器LNG-100，进入**LNG-100 | Design | Connections**页面，创建三股Inlet Streams(进口物流)和三股Outlet Streams(出口物流)，输入热物流压降为10kPa，两股冷物流压降为5kPa，如图7-28所示。

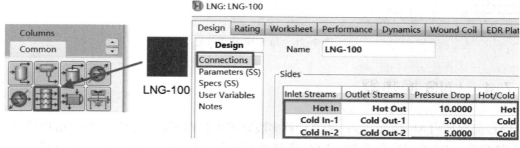

图7-28　建立LNG换热器物流连接

（5）输入物流条件及组成　进入**LNG-100｜Worksheet｜Conditions**页面，按题目信息输入各物流条件；进入**LNG-100｜Worksheet｜Composition**页面，按题目信息输入各组分摩尔分数，如图7-29所示。

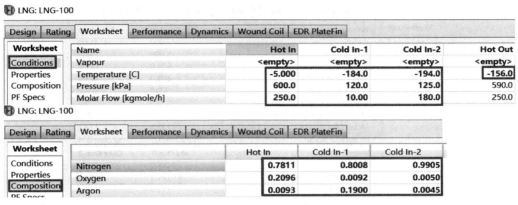

图7-29　输入物流条件及组成

（6）设置模块参数　进入**LNG-100｜Design｜Parameters（SS）**页面，在Rating Method下拉列表框中选择Simple Weighted，Heat leak/loss选项区域选择None单选按钮，如图7-30所示。

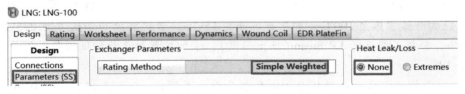

图7-30　设置LNG换热器模块参数

（7）定义设计规定　进入**LNG-100｜Design｜Specs（SS）**页面，单击**Add**按钮，弹出**ExchSpec**窗口，规定两股冷物流出口温度相等，如图7-31所示。

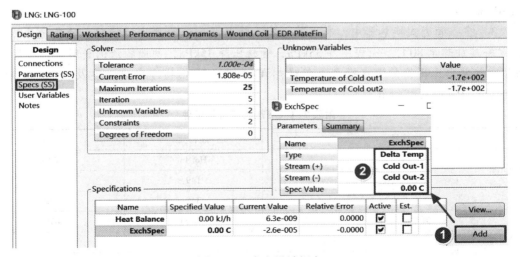

图7-31　定义设计规定

（8）查看结果　进入 **LNG-100｜Worksheet｜Conditions** 页面，查看物流 Cold Out-1 与物流 Cold Out-2 的出口温度均为-171.3℃，如图 7-32 所示。

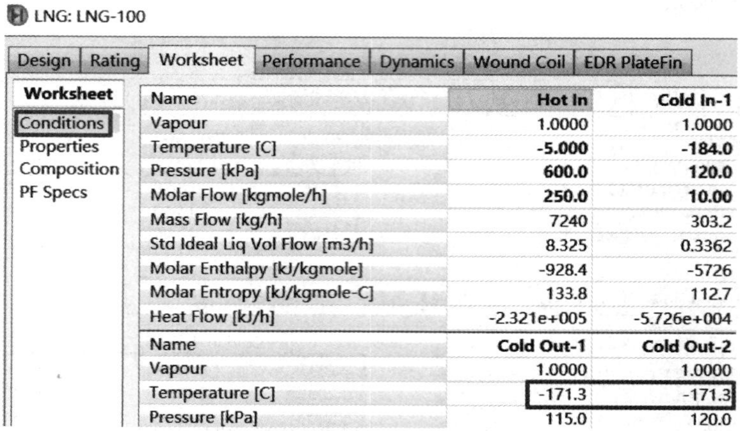

图 7-32　查看结果

习　　题

7.1　一股物流组成为：水 0.988（质量分数，下同）、硫化氢 0.007、氨气 0.005。38℃的该物流经加热器加热至 100℃，加热器压降为 15kPa。若该物流初始压力为 275kPa，流量为 100kg/h，公用工程选择 LP Steam（低压蒸汽），求加热器热负荷和低压蒸汽用量。物性包选取 Sour PR。

7.2　一股物流组成为：甲烷 0.10（摩尔分数，下同）、乙烷 0.15、丙烷 0.20、异丁烷 0.50、正丁烷 0.05。120℃的该物流经空冷器冷却至 50℃，压降 10kPa。进入空冷器的空气温度 25℃，压力 101.3kPa。若物流初始压力 200kPa，流量 500kmol/h。求空气的出口温度。空冷器选用简捷设计模型。简捷设计完成后，使用 EDR 对其进行严格设计。物性包选取 Peng-Robinson。

7.3　在一管壳式换热器中，有甲苯、苯乙烯两股物流需要进行换热，冷物流甲苯走管程，欲将其加热至 80℃。壳程压降 35kPa，管程压降 35kPa，两股物流的进料条件如附表 7-1 所示，换热器选用简易端点模型，忽略热漏/损失，求热物流出口温度及换热器热负荷。物性包选取 Peng-Robinson。

附表 7-1　冷热物流进料条件

项目		热物流	冷物流
名称		Hot In	Cold In
温度/℃		149	38
压力/kPa		345	620
流量/(kg/h)		68000	56700
摩尔组成	甲苯	0	1
	苯乙烯	1	0

7.4 对习题 7.3 中的换热器进行校核，TEMA 类型为 BEM，壳程数为 1，管程数为 2；壳内径 500mm，管数 256，管间距 25mm，三角形排列，壳程污垢热阻 0.000098℃·h·m²/kJ，折流板间距 300mm，折流板圆缺率 30%；管外径 19mm，管壁厚 2mm，管长 3m，管程污垢热阻 0.000098℃·h·m²/kJ。判断该换热器能否满足换热要求。

7.5 有一股热物流，两股冷物流。三股物流通过 LNG 换热器进行换热，要求热物流出口温度为 -100℃，冷物流 Cold In-2 出口气相分数为 0，热物流和冷物流压降均为 40kPa，三股物流的进料条件如附表 7-2 所示，LNG 换热器选用简易加权模型，忽略热漏/热损失，求两股冷物流的出口温度。物性包选取 Peng-Robinson。

附表 7-2 冷热物流进料条件

项目		热物流	冷物流 1	冷物流 2
名称		Hot In	Cold In-1	Cold In-2
温度/℃		40	-170	-150
压力/kPa		2500	2000	2000
流量/(kmol/h)		10000	7500	2400
摩尔组成	氮气（N₂）	0.755	1	0
	氧气（O₂）	0.245	0	1

7.6 某装置废水温度 25℃，压力 100kPa，流量 1000kg/h，其中含氯化钠 0.035（质量分数，下同）、水 0.965。通过如附图 7-1 所示的三效蒸发将废水中的水分蒸出，使浓缩液物流 BRINE-3 中氯化钠的质量分数达到 20%。三台蒸发器的压力分别为 100kPa、75kPa 和 5kPa。加热蒸汽为温度 200℃ 的饱和蒸汽，三台换热器（这里用 Cooler 模块模拟）压降均为 0，冷凝液的气相分数均为 0。求所需的蒸汽流量（物流 STEAM 的初始流量设为 300kg/h）。物性包选取 Aspen Properties 中的 Electrolyte NRTL。

注：本题需使用调节器模块，调节物流 STEAM 流量以满足物流 BRINE-3 中水的质量分数为 80%。

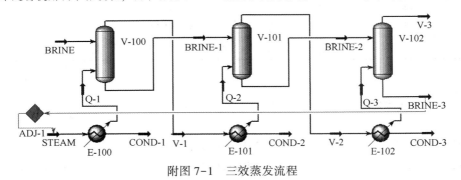

附图 7-1 三效蒸发流程

第8章 反应器单元模拟

Aspen HYSYS 提供了五种不同的反应器，可归纳为三类，即生产能力类反应器、平衡类反应器和动力学类反应器。生产能力类反应器包括转化反应器(Conversion Reactor)、平衡类反应器包括平衡反应器(Equilibrium Reactor)和吉布斯反应器(Gibbs Reactor)；动力学类反应器包括全混釜反应器(Continuous-Stirred Tank Reactor, CSTR)和平推流反应器(Plug Flow Reactor, PFR)。除平推流反应器外，其他反应器的基本属性页面相同。与附加反应集的分离器及一般反应器不同，特定的反应器只能支持一种特定的反应类型，例如，转化反应器只能添加转化反应(Conversion Reaction)类型。反应器单元模块介绍如表 8-1 所示。

表 8-1　反应器单元模块介绍

模块	名称	图标	说明
Conversion Reactor	转化反应器		输入化学计量关系和转化率，计算产物组成
Continuous-Stirred Tank Reactor	全混釜反应器		流动模型为全混流模型，输入化学计量关系并定义动力学速率常数，计算产物组成
Equilibrium Reactor	平衡反应器		输入化学计量关系并定义平衡常数，计算产物组成
Gibbs Reactor	吉布斯反应器		使反应体系的吉布斯自由能最小化，用于确定反应平衡时产物的组成，不需要化学计量关系
Plug Flow Reactor	平推流反应器		流动模型为平推流模型，输入化学计量关系并定义动力学速率常数，计算产物组成

8.1 反应类型

用户可在物性环境中 Reactions 页面定义多个反应类型，并将这些反应类型添加到反应集(Reaction Set)中，然后将反应集添加到流程图的单元操作中。同一个反应类型可以添加到不同的反应集中。表 8-2 列出了 Aspen HYSYS 五种反应类型。

表 8-2　反应类型介绍

反应类型	说明
转化反应(Conversion Reaction)	需要化学计量关系(Stoichiometry)和一个基准组分(Base Component)的转化率
平衡反应(Equilibrium Reaction)	需要化学计量关系，每一组分的反应分级数(Reaction Order)由化学计量系数决定

续表

反应类型	说明
动力学反应(Kinetic Reaction)	需要化学计量关系和正、逆(可选)反应的阿伦尼乌斯方程(Arrhenius Equation)中的活化能 E、指前因子 A;可以输入每个组分的正、逆反应分级数
多相催化反应(Heterogeneous Catalytic Reaction)	需要化学计量关系和动力学反应的动力学项、活化能(Activation Energy)E、指前因子(Pre-exponential Factor)A、吸附动力学的组分指数项
简单速率反应(Simple Rate Reaction)	需要化学计量关系和正反应的阿伦尼乌斯方程中的活化能 E、指前因子 A;逆反应需给出平衡参数

每种反应类型都需要输入化学计量关系。平衡误差(Balance Error)可以监测相对分子质量和输入的化学计量关系,如果输入的反应方程平衡,则该平衡误差等于零;如果只缺少反应方程中一个组分的化学计量系数,可以单击**Balance** 按钮,Aspen HYSYS 将计算缺少的化学计量系数。在**Basis**(基准)**| Rxn Phase**(反应相态)下拉列表框中,可以选择组分发生反应时所处的相态。同一反应器中,对于气相和液相可以添加不同的反应速率方程。

表 8-3 列出了反应器与反应类型的对应关系。

表 8-3 反应器与反应类型的对应关系

反应器名称	反应类型
转化反应器	转化反应
全混釜反应器	多相催化反应、动力学反应、简单速率反应
平衡反应器	平衡反应
吉布斯反应器	① 反应的化学计量关系未知时,无需添加反应; ② 反应的化学计量关系已知时,相当于平衡反应器; ③ 无反应时,相当于分离器
平推流反应器	多相催化反应、动力学反应、简单速率反应

8.1.1 转化反应(Conversion Reaction)

转化反应需要指定反应组分的化学计量系数和一个基准组分的转化率,当转化率已知时,可以计算未知物流的组成。如图 8-1 所示,转化反应属性页面中 Basis(基准)列表框各选项及其说明如表 8-4 所示。

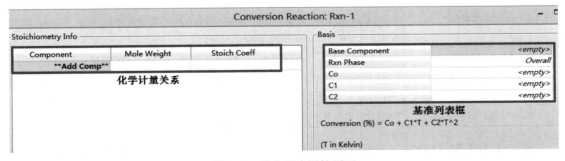

图 8-1 转化反应属性页面

表 8-4　转化反应 Basis 列表框中各选项及其说明

选项	说明
Base Component(基准组分)	仅可以指定反应物为基准组分,不能指定反应产物或惰性组分。用户在指定基准组分之前必须添加组分
Rxn Phase(反应相态)	指定转化反应发生的相态。可在同一反应器中模拟,适用不同相态的多种动力学。反应相态有下列五种选项: ① Overall(整体反应)　在所有相态中均发生反应; ② VapourPhase(气相反应)　只在气相中发生反应; ③ LiquidPhase(液相反应)　只在轻液相中发生反应; ④ AqueousPhase(水相反应)　只在重液相中发生反应; ⑤ CombinedLiquid(混合液相反应)　在所有液相中均发生反应
Conversion Function Parameters (转化率函数参数)	转化率被定义成反应温度的函数 Conversion(%)=$C_0+C_1*T+C_2*T^2$,其为基准组分在反应中消耗的百分数。任何反应的实际转化率都小于基准组分的指定转化率。若定义恒定转化率,仅需输入 C_0 值,C_1、C_2 为负数时意味着转化率将随温度升高而降低,反之亦然

注:转化反应不能添加到含有平衡反应或动力学反应的反应集中。

8.1.2　平衡反应(Equilibrium Reaction)

图 8-2 为平衡反应**Stoichiometry**(化学计量关系)页面,Basis 列表框中各选项及其说明如表 8-5 所示。

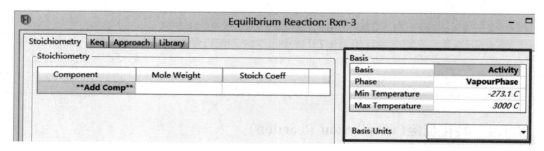

图 8-2　平衡反应 Stoichiometry 页面

表 8-5　平衡反应 Basis 列表框中各选项及其说明

选项	说明
Basis(基准)	选择反应基准,有五种选项可供选择:Activity(活度)、Partial Pressure(分压)、Molar Concentration(摩尔浓度)、Mass Concentration(质量浓度)、Mole Fraction(摩尔分数)或 Mass Fraction(质量分数)
Phase(相态)	选择反应相态,VapourPhase(气相反应)或 LiquidPhase(液相反应)
Min Temperature(最低温度) Max Temperature(最高温度)	输入使反应式生效的最低温度和最高温度,默认的温度范围−273.1~3000℃。如果反应温度不在指定范围内,将出现警告信息
Basis Units(基准单位)	选择合适的基准单位

图 8-3 为平衡反应**Keq**(平衡常数)页面,用户可以在 Keq Source 选项区域中选择一种方法计算反应平衡常数,列表框中各选项及其说明如表 8-6 所示。

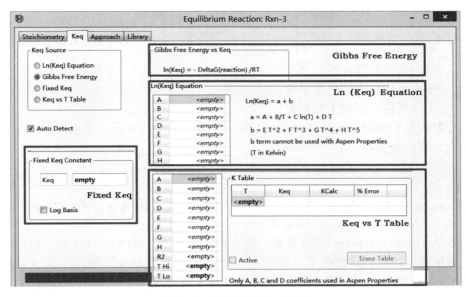

图8-3 平衡反应 Keq 页面

表8-6 平衡反应 Keq Source 选项区域中各选项及其说明

选项	说明
Ln（Keq）Equation（平衡常数方程）	平衡常数 K_{eq} 是温度 T 的函数，输入参数 $A \sim H$ 的值
Gibbs Free Energy（吉布斯自由能）	默认选择。平衡常数 K_{eq} 由 Aspen HYSYS 库中的理想气体吉布斯自由能系数确定
Fixed Keq（固定平衡常数）	平衡常数是固定值
Keq vs T Table（平衡常数与温度关系表）	基于用户在 K Table 中输入的若干组温度和对应的平衡常数数据，Aspen HYSYS 将估算平衡常数，必要时进行内插

图8-4为平衡反应**Approach**（逼近法）页面，在一定工艺条件下，平衡反应实际上不能达到完全平衡，Aspen HYSYS 提供两种逼近类型，即 Fractional Approach（平衡分数法）和 Temperature Approach（平衡温距法），用户可以选择一种或两种逼近类型模拟偏离实际平衡的反应。

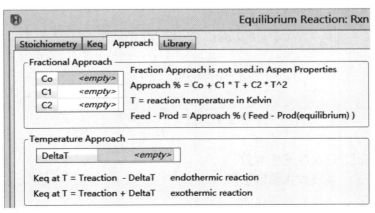

图8-4 平衡反应 Approach 页面

对于平衡温距法，Aspen HYSYS 计算平衡温度 T 的方程为

$$T = T_{reaction} - \Delta T_{吸热反应} \qquad (8-1)$$

$$T = T_{reaction} + \Delta T_{放热反应} \qquad (8-2)$$

式中　　$T_{reaction}$——反应温度；

　　$\Delta T_{吸热反应}$——吸热反应的平衡温距；

　　$\Delta T_{放热反应}$——放热反应的平衡温距。

平衡分数法是平衡温距法的一种替代方法，其意义是将实际反应程度表示为平衡反应程度的百分比，其定义方程如下：

$$Feed - Product = Approach \ \% \cdot (Feed - Product)_{equilibrium} \qquad (8-3)$$

其中　　　　　　　　　　$Approach \ \% = Co + C_1 \cdot T + C_2 \cdot T^2 \qquad (8-4)$

注：Temperature Approach(平衡温距法)与 Fixed Keq(固定平衡常数)无关，因此当选择 Fixed Keq 时，Approach 页面中不显示 Temperature Approach 列表框。

图 8-5 为平衡反应 **Library**（库）页面，用户可以从 Aspen HYSYS 库中添加已经预先定义的反应，该反应中的化学计量关系、基准和 Ln(K)参数都将自动添加到平衡反应中合适位置。当 K Table 已有数据时，将不能从 **Library** 页面中选择反应，可以单击 **Erase Table** 按钮，删除表格中的数据后添加反应。

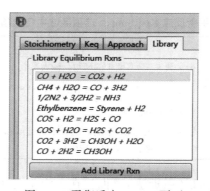

图 8-5　平衡反应 Library 页面

8.1.3　动力学反应(Kinetic Reactions)

动力学反应中的反应速率 r 的表达式为

$$r = k f(Basis) - k' f'(Basis) \qquad (8-5)$$

$$k = A \exp \left(-\frac{E}{RT} \right) T^b \qquad (8-6)$$

$$k' = A' \exp \left(-\frac{E'}{RT} \right) T^{b'} \qquad (8-7)$$

式中　　k、k'——正、逆反应速率常数；

　　A、A'——正、逆反应指前因子；

　　E、E'——正、逆反应的活化能。

欲定义动力学反应，用户必须输入正、逆（可选）反应的阿伦尼乌斯参数(A，E，b)，

每一组分的化学计量系数以及正、逆(可选)反应分级数，默认状态下，正、逆反应各个组分的分级数等于其化学计量系数，如图 8-6 所示。

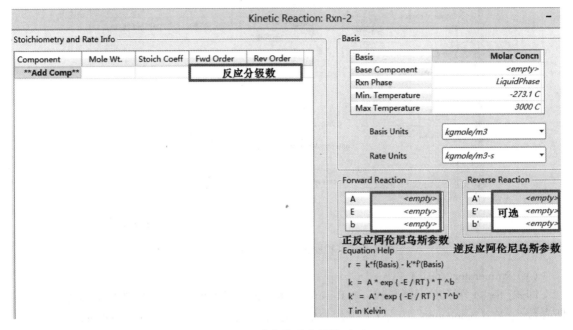

图 8-6　动力学反应属性页面

8.1.4　多相催化反应(Heterogeneous Catalytic Reaction)

Aspen HYSYS 提供了一种多相催化反应动力学模型来描述涉及固体催化剂的催化反应速率，反应速率方程一般形式为

$$反应速率 = \frac{动力学项 \times 推动力}{(吸附项)^n} \tag{8-8}$$

由于反应在催化剂的活性表面上进行，所以多相催化反应由吸附、表面反应和脱附等步骤完成。Aspen HYSYS 提供了如下多相催化反应速率 r 的一般形式：

$$r = \frac{k_f \prod\limits_{i=1}^{反应物} C_i^{a_i} - k_r \prod\limits_{j=1}^{产物} C_j^{b_j}}{\left[1 + \sum\limits_{k=1}^{M} \left(K_k \prod\limits_{g=1}^{M} C_g^{\gamma_{kg}} \right) \right]^n} \tag{8-9}$$

式中　k_f、k_r——正、逆动力学速率表达式的速率常数，简称速率常数；

　　　　K_k——吸附速率常数；

　k_f、k_r、K_k——阿伦尼乌斯形式；

　　　　M——吸附在固体催化剂表面的反应物、产物和惰性组分的数量；

　　　　C——浓度。

图 8-7 为多相催化反应**Reaction Rate**(反应速率)页面。

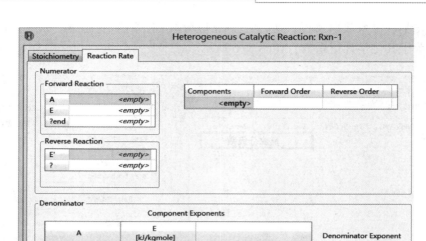

图 8-7　多相催化反应 Reaction Rate 页面

（1）Numerator(分子)

即式(8-8)分子项。在 Forward(Reverse) Reaction 列表框中用户需输入 A，E(阿伦尼乌斯参数)，在 Components(组分)下拉列表框中选择反应组分，输入其反应分级数。

（2）Denominator(分母)

即式(8-8)分母项。包括组分指数矩阵，其中每行表示分母项，A 和 E 列分别用于指定吸附项 K 的指前因子 A 和活化能 E，其余列用于指定吸附组分 C_g 的指数 γ^{kg}。

8.1.5　简单速率反应(Simple Rate Reaction)

图 8-8 为简单速率反应属性窗口，简单速率反应的定义与动力学反应相似，不同的是逆反应速率表达式来自平衡数据，逆反应平衡常数 K' 仅是温度的函数。

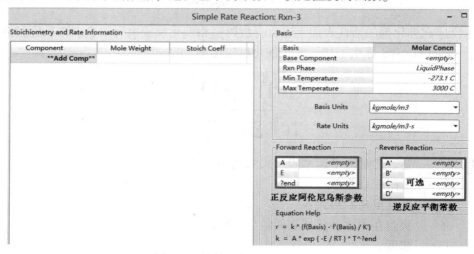

图 8-8　简单速率反应属性页面

$$\ln K' = A' + \frac{B'}{T} + C'\ln(T) + D'T \qquad (8-10)$$

式中 $A' \sim D'$——常数。

8.2 反应热与反应器热负荷

8.2.1 反应热(Reaction Heat)

伴随化学反应而发生的热效应被称为反应热(ΔH_r),通常以 J/mol 表示,且以 ΔH_r^0 表示在 298 K(即 25℃)时的反应热,规定放热时为负值,吸热时为正值。反应热可由实验测定,这是最可靠的方法。但工程人员通常利用生成热(Heat of Formation,也称生成焓)或燃烧热(Heat of Combustion)来估算。

(1)利用燃烧热估算 ΔH_r^0

对于化学计量式为 $a\mathrm{A}(\alpha)+b\mathrm{B}(\beta)\rightarrow y\mathrm{Y}(\gamma)+z\,\mathrm{Z}(\delta)$ 的反应,则 25℃时的反应热:

$$\Delta H_r^0 = -\sum v_i \Delta H_c^0(i) \qquad (8-11)$$

式中 $\Delta H_c^0(i)$——任一反应组分的标准燃烧热;

$\quad v_i$——其化学计量系数,对产物 v_i 规定为正值,对反应物 v_i 规定为负值。

(2)利用生成热估算 ΔH_r^0

$$\Delta H_r^0 = \sum v_i \Delta H_f^0(i) \qquad (8-12)$$

式中 $\Delta H_f^0(i)$——任一反应组分的标准生成热。

Aspen HYSYS 中焓的参考基准为 25℃,1 atm 下理想气体的标准生成焓。

Aspen HYSYS 采用如下两种方法计算反应热 ΔH_r^0:

① 用户可以通过更改反应组分的生成热自定义反应热,最简单的方法是进入 **Properties | Fluid Packages** 页面,单击 **Edit Properties**(编辑物性)按钮,选择 Heat of Formation 并根据需要更改 Property Value(物性值),如图 8-9 所示。

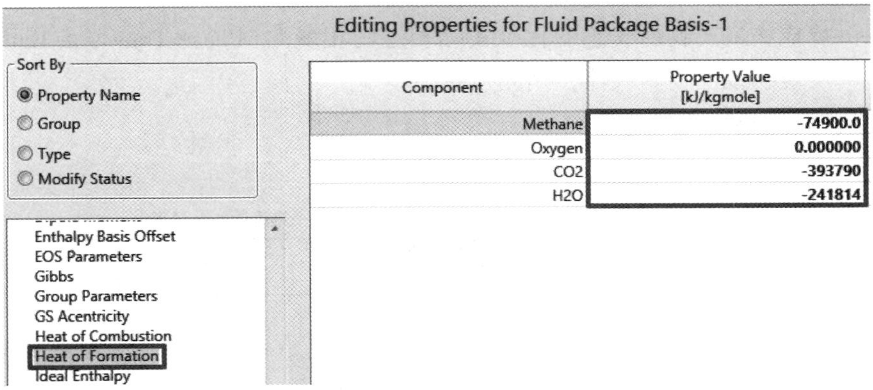

	Editing Properties for Fluid Package Basis-1	
Sort By	Component	Property Value [kJ/kgmole]
◉ Property Name	Methane	-74900.0
○ Group	Oxygen	0.000000
○ Type	CO2	-393790
○ Modify Status	H2O	-241814

Enthalpy Basis Offset
EOS Parameters
Gibbs
Group Parameters
GS Acentricity
Heat of Combustion
Heat of Formation
Ideal Enthalpy

图 8-9 修改组分生成热

此方法仅在选定的物性包内更改组分的生成热。如果用户需要全面更改组分的生成热(即某些组分在同一模拟中用于多个流体包),则应进入 **Properties | Component Lists** 页面进行

更改。

② 如果用户没有更改反应组分的生成热，Aspen HYSYS 将使用组分生成热的默认值计算反应热。

8.2.2 反应器热负荷(Reactor Duty)

Aspen HYSYS 根据图 8-10 所示的途径计算整个反应的焓变，即反应器热负荷，计算过程如下：

① 反应物由参考状态(25℃，1 atm 下理想气体)变化至始态，则反应物热流量 H_1(Heat Flow)：

$$H_1 = \sum_i^{反应物} m_i \Delta H_f^0(i) + \sum_i^{反应物} m_i \int c_{p,i} \mathrm{d}T + H_{Dep} \qquad (8-13)$$

式中　$\Delta H_f^0(i)$——参考状态下组分的生成热；

m_i——组分 i 的流量；

$c_{p,i}$——组分 i 的比热容(Heat Capacity)，其值随温度变化；

H_{Dep}——同温同压下真实流体与理想气体的焓差(Heat Departure)。

② 产物由参考状态变化至末态，则产物热流量 H_2：

$$H_2 = \sum_i^{产物} m_i \Delta H_f^0(i) + \sum_i^{产物} m_i \int c_{p,i} \mathrm{d}T + H_{Dep} \qquad (8-14)$$

若不考虑真实流体与理想气体的焓差，以及比热容随温度的变化，则式(8-13)和式(8-14)可以简化为

$$H_1 = \sum_i^{反应物} m_i \Delta H_f^0(i) + (m c_p \Delta T + m \Delta_{相变} H)_{反应物} \qquad (8-15)$$

$$H_2 = \sum_i^{产物} m_i \Delta H_f^0(i) + (m c_p \Delta T + m \Delta_{相变} H)_{产物} \qquad (8-16)$$

式中　c_p——反应物或产物比热容，其为定值，与温度无关；

ΔT——反应物或产物温度与基准温度(25℃)之差；

$\Delta_{相变} H$——反应物或产物由气态变化至实际相态的相变焓(Phase Transition Enthalpy)，若反应物或产物为气体，则此项为零。

③ 计算反应器热负荷 Duty：

$$\mathrm{Duty} = H_2 - H_1 \qquad (8-17)$$

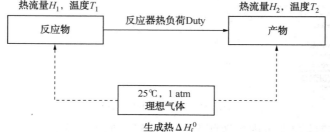

图 8-10　反应器热负荷计算途径

8.3 转化反应器

转化反应器(Conversion Reactor)是模拟转化反应的单元。用户只能添加包含转化反应的反应集，反应集中的每个反应都进行至规定的转化率或直至限制性反应物耗尽。

当一个反应集中有多个反应时，Aspen HYSYS 自动为反应集中的每个反应指定等级，等级序号低的反应先进行。用户也可以通过指定每个反应的等级来改变反应顺序，步骤如下：

① 进入**Properties ∣ Reactions** 页面，选择反应集；

② 单击**Ranking**(指定等级)按钮，在弹出的 Reaction Ranks(反应等级)窗口中输入等级序号。

下面通过例 8.1 介绍转化反应器的应用。

【**例 8.1**】 如图 8-11 所示流程，在转化反应器中发生甲烷燃烧反应($CH_4+2O_2 \longrightarrow CO_2+2H_2O$)，要求出料温度 100℃，试确定反应器出料组成、反应热及反应器热负荷。物性包选取 Peng-Robinson。

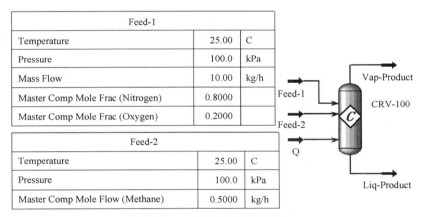

Feed-1		
Temperature	25.00	C
Pressure	100.0	kPa
Mass Flow	10.00	kg/h
Master Comp Mole Frac (Nitrogen)	0.8000	
Master Comp Mole Frac (Oxygen)	0.2000	

Feed-2		
Temperature	25.00	C
Pressure	100.0	kPa
Master Comp Mole Flow (Methane)	0.5000	kg/h

图 8-11 转化反应器流程

本例模拟步骤如下：

(1) 新建模拟 启动 Aspen HYSYS，新建空白模拟，单位集选择 SI，文件保存为 Example8.1-Conversion Reactor.hsc。

(2) 创建组分列表 进入**Component Lists** 页面，添加 Methane，H_2O，Nitrogen(氮气)，CO_2 和 Oxygen。

(3) 定义流体包 进入**Fluid Packages** 页面，选取物性包 Peng-Robinson。

(4) 定义反应 进入**Reactions** 页面，单击**Add** 按钮，新建一个反应集 Set-1，单击**Add Reaction** 按钮，弹出**Reactions** 窗口，选择反应类型 Conversion(转化反应)，单击**Add Reaction** 按钮，关闭窗口；双击**Rxn-1** 单元格，弹出**Conversion Reaction：Rxn-1** 页面，输入化学计量关系与转化率，Aspen HYSYS 计算出反应热为-8.0×10^5 kJ/kmol，如图 8-12 所示，关闭窗口，反应定义完成。

单击**Add to FP** 按钮，弹出**Add 'Set-1'** 窗口，选择流体包 Bais-1，单击**Add Set to Fluid Package**(将反应集添加至流体包)按钮，如图 8-13 所示。

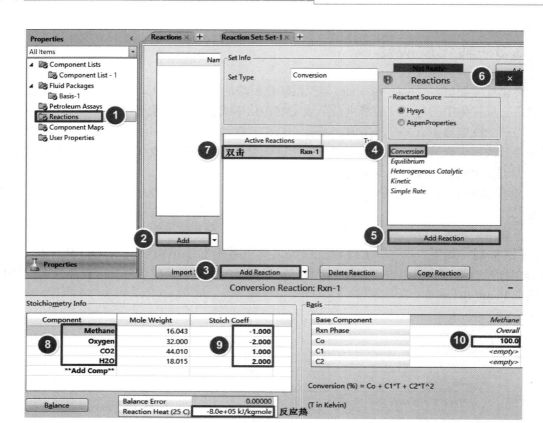

图 8-12　新建反应集并定义反应

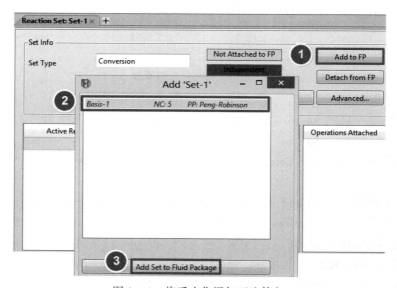

图 8-13　将反应集添加至流体包

(5) 手算反应热　进入**Properties | Fluid Packages** 页面，单击**Edit Properties** 按钮，选择 Heat of Formation(生成热)，查看组分的生成热，如图 8-14 所示。由式(8-12)计算反应热

$\Delta H_r^0 = \sum v_i \Delta H_f^0(i) = [-393790 - 2 \times 241814 - (-74900)] \text{ kJ/kmol} = -802518 \text{ kJ/kmol}$，与 Aspen HYSYS 计算的反应热一致(图 8-12)。

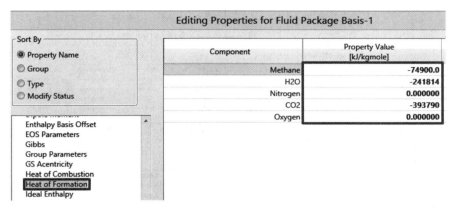

图 8-14 查看组分生成热

(6)建立流程 单击**Simulation** 按钮进入模拟环境，按**F12** 键打开**UnitOps-Case(Main)**窗口，在 Categories(分类)选项区域选择 Reactors，在 Available Unit Operations(可用单元操作)列表框中选择 Conversion Reactor，单击**Add** 按钮添加转化反应器，弹出**CRV-100 | Design | Connections** 页面，建立物流及能流连接，如图 8-15 所示。

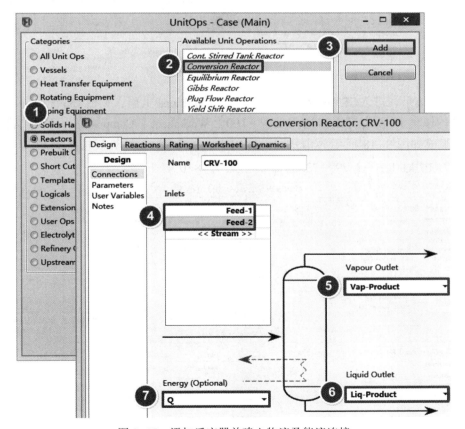

图 8-15 添加反应器并建立物流及能流连接

（7）输入物流条件及组成　进入**CRV-100 | Worksheet | Conditions** 页面，按题目信息输入物流 Feed-1，Feed-2 和 Vap-Product 条件；进入**CRV-100 | Worksheet | Conditions** 页面，输入物流 Feed-1 和 Feed-2 组成，如图 8-16 所示。

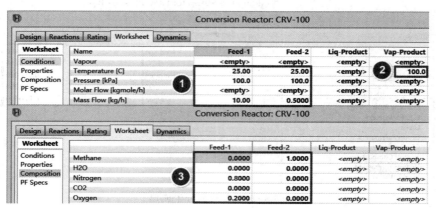

图 8-16　输入物流条件及组成

（8）设置模块参数　双击转化反应器 CRV-100，进入**CRV-100 | Reactions | Details** 页面，在 Reaction Set(反应集)下拉列表框中选择 Set-1，默认选择反应 Rxn-1，如图 8-17 所示。

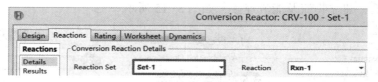

图 8-17　选择反应集

（9）查看结果　进入**CRV-100 | Worksheet | Conditions** 页面，物流 Liq-Product 的流量为 0，即产物均以气相形式流出；进入**CRV-100 | Worksheet | Composition** 页面，物流 Vap-Product 的组成如图 8-18 所示。由式(8-17)，Aspen HYSYS 计算反应器热负荷 Duty $= H_2 - H_1 = -2.647 \times 10^4$ kJ/h $- (-2.797 - 2335)$ kJ/h $= -2.414 \times 10^4$ kJ/h。

Conversion Reactor: CRV-100 - Set-1

Name	Feed-1	Feed-2	Liq-Product	Vap-Product	Q
Vapour	1.0000	1.0000	0.0000	1.0000	<empty>
Temperature [C]	25.00	25.00	100.0	100.0	<empty>
Pressure [kPa]	100.0	100.0	100.0	100.0	<empty>
Molar Flow [kgmole/h]	0.3471	3.117e-002	0.0000	0.3783	<empty>
Mass Flow [kg/h]	10.00	0.5000	0.0000	10.50	<empty>
Std Ideal Liq Vol Flow [m3/h]	1.160e-002	1.670e-003	0.0000	1.263e-002	<empty>
Molar Enthalpy [kJ/kgmole]	-8.057	-7.492e+004	-2.804e+005	-6.999e+004	<empty>
Molar Entropy [kJ/kgmole-C]	151.7	183.6	71.26	168.0	<empty>
Heat Flow [kJ/h]	-2.797	-2335	-0.0000	-2.647e+004	-2.414e+004

进料1热流量　进料2热流量　　　出料热流量　反应器热负荷

Conversion Reactor: CRV-100 - Set-1

	Feed-1	Feed-2	Liq-Product	Vap-Product
Methane	0.0000	1.0000	0.0000	0.0000
H2O	0.0000	0.0000	0.9999	0.1648
Nitrogen	0.8000	0.0000	0.0000	0.7341
CO2	0.0000	0.0000	0.0001	0.0824
Oxygen	0.2000	0.0000	0.0000	0.0187

图 8-18　查看结果

（10）手算反应器热负荷　进入 **CRV-100 | Worksheet | Properties** 页面，查看各物流的质量比热容（Mass Heat Capacity），如图 8-19 所示。由式（8-15）和式（8-16）计算进、出料热流量

$$H_1 = \sum_i^{反应物} m_i \Delta H_f^0(i) + (mc_p \Delta T + m\Delta_{相变} H)_{反应物} = 0+3.117 \times 10^{-2} \text{kmol/h} \times (-74900 \text{kJ/kmol}) + 0 =$$

$$-2334.633 \text{kJ/h}, \quad H_2 = \sum_i^{产物} m_i \Delta H_f^0(i) + (mc_p \Delta T + m\Delta_{相变} H)_{产物} = -27351.26 \text{kJ/h} + 10.50 \text{kg/h} \times$$

$1.127 \text{kJ/(kg} \cdot ℃) \times (100-25)℃ + 0 = -26463.75 \text{kJ/h}$。由式（8-17）计算出反应器热负荷为 $\text{Duty} = H_2 - H_1 = -26463.75 \text{kJ/h} - (-2334.633) \text{kJ/h} = -2.413 \times 10^4 \text{kJ/h}$。

此值与 Aspen HYSYS 计算的反应器热负荷（图 8-18）有微小偏差，这是因为式（8-15）和式（8-16）没有考虑由理想气体变化至真实流体的焓差，且计算使用的比热容是定值。而 Aspen HYSYS 计算真实流体的热流量，考虑了理想气体变化至真实流体的焓差，使用的比热容随温度变化。

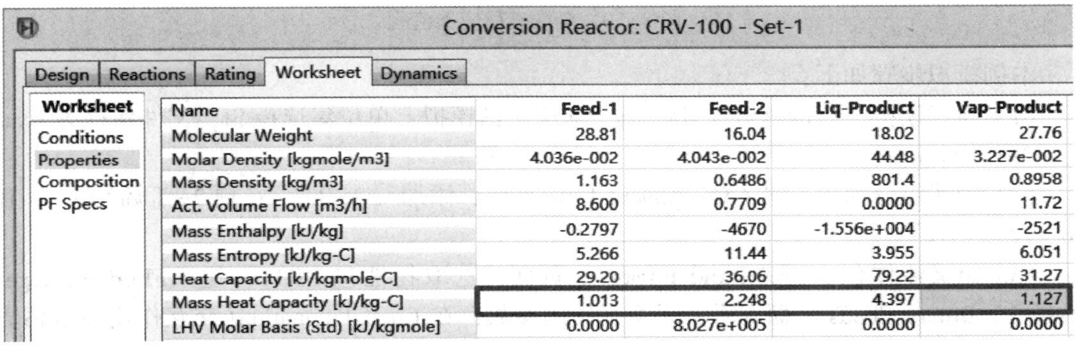

Conversion Reactor: CRV-100 - Set-1				
Design　Reactions　Rating　**Worksheet**　Dynamics				
Worksheet Name		Feed-1	Feed-2	Liq-Product	Vap-Product
Conditions	Molecular Weight	28.81	16.04	18.02	27.76
Properties	Molar Density [kgmole/m3]	4.036e-002	4.043e-002	44.48	3.227e-002
Composition	Mass Density [kg/m3]	1.163	0.6486	801.4	0.8958
PF Specs	Act. Volume Flow [m3/h]	8.600	0.7709	0.0000	11.72
	Mass Enthalpy [kJ/kg]	-0.2797	-4670	-1.556e+004	-2521
	Mass Entropy [kJ/kg-C]	5.266	11.44	3.955	6.051
	Heat Capacity [kJ/kgmole-C]	29.20	36.06	79.22	31.27
	Mass Heat Capacity [kJ/kg-C]	1.013	2.248	4.397	1.127
	LHV Molar Basis (Std) [kJ/kgmole]	0.0000	8.027e+005	0.0000	0.0000

图 8-19　查看物流质量比热容

8.4　全混釜反应器

全混釜反应器（Continuous-Stirred Tank Reactor，CSTR）可以处理动力学反应、多相催化反应和简单速率反应，反应物的转化率与反应速率表达式有关。该单元假定反应物料一进入反应器即和反应器内的物料完全混合，反应器内各处物料的组成和温度均匀，且等于反应器出口处的组成和温度。若用户指定反应器体积、每个反应的化学计量关系和反应速率表达式，全混釜反应器可以计算反应物的转化率。

进入 **Reactions | Details** 页面，用户可以为反应器添加一个反应集。进入 **Reactions | Results** 页面，查看反应器计算结果，包括基准组分的实际转化率（Act. % Cnv.），其定义式为

$$X = \frac{N_{A_{in}} - N_{A_{out}}}{N_{A_{in}}} \times 100\% \tag{8-18}$$

式中　X——实际转化率；

$N_{A_{in}}$——基准组分进入反应器的流量；

$N_{A_{out}}$——基准组分离开反应器的流量。

下面通过例 8.2 介绍全混釜反应器的应用。

【例 8.2】 如图 8-20 所示流程,在全混釜反应器中发生顺 2-丁烯(A)异构化制反 2-丁烯(B)反应,反应速率表达式 $r_A = kC_A$,其中,$k = 13.8$l/h,浓度单位为 kmol/m³。试求顺 2-丁烯转化率达 90%时的停留时间及反应器体积。物性包选取 NRTL。

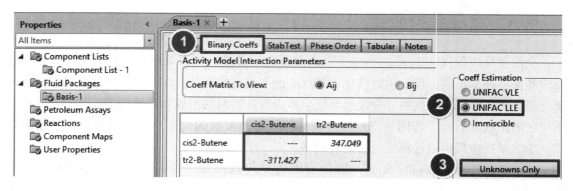

Feed		
Temperature	25.00	C
Pressure	1000	kPa
Master Comp Molar Flow (cis2-Butene)	1.0000	kgmole/h

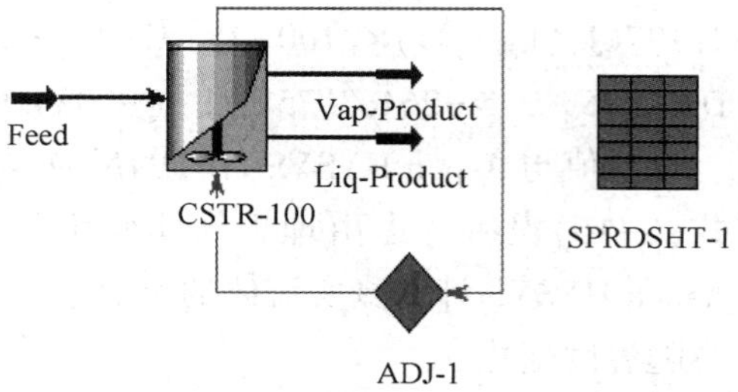

图 8-20　全混釜反应器流程

本例模拟步骤如下:

(1) 新建模拟　启动 Aspen HYSYS,新建空白模拟,单位集选择 SI,文件保存为 Example8.2-CSTR.hsc。

(2) 创建组分列表　进入**Component Lists** 页面,添加 *cis*2-Butene(顺 2-丁烯)和 *tr*2-Butene(反 2-丁烯)。

(3) 定义流体包　进入**Fluid Packages** 页面,选取物性包 NRTL。进入**Fluid Package | Basis-1 | Binary Coeffs** 页面查看二元交互作用参数,在 Coeff Estimation(交互作用参数估算)选项区域选择 UNIFAC LLE 单选按钮,单击**Unknowns Only** 按钮估算二元交互作用参数,如图 8-21 所示。

图 8-21　估算二元交互作用参数

(4) 定义反应　进入**Reactions** 页面,选择反应类型 Kinetic(动力学反应),进入**Kinetic Reaction:Rxn-1** 页面,在 Component 下拉列表框中依次选择 *cis*2-Butene 和 *tr*2-Butene,在 Stoich Coeff(化学计量系数)列表框依次输入-1 和 1,Basis(基准)列表框中 Rate Units(反应速率单位)选择 kgmole/m³-h,Forward Reaction(正反应)列表框中的 A 和 E 单元格中依次输入 13.8 和 0,如图 8-22 所示,关闭窗口,反应定义完成。

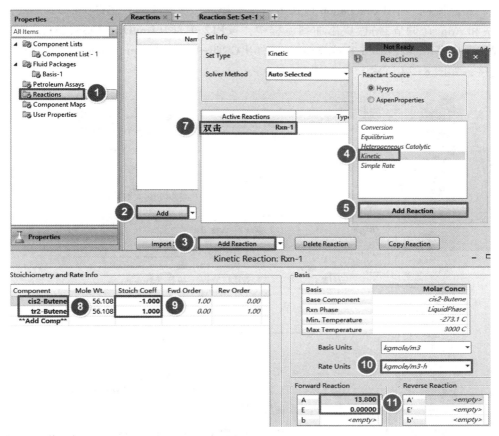

图 8-22　新建反应集并定义反应

单击 **Add to FP** 按钮，弹出 **Add ' Set-1 '** 窗口，选择流体包 Basis-1，单击 **Add Set to Fluid Package**（将反应集添加至流体包）按钮，如图 8-23 所示。

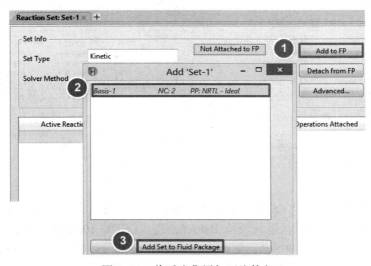

图 8-23　将反应集添加至流体包

（5）建立流程　单击**Simulation**按钮进入模拟环境，从对象面板选择Spreadsheet（电子表格）模块和Adjust（调节器）模块添加到流程中，按**F12**键打开**UnitOps-Case（Main）**窗口，选择全混釜反应器Cont. Stirred Tank Reactor，弹出**CSTR-100 | Design | Connections**页面，建立物流连接，如图8-24所示。

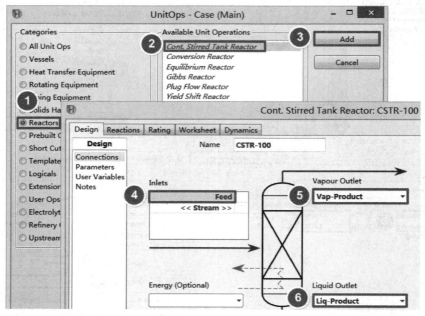

图8-24　添加反应器并建立物流连接

（6）输入物流条件及组成　进入**CSTR-100 | Worksheet | Conditions**页面，按题目信息输入物流Feed条件；进入**CSTR-100 | Worksheet | Composition**页面，输入物流Feed组成，如图8-25所示。

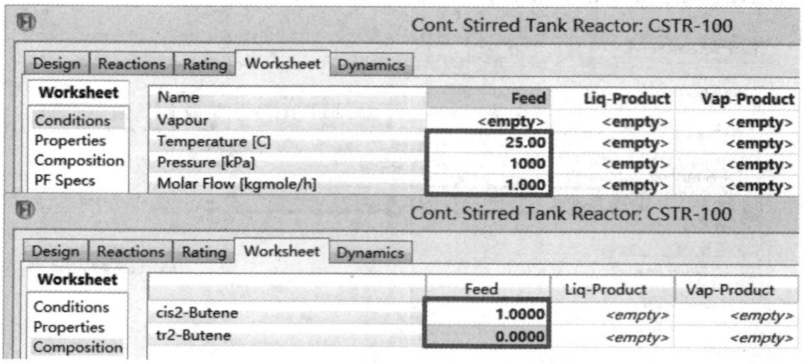

Worksheet	Name	Feed	Liq-Product	Vap-Product
Conditions	Vapour	<empty>	<empty>	<empty>
Properties	Temperature [C]	25.00	<empty>	<empty>
Composition	Pressure [kPa]	1000	<empty>	<empty>
PF Specs	Molar Flow [kgmole/h]	1.000	<empty>	<empty>

Worksheet		Feed	Liq-Product	Vap-Product
Conditions	cis2-Butene	1.0000	<empty>	<empty>
Properties	tr2-Butene	0.0000	<empty>	<empty>
Composition				

图8-25　输入物流条件及组成

（7）设置模块参数　进入**CSTR-100 | Reactions | Details**页面，在Reaction Set（反应集）下拉列表框中选择Set-1，默认选择反应Rxn-1；进入**CSTR-100 | Design | Parameters**页面，输入Volume（反应器体积）0.005m³，更改Liquid Volume%（液相体积百分数）100%，如图8-26所示。0.005m³为反应器体积初值，需要添加调节器模块来调整反应器体积，以达到转化率90%的要求。

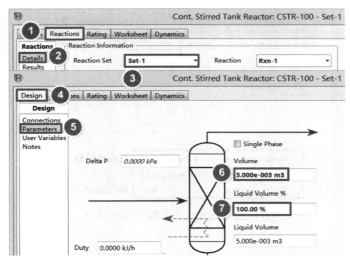

图 8-26　选择反应集并输入全混釜反应器参数

双击调节器 ADJ-1，进入 **ADJ-1 | Connections** 页面，在 Adjusted Variable（调节变量）列表框中，Object 选择 CSTR-100，Variable 选择 Tank Volume（罐体积），在 Targeted Variable（目标变量）列表框中，Object 选择 CSTR-100，Variable 选择 Act. % Cnv.（Act. % Cnv. 1）（实际转化率百分数），输入 Specified Target Value 为 90；进入 **ADJ-1 | Parameters | Parameters** 页面，输入 Maximum Iterations 为 1000，Step Size 为 0.025，单击 **Start** 按钮，如图 8-27 所示。

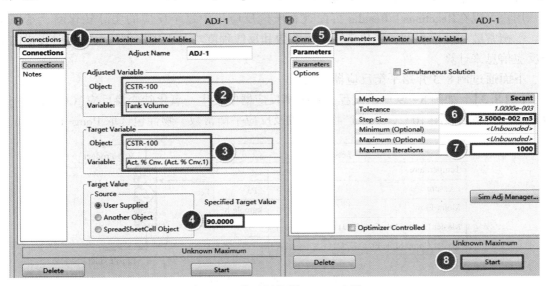

图 8-27　设置调节器 ADJ-1 参数

双击电子表格 SPRDSHT-1，进入 **SPRDSHT-1 | Spreadsheet** 页面，在 A1 单元格中输入 Reactor Volume，A2 单元格中输入 Flow Rate，A3 单元格中输入 Residence Time；右击 B1 单元格，在弹出的快捷菜单中选择 Add Import Variable(s)，选择 CSTR-100 | Tank Volume，同理，在 B2 单元格中导入变量 Liq-Product | Actual Volume Flow（实际体积流量）；在 B3 单元格输入公式（B1/B2）*60，计算 Residence Time（停留时间）为 39.13min，如图 8-28 所示。

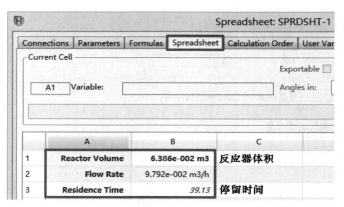

图 8-28　设置电子表格 SPRDSHT-1

8.5　平衡反应器

平衡反应器(Equilibrium Reactor)是模拟平衡反应的单元,反应器的出口物流处于化学和物理平衡状态。用户只能添加包含平衡反应的反应集,当反应集中存在多个平衡反应时可以同时求解,也可以按照顺序求解。反应组分和混合过程可以是非理想的,Aspen HYSYS 根据混合物和纯组分逸度计算混合物中各组分的活度。

用户可以在**Reactions | Results** 页面查看所选反应集中每个反应的实际转化率、基准组分、平衡常数和反应程度,转化率、平衡常数和反应程度均基于用户创建反应集时提供的平衡反应信息来计算。

下面通过例 8.3 介绍平衡反应器的应用。

【例 8.3】　如图 8-29 所示流程,在平衡反应器中发生一氧化碳变换反应($CO+H_2O \longrightarrow CO_2+H_2$),平衡温距 10℃,试求产物的组成及反应平衡常数。物性包选取 Peng-Robinson。

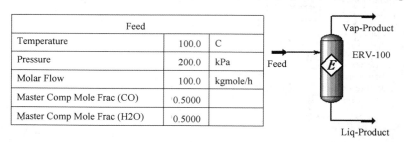

图 8-29　平衡反应器流程

本例模拟步骤如下:

(1) 新建模拟　启动 Aspen HYSYS,新建空白模拟,单位集选择 SI,文件保存为 Example8.3-Equilibrium Reactor.hsc。

(2) 创建组分列表　进入**Component Lists** 页面,添加 CO、H_2O、CO_2 和 Hydrogen。

(3) 定义流体包　进入**Fluid Packages** 页面,选取物性包 Peng-Robinson。

(4) 定义反应　进入**Reactions** 页面,选择反应类型 Equilibrium(平衡反应),进入**Rxn-1**

I **Library** 页面，选择反应，进入**Rxn-1 I Approach** 页面，输入 DeltaT 为 10℃，如图 8-30 所示。关闭窗口，反应定义完成。

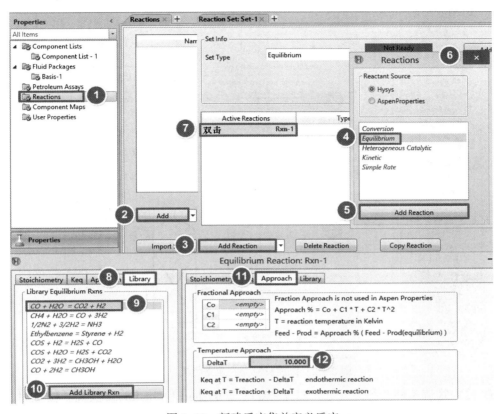

图 8-30　新建反应集并定义反应

单击**Add to FP** 按钮，弹出**Add 'Set-1'** 窗口，选择流体包 Basis-1，单击**Add Set to Fluid Package**（将反应集添加至流体包）按钮，如图 8-31 所示。

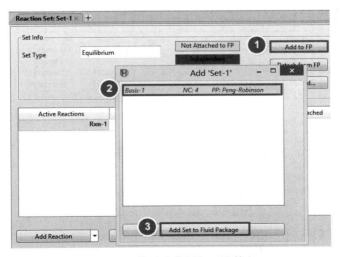

图 8-31　将反应集添加至流体包

（5）建立流程　单击**Simulation**按钮进入模拟环境，按**F12**键打开**UnitOps-Case（Main）**窗口，选择平衡反应器 Equilibrium Reactor，弹出**ERV-100 | Design | Connections**页面，建立物流连接，如图8-32所示。

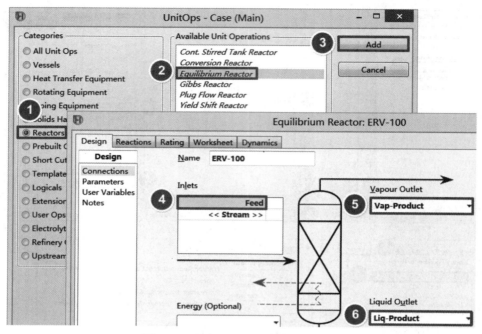

图8-32　添加反应器并建立物流连接

（6）输入物流条件及组成　进入**ERV-100 | Worksheet | Conditions**页面，按题目信息输入物流 Feed 条件；进入**ERV-100 | Worksheet | Composition**页面，输入物流 Feed 组成，如图8-33所示。

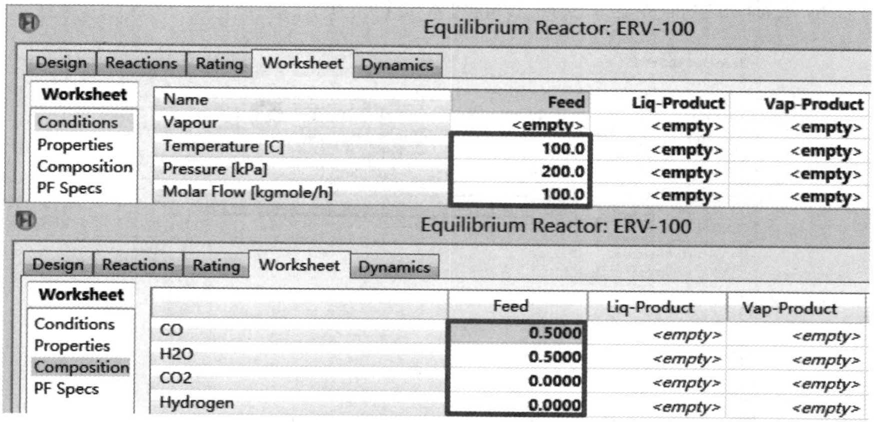

Equilibrium Reactor: ERV-100

Design	Reactions	Rating	Worksheet	Dynamics

Worksheet	Name	Feed	Liq-Product	Vap-Product
Conditions	Vapour	<empty>	<empty>	<empty>
Properties	Temperature [C]	100.0	<empty>	<empty>
Composition	Pressure [kPa]	200.0	<empty>	<empty>
PF Specs	Molar Flow [kgmole/h]	100.0	<empty>	<empty>

Equilibrium Reactor: ERV-100

Design	Reactions	Rating	Worksheet	Dynamics

Worksheet		Feed	Liq-Product	Vap-Product
Conditions	CO	0.5000	<empty>	<empty>
Properties	H_2O	0.5000	<empty>	<empty>
Composition	CO_2	0.0000	<empty>	<empty>
PF Specs	Hydrogen	0.0000	<empty>	<empty>

图8-33　输入物流条件及组成

（7）设置模块参数　进入**ERV-100 | Reactions | Details**页面，在 Reaction Set（反应集）下拉列表框中选择 Set-1，如图8-34所示。

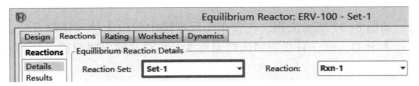

图 8-34　选择反应集

（8）查看结果　进入**ERV-100 | Worksheet | Conditions** 页面，查看物流 Liq-Product 的流量为 0，即产物均以气相形式流出；进入**ERV-100 | Worksheet | Composition** 页面，查看物流 Vap-Product 组成，如图 8-35 所示。

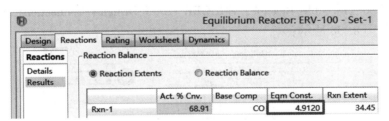

图 8-35　查看产物组成

进入**ERV-100 | Reactions | Results** 页面，查看反应平衡常数，如图 8-36 所示。

Equilibrium Reactor: ERV-100 - Set-1				
Design	Reactions	Rating	Worksheet	Dynamics

Reactions

Details

Results

Reaction Balance

◉ Reaction Extents　　◯ Reaction Balance

	Act. % Cnv.	Base Comp	Eqm Const.	Rxn Extent
Rxn-1	68.91	CO	4.9120	34.45

图 8-36　查看反应平衡常数

8.6　吉布斯反应器

吉布斯反应器（Gibbs Reactor）通过使出口物流达到相平衡和化学平衡来计算出口物流组成。它根据反应体系的吉布斯自由能在平衡时达到最小值进行计算，不需要使用化学计量关系。与平衡反应器一样，吉布斯反应器中纯组分和反应混合物均为非理想。

在**Reactions | Overall** 页面，选择 Gibbs Reactions Only 单选按钮，不需要添加反应集，即可得到反应结果；若已知化学计量关系，可以选择 Specify Equilibrium Reaction 单选按钮，此时相当于平衡反应器；若没有反应发生，选择 No Reactions（=Separator）单选按钮，此时相当于分离器。

下面通过例8.4介绍吉布斯反应器的应用。

【例8.4】 如图8-37所示流程,在吉布斯反应器中发生天然气燃烧反应,产物为CO、CO_2、NO、NO_2 和 H_2O,试计算反应器出料温度为900℃时的出料组成。物性包选取 Peng-Robinson。

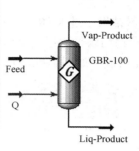

Feed		
Temperature	20.00	C
Pressure	200.0	kPa
Molar Flow	1665	kgmole/h
Master Comp Mole Frac (Methane)	0.3200	
Master Comp Mole Frac (Ethane)	0.0600	
Master Comp Mole Frac (Propane)	0.0200	
Master Comp Mole Frac (Oxygen)	0.1200	
Master Comp Mole Frac (Nitrogen)	0.4800	

图 8-37 吉布斯反应器流程

本例模拟步骤如下:

(1) 新建模拟 启动 Aspen HYSYS,新建空白模拟,单位集选择 SI,文件保存为 Example8.4- Gibbs Reactor. hsc。

(2) 创建组分列表 进入**Component Lists** 页面,添加 Methane(甲烷),Ethane(乙烷),Propane(丙烷),Oxygen(氧气),Nitrogen(氮气)、CO、CO_2、NO、NO_2 和 H_2O。

(3) 定义流体包 进入**Fluid Packages** 页面,选取物性包 Peng-Robinson。

(4) 建立流程 单击**Simulation** 按钮进入模拟环境,按**F12** 键打开**UnitOps-Case(Main)**窗口,选择吉布斯反应器 Gibbs Reactor,弹出**GBR-100 | Design | Connections** 页面,建立物流及能流连接,如图8-38 所示。

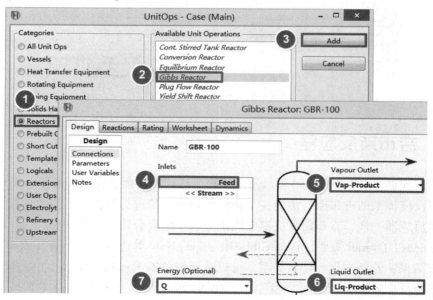

图 8-38 添加反应器并建立物流及能流连接

（5）输入物流条件及组成　进入**GBR-100 | Worksheet | Conditions** 页面，按题目信息输入物流 Feed 和 Vap-Product 条件；进入**GBR-100 | Worksheet | Composition** 页面，输入物流 Feed 组成，如图 8-39 所示。

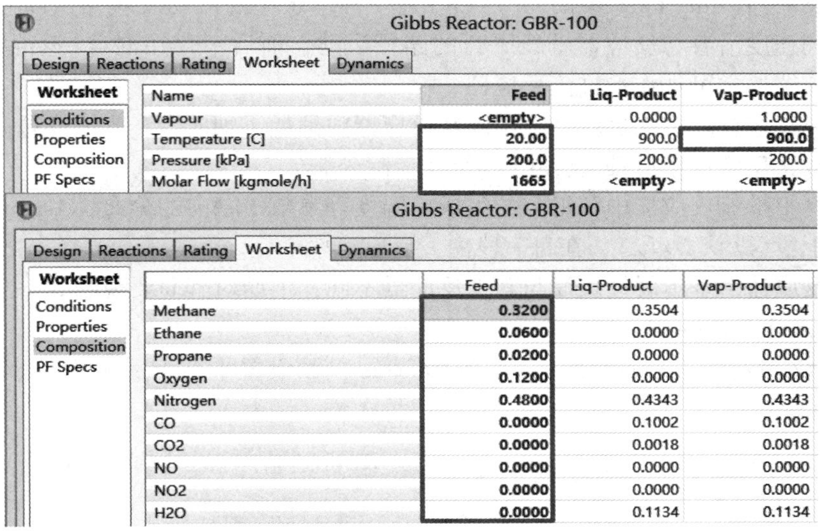

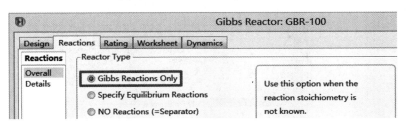

图 8-39　输入物流条件及组成

（6）设置模块参数　进入**GBR-100 | Reactions | Overall** 页面，Reactor Type（反应器类型）默认选择 Gibbs Reactions Only，如图 8-40 所示。

图 8-40　选择反应器类型

（7）查看结果　进入**GBR-100 | Worksheet | Composition** 页面，查看物流 Vap-Product 组成，如图 8-41 所示。

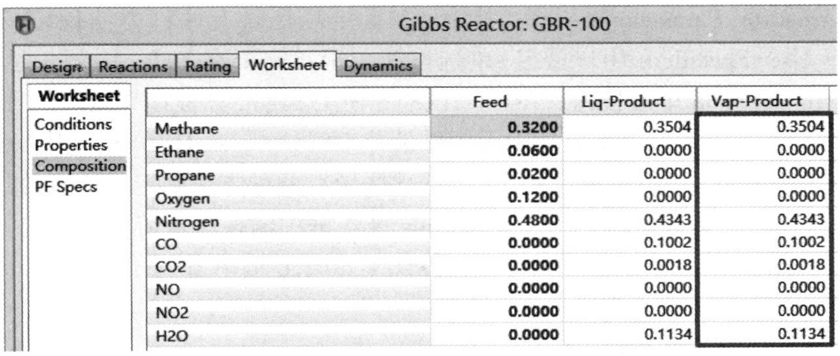

图 8-41　查看结果

8.7 平推流反应器

平推流反应器(Plug Flow Reactor,PFR)是一种理想化的流动反应器,即假定反应物料微元均以相同速度沿着与反应器轴线平行的路径运动,前后不存在混合(返混)。长径比较大的管式反应器通常可视作平推流反应器。

随着反应物连续地进入反应器,不断在反应器内消耗,轴向会产生浓度差。而反应速率是浓度的函数,反应速率沿轴向变化(零级反应除外)。

为了计算平推流反应器中各组分的组成、温度等参数沿轴向的分布,Aspen HYSYS 将反应器分成若干段(默认 20 段),在每一段内,反应速率不变。

平推流反应器的基本属性页面与其他反应器不同,下面对其简要说明。

(1)**Design | Parameters** 页面

如图 8-42 所示,用户可在**Design | Parameters** 页面设置平推流反应器的 Delta P(压降)和 Duty(热负荷)。

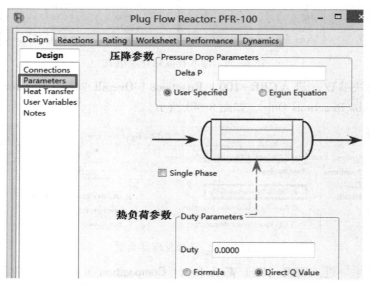

图 8-42 平推流反应器 Design | Parameters 页面

① Pressure Drop Parameters(压降参数) 在此选项区域有两种方法确定反应器的总压降。默认选择 User Specified(用户指定)单选按钮,用户需要在 Delta P 文本框中输入压降。如果选择 Ergun Equation 单选按钮,Aspen HYSYS 使用 Ergun 方程计算压降,且 Delta P 文本框由蓝色变为黑色。当平推流反应器中无固体催化剂时,Aspen HYSYS 将 Delta P 设为 0。

② Duty Parameters(热负荷参数) 在此选项区域有两种方法确定反应器的热负荷。默认选择 Direct Q Value 单选按钮,用户需要在 Duty 文本框中输入热负荷。如果选择 Formula(公式)单选按钮,用户需要在 Heat Transfer(传热)页面上输入相关信息,热负荷由 Aspen HYSYS 计算。

(2)**Design | Heat Transfer** 页面

如图 8-43 所示,在 SS Duty Calculation Option 选项区域中选择 Formula 单选按钮,Aspen

HYSYS 使用每个反应管的管内和管外(公用工程 Utility)局部传热系数严格计算反应器分段热负荷,公式如下:

$$Q_j = U_j A_j (T_{\text{bulk}_j} - T_{\text{out}_j}) \tag{8-19}$$

$$\frac{1}{U_j} = \frac{1}{h_{\text{out}, j}} + \frac{1}{h_{\text{w}, j}} + \frac{x_{\text{w}, j}}{k_{\text{m}, j}} \tag{8-20}$$

式中　Q_j——第 j 段反应器的热负荷;

　　　U_j——第 j 段反应器的总传热系数;

　　　A_j——第 j 段反应器的表面积;

　　　T_{bulk_j}——第 j 段反应器的管内流体的主体温度;

　　　T_{out_j}——第 j 段反应器的管外流体(公用工程)温度;

　　　$h_{\text{out}, j}$——第 j 段反应器的公用工程的局部传热系数;

　　　$h_{\text{w}, j}$——第 j 段反应器的管内流体的局部传热系数;

　　　$\dfrac{x_{\text{w}, j}}{k_{\text{m}, j}}$——第 j 段反应器的管壁传热项(计算中忽略不计)。

在每个反应器分段中,热量在管内流体和公用工程之间径向传递。用户可在 **Design | Heat Transfer** 页面输入参数,以确定反应器热负荷。

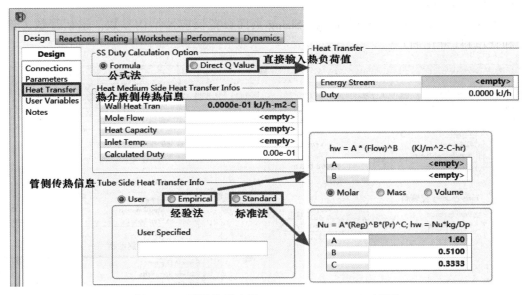

图 8-43　平推流反应器 Design | Heat Transfer 页面

① Heat Medium Side Heat Transfer Infos(热介质侧传热信息)　用户可在此列表框中更改各参数值,用于计算第 j 段反应器的热负荷 Q_j。Wall Heat Transfer Coefficient 为公用工程的局部传热系数 $h_{\text{out}, j}$,由于 UA 是恒定的,因此更改管长、管径或管数均会影响 $h_{\text{out}, j}$;Mole Flow 为公用工程摩尔流量 m;Heat Capacity 为公用工程的比热容 c_{p};Inlet Temperature 为公用工程进入反应器的温度;Calculated Duty 为第 j 段反应器的热负荷 Q_j。

用于确定进入第 j 段反应器的公用工程温度的公式为

$$Q_j = m c_{\text{p}} (T_j - T_{j+1}) \tag{8-21}$$

② Tube Side Heat Transfer Info(管侧传热信息)　在此列表框中有三种确定管内流体的局部传热系数 h_w 的方法，分别为 User 法、Empirical 法和 Standard 法。

a. User(用户自定义)　用户直接输入 h_w。

b. Empirical(经验法)　传热系数 h_w 与管内流体流量 F 的经验式，方程如下：

$$h_w = A \cdot Flow^B \tag{8-22}$$

c. Standard(标准法)

$$Nu = A \cdot Re^B \cdot Pr^C \tag{8-23}$$

$$h_w = \frac{Nuk_g}{D_p} \tag{8-24}$$

式中　Nu——努塞尔(Nusselt)数；

Re——雷诺(Reynolds)数；

Pr——普朗特(Prandtl)数；

k_g——导热系数；

D_p——定性长度；

A、B、C——常数，Aspen HYSYS 分别默认为 1.6、0.51 和 0.33。

注：如果不添加能流，Aspen HYSYS 假定反应在绝热条件下进行。

(3) **Rating | Sizing** 页面

如图 8-44 所示，用户可在 **Rating | Sizing** 页面设置反应器结构参数，包括管数、管长、管径和管填料(催化剂)等。

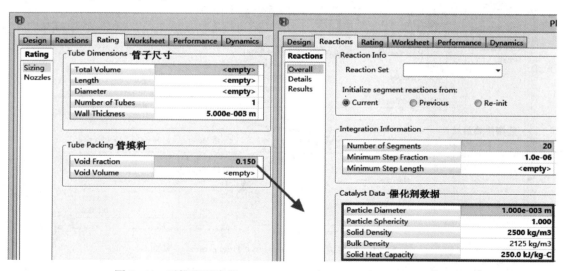

图 8-44　平推流反应器 Rating | Sizing 与 Reactions | Overall 页面

① Tube Dimensions(管子尺寸)　Total Volume 为平推流反应器的总体积，Length 为单根管的总长度，Diameter 为单根管的管径，Number of Tubes 为所需的管子总数，当指定上述四个参数中的三个，自动计算出第四个参数。

② Tube Packing(管填料)　Void Volume(空隙体积) = Void Fraction(空隙率) × Total Volume(反应器总体积)，空隙体积用于计算影响反应速率的空隙速度(Spatial Velocity)。空隙率默认设置为 1，此时反应器中不存在催化剂，空隙体积等于反应器总体积；当空隙率小

于 1 时，用户还需要在 **Reactions | Overall** 页面中的 Catalyst Data(催化剂数据)列表框内指定催化剂数据。

Particle Diameter(粒径)为催化剂颗粒的平均直径，默认为 0.001m。Particle Sphericity(颗粒球形度)定义为与粒子具有相同体积的球体的表面积除以该颗粒的表面积，完美球形颗粒的球形度为 1。如果用户没有指定压降值，Aspen HYSYS 则使用粒径和球形度计算压降(采用 Ergun 方程)。Solid Density(固体密度)为颗粒的质量与其体积之比，默认值为 2500 kg/m^3。Bulk Density(堆密度)= 固体密度×(1-空隙率)。

下面通过例 8.5 和例 8.6 介绍平推流反应器的应用。

【例 8.5】 如图 8-45 所示流程，在平推流反应器中发生甲烷水蒸气重整反应：

$$CH_4 + H_2O \longrightarrow CO + 3H_2 \qquad \text{①}$$
$$CO + H_2O \longrightarrow CO_2 + H_2 \qquad \text{②}$$

反应①多相催化反应速率 $r_{CH_4} = \dfrac{A_{CH_4} e^{\frac{-E_{a1}}{RT}} p_{CH_4}}{1 + K_{H_2} p_{H_2}}$

反应②正反应速率 $r_{CO} = A_{CO} \exp\left(\dfrac{-E_{a2}}{RT}\right) y_{CO} y_{H_2O}$，逆反应平衡常数 $\ln K' = A' + \dfrac{B'}{T}$

其中，指前因子 A_{CH_4} 为 6.6204×10^6 kmol/(m^3·s·atm)，活化能 E_{a1} 为 1.8490×10^4 kJ/kmol，K_{H_2} 为 4.053 1/atm，p_{CH_4} 和 p_{H_2} 分别为甲烷和氢气的分压；指前因子 A_{CO} 为 5.9×10^8 kmol/(m^3·s)，活化能 E_{a2} 为 1.2×10^5 kJ/kmol，y_{CO} 和 y_{H_2O} 分别为一氧化碳和水的摩尔分数，A'、B' 分别为 -4.9 和 4.9×10^3。试求产物组成。物性包选取 PRSV。

Feed		
Temperature	350.0	C
Pressure	3040	kPa
Molar Flow	100.0	kgmole/h
Master Comp Mole Frac (Methane)	0.1200	
Master Comp Mole Frac (CO)	0.1200	
Master Comp Mole Frac (CO2)	0.0600	
Master Comp Mole Frac (Hydrogen)	0.4000	
Master Comp Mole Frac (H2O)	0.3000	

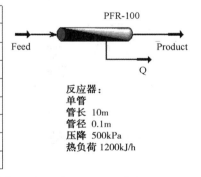

PFR-100
Feed
Product
Q

反应器：
单管
管长 10m
管径 0.1m
压降 500kPa
热负荷 1200kJ/h

图 8-45 平推流反应器流程

本例模拟步骤如下：

(1) 新建模拟 启动 Aspen HYSYS，新建空白模拟，单位集选择 SI，文件保存为 Example8.5-PFR.hsc。

(2) 创建组分列表 进入 **Component Lists** 页面，添加 Methane、CO、CO$_2$、Hydrogen 和 H$_2$O。

(3) 定义流体包 进入 **Fluid Packages** 页面，选取物性包 PRSV。

(4) 定义反应 进入 **Reactions** 页面，新建一个反应集 Set-1，依次选择反应类型 Heterogeneous Catalytic(多相催化反应)和 Simple Rate(简单速率反应)，如图 8-46 所示。

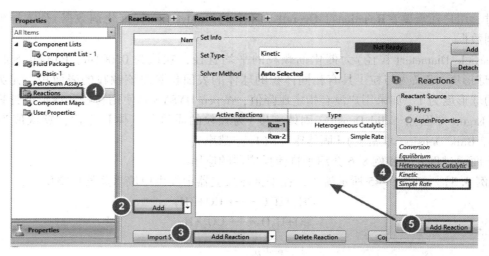

图 8-46　新建反应集

双击 Rxn-1 单元格，进入**Rxn-1 | Stoichiometry** 页面，输入反应①的化学计量关系及基准。进入**Rxn-1 | Reaction Rate** 页面，输入多相催化反应速率的 Numerator(分子)，在 Forward Reaction(正反应) 列表框中，输入 A (指前因子) 为 6.6204×10^6，E (活化能) 为 $1.8490 \times 10^8 \text{kJ/kmol}$，输入 H_2O 的 Forward Order(正反应分级数) 为 0，CO 和 Hydrogen 的 Reverse Order(逆反应分级数) 均为 0；输入多相催化反应速率的 Denominator(分母)，输入 A 为 4.0530，E 为 0，Hydrogen 为 1，其余默认为 0，如图 8-47 所示，多相催化反应定义完成。

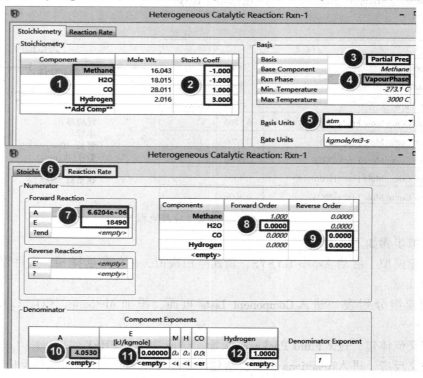

图 8-47　定义多相催化反应

双击 Rxn-2 单元格,进入**Rxn-2** 页面,输入反应②化学计量关系、基准及速率常数,如图 8-48 所示,简单速率反应定义完成。

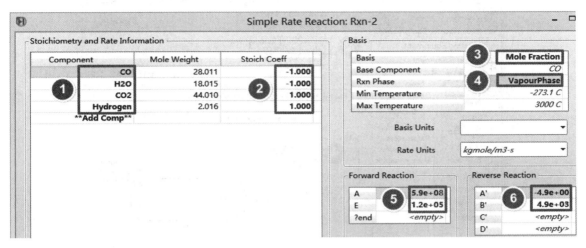

图 8-48 定义简单速率反应

单击**Add to FP** 按钮,弹出**Add'Set-1'** 窗口,选择流体包 Basis-1,单击**Add Set to Fluid Package**(将反应集添加至流体包)按钮,如图 8-49 所示。

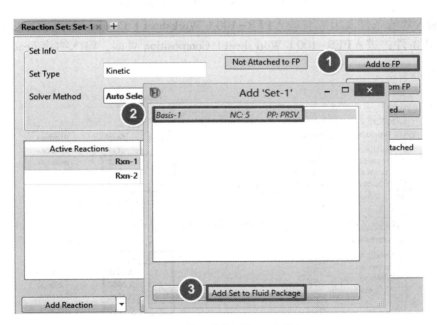

图 8-49 将反应集添加至流体包

(5)建立流程 单击**Simulation** 按钮进入模拟环境,按**F12** 键打开**UnitOps-Case(Main)**窗口,选择平推流反应器 Plug Flow Reactor,弹出**PFR-100 | Design | Connections** 页面,建立物流及能流连接,如图 8-50 所示。

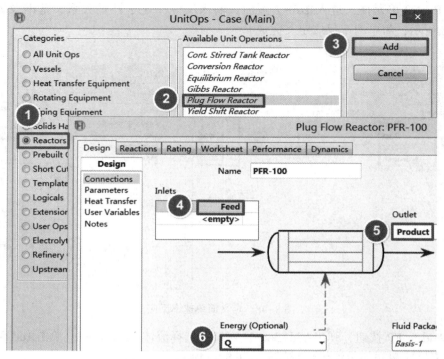

图 8-50 添加反应器并建立物流连接

（6）输入物流条件及组成 进入 **PFR-100 | Worksheet | Conditions** 页面，按题目信息输入物流 Feed 条件；进入 **PFR-100 | Worksheet | Composition** 页面，输入物流 Feed 组成，如图 8-51 所示。

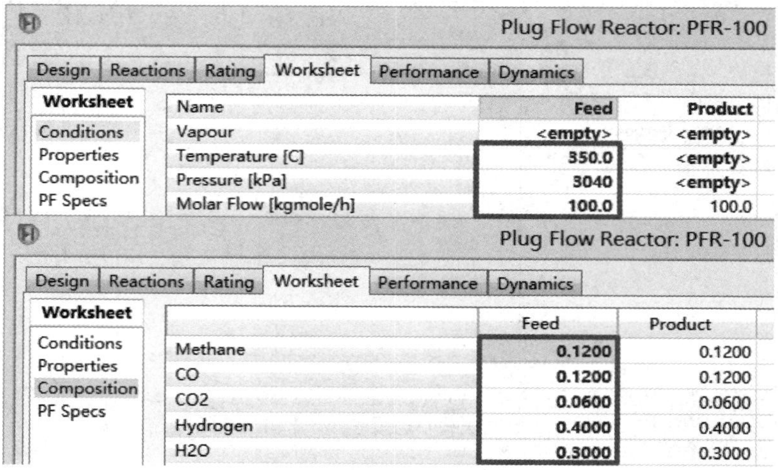

Name	Feed	Product
Vapour	\<empty\>	\<empty\>
Temperature [C]	350.0	\<empty\>
Pressure [kPa]	3040	\<empty\>
Molar Flow [kgmole/h]	100.0	100.0

	Feed	Product
Methane	0.1200	0.1200
CO	0.1200	0.1200
CO2	0.0600	0.0600
Hydrogen	0.4000	0.4000
H2O	0.3000	0.3000

图 8-51 输入物流条件及组成

（7）设置模块参数 进入 **PFR-100 | Reactions | Overall** 页面，在 Reaction Set 下拉列表框中选择 Set-1。进入 **PFR-100 | Design | Parameters** 页面，输入反应 Delta P（压降）为 500kPa，反应器 Duty（热负荷）1200kJ/h；进入 **PFR-100 | Rating | Sizing** 页面，输入反应器 Length（管长）10m，Diameter（管径）0.1m，如图 8-52 所示。

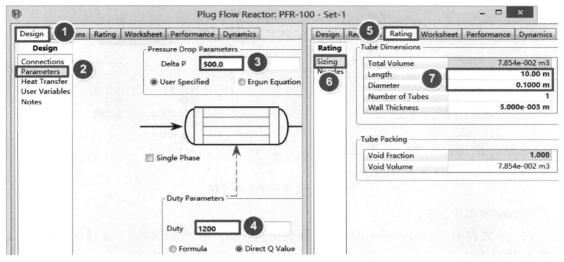

图 8-52 设置平推流反应器压降、热负荷及结构参数

（8）查看结果 进入 **PFR-100｜Worksheet｜Conditions** 页面，查看产物条件；进入 **PFR-100｜Worksheet｜Composition** 页面，查看产物组成，如图 8-53 所示。

Design	Reactions	Rating	Worksheet	Performance	Dynamics

Worksheet	Name	Feed	Product
Conditions	Vapour	1.0000	0.8262
Properties	Temperature [C]	350.0	-96.83
Composition	Pressure [kPa]	3040	2540
PF Specs	Molar Flow [kgmole/h]	100.0	124.0

Design	Reactions	Rating	Worksheet	Performance	Dynamics

Worksheet		Feed	Product
Conditions	Methane	0.1200	0.0000
Properties	CO	0.1200	0.1935
Composition	CO2	0.0600	0.0484
PF Specs	Hydrogen	0.4000	0.6129
	H2O	0.3000	0.1452

图 8-53 查看结果

【例 8.6】 如图 8-54 所示流程，在充填 $ZnO-CuO-Al_2O_3$ 催化剂的平推流反应器中发生气相甲醇（Methanol）重整反应（$CH_3OH + H_2O \longrightarrow CO_2 + 3H_2$），其多相催化反应速率为

$$r_{CH_3OH} = \frac{A_{CH_3OH} e^{-\frac{E_a}{RT}} p_{CH_3OH}}{1 + K_{CH_3OH} p_{CH_3OH} + K_{H_2O} p_{H_2O}}$$

其中，速率常数中的指前因子 A_{CH_3OH} 为 $9.4868 \times 10^9 kmol/(m^3 \cdot s \cdot atm)$，活化能 E_a 为 $1.0794 \times 10^5 kJ/kmol$；吸附速率常数 K_{CH_3OH} 中的指前因子 A_{CH_3OH} 为 $2.365 \times 10^{-2} 1/atm$，活化能为 $-34355 kJ/kmol$，吸附速率常数 K_{H_2O} 中的指前因子 A_{H_2O} 为 0.1605 $1/atm$，活化能为 $-19410 kJ/kmol$；p_{CH_3OH} 和 p_{H_2O} 分别为甲醇、水蒸气分压。管侧局部传热系数 $64.8 kJ/(h \cdot m \cdot ℃)$，试求出料组成及甲醇实际转化率。物性包选取 UNIQUAC。

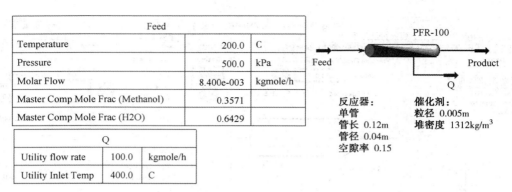

Feed		
Temperature	200.0	C
Pressure	500.0	kPa
Molar Flow	8.400e-003	kgmole/h
Master Comp Mole Frac (Methanol)	0.3571	
Master Comp Mole Frac (H2O)	0.6429	

Q		
Utility flow rate	100.0	kgmole/h
Utility Inlet Temp	400.0	C

PFR-100

Feed → Product

Q

反应器：
单管
管长 0.12m
管径 0.04m
空隙率 0.15

催化剂：
粒径 0.005m
堆密度 1312kg/m³

图 8-54 平推流反应器流程

本例模拟步骤如下：

（1）新建模拟 启动 Aspen HYSYS，新建空白模拟，单位集选择 SI，文件保存为 Example8.6-PFR.hsc。

（2）创建组分列表 进入**Component Lists** 页面，添加 Methanol、H_2O、CO_2 和 Hydrogen。

（3）定义流体包 进入**Fluid Packages** 页面，选取物性包 UNIQUAC。

（4）定义反应 进入**Reactions** 页面，选择反应类型 Heterogeneous Catalytic（多相催化反应）。双击 Rxn-1 单元格，进入**Rxn-1 | Stoichiometry** 页面，输入化学计量关系和基准；进入**Rxn-1 | Reaction Rate** 页面，输入多相催化反应速率的 Numerator（分子）和 Denominator（分母），如图 8-55 所示，多相催化反应定义完成。

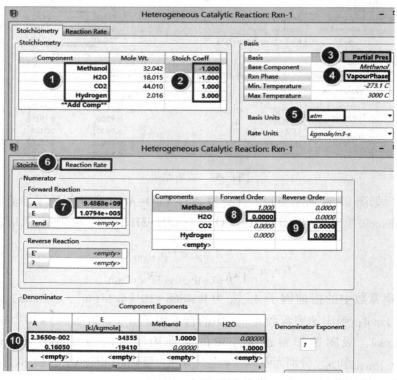

图 8-55 定义多相催化反应

单击**Add to FP**按钮，弹出**Add'Set-1'**窗口，选择流体包 Basis-1，单击**Add Set to Fluid Package**（将反应集添加至流体包）按钮，如图 8-56 所示。

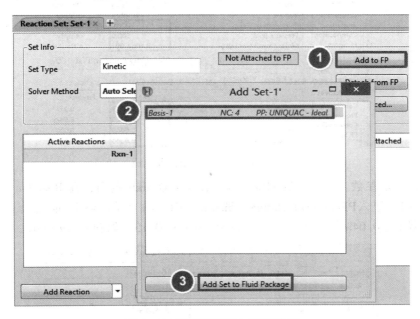

图 8-56 将反应集添加至流体包

（5）建立流程 单击**Simulation** 按钮进入模拟环境，按**F12** 键打开**UnitOps-Case（Main）**窗口，选择平推流反应器 Plug Flow Reactor，弹出**PFR-100 | Design | Connections** 页面，建立物流及能流连接，如图 8-57 所示。

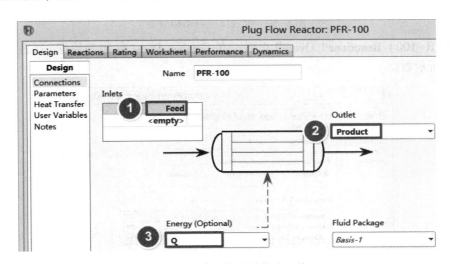

图 8-57 建立物流及能流连接

（6）输入物流条件及组成 进入**PFR-100 | Worksheet | Conditions** 页面，按题目信息输入物流 Feed 条件；进入**PFR-100 | Worksheet | Composition** 页面，输入物流 Feed 组成，如图 8-58 所示。

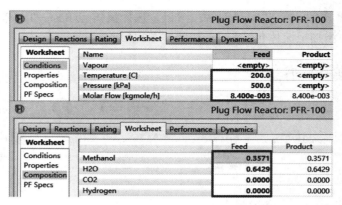

图 8-58 输入物流条件及组成

（7）设置模块参数 进入 **PFR-100 | Reactions | Overall** 页面，在 Reaction Set 下拉列表框中选择 Set-1。进入 **PFR-100 | Rating | Sizing** 页面，输入反应器 Length（管长）为 0.12m，Diameter（管径）为 0.04m，输入 Void Fraction（空隙率）0.15，如图 8-59 所示。

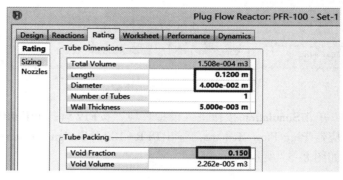

图 8-59 设置反应器结构参数

进入 **PFR-100 | Reactions | Overall** 页面，在 Catalyst Data（催化剂数据）列表框中，输入如图 8-60 所示数据。

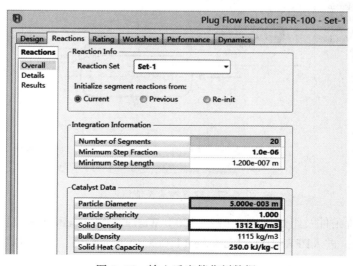

图 8-60 输入反应催化剂数据

进入 **PFR-100 | Design | Parameters** 页面，在 Pressure Drop Parameters 列表框中选择 Ergun Equation 单选按钮，压降值将由 Aspen HYSYS 计算得出。进入 **PFR-100 | Design | Heat Transfer** 页面，选择 Formula 单选按钮，在 Heat Medium Side Heat Transfer Infos 列表框中输入热介质侧传热数据，在 Tube Side Heat Transfer Info 列表框中选择 User 单选按钮，输入管侧传热数据，如图 8-61 所示。

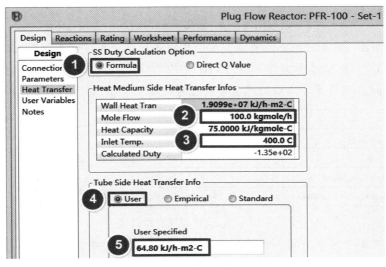

图 8-61　输入热传递数据

（8）查看结果　进入 **PFR-100 | Worksheet | Composition** 页面，查看出料组成；进入 **PFR-100 | Reactions | Results** 页面，查看甲醇的实际转化率，如图 8-62 所示。

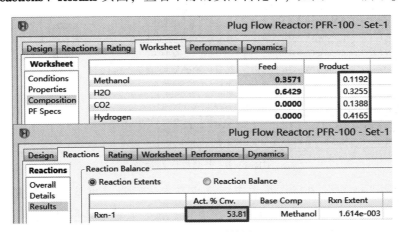

图 8-62　查看结果

习　题

8.1　如附图 8-1 所示流程，在转化反应器中进行甲烷水蒸气重整反应（$CH_4 + 2H_2O \longrightarrow CO_2 + 4H_2$），当甲烷转化率为 75% 时，试计算氢气的产量。物性包选取 Peng-Robinson。

Feed		
Temperature	750.0	C
Pressure	100.0	kPa
Molar Flow	100.0	kgmole/h
Master Comp Mole Frac (Methane)	0.2000	
Master Comp Mole Frac (H_2O)	0.8000	

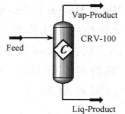

附图 8-1　转化反应器流程

8.2　如附图 8-2 所示流程，在全混釜反应器中进行环氧丙烷水合制丙二醇反应（$C_3H_6O + H_2O \longrightarrow C_3H_8O_2$），反应速率方程 $r = 1.7 \times 10^{13} e^{-32400/RT} C_{C_3H_6O}$，其中，浓度单位 kmol/m³；活化能单位 kJ/kmol。试计算丙二醇的产量。物性包选取 UNIQUAC。

Feed		
Temperature	25.00	C
Pressure	101.3	kPa
Master Comp Molar Flow (12C₂O xide)	70.0000	kgmole/h
Master Comp Molar Flow (H_2O)	280.0000	kgmole/h

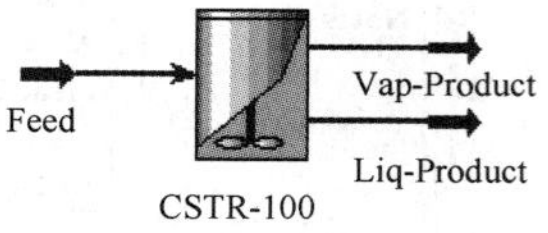

CSTR-100

反应器体积　8m³
液相体积百分数　85%

附图 8-2　全混釜反应器流程

8.3　如附图 8-3 所示流程，在平衡反应器进行一氧化碳变换反应（$CO + H_2O \longrightarrow CO_2 + H_2$），试计算一氧化碳转化率。物性包选取 SRK。

Feed-1		
Temperature	315.0	C
Pressure	2345	kPa
Master Comp Molar Flow (CO)	25.0000	kgmole/h
Master Comp Molar Flow (H_2O)	0.0000	kgmole/h
Master Comp Molar Flow (CO_2)	2.0000	kgmole/h
Master Comp Molar Flow (Hydrogen)	13.00000	kgmole/h

Feed-2		
Temperature	225.0	C
Pressure	2345	kPa
Master Comp Molar Flow (H_2O)	30.0000	kgmole/h

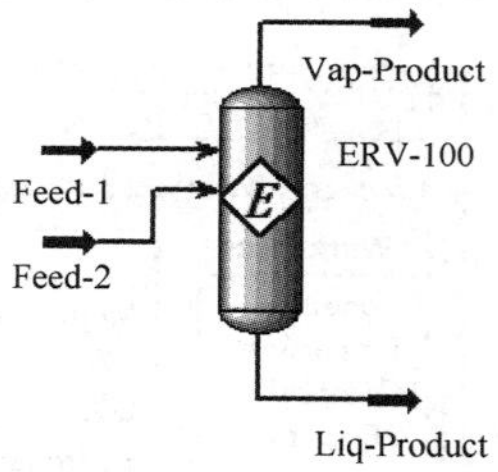

ERV-100

附图 8-3　平衡反应器流程

8.4　如附图 8-4 所示流程，在吉布斯反应器中进行甲醇重整反应制氢气（$CH_4O \longrightarrow 2H_2 + CO$，$CO + H_2O \longrightarrow H_2 + CO_2$），试计算氢气的产量。物性包选取 Peng-Robinson。

Feed		
Temperature	230.0	C
Pressure	100.0	kPa
Molar Flow	100.0	kgmole/h
Master Comp Mole Frac (Methanol)	0.2000	
Master Comp Mole Frac (H_2O)	0.8000	

GBR-100

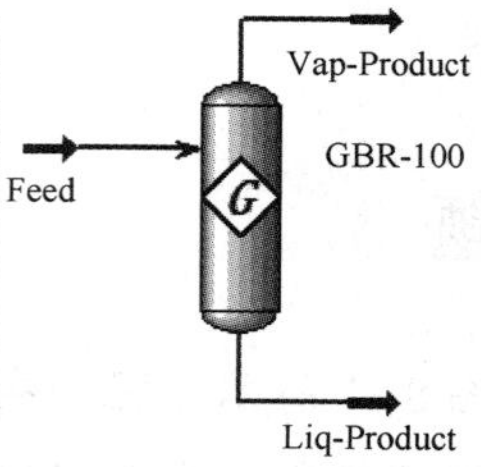

附图 8-4　吉布斯反应器流程

8.5 如附图8-5所示流程，乙酸（A）和乙醇（B）在平推流反应器中发生酯化反应生成乙酸乙酯（C）和水（D），反应速率方程 $r=0.08\mathrm{e}^{-\frac{20920}{RT}}C_AC_B-0.027\mathrm{e}^{-\frac{20920}{RT}}C_CC_D$，其中，浓度单位为 kmol/m³；活化能单位为 kJ/kmol。试计算乙酸乙酯的产量。物性包选取 NRTL。

Feed		
Temperature	5.000	C
Pressure	110.0	kPa
Molar Flow	25.00	kgmole/h
Mole Frac (AceticAcid)	0.1300	
Mole Frac (Ethanol)	0.5200	
Mole Frac (H$_2$O)	0.3500	

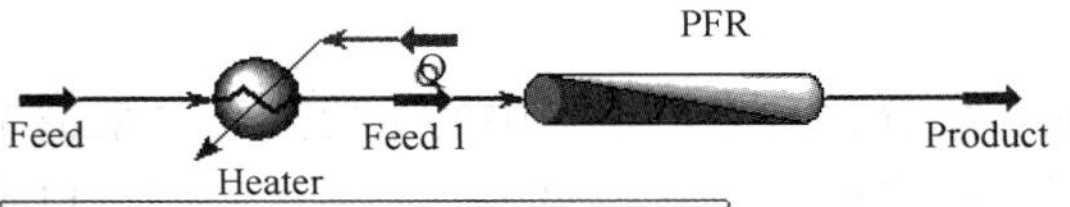

Heater		
Feed Temperature	5.000	C
Product Temperature	10.00	C
Pressure Drop	10.00	kPa

反应器：
单管
管长 70m
管径 0.1m
压降 10kPa

附图8-5 平推流反应器流程

8.6 根据例题8.6条件和数据，若改用如下多相催化反应速率：

$$r_{CH_3OH}=A_{CH_3OH}\mathrm{e}^{-\frac{E_a}{RT}}P_{CH_3OH}^a P_{H_2O}^b P_{CO_2}^c P_{H_2}^d$$

式中，各参数见附表8-1。试分别计算甲醇实际转化率和反应速率。物性包选取 UNIQUAC。

附表8-1 多相催化反应速率中的参数

参数	a	b	c	d	A_{CH_3OH}/kmol/(m³·s·atm)	E_a/(kJ/kmol)
数值	0.235	0.216	0	0.436	9.13×10⁶	7.96×10⁴

第9章　塔单元模拟

混合物分离是化工生产中的重要过程，精馏是化工分离常见的单元操作，其利用混合物中各组分挥发度的差异，通过塔顶回流和塔釜再沸实现组分的分离。Aspen HYSYS 提供的塔单元包括：简捷精馏塔（Short Cut Distillation）、严格精馏塔（Distillation）、吸收塔（Absorber）、再沸吸收塔（Reboiled Absorber）、回流吸收塔（Refluxed Absorber）、液液萃取塔（Liquid-Liquid Extractor，也称萃取塔）和三相精馏塔（Three Phase Distillation）等。

Aspen HYSYS 预设基础塔和预设复杂塔分别如表 9-1 和表 9-2 所示。

表 9-1　预设基础塔

类型	名称	图标	说明
Short Cut Distillation	简捷精馏塔		包括塔板、再沸器和冷凝器
Distillation	严格精馏塔		包括塔板、再沸器和冷凝器
Absorber	吸收塔		仅有塔板
Reboiled Absorber	再沸吸收塔		包括塔板和塔底再沸器
Refluxed Absorber	回流吸收塔		包括塔板和塔顶冷凝器
Liquid-Liquid Extractor	液-液萃取塔		仅有塔板
Three Phase Distillation	三相精馏塔		包括塔板、再沸器和冷凝器

表 9-2　预设复杂塔

类型	名称	说明
3 Sidestripper Crude Column	3 侧线汽提原油常压蒸馏塔	塔板、再沸器、冷凝器、3 个侧线汽提塔和 3 个中段回流
4 SidestripperCrude Column	4 侧线汽提原油常压蒸馏塔	塔板、再沸器、冷凝器、1 个塔顶的再沸汽提塔、3 个侧线汽提塔和 3 个中段回流
FCCU Main Fractionator	催化裂化主分馏塔	塔板、冷凝器和 1 个塔中部的侧线汽提塔（有两股出口物流）
Vacuum Reside Tower	原油减压蒸馏塔	塔板和 2 个侧线产品采出

注：这里的塔板（塔板或填料）通常指理论板。

上述表格中除简捷精馏塔以外，均属塔模板（Column Template）。塔模板是 Aspen HYSYS 的一个特殊类型的子流程，塔子流程包含设备和物流，通过边界物流与主流程进行信息交换。在主模拟环境中，塔是一个具有有多股进料、多股产品的独立操作。用户可以通过单击塔属性窗口中的**Column Environment** 按钮进入塔子环境，也可以通过单击 Flowsheet/Modify 功能区选项卡的**Enter Subflowsheet** 按钮进入塔子环境。在塔子环境中，用户可以通过单击 Flowsheet/Modify 功能区选项卡的**Go to Parent** 按钮返回到主模拟环境。

9.1　基本概念与理论 @

9.2　简捷精馏塔

简捷精馏塔(Shortcut Distillation)模块只能用于稳态模拟，用来对精馏塔进行 Fenske-Underwood 简捷计算；简捷精馏塔可以计算塔的 Fenske 最小理论板数以及 Underwood 最小回流比。简捷精馏塔使用设定回流比及其他参数计算精馏段和提馏段的气液相流量、冷凝器和再沸器的热负荷、理论板数以及最佳进料位置。

注：设定回流比必须大于最小回流比。

简捷精馏塔仅对塔的性能进行估算，可以为塔的设计提供初始估算值。用户要得到更准确的计算结果需使用严格精馏塔进行计算。

简捷精馏塔需要定义轻关键组分和重关键组分的含量。在待分离多组分溶液中，选取工艺中最关心的两个组分(一般是选择相对挥发度相邻的两个组分)，规定它们在塔顶和塔底产品中的分离要求，在一定分离条件下所需的理论板数和其他组分的组成也随之而定。由于所选的两个组分对多组分溶液的分离起控制作用，故称它们为关键组分，其中挥发度高的组分称为轻关键组分，挥发度低的组分称为重关键组分。

简捷精馏塔中塔底用轻关键组分组成定义，塔顶用重关键组分组成定义。这些规定必须使两个关键组分在塔顶和塔底合理分配。若塔底轻关键组分的规定数值太大，较多轻关键组分在塔底，以至于重关键组分的规定不能得到满足。如果出现这类问题，就必须对轻/重关键组分的规定进行修改。

简捷精馏塔**Performance | Performance** 页面如图 9-1 所示，页面中计算项目的结果与用户在**Design | Parameters** 页面中设置的 External Reflux Ratio(设定回流比)有关，各计算项目的介绍如表 9-3 所示。

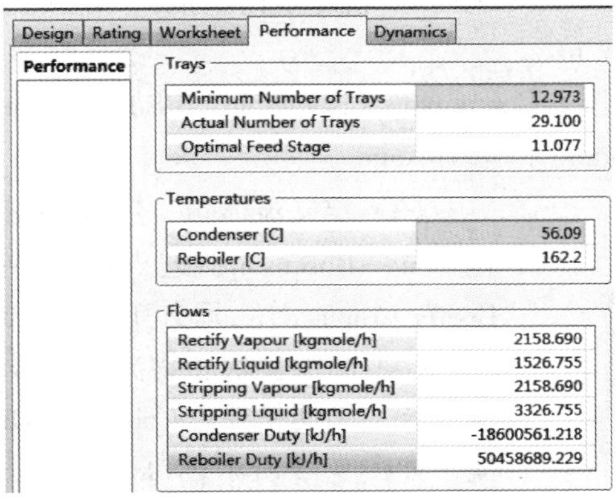

图 9-1　简捷精馏塔 Performance | Performance 页面

Conditions 页面，名称修改为 Feed，按题目信息输入物流 Feed 条件。

（6）设置模块参数 双击简捷精馏塔 T-100，进入 **T-100 | Design | Connections** 页面，将 Name（名称）修改为 Shortcut Distillation，建立简捷精馏塔 Shortcut Distillation 物流及能流连接，如图 9-4 所示。本例塔顶产品是塔顶气相，故 Top Product Phase（塔顶产品相态）选项区域中选择 Vapour。

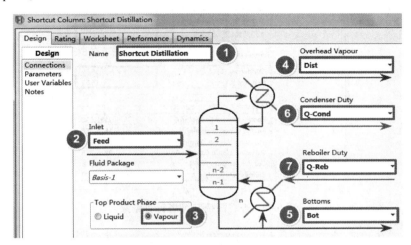

图 9-4 建立简捷精馏塔 Shortcut Distillation 物流及能流连接

进入 **Shortcut Distillation | Design | Parameters** 页面，按图 9-5 所示指定 Light Key in Bottoms（塔底轻关键组分）Propane 摩尔分数、Heavy Key in Distillate（塔顶重关键组分）i-Butane 摩尔分数、Condenser Pressure（冷凝器压力）和 Reboiler Pressure（再沸器压力）。此时，Aspen HYSYS 计算的最小回流比为 2.013。

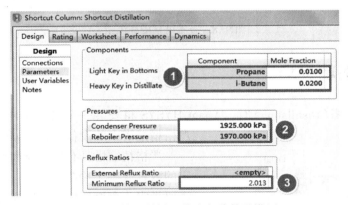

图 9-5 输入关键组分摩尔分数及塔压

External Reflux Ratio（设定回流比）用来计算冷凝器和再沸器的温度及热负荷、理论板数和最佳进料位置。本例输入回流比 2.416（2.013×1.2），如图 9-6 所示。

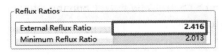

图 9-6 输入回流比

（7）查看结果 进入 **Shortcut Distillation | Performance | Performance** 页面，查看简捷精馏塔计算结果，最小理论板数 12.973，实际理论板数 29.100，最佳进料位置 11.077，塔顶温度 56.09℃，塔底温度

162.2℃，如图9-7所示。进入**Shortcut Distillation | Worksheet | Conditions** 页面，查看塔顶塔底流量，塔顶产品流量631.9kmol/h，塔底产品流量1168kmol/h，如图9-8所示。

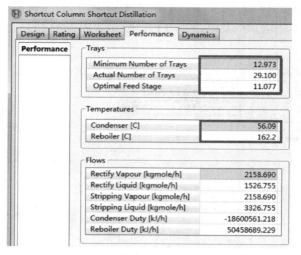

图9-7 查看简捷精馏塔计算结果

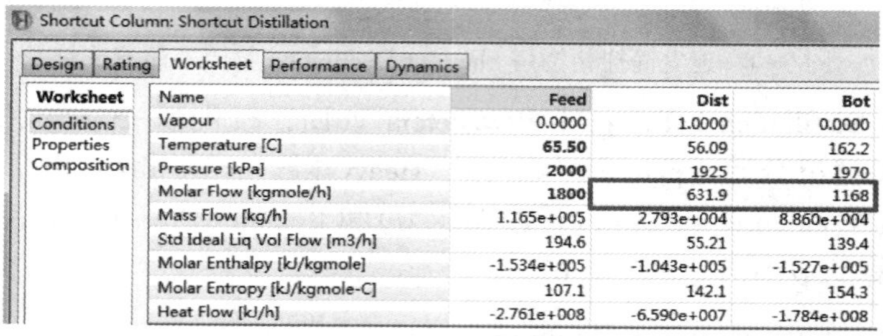

图9-8 查看塔顶塔底流量

9.3 严格精馏塔

选择严格精馏塔(Distillation)时，Aspen HYSYS 将安装一个具有再沸器和冷凝器的塔。

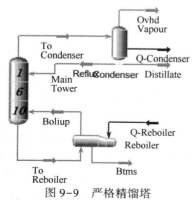

图9-9 严格精馏塔

严格精馏塔中的设备和物流如图9-9所示。

严格精馏塔具有再沸器和冷凝器，其设计规定的数量取决于冷凝器类型。选择部分冷凝器，需要指定三个设计规定；选择全凝器，需要指定两个设计规定。严格精馏塔的设计规定通常包括产品中某组分的摩尔分数、产品回收率、塔板温度和回流比等。

Aspen HYSYS 中塔的算法(Solving Method)及说明如表9-4所示，塔算法的一般特征如表9-5所示。

表 9-4 塔的算法及说明

算法	说明
HYSIM Inside-Out	通用方法，适用于大多数情况
Modified HYSIM Inside-Out	通用方法，允许塔子流程中有混合器、分流器和换热器
Newton Raphson Inside-Out	通用方法，允许塔子流程中有液相动力学反应
Sparse Continuation Solver	基于方程式求解，支持塔板上两个液相的求解，主要用于求解高度非理想的化学体系和反应精馏
Simultaneous Correction	适用于化学体系和反应精馏
OLI Solver	只用于电解质体系

注：当某种算法用默认的迭代次数不能收敛时，① 可以规定更多的迭代次数；② 可以利用阻尼因子(Damping Factor)限制该算法在两次迭代间对未知变量估值所作的改变，以避免过大的振荡；③ 可以改变各未知量的初始估值。

表 9-5 塔算法的一般特征

项目	算法					
	HYSIM Inside-Out	Modified HYSIM Inside-Out	Newton Raphson Inside-Out	Sparse Continuation Solver	Simultaneous Correction	OLI Solver
组分效率	√	√	×	√	×	√
全塔效率	√	√	×	√	×	√
侧线采出	√	√	√	√	√	√
气相旁路	√	√	×	√	×	×
中段回流	√	√	×	√	×	√
侧线汽提塔	√	√	×	√	×	×
侧线精馏塔	√	√	×	√	×	×
子流程中有混合器或分流器	×	√	×	×	×	×
三相体系	√（水采出）	√（水采出）	×	√	×	√
化学体系或反应精馏	×	×	√	√	√	内置反应

注：√表示适用，×表示不适用。

下面通过例 9.2 介绍严格精馏塔的应用。

【例 9.2】 严格精馏塔流程如图 9-10 所示，在例 9.1 简捷设计的基础上，进行严格计算。

（1）重新计算产品组成，与例 9.1 中的分离要求对比；

（2）优化进料位置与理论板数；

（3）使用蒸汽物流代替再沸器能流。

本例模拟步骤如下：

（1）建立模拟 打开本书配套文件 Example9.1-Shortcut Distillation. hsc，另存为 Example9.2a-DePropanizer. hsc。

（2）添加模板和物流 仅保留物流 Feed，删除简捷精馏塔及其他物流，添加严格精馏塔(Distillation Column Sub-Flowsheet)模板，如图 9-11 所示。

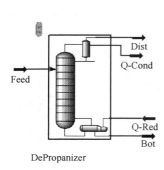

图9-10　严格精馏塔流程

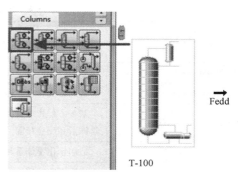

图9-11　添加严格精馏塔模板和物流

（3）设置模板参数　双击精馏塔 T-100，进入**Distillation Column Input Expert**（精馏塔输入专家）页面，Column Name（塔名称）修改为 DePropanizer；根据例 9.1 计算结果，输入塔的理论板数 29，Stream（物流）下拉列表框选择物流 Feed，Inlet Stage（进料板）下拉列表框选择 11 Main Tower，Condenser（冷凝器）选项区域选择冷凝器类型 Full Rflx，建立严格精馏塔 DePropanizer 物流及能流连接，如图 9-12 所示。

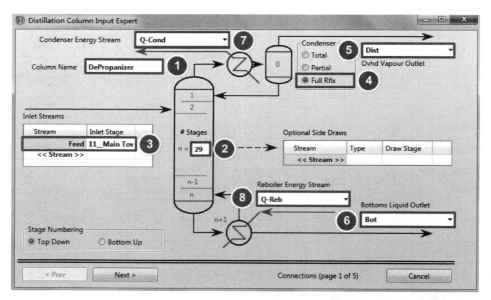

图9-12　设置塔输入专家连接页面

用户在 Condenser 选项区域选择 Total（全凝）或者 Partial（部分冷凝）时，Water Draw 复选框将出现。选择该复选框会向冷凝器添加一股侧线采出，可在相应的下拉列表框中输入物流名称，或从用户预先定义的物流中选择。

用户可以在 Stage Numbering（塔板编号）选项区域指定塔板的编号方式。默认设置是 Top Down（自上而下）命名塔板，即设置顶板为第 1 块板，底板为第 N 块板。用户也可以选择 Bottom Up（自下而上）命名塔板，即设置底板为第 1 块板，顶板为第 N 块板。

单击**Next** 按钮，进入**Reboiler Configuration**（再沸器配置）页面，保持默认设置，如图 9-13 所示。

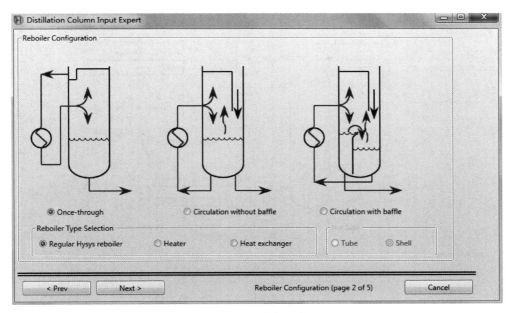

图 9-13　设置塔输入专家再沸器配置页面

单击**Next** 按钮，进入**Pressure Profile**（压力分布）页面，输入冷凝器和再沸器的压力和压降，输入冷凝器压力 1925kPa，再沸器压力 1970kPa，默认压降 0，如图 9-14 所示。

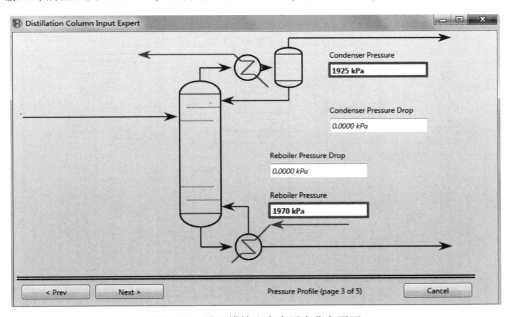

图 9-14　设置塔输入专家压力分布页面

单击**Next** 按钮，进入**Optional Estimates**（可选估值）页面，根据例 9.1 简捷精馏塔的计算结果输入 Optional Condenser Temperature Estimate（可选冷凝器温度估值）56.09℃，Optional Reboiler Temperature Estimate（可选再沸器温度估值）162.2℃，如图 9-15 所示。

注：输入温度估值有助于塔的收敛，温度估值越准确，塔的收敛速度越快。

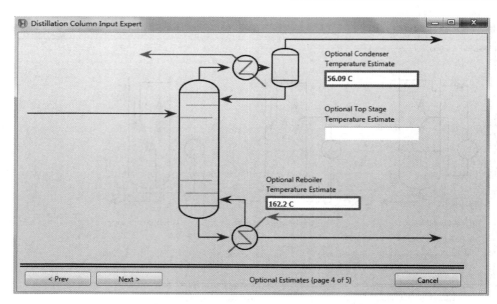

图 9-15　设置塔输入专家可选估值页面

单击**Next** 按钮，进入 **Specification**（设计规定）页面，输入设计规定 Reflux Ratio（回流比）2.416，输入设计规定 Vapour Rate（气相流量）631.9kmol/h，如图 9-16 所示。

　　注：用户可以从 Flow Basis（流量基准）下拉列表框选择回流比和流量的单位基准，包括 Molar，Mass 和 Volume。

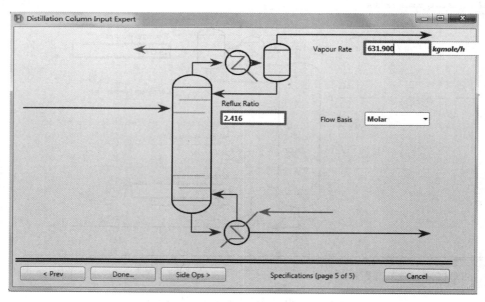

图 9-16　设置塔输入专家设计规定页面

单击**Done** 按钮，完成精馏塔输入专家设置。单击**Run** 按钮，运行模拟，流程收敛。

（4）查看结果　进入 **DePropanizer | Worksheet | Compositions** 页面，查看各组分摩尔分数，如图 9-17 所示，塔顶产品中异丁烷的摩尔分数 0.0088，塔底产品中丙烷的摩尔分数 0.0024，均超出组分的纯度要求。

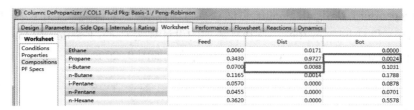

图 9-17　查看结果

（5）定义设计规定　进入**DePropanizer | Design | Specs** 页面定义设计规定，在 Column Specifications(塔设计规定)组中单击**Add** 按钮，进入**Add Specs**（添加设计规定）页面，选择 Column Component Fraction（塔组分分数）；单击**Add Spec (s)** 按钮，进入**Comp Frac Spec：Comp Fraction** 页面，在 Stage 下拉列表框选择 Condenser，在 Spec Value（规定数值）输入 0. 02，在 Components(组分)下拉列表框选择 i-Butane，其余选项保持默认设置，如图 9-18 所示。塔顶产品设计规定定义完成，关闭**Comp Frac Spec：Comp Fraction** 页面。同理，定义如图 9-19 所示塔底产品设计规定。

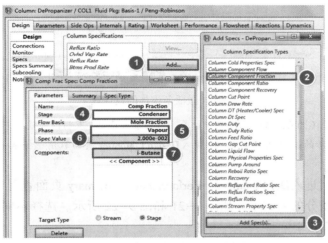

图 9-18　定义塔顶产品设计规定

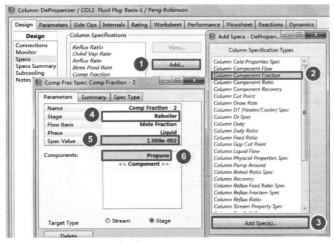

图 9-19　定义塔底产品设计规定

进入**DePropanizer | Design | Monitor** 页面查看自由度设定状态，在 Active 列取消选择设计规定 Reflux Ratio 和 Ovhd Vap Rate，选择新添加的设计规定 Comp Fraction 和 Comp Fraction-2，确保塔的自由度为 0，系统自动运行模拟，流程收敛，如图 9-20 所示。

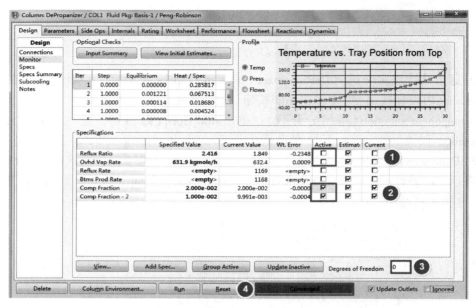

图 9-20 激活新添加的设计规定

注：若塔的自由度不为 0，系统无法进行计算。自由度大于 0，表明设计规定不足，需添加设计规定；自由度小于 0，表明激活的设计规定过多，需进入**Design | Monitor** 页面取消选择 Active 列中的一个或多个规定。

（6）查看结果 进入**DePropanizer | Performance | Summary** 页面查看进料、产品的组成、流量以及产品中各组分的回收率，如图 9-21 和图 9-22 所示。选择不同的单选按钮可使用不同的流量和组成基准。

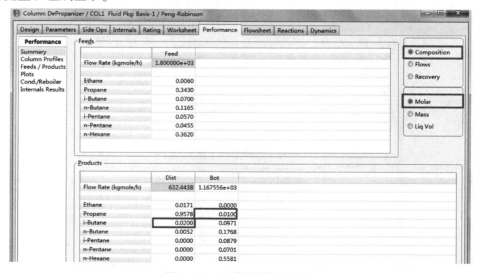

图 9-21 查看产品摩尔组成

Column: DePropanizer / COL1 Fluid Pkg: Basis-1 / Peng-Robinson

	Feed
Flow Rate (kgmole/h)	1800
Ethane (kgmole/h)	10.80
Propane (kgmole/h)	617.4
i-Butane (kgmole/h)	126.0
n-Butane (kgmole/h)	209.7
i-Pentane (kgmole/h)	102.6
n-Pentane (kgmole/h)	81.90
n-Hexane (kgmole/h)	651.6

	Dist	Bot
Flow Rate (kgmole/h)	632.4438	1.167556e+03
EthaneEthane (%)	100.0000	0.0000
PropanePropane (%)	98.1107	1.8893
i-Butanei-Butane (%)	10.0387	89.9613
n-Butanen-Butane (%)	1.5532	98.4468
i-Pentanei-Pentane (%)	0.0021	99.9979
n-Pentanen-Pentane (%)	0.0003	99.9997
n-Hexanen-Hexane (%)	0.0000	100.0000

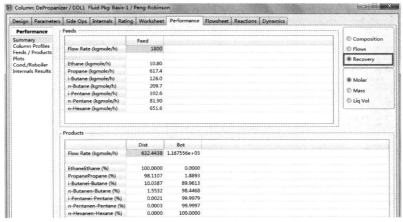

图 9-22　查看产品中各组分回收率

进入**DePropanizer | Performance | Column Profiles** 页面可查看回流比、再沸比、塔内温度分布、压力分布、流量分布和热负荷分布等，如图 9-23 所示。

Reflux Ratio 1.849　Boilup Ratio 2.116

	Temperature [C]	Pressure [kPa]	Net Liquid [kgmole/h]	Net Vapour [kgmole/h]	Net Feed [kgmole/h]	Net Draws [kgmole/h]	Duty [kJ/h]
Condenser	56.16	1925	1169.25			632.44	1.426e+007
1__Main Tower	57.34	1925	1159.31	1801.70			
2__Main Tower	58.53	1927	1147.64	1791.75			
3__Main Tower	59.81	1928	1134.68	1780.08			
4__Main Tower	61.19	1930	1120.94	1767.12			
5__Main Tower	62.67	1931	1106.57	1753.38			
6__Main Tower	64.23	1933	1090.92	1739.02			
7__Main Tower	65.90	1935	1071.04	1723.36			
8__Main Tower	67.86	1936	1037.08	1703.49			
9__Main Tower	70.80	1938	962.490	1669.52			
10__Main Tower	76.75	1939	815.943	1594.93			
11__Main Tower	89.23	1941	3359.81	1448.39	1800.0		
12__Main Tower	89.64	1943	3367.16	2192.25			

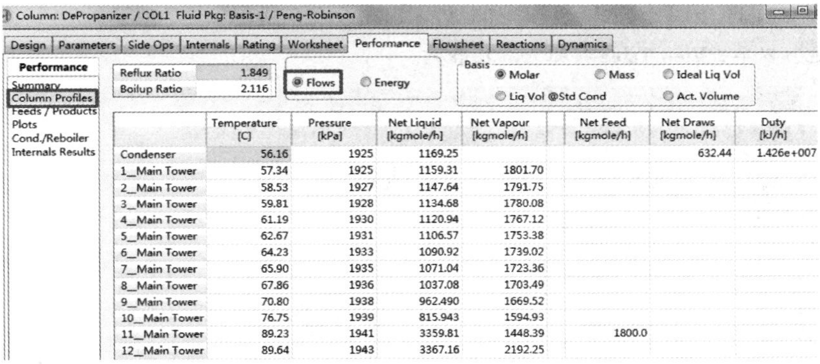

图 9-23　查看塔内分布

选择 Energy 单选按钮可查看温度、液相焓、气相焓等信息，如图 9-24 所示。由图9-23和图 9-24 可知回流比为 1.849，与简捷精馏塔设计结果(2.013)存在一定差异。简捷精馏塔与严格精馏塔的结果相比，存在一定的差异。所以，对设计方案的核算必不可少，对设计方案进行小幅度的调整也很有必要。对于精馏分离，一般应首先用简捷精馏塔进行快速设计，然后需使用严格精馏塔进行严格核算。

Reflux Ratio 1.849　Boilup Ratio 2.116

	Temperature [C]	Liquid Enthalpy [kJ/kgmole]	Vapour Enthalpy [kJ/kgmole]	Heat Loss [kJ/h]
Condenser	56.16	-1.171e+005	-1.043e+005	
1__Main Tower	57.34	-1.178e+005	-1.047e+005	
2__Main Tower	58.53	-1.186e+005	-1.051e+005	
3__Main Tower	59.81	-1.194e+005	-1.055e+005	
4__Main Tower	61.19	-1.202e+005	-1.059e+005	
5__Main Tower	62.67	-1.210e+005	-1.063e+005	
6__Main Tower	64.23	-1.219e+005	-1.068e+005	
7__Main Tower	65.90	-1.228e+005	-1.072e+005	
8__Main Tower	67.86	-1.239e+005	-1.075e+005	
9__Main Tower	70.80	-1.257e+005	-1.079e+005	
10__Main Tower	76.75	-1.299e+005	-1.083e+005	
11__Main Tower	89.23	-1.380e+005	-1.089e+005	
12__Main Tower	89.64	-1.380e+005	-1.091e+005	

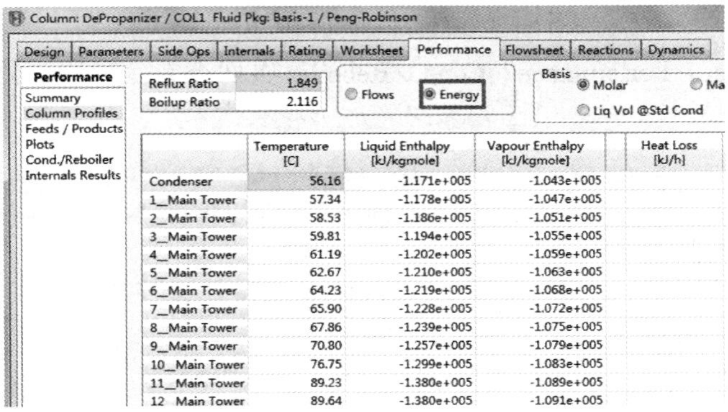

图 9-24　查看塔内焓分布

进入**DePropanizer | Performance | Feeds/Products** 页面查看进料物流、产品物流和能流信息，如图 9-25 所示。

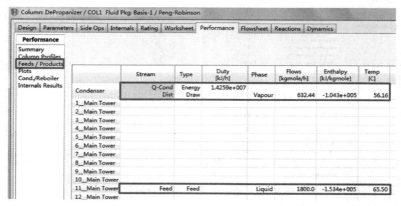

图 9-25　查看进料物流、产品物流和能流信息

进入**DePropanizer | Performance | Plots** 页面，选中 Composition 单击**View Graph** 按钮查看组成分布曲线，同理，可查看温度分布曲线，如图 9-26 所示。

注：用户也可以单击**View Table** 按钮查看表格。

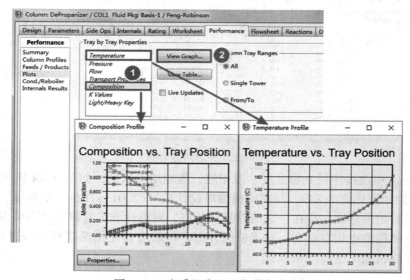

图 9-26　查看组成和温度分布曲线

进入**DePropanizer | Performance | Cond. /Reboiler** 页面查看冷凝器和再沸器性能参数，如图 9-27 所示。

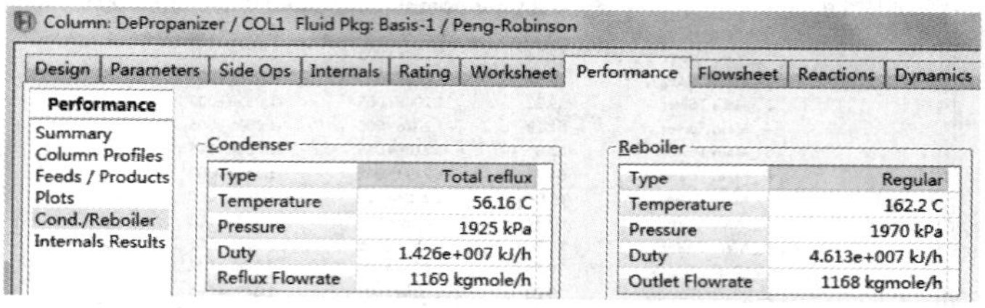

图 9-27　查看冷凝器再沸器性能参数

进入**DePropanizer | Performance | Internals Results**页面，单击**Transport Properties**（传递性质）按钮查看塔内传递性质分布，如图9-28所示。

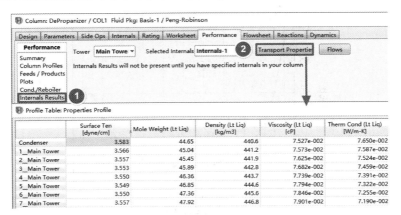

图9-28　查看塔内传递性质分布

（7）优化进料位置与理论板数　严格精馏塔模拟满足题目要求，但其进料位置及理论板数不一定为最佳值。Aspen HYSYS 无法通过 Case Studies（工况分析）或 Optimizer（优化器）自动进行进料位置以及理论板数的优化分析，需手动修改进料位置与理论板数。分析进料位置或理论板数与回流比或再沸器热负荷的关系，由此确定最佳进料位置和最佳理论板数。下面演示如何优化进料位置与理论板数。

① 打开 Example9.2a – DePropanizer.hsc，另存为 Example9.2b – DePropanizer Optimization.hsc。

② 进入**File | Options | Units Of Measure**页面将 Energy 的单位修改为 kW。

③ 进入**DePropanizer | Performance | Cond./Reboiler**页面查看冷凝器和再沸器热负荷分别为 3961kW 和 12810kW。

④ 进入**DePropanizer | Design | Connection**页面，按 2~21 依次修改进料位置，运行收敛后得到每个进料位置对应的回流比与再沸器热负荷，如表9-6所示。

注：若优化过程中出现不收敛状况，单击**Reset**按钮后单击**Run**按钮。

表9-6　进料位置与回流比及再沸器热负荷对应关系

进料位置	回流比	再沸器热负荷/kW	进料位置	回流比	再沸器热负荷/kW
2	3.85	17700	12	1.846	13040
3	3.001	15540	13	1.855	13220
4	2.531	14430	14	1.877	13480
5	2.263	13800	15	1.915	12920
6	2.102	13430	16	1.974	13040
7	1.999	13190	17	2.061	13220
8	1.933	13030	18	2.185	13480
9	1.889	12920	19	2.362	13850
10	1.862	12850	20	2.613	14370
11	1.848	12920	21	2.968	15130

以进料位置为 X 轴，回流比为 Y 轴，得到回流比-进料位置关系曲线，如图 9-29 所示。由图 9-29 可知进料位置为第 12 块板时，回流比最小，故取进料位置为第 12 块板。

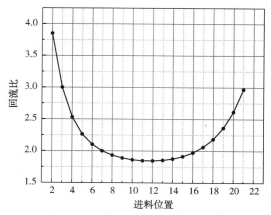

图 9-29　回流比-进料位置关系曲线

⑤ 回流比是精馏操作中直接影响产品质量和分离效果的重要影响因素，回流比增大，所需理论板数减少；回流比减小所需理论板数增多。回流比较大，对一定分离要求，所需理论板数较少，设备费用下降。但随着回流比增大，上升蒸汽量的增多，精馏塔的塔径、塔釜和冷凝器等设备费用也相应增大，因此回流比增加到一定数值时，设备费用反而开始增加。若回流比过小，显然对一定的分离要求所需的塔板数增多，设备费用又必然增加。因此，回流比与理论板数存在最佳位置关系，可通过最小回流比-理论板数曲线即操作曲线求得。合理的理论板数应在曲线斜率绝对值较小的区域进行选择。

按表 9-7 依次修改理论板数，运行模拟，得到最佳进料位置(注意应根据前面介绍的进料板位置的优化，求出每组理论板对应的最佳进料位置，使结果具有可比性)与回流比，计算理论板数×回流比，如表 9-7 所示。

表 9-7　理论板数与回流比对应关系

理论板数	最佳进料位置	回流比	理论板数×回流比	理论板数	最佳进料位置	回流比	理论板数×回流比
15	5	3.874	58.110	27	11	1.889	51.003
17	6	2.937	49.929	29	12	1.846	53.534
19	6	2.475	47.025	31	13	1.816	56.296
21	7	2.211	46.431	33	14	1.797	59.301
23	8	2.055	47.265	35	15	1.782	62.370
25	10	1.955	48.875	37	16	1.774	65.638

以理论板数为 X 轴，回流比为 Y 轴，得到回流比-理论板数关系曲线，如图 9-30 所示。一般来说，相比于直接查看回流比-理论板数关系曲线，在理论板数×回流比-理论板数关系曲线上更容易找到最佳数值。以理论板数为 X 轴，理论板数×回流比为 Y 轴，得到如图 9-31 所示理论板数×回流比-理论板数关系曲线。从图中可以看出，最佳理论板数取 21，理论板数×回流比的值最小，此时对应最佳进料位置为 7。

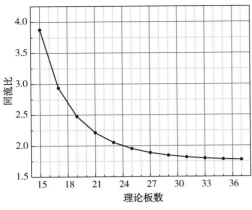

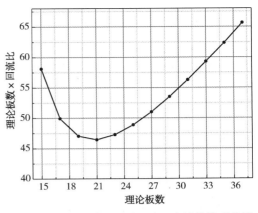

图9-30　回流比-理论板数关系曲线　　　　图9-31　理论板数×回流比-理论板数关系曲线

将精馏塔的理论板数修改为21，进料位置修改为7，单击**Run**按钮，运行模拟，流程收敛。进入**DePropanizer | Performance | Cond. /Reboiler**页面，查看冷凝器热负荷为4766kW，再沸器热负荷为13630kW，高于之前计算结果，但理论板数从29块降低至21块，基建投资费用减小。将优化后严格精馏塔的再沸器热负荷、回流比最佳理论板数以及最佳进料位置计算结果与例9.1简捷精馏塔计算结果相比均存在一定差异，故简捷计算仅可用作初始估计值，需经严格精馏塔模拟优化后，方可应用于实际工程设计。

（8）使用蒸汽物流代替再沸器能流Q-Reb

① 打开Example9.2b-DePropanizer Optimized. hsc，另存为Example9.2c-DePropanizer U-tility Stream. hsc。

② 双击精馏塔DePropanizer，进入**DePropanizer | Parameters | Solver**页面，在Solving Method组的下拉列表框中选择Modified HYSIM Inside-Out，如图9-32所示。

注：涉及在塔子流程中添加换热器，故需修改算法。

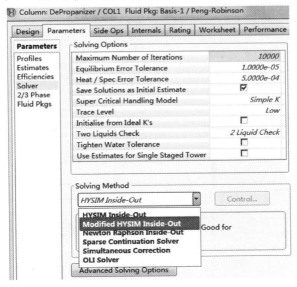

图9-32　修改算法

③ 进入 Properties 环境，添加 H_2O；进入**Fluid Packages | Basis-1 | Binary Coeffs** 页面查看二元交互作用参数，本例采用默认值。

④ 返回 Simulation 环境，在 Home 功能区选项卡中单击**Active** 按钮，单击精馏塔 DePropanizer，在 Flowsheet/Modify 功能区选项卡单击**Enter Subflowsheet** 按钮进入塔子环境，如图 9-33所示。

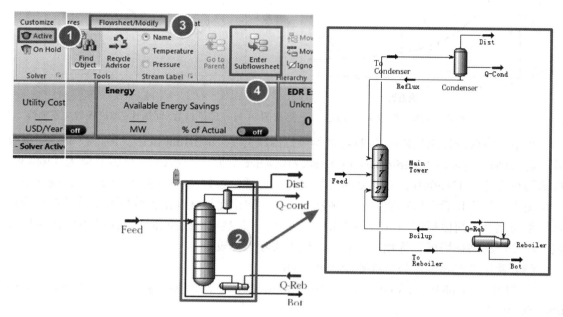

图 9-33　进入塔子环境

⑤ 删除塔子流程中的再沸器 Reboiler 模块和能流 Q-Reb，添加换热器(Heat Exchanger)模块，双击换热器 E-100，建立如图 9-34 所示物流连接；进入**E-100 | Design | Parameters** 页面输入管程和壳程压降0。

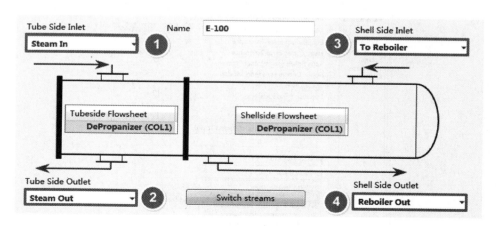

图 9-34　建立换热器 E-100 物流连接

添加分离器(Separator)模块，双击分离器 V-100，建立如图 9-35 所示物流连接。

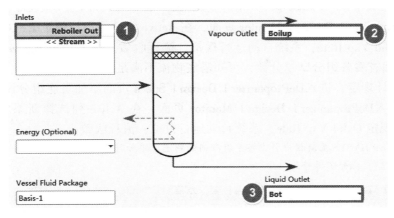

图 9-35　建立分离器 V-100 物流连接

⑥ 在 Flowsheet/Modify 功能区选项卡单击 **Go to Parent** 按钮返回到主模拟环境。此时，严格精馏塔模板已修改为自定义塔模板，删除主流程中多余物流。双击 DePropanizer，建立物流及能流连接，在 P Bot 单元格中输入塔底压力 1970kPa，如图 9-36 所示。

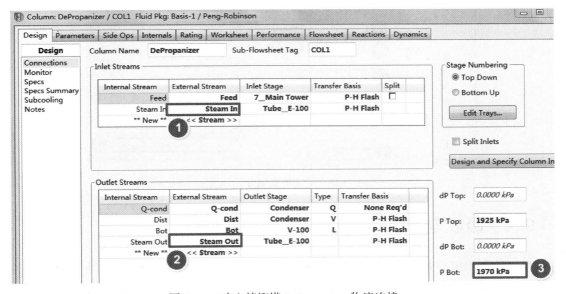

图 9-36　建立精馏塔 DePropanizer 物流连接

双击物流 Steam In，按图 9-37 所示输入物流 Steam In 条件。

Stream Name	Steam In		MassFraction
Vapour / Phase Fraction	1.0000	Ethane	<empty>
Temperature [C]	<empty>	Propane	<empty>
Pressure [kPa]	1000	i-Butane	<empty>
Molar Flow [kgmole/h]	<empty>	n-Butane	<empty>
Mass Flow [kg/h]	2.500e+004	i-Pentane	<empty>
Std Ideal Liq Vol Flow [m3/h]	<empty>	n-Pentane	<empty>
Molar Enthalpy [kJ/kgmole]	<empty>	n-Hexane	<empty>
Molar Entropy [kJ/kgmole-C]	<empty>	H2O	1.0000

图 9-37　输入物流 Steam In 条件

注：本例旨在演示如何使用蒸汽物流代替再沸器能流，故此处蒸汽用量并非最佳用量。

进入**DePropanizer | Design | Monitor** 页面，在 Active 列选择设计规定 E-100 Heat Balance 和设计规定 Ovhd Vap Rate，系统自动运行模拟，流程收敛。进入**DePropanizer | Performance | Summary** 页面查看各组分摩尔分数，可知塔底物流不满足要求。

⑦ 定义设计规定，进入**DePropanizer | Design | Specs** 页面添加塔底组分设计规定，如图 9-38 所示。进入**DePropanizer | Design | Monitor** 页面，在 Active 列选择新添加的设计规定，取消选择设计规定 Ovhd Vap Rate，系统自动运行模拟，流程收敛。

注：可在 Aspen HYSYS 主流程中引出塔子流程内的物流，添加再沸器，使用 Aspen EDR 对其进行严格模拟，详见文献[3]，此处不再赘述。

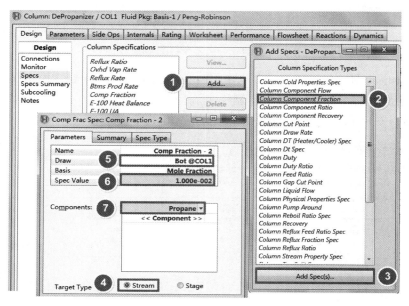

图 9-38　定义塔底组分设计规定

9.4　吸收塔

吸收是利用混合物中各组分在溶剂中溶解度的不同，从而达到分离目的的操作。吸收塔选用不设置冷凝器和再沸器的 Absorber Column 模板，气相从塔底进入，液相从塔顶进入。

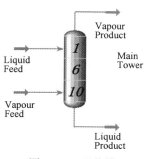

图 9-39　吸收塔

吸收塔中唯一的单元操作是塔体部分，出口物流包括塔顶气相产品和塔底液相产品，如图 9-39 所示。

吸收塔没有可用的设计规定，吸收塔进料物流的条件以及操作压力限定了所得到的收敛解。

注：① 液-液萃取塔与吸收塔相似；② 其他的塔模板具有附加设备，从而增加了所需规定的数量。

下面通过例 9.3 介绍吸收塔的应用。

【**例9.3**】 乙醇胺（MonoEthanolamine，MEA）水溶液吸收废气中的 CO_2 工艺流程如图9-40所示，乙醇胺水溶液和废气条件如表9-8所示，求净化后气体的流量和组成。物性包选取 COMThermo 物性库中的 DBRAmine。

表9-8 吸收剂和废气条件

物流	组分	质量组成	流量/(kg/h)	温度/℃	压力/bar
Solvent	水(H_2O)	0.75	80000	25	1
	乙醇胺(MEAmine)	0.25			
Flue Gas	二氧化碳(CO_2)	0.10	41670	65	1.2
	水(H_2O)	0.15			
	氮气(N_2)	0.70			
	氧气(O_2)	0.05			

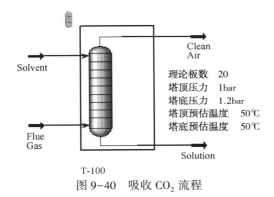

图9-40 吸收 CO_2 流程

本例模拟步骤如下：

（1）新建模拟 启动 Aspen HYSYS，新建空白模拟，单位集选取 EuroSI，文件保存为 Example9.3-Absorber Column.hsc。

（2）定义流体包 在 Fluid Packages 窗口单击 **Add** 旁的下拉按钮，选择 COMThermo；在 Model Phase（模型相态）选项区域选择 Vapor 单选按钮，在 Model Selection（模型选择）组右侧列表框中选择 DBRAmineFlash，此时将弹出 **Aspen HYSYS** 对话框，单击 **Continue with DBR A-mines** 按钮（之后若弹出该对话框，保持同样操作）关闭该对话框，在 Model Selection 组左侧列表框中选择 DBRAmine，如图9-41所示。

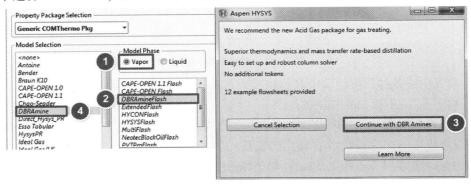

图9-41 选择气相模型的物性包

在 Model Phase 选项区域选择 Liquid 单选按钮，在 Model Selection 组左侧列表框选择 DBRAmineFlash，在 Model Selection 组右侧列表框中选择 DBRAmine，单击**Extended PropPkg Setup** 按钮，弹出**Extended Property Package Setup** 对话框，单击**Finish Setup** 按钮，弹出**Model Selection** 对话框，默认选择 Kent-Eisenberg，单击**OK** 按钮关闭对话框；单击**Extended Flash Setup** 按钮，弹出**Extended Flash Setup** 对话框，单击**Finish Setup** 按钮结束设置，如图 9-42 所示。

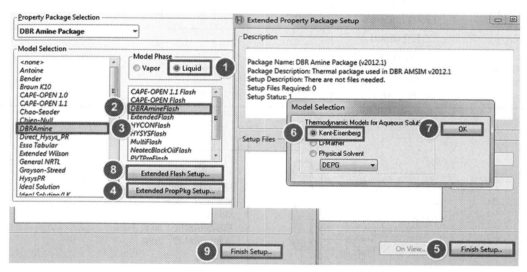

图 9-42　选择并设置液相模型的物性包

（3）创建组分列表　进入 Fluid Packages 窗口，单击**View** 按钮，进入组分列表 Component List-1 页面，按题目信息添加组分。

（4）添加模板和物流　单击**Simulation** 按钮进入模拟环境。添加吸收塔(Absorber Column Sub-Flowsheet)模板和两股物流，如图 9-43 所示。

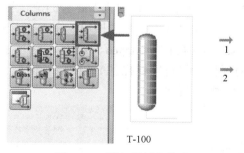

图 9-43　添加模板和物流

（5）输入物流条件　将物流 1 名称修改为 Solvent，物流 2 名称修改为 Flue Gas。按题目信息输入物流 Solvent 和 Flue Gas 条件。

（6）设置模板参数　双击吸收塔 T-100，进入**Absorber Column Input Expert** (吸收塔输入专家)页面修改塔的理论板数 20，建立物流连接，如图 9-44 所示；单击**Next** 按钮，输入塔顶和塔底压力分别为 1 bar 和 1.2 bar；单击**Next** 按钮，输入塔顶和塔底温度估值均为 50℃；单击**Done** 按钮，完成吸收塔输入专家设置。

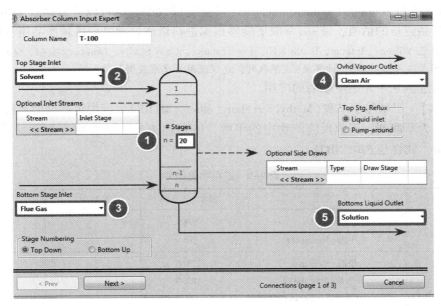

图 9-44　设置塔输入专家连接页面

进入 **T-100 | Design | Monitor** 页面，查看系统自由度为 0，单击 **Run** 按钮，运行模拟，流程收敛。

（7）查看结果　进入 **T-100 | Performance | Summary** 页面查看净化后空气的流量和组成，如图 9-45 所示。

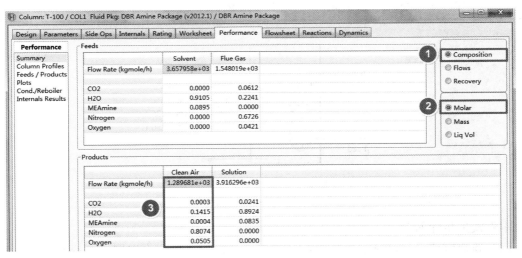

图 9-45　查看结果

9.5　液-液萃取塔

液-液萃取是利用液相混合物中各组分在溶剂中溶解度的差异，从而使一种或几种组分从混合物中分离出来的操作过程。由于萃取剂的作用，混合物发生相态分离，形成两个液相。液-液萃取塔(Liquid-Liquid Extractor)可以指定板效率，也可以进行侧线采出，不需要给出塔顶产品流量的估值，液-液萃取塔能够根据进料组成自动进行塔顶产品流量估计。

注：物性包 Wilson、Antoine、Braun K10、Esso Tabular、Chao Seader、Grayson Streed、Sour PR 和 Sour SRK 不能应用于液-液萃取塔。计算液-液萃取时，建议使用活度系数模型。

下面通过例9.4介绍萃取塔的应用。

【例9.4】 甲基叔丁基醚(Methyl tert-butyl ether，MTBE)生产中甲醇回收流程如图9-46所示，以水为萃取剂，回收反应产物中的甲醇，进料物流条件如表9-9所示。求塔顶产品中甲醇含量。物性包选取 NRTL。

表9-9 进料物流条件

物流	组分	流量/(kg/h)	温度/℃	压力/kPa
H_2O	水(H_2O)	2985	35	900
	甲醇(Methanol)	15		
C_4 Feed	甲醇(Methanol)	128.0	50	650
	丙烷(Propane)	202.5		
	正丁烷(n-Butane)	400.0		
	异丁烷(i-Butane)	263.5		
	1-丁烯(1-Butene)	2857.5		
	异丁烯(i-Butene)	0.5		
	顺-2-丁烯(cis2-Butene)	512.5		
	反-2-丁烯(tr2-Butene)	0.5		
	1,3-丁二烯(13-Butadiene)	599.0		
	甲基叔丁基醚(MTBE)	36.0		

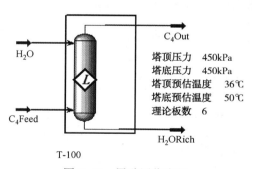

塔顶压力 450kPa
塔底压力 450kPa
塔顶预估温度 36℃
塔底预估温度 50℃
理论板数 6

T-100

图9-46 甲醇回收流程

本例模拟步骤如下：

(1) 新建模拟 启动 Aspen HYSYS，新建空白模拟，单位集选取 SI，模拟文件保存为 Example9.4-Liquid-Liquid Extractor.hsc。

(2) 创建组分列表 进入 **Component Lists** 页面，按题目信息新建组分列表。

(3) 定义流体包 进入 **Fluid Packages** 页面，选取物性包 NRTL；进入 **Binary Coeffs**(二元交互作用参数)页面，在 Coeff Estimation(交互作用参数估算)组选择 UNIFAC LLE，单击 **Unknowns Only** 按钮进行估算，如图9-47所示。二元交互作用参数估算结果如图9-48所示。

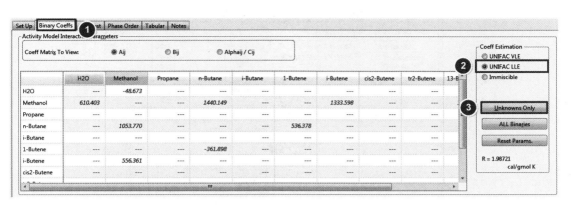

图 9-47　估算二元交互作用参数

图 9-48　查看二元交互作用参数估算结果

（4）添加模板和物流　单击 **Simulation** 按钮进入模拟环境。添加液-液萃取塔（Liquid-Liquid Extractor）模板和两股物流，如图 9-49 所示。

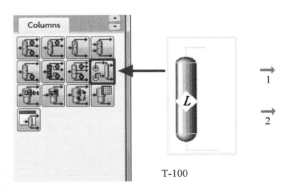

图 9-49　添加模板和物流

（5）输入物流条件　双击物流 1，将名称修改为 H_2O，按图 9-50 所示输入物流 H_2O 的条件。同理，按题目信息输入物流 C_4Feed 条件。

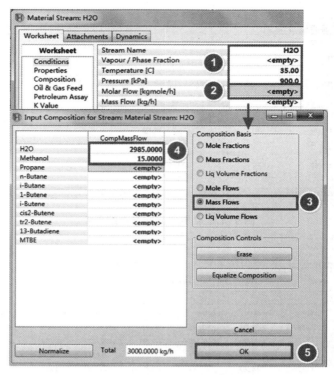

图 9-50　输入物流 H_2O 条件

（6）设置模板参数　双击液-液萃取塔 T-100，进入**Liquid-Liquid Extractor Input Expert**（液-液萃取塔输入专家）页面修改塔的理论板数 6，建立物流连接，如图 9-51 所示；单击 **Next** 按钮，输入塔顶和塔底压力均为 450kPa；单击**Next** 按钮，输入塔顶和塔底的温度估值分别为 36℃和 50℃；单击**Done** 按钮，完成液-液萃取塔输入专家设置；单击**Run** 按钮，运行模拟，流程收敛。

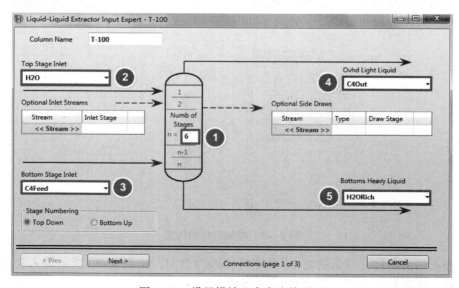

图 9-51　设置塔输入专家连接页面

（7）查看结果　进入 T-100 | Worksheet | Compositions 页面中查看物流结果，如图 9-52 所示。

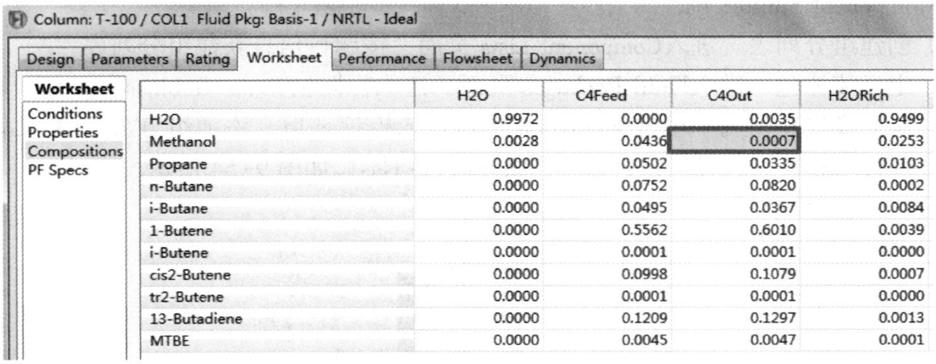

Worksheet		H2O	C4Feed	C4Out	H2ORich
	H2O	0.9972	0.0000	0.0035	0.9499
	Methanol	0.0028	0.0436	0.0007	0.0253
	Propane	0.0000	0.0502	0.0335	0.0103
	n-Butane	0.0000	0.0752	0.0820	0.0002
	i-Butane	0.0000	0.0495	0.0367	0.0084
	1-Butene	0.0000	0.5562	0.6010	0.0039
	i-Butene	0.0000	0.0001	0.0001	0.0000
	cis2-Butene	0.0000	0.0998	0.1079	0.0007
	tr2-Butene	0.0000	0.0001	0.0001	0.0000
	13-Butadiene	0.0000	0.1209	0.1297	0.0013
	MTBE	0.0000	0.0045	0.0047	0.0001

图 9-52　查看结果

9.6　组分分割器

对于组分分割器（Component Splitter），进料物流按照所设定的规定和各组分由进料进入到产品中的分数（Split Fractions）分为多股物流，且必须要设定塔顶产品物流中每个组分的分数。可使用组分分割器处理近似专业或非标准的分离过程，Aspen HYSYS 其他模块不能处理这些分离过程。

组分分割器的每个组分都需满足物料平衡，即进料中组分 i 的摩尔流量等于塔顶产品中组分 i 的摩尔流量加塔底产品中组分 i 的摩尔流量。已知组分分割器出口物流的组成、气相分数和压力，Aspen HYSYS 将自动执行 $p-VF$ 闪蒸计算，得到温度和热流量。通过总的热量衡算求未知能流的热流量，即未知能流的热流量等于进料物流热流量减去塔顶和塔底产品物流热流量。

注：组分分割器仅进行物料衡算和热量衡算，不进行相平衡计算。

下面通过例 9.5 介绍组分分割器的应用。

【例 9.5】　空气分离流程如图 9-53 所示，通过空气净化器来除去空气中的二氧化碳以及其他杂质，在 Aspen HYSYS 中，可以借助组分分割器来达到这一目的，为了简化问题，稀有气体以氩（Ar）代替，杂质以二氧化碳（CO_2）代替。求净化后的空气组成以及废气的温度。物性包选取 Peng-Robinson。

Air		
Temperature	30.00	C
Pressure	600.0	kPa
Molar Flow	1115	kgmole/h
Master Comp Mass Frac (Nitrogen)	0.7550	
Master Comp Mass Frac (Oxygen)	0.2315	
Master Comp Mass Frac (Argon)	0.0130	
Master Comp Mass Frac (CO2)	0.0005	

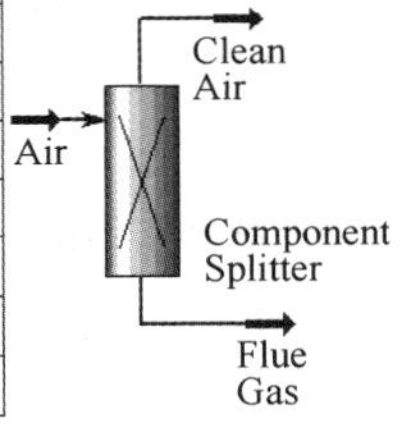

净化后空气温度　30℃
二氧化塔去除率　100%
其他组分去除率　0%
操作压力　600kPa

图 9-53　空气分离流程

本例模拟步骤如下：

（1）新建模拟　启动 Aspen HYSYS，新建空白模拟，单位集选取 SI，文件保存为 Example9.5-Component Splitter. hsc。

（2）创建组分列表　进入**Component Lists** 页面，按题目信息新建组分列表。

（3）定义流体包　进入**Fluid Packages** 页面，选取物性包 Peng-Robinson。

（4）添加模块和物流　单击**Simulation** 按钮进入模拟环境。添加组分分割器（Component Splitter）模块，添加三股物流 Air，Clean Air 和 Flue Gas，如图9-54 所示。

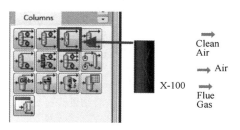

图9-54　添加模块和物流

（5）输入物流条件　按题目信息输入物流 Air 条件。输入物流 Clean Air 温度30℃、压力 600kPa，输入物流 Flue Gas 压力600kPa。

用户也可以在**Component Splitter | Design | Parameters** 页面中设置出口物流的条件，如图9-55 所示。

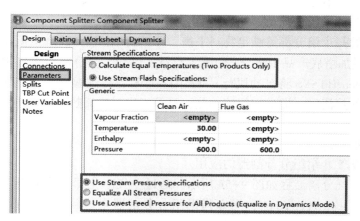

图9-55　Design | Parameters 页面

① 单击以下选项之一来计算出口物流条件：

a. Calculate Equal Temperature（计算相等温度）　Aspen HYSYS 计算顶部和底部物流的相等温度，若顶部有多股物流，则无法选择此选项；

b. Use Stream Flash Specifications（使用物流闪蒸规定）　Aspen HYSYS 使用物流规定来计算出口物流条件。

② 单击以下单选按钮之一计算顶部和底部物流压力：

a. Use Stream Pressure Specifications（使用物流压力规定）　用户必须提供每股出口物流的压力；

b. Equalize All Stream Pressure（使所有物流的压力相等）　用户必须已知一股出口物流的

压力，Aspen HYSYS 使所有出口物流的压力都与已知出口物流的压力相同；

　　c. Use Lowest Feed Pressure for All Product（对所有产品物流使用最低进料压力）　Aspen HYSYS 将产品物流压力设置为进料物流的最低压力。

　　注：为避免一致性错误，选择以上单选按钮时需删除相关规定。

　　（6）设置模块操作参数　双击组分分割器 X-100，名称修改为 Component Splitter，进入 **Component Splitter | Design | Connections** 页面，建立如图9-56所示物流连接。

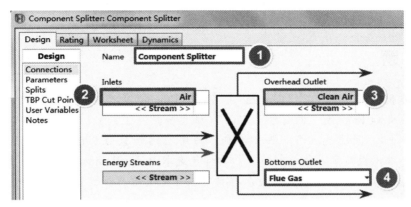

图9-56　建立组分分割器 Component Splitter 物流连接

　　进入 **Component Splitter | Design | Splits** 页面，设置各组分在出口物流中的分数如图9-57所示。

　　注：可以使用 Splits 页面上的两个按钮 **Set to 1.0000** 和 **Set to 0.0000** 快速设置；长按 **Ctrl** 键，选择指定的单元格，单击 **Set to 1.0000** 或 **Set to 0.0000** 按钮。

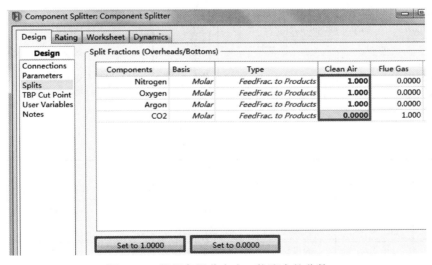

图9-57　设置各组分在出口物流中的分数

　　（7）查看结果　进入 **Component Splitter | Worksheet | Conditions** 页面查看物流信息，可知废气温度 31.9℃。进入 **Component Splitter | Worksheet | Composition** 页面查看物流 Clean Air 和 Flue Gas 各组分的组成，如图9-58所示。

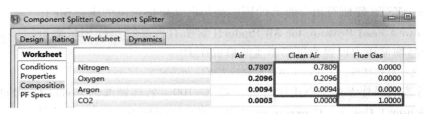

图 9-58　查看结果

习　题

9.1　简捷精馏塔分离含乙烯(Ethene)、乙烷(Ethane)的混合物。进料温度 25℃，压力 2515kPa，流量 4800kmol/h，组成为乙烯 0.7(摩尔分数，下同)，乙烷 0.3。冷凝器和再沸器压力均 2170kPa，回流比 4.5。要求塔顶产品中乙烯含量 0.996，塔底产品中乙烷含量 0.998，求最小理论板数和最佳进料位置。物性包选取 Peng-Robinson。

9.2　在习题 9.1 的基础上，进行严格计算，重新计算产品组成，与习题 9.1 中的分离要求对比。

9.3　某厂脱甲烷塔如附图 9-1 所示，进料物流 Feed-1 和 Feed-2 组成如附表 9-1 所示，附加能流的热流量 $2.1×10^6$ kJ/h。要求塔顶气相产品中甲烷摩尔分数 0.96，求再沸器热负荷及塔底产品的流量和组成。物性包选取 Peng-Robinson。

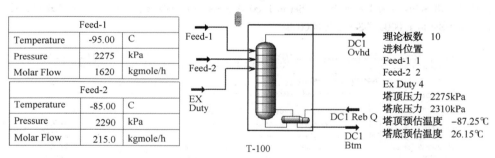

附图 9-1　脱甲烷流程

附表 9-1　进料物流摩尔组成

组分	氮气 (N$_2$)	二氧化碳 (CO$_2$)	甲烷 (Methane)	乙烷 (Ethane)	丙烷 (Propane)	异丁烷 (i-Butane)
Feed-1	0.0025	0.0048	0.7041	0.1921	0.0706	0.0112
Feed-2	0.0057	0.0029	0.7227	0.1176	0.0750	0.0204

组分	正丁烷 (n-Butane)	异戊烷 (i-Pentane)	正戊烷 (n-Pentane)	正己烷 (n-Hexane)	正庚烷 (n-Heptane)	正辛烷 (n-Octane)
Feed-1	0.0085	0.0036	0.0020	0.0003	0.0002	0.0001
Feed-2	0.0197	0.0147	0.0102	0.0037	0.0047	0.0027

9.4　某厂空气分离流程如附图 9-2 所示，要求塔顶气相产品中氮气摩尔分数 99.99%，

求塔底产品组成及塔顶流量。物性包选取 Peng-Robinson。

Air		
Temperature	-173.0	C
Pressure	570.0	kPa
Molar Flow	1115	kgmole/h
Master Comp Mole Frac(Nitrogen)	0.7810	
Master Comp Mole Frac(Oxygen)	0.2095	
Master Comp Mole Frac(Argon)	0.0095	

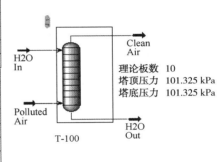

理论板数 30
进料位置 30
塔顶压力 550 kPa
塔底压力 560 kPa

附图9-2 某厂空气分离流程

9.5 用水吸收空气中的丙酮流程如附图9-3所示，求净化后空气中丙酮浓度。物性包选取 NRTL。

H2O In		
Temperature	20.00	C
Pressure	101.3	kPa
Molar Flow	45.00	kgmole/h
Master Comp Mole Frac (H2O)	1.0000	
Polluted Air		
Temperature	20.00	C
Pressure	101.3	kPa
Molar Flow	15.00	kgmole/h
Master Comp Mole Frac (Acetone)	0.0250	
Master Comp Mole Frac (Nitrogen)	0.7700	
Master Comp Mole Frac (Oxygen)	0.2050	

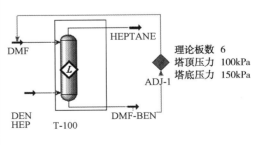

理论板数 10
塔顶压力 101.325 kPa
塔底压力 101.325 kPa

附图9-3 用水吸收空气中的丙酮流程

9.6 二甲基甲酰胺(N,N-Dimethylformamide，DMF)作为溶剂，从苯和正庚烷的混合物中萃取苯，流程如附图9-4所示。求回收98%的苯所需二甲基甲酰胺的量。物性包选取 UNIQUAC。

(提示：初始 DMF 进料流量估值 200kmol/h。)

DMF		
Temperature	20.00	C
Pressure	110.0	kPa
Molar Flow	254.5	kgmole/h
Master Comp Mole Frac (DMF)	1.0000	
DEN HEP		
Temperature	20.00	C
Pressure	160.0	kPa
Molar Flow	400.0	kgmole/h
Master Comp Mole Frac(Benzene)	0.2500	
Master Comp Mole Frac(n-Heptane)	0.7500	

理论板数 6
塔顶压力 100kPa
塔底压力 150kPa

附图9-4 二甲基甲酰胺萃取苯流程

9.7 如附图9-5所示，使用组分分割器将一股进料分离成两股产品，要求塔顶产品流量 50kmol/h，甲醇 0.95(摩尔分数，下同)，乙醇 0.04。求塔底产品的流量和组成。物性包选取 UNIQUAC。

Feed		
Temperature	70.00	C
Pressure	100.0	kPa
Master Comp Molar Flow (Methanol)	50.0000	kgmole/h
Master Comp Molar Flow (H2O)	100.0000	kgmole/h
Master Comp Molar Flow (Ethanol)	150.0000	kgmole/h

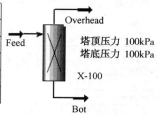

附图 9-5　组分分割器流程

第 10 章　过程模拟工具

为便于用户控制和调整流程，Aspen HYSYS 提供了一些过程模拟工具，其中几个常用过程模拟工具的简介如表 10-1 所示。

表 10-1　常用过程模拟工具简介

过程模拟工具	图标	说明
公用工程管理器	Process Utility Manager	自定义公用工程
同步调节管理器	Adjust Manager	监控和修改所有同步调节的调节器
流体包管理器	Fluid Package Associations	将流体包与各流程快速关联
工作簿	Workbook	以表格形式显示物流信息和模块信息
报告管理器	Reports	生成一份完整的数据报告
模型概要	Model Summary	查看全部物流及各单元模块信息，可将这些信息导入到 Excel 中
输入概要	Input	查看用户输入的数据
工艺流程图（PFD）	Flowsheet/Modify	使用 PFD 创建和修改流程

10.1　公用工程管理器

公用工程管理器（Process Utility Manager）允许用户自定义公用工程，用户可以在物流和能流中选用这些公用工程，这些选用了公用工程的物流和能流用于计算公用工程的消耗量、成本和排放量（如二氧化碳和其他温室气体）。选用公用工程的物流（进入分离器、压缩机、膨胀机、塔和固体单元模块的物流除外）计算时会影响其上游和下游部分，使与之相连的物流均选用相同的公用工程。

用户可以单击 Home 功能区选项卡下 **Process Utility Manager** 按钮，进入 **Process Utilities Manager** 页面，在该页面可以查看当前可选用的公用工程及其详细信息，另外，用户可以通过在 New 单元格中输入名称来自定义一个新公用工程，如图 10-1 所示。

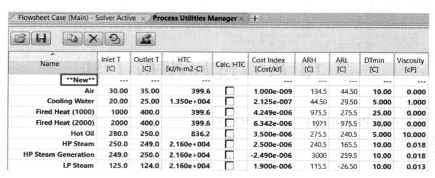

图 10-1　公用工程管理器页面

用户可进入物流 **Worksheet | Conditions** 页面和能流 **Stream** 页面，在 Utility Type 下拉列表框中选用公用工程，如图 10-2 所示。

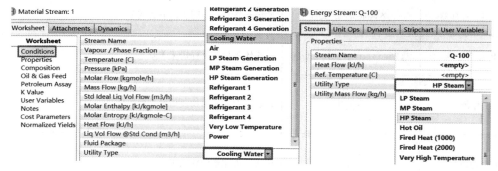

图 10-2　选用公用工程

10.2　同步调节管理器

同步调节管理器(Simultaneous Adjust Manager，SAM)允许用户监控和修改选择了 Simultaneous Solution(同步求解)选项的调节器，为用户提供了更有效的计算和控制方法。流程中存在至少两个处于激活状态的调节器时才能使用同步调节管理器，若只有一个处于激活状态的调节器，推荐使用 Secant 或 Broyden 计算方法。

在存在两个调节器的流程中，若改变任何一个调节变量(自变量)都将同时影响两个目标变量(因变量)，求解过程中就可能相互冲突，这是因为每个调节器仅仅考虑与之关联的目标变量和调节变量，并不与其他调节器协同运行。为解决这一问题，需要将两个调节器设置为同步求解，这时就需要使用同步调节管理器。

下面通过例 10.1 介绍同步调节管理器的应用。

【例 10.1】　现有温度 25℃，压力 100kPa 的纯水和纯乙醇两股物流，将其混合后乙醇-水溶液密度 850kg/m³，总流量 10kg/h，试确定上述两股物流质量流量，并查看混合溶液摩尔组成。物性方法选取 NRTL。

本例通过调节器调节两股纯物流质量流量，使其同时满足混合溶液质量流量和质量密度，从而确定每股物流的质量流量。本例模拟步骤如下：

（1）打开本书配套文件　打开 H₂O-Ethanol Mix.hsc，另存为 Example10.1-Adjust Manager. hsc。

（2）添加调节器并设置其参数　从对象面板选择 Adjust 模块添加到流程中，双击调节器 ADJ-1，进入 **ADJ-1 | Connections | Connections** 页面，设置 Adjusted Variable（调节变量）为物流 H_2O 的 Mass Flow，Target Variable（目标变量）为物流 MIX 的 Mass Flow，Target Value（目标值）输入 10kg/h。进入 **ADJ-1 | Parameters | Parameters** 页面，选择 Simultaneous Solution 复选框，同理，设置调节器 ADJ-2，如图 10-3 所示。

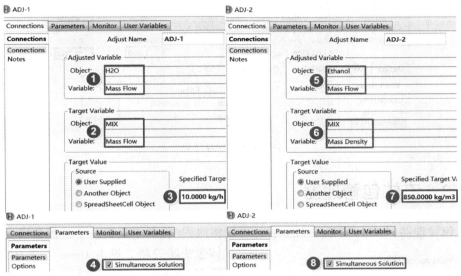

图 10-3　设置调节器参数

（3）使用同步调节管理器　单击 Home 功能区选项卡下 **Adjust Manager** 按钮，打开同步调节管理器，进入 **Simultaneous Adjust Manager | Parameters** 页面，输入各调节器 Tolerance（容差）、Step Size（步长）、Minimum（最小值）和 Maximum（最大值），如图 10-4 所示。单击 **Start** 按钮运行模拟，流程收敛。

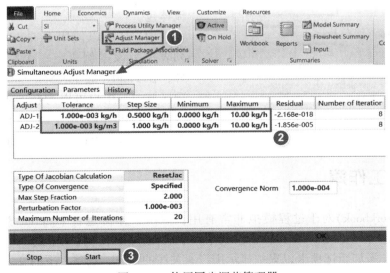

图 10-4　使用同步调节管理器

（4）查看结果　双击混合器 MIX-100，进入**MIX-100 | Worksheet | Conditions** 页面，查看两股物流质量流量分别为 1.8kg/h 和 8.2kg/h，进入**MIX-100 | Worksheet | Composition** 页面，查看混合溶液摩尔组成，如图 10-5 所示。

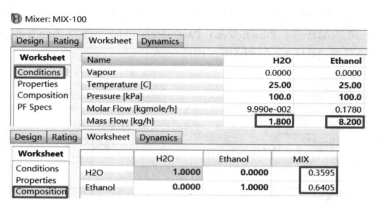

图 10-5　查看结果

10.3　流体包管理器

流体包管理器（Fluid Package Manager）可以将流程（包括主流程、子流程和塔流程）与流

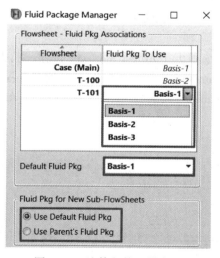

图 10-6　流体包管理器窗口

体包快速关联。单击 Home 功能区选项卡下 **Fluid packages Associations** 按钮可以弹出 **Fluid Package Manager** 窗口，如图 10-6 所示。

　　Fluid Package Manager 窗口以表格形式列出模拟中的流程及其使用的流体包。用户可以在 Fluid Pkg To Use 下拉列表框中指定流体包。

　　用户还可以使用 Default Fluid Pkg 下拉列表框为该案例指定一个默认流体包。另外，在 Fluid Pkg for New Sub-FlowSheets 选项区域中，用户可以为新的子流程指定 Use Default Fluid Pkg（使用默认流体包）或 Use Parent´s Fluid Pkg（使用主流程流体包）。

10.4　工作簿

　　工作簿（Workbook）对于过程模拟非常有用，默认工作簿包含 Material Streams（物流）、Compositions（组成）、Energy Streams（能流）和 Unit Ops（单元模块）四个选项卡。用户也可以自定义工作簿，添加新选项卡以集中显示用户所关注的信息，选项卡下的变量集可以根据需要添加或删除。

除了显示流程信息外，用户还可以在工作簿中直接修改参数，Aspen HYSYS 将自动进行计算。在工作簿中双击物流或单元模块名称可直接打开其属性窗口。

　　下面通过例 10.2 介绍工作簿的应用。

　　【例 10.2】　在本书配套文件 Workbook.hsc 的基础上，演示如何在工作簿中添加物流、定义物流、自定义工作簿、打印物流或工作簿数据表，并使用工作簿求解：（1）Gaswell 3 压力为 6000kPa 时的泡点温度；（2）Gaswell 1 压力为 4000kPa 时的露点温度；（3）Gaswell 1 在压力为 8000kPa、气相分数为 0.5 时的温度。

　　本例模拟步骤如下：

　　（1）打开本书配套文件　打开 Workbook.hsc，另存为 Example10.2-Workbook.hsc。

　　（2）在工作簿中添加物流　单击 Home 功能区选项卡下 **Workbook** 按钮打开工作簿。在 Material Streams 选项卡下的 New 单元格中输入物流名称 Gaswell 4，如图 10-7 所示。用户还可以在 Unit Ops 选项卡下添加单元模块。Aspen HYSYS 允许用户从工作簿中删除物流或单元模块，右击需要删除的物流或单元模块名称，弹出快捷菜单，选择 Delete 即可。

Material Streams	Compositions	Energy Streams	Unit Ops		
Name		Gaswell 1	Gaswell 2	Gaswell 3	Gaswell 4
Vapour Fraction		0.9188	1.0000	<empty>	<empty>

图 10-7　添加物流 Gaswell 4

　　（3）在工作簿中定义物流　双击物流 Gaswell 4 名称，进入 **Gaswell 4 | Worksheet | Conditions** 页面，单击 **Define Stream From** 按钮，弹出 **Spec Stream As** 窗口，在 Available Streams（可选物流）选项区域中选择 Gaswell 1，在 Copy Stream Conditions（复制物流条件）选项区域中选择所有复选框，在 Flow Basis 选项区域中选择 Molar 单选按钮，单击 **OK** 按钮，如图 10-8 所示。

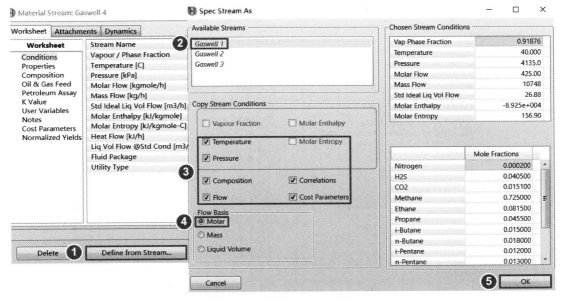

图 10-8　定义物流 Gaswell 4

（4）自定义工作簿　单击 Workbook 功能区选项卡下**Setup** 按钮，弹出**Setup** 窗口，单击
Add 按钮，弹出**New Object Type** 窗口，选择 Material Stream，单击**OK** 按钮，即可添加一个新
选项卡 Material Stream1，选中 Material Stream1，修改其名称为 Other Prop，在 Variables 选项
区域中，全选现有变量，单击**Delete** 按钮删除所有变量，单击**Add** 按钮，弹出**Select Variable
(s)**窗口，从变量列表中选择 c_p/c_v、Mass Heat Of Vapourization 和 Molar Enthalpy，单击**Done**
按钮完成添加，如图 10-9 所示。

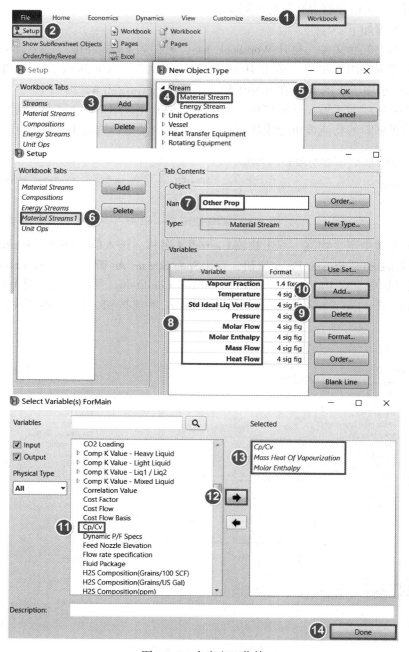

图 10-9　自定义工作簿

（5）排序/隐藏/显示选项卡　单击 Workbook 功能区选项卡下 **Order/Hide/Reveal** 按钮，弹出 **Order/Hide/Reveal Objects** 窗口，用户可以通过窗口中 Sorting 选项区域来对选项卡进行排序，从上到下依次是 Manual(手动)、Ascending(升序) 和 Descending(降序)。用户可以通过 **Hide** 或 **Reveal** 按钮来隐藏或显示选项卡，如图 10-10 所示。本例只作介绍不做修改。

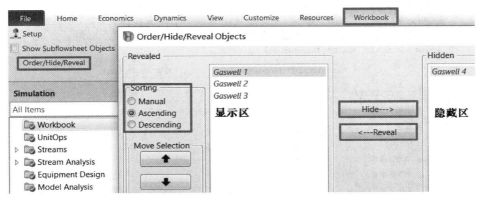

图 10-10　排序/隐藏/显示选项卡

（6）打印物流或工作簿数据表

① 打印物流数据表　右击需要打印物流的名称(比如 Gaswell 1)，选择 Print Datasheet，弹出 **Select Datablocks** 窗口，选择需要打印的数据表，单击 **Preview** 按钮可以预览打印效果，单击 **Print** 按钮打印物流数据表，如图 10-11 所示。

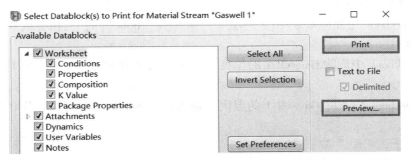

图 10-11　打印物流数据表

② 打印工作簿数据表　右击工作簿选项卡，选择 Print Datasheet，弹出 **Select Datablocks** 窗口，选择需要打印的数据表，单击 **Preview** 按钮可以预览打印效果，单击 **Print** 按钮打印工作簿数据表，如图 10-12 所示。

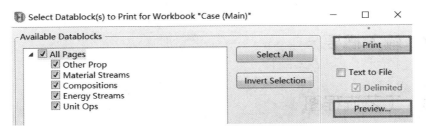

图 10-12　打印工作簿数据表

（7）导出工作簿 单击 Workbook 功能区选项卡下 Export 组中**Workbook** 按钮，即可将当前工作簿导出并保存为＊.wrk 文件，如图 10-13 所示。

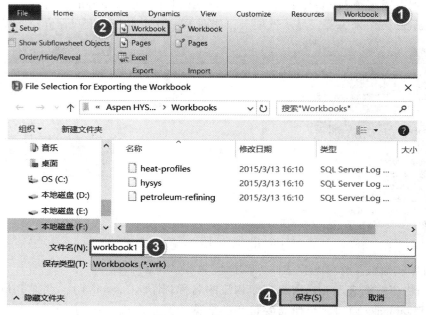

图 10-13　导出工作簿

（8）使用工作簿求解

① 在 Workbook 中删除 Gaswell 3 的温度，输入压力 6000kPa，气相分数 0，计算得泡点温度为-47.94℃。

②在 Workbook 中删除 Gaswell 1 的温度，输入压力 4000kPa，气相分数 1，计算得露点温度为 97.83℃。

③在 Workbook 中删除 Gaswell 1 的温度，输入压力 8000kPa，气相分数 0.5，计算得温度为-31.7℃。

10.5　报告管理器

10.6　模型概要

10.7　输入概要

10.8　工艺流程图

第 11 章 过程分析工具

为方便用户分析流程，Aspen HYSYS 提供了一些过程分析工具，这些工具设置在 Home 功能区选项卡下 Analysis 组中。本章主要介绍一些常用过程分析工具的应用。

11.1 工况分析

使用工况分析（Case Studies）工具可以在稳态模拟中观察流程自变量（Independent Variable）改变时因变量（Dependent Variable）的响应情况。对于每个自变量，用户为其指定上下限及步长。Aspen HYSYS 将会按照用户指定的上下限及步长依次更改自变量，并计算因变量。

Aspen HYSYS 的 Case Studies 有 4 种分析类型，分别为：

① Sensitivity（灵敏度型）　单独分析每一个自变量对因变量的影响。

② Nested（嵌套型）　默认类型，对多个自变量每一种可能的组合进行分析。

③ Discrete（离散型）　无需指定上下限及步长，自行指定需要分析的自变量数值。

④ Base & Shift（基础转变型）可以为每个自变量设置多组基础值和转变值，分析基础值及基础值加减转变值。选择 Unidirectional（单向）单选按钮即分析基础值和基础值加转变值；选择 Bidirectional（双向）单选按钮即分析基础值、基础值加转变值和基础值减转变值。

下面通过例 11.1 介绍工况分析的应用。

【例 11.1】　甲醇回收是 MTBE（甲基叔丁基醚）合成工艺的一部分，其中甲醇萃取塔的料水比是一关键操作参数，可影响塔顶 C_4 产品的质量和后续甲醇的回收能耗。现对本书配套文件中甲醇萃取塔进行工况分析，以确定合适的料水比，要求塔顶出料中甲醇含量不高于 $50\mu g/g$（质量分数不超过 5×10^{-5}）。

本例模拟步骤如下：

（1）打开本书配套文件　打开 Methanol Extractor. hsc，另存为 Example11. 1－Case Studies. hsc。

（2）选择工况分析变量　单击 Home 功能区选项卡下 **Case Studies** 按钮，进入 **Case Studies** 页面，单击 **Add** 按钮，进入 **Case Study 1** 页面，单击 **Find Variables** 按钮，弹出 **Variable Navigator**（变量导航）窗口，选择物流 H_2O 的 Mass Flow（质量流量）和物流 C_4 Product 的 Master Comp Mass Frac（Methanol）（甲醇质量分数），单击 **Done** 按钮，完成选择，如图 11－1 所示。

（3）设置工况分析参数　进入 **Case Study1 | Case Study Setup** 页面，在 Case Study Type 下拉列表框中选择 Sensitivity，输入 H_2O－Mass Flow（自变量）上限 1000，下限 4500 以及步长 100，单击 **Run** 按钮运行工况分析，如图 11－2 所示。

过程模拟实训——Aspen HYSYS教程(第二版)

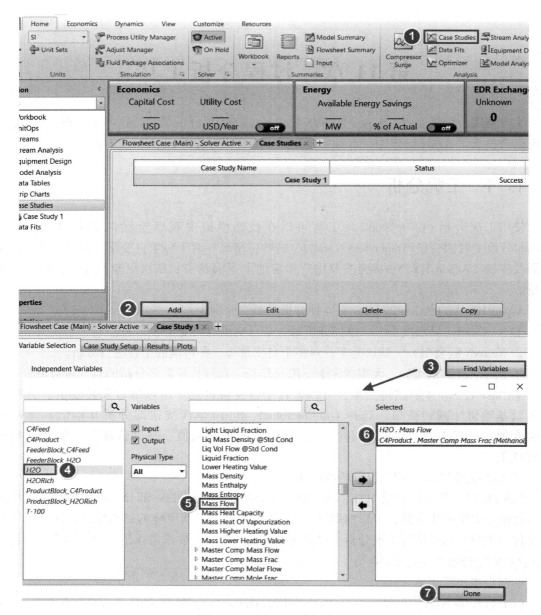

图 11-1　选择工况分析变量

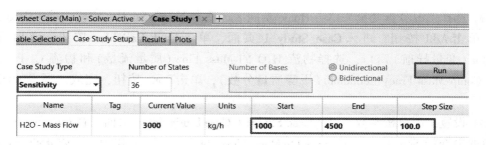

图 11-2　设置自变量变化范围和步长

（4）查看结果 进入**Case Study1 | Plots** 页面，查看水的质量流量与萃余相中甲醇含量关系图，如图 11-3 所示。根据设计要求，塔顶 C_4 产品中甲醇质量分数应低于 $5×10^{-5}$，由图可查，当甲醇的含量恰好达到指定要求时，萃取剂水用量为 1778kg/h，其后随着水的不断增加，并不能使甲醇含量显著降低，另外，设计时应留出裕量，因此，综合考虑水量应选取 1900kg/h，即料水比为 2.63。

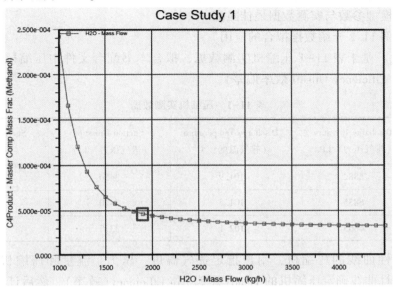

图 11-3 水质量流量与萃余相中甲醇含量关系图

进入**Case Study1 | Result** 页面，查看各点的具体数据，单击**Send to Excel** 按钮，可以将数据导出到 Excel 中，如图 11-4 所示。

State	H2O - Mass Flow [kg/h]	C4Product - Master Comp Mass Frac (Methanol)
Case 1	1000	0.000242
Case 2	1100	0.000166
Case 3	1200	0.000121
Case 4	1300	0.000093
Case 5	1400	0.000076
Case 6	1500	0.000065
Case 7	1600	0.000058
Case 8	1700	0.000053
Case 9	1800	0.000049
Case 10	1900	0.000047
Case 11	2000	0.000045
Case 12	2100	0.000043

图 11-4 查看各点具体数据

11.2 数据拟合

使用数据拟合(Data Fits)功能可以将已知的装置实测数据或实验数据拟合到 Aspen HYSYS 模拟模型中。若用户为模型提供一组或多组实测数据，Data Fits 则调整或估算模型参数，以便使模型参数与实测数据最佳匹配。

下面通过例 11.2 介绍数据拟合的应用。

【例 11.2】 基于表 11-1 压缩机实测数据，拟合本书配套文件中压缩机的 Head Offset (压头偏差)与 Efficiency Offset(效率偏差)。

表 11-1 压缩机实测数据

数据	Discharge Pressure (排气压力)/kPa	Discharge Temperature (排气温度)/℃	Suction Pressure (进气压力)/kPa	Suction Temperature (进气温度)/℃
数据 1	6882	101.9	3450	46
数据 2	6835	101.5	3420	46.5
数据 3	6863	102.1	3370	45.8

对已知特性曲线的压缩机，用户指定进气温度、压力、流量和压缩机转速，Aspen HYSYS 根据特性曲线确定压缩机的 Head(压头)和 Efficiency(效率)，然后计算压缩机的排气压力和温度。但有时根据压缩机的特性曲线计算的结果与实际工况存在偏差，本例使用 Data Fits 功能，根据实测压缩机数据，修正压缩机特性曲线存在的偏差，得到 Head Offset 和 Efficiency Offset 两个参数。

本例模拟步骤如下：

(1)打开本书配套文件 打开 Compressor.hsc，另存为 Example11.2-Data Fits.hsc。

(2)查看压缩机排气状态 双击压缩机 Stage 2，进入 **Stage 2 | Worksheet | Conditons** 页面，查看目前压缩机的排气温度为 98.2℃，排气压力为 6780kPa，如图 11-5 所示。

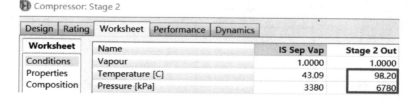

图 11-5 拟合前压缩机排气状态

(3)进行数据拟合：

① 单击 Home 功能区选项卡下 **Data Fits** 按钮，进入 **Data Fits** 页面，单击页面上的 **Add Data-Fit** 按钮，进入 **Data-Fit-1 | Data Sets | Setup** 页面，单击 **Target Objects** 按钮，弹出 **Target Objects** 窗口，选择如图 11-6 所示多个目标对象，单击 **Accept List** 按钮。

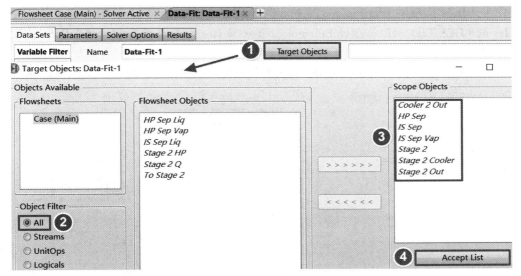

图 11-6 选择目标对象

② 进入**Data-Fit-1 | Data Sets | Setup** 页面，单击**Add Variable** 按钮，弹出**Select optimization variables and DCS Tags** 窗口，添加与实测数据相关联的变量，并修改变量名称，如图 11-7 所示。

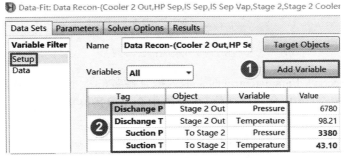

图 11-7 添加变量

③ 进入**Data-Fit-1 | Data Sets | Data** 页面，单击**Add Data Set** 按钮，输入三组实测数据，如图 11-8 所示。

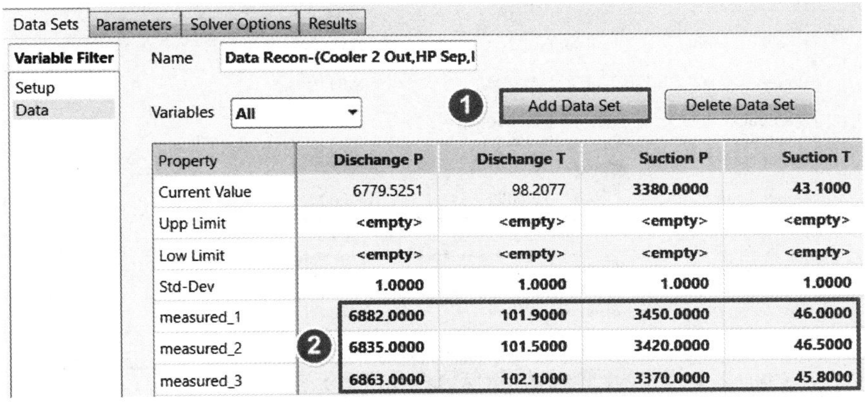

Property	Discharge P	Discharge T	Suction P	Suction T
Current Value	6779.5251	98.2077	3380.0000	43.1000
Upp Limit	<empty>	<empty>	<empty>	<empty>
Low Limit	<empty>	<empty>	<empty>	<empty>
Std-Dev	1.0000	1.0000	1.0000	1.0000
measured_1	6882.0000	101.9000	3450.0000	46.0000
measured_2	6835.0000	101.5000	3420.0000	46.5000
measured_3	6863.0000	102.1000	3370.0000	45.8000

图 11-8 输入实测数据

④ 进入**Data Recon | Parameters** 页面，单击**Add Fit Param** 按钮，弹出**Select optimization variables and DCS Tags** 窗口，选择 Efficiency Offset 和 Head Offset 两参数，单击**Done** 按钮，如图 11-9 所示。

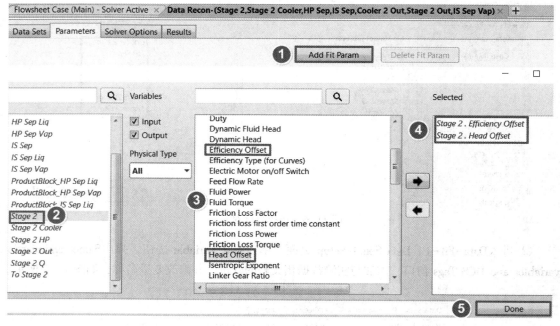

图 11-9　添加拟合参数

⑤ 进入**Data Recon | Parameters** 页面，输入拟合参数的上下限，单击**Start** 按钮，如果数据拟合成功，在 Estimated Value(估计值)单元格中会显示最终数值，如图 11-10 所示。该数值会同时在压缩机中更新。

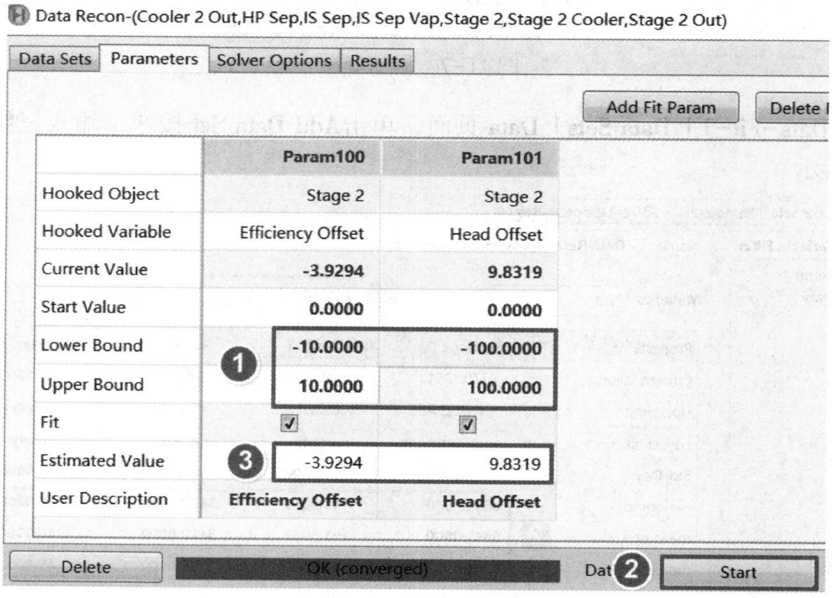

图 11-10　进行拟合

（4）查看压缩机排气状态 双击压缩机 Stage 2，进入 **Stage 2 | Worksheet | Conditons** 页面，查看拟合后压缩机排气温度为 100.3℃，排气压力为 6786kPa，如图 11-11 所示。

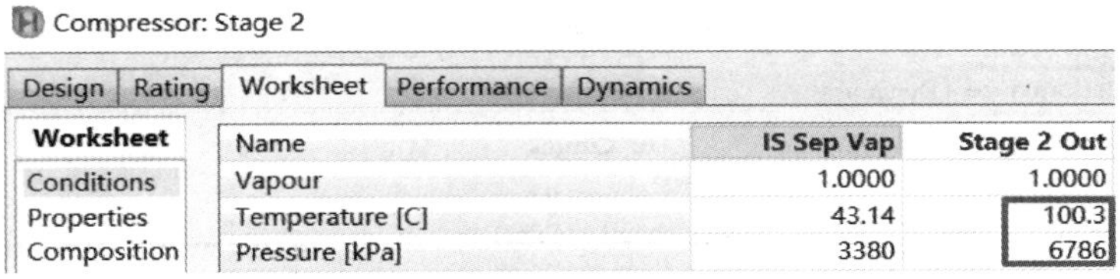

图 11-11 拟合后压缩机排气状态

11.3 物流分析

几种常用的物流分析（Stream Analysis）工具简介如表 11-2 所示。

表 11-2 物流分析工具简介

工 具	说 明
沸点曲线（Boiling Point Curves）	获得石油评价结果
CO_2 凝析析出（CO_2 Freeze Out）	计算 CO_2 凝固析出条件
低温性能（Cold Properties）	计算油品的低温性能，如真实蒸气压、雷德蒸气压、闪点和倾点等
临界性质（Critical Properties）	计算物流的真假临界性质
包络线（Envelope）	查看物流的包络线图
水合物生成（Hydrate Formation）	计算天然气中水合物的生成条件
基本相包络线（Master Phase Envelope）	计算多股物流的三相包络线
物性表（Property Table）	查看物流在一定范围内的物性变化趋势

11.3.1 沸点曲线

沸点曲线（Boiling Point Curves）分析工具能够使用户获得石油物流的评价结果，该分析工具通常与石油管理器（Oil Manager）联用。该分析工具可以绘制 TBP、ASTM D86、D86、D1160（Vac）、D1160（Atm）和 D2887 曲线，还可以计算每个切割点的临界性质数据和低温性能。

注：Vac 表示减压、Atm 表示常压。

下面通过例 11.3 介绍沸点曲线分析工具的应用。

【例 11.3】 绘制例 13.3 中物流 Crude Feed-1 的沸点曲线。

本例模拟步骤如下：

（1）打开本书配套文件 打开 Example13.3-Crude Distillation Unit. hsc，另存为 Example11.3-Boiling Point Curves. hsc。

（2）绘制物流沸点曲线 选中物流 Crude Feed-1，右击弹出其快捷菜单选择 **Create**

Stream Analysis（创建物流分析）子菜单中的 Boiling Point Curves，弹出**Boiling Point Curves** 窗口，进入**Performance | Plots** 页面查看物流 Crude Feed-1 沸点曲线，如图 11-12 所示。

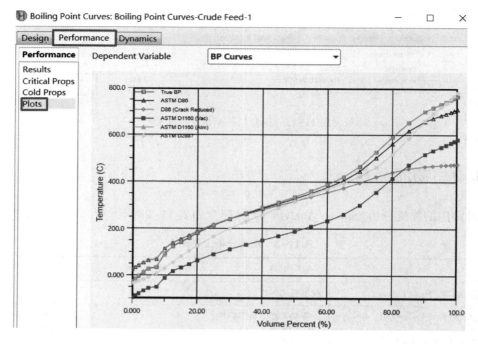

图 11-12　绘制物流沸点曲线

（3）查看各曲线数据分布　进入**Performance | Results** 页面，以表格的形式查看各曲线数据分布，如图 11-13 所示。如果分析计算未完成，即状态栏仍为黄色或红色，则该界面为空白。

Cut Point [%]	TBP [C]	ASTM D86 [C]	D86 Crack Reduced [C]	ASTM D1160 (Vac) [C]
0.00	-26.54	26.75	26.75	-95.80
1.00	-15.48	34.04	34.04	-87.64
2.00	-3.820	42.01	42.01	-78.97
3.50	13.17	53.95	53.95	-66.25
5.00	27.33	64.12	64.12	-55.59
7.50	33.98	69.01	69.01	-50.55
10.00	92.41	114.4	114.4	-11.23
12.50	122.8	138.8	138.8	17.97
15.00	142.1	155.1	155.1	33.19

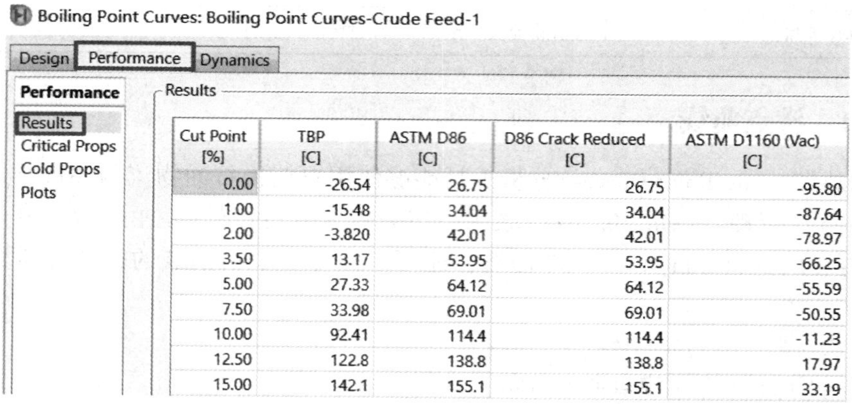

图 11-13　查看各曲线数据分布

（4）查看临界性质　进入**Performance | Critical Props** 页面，用户可以查看各切割点 Critical Temp（临界温度）、Critical Press（临界压力）、Acentric Factor（偏心因子）和 Mole Wt.（相对分子质量）等数据，如图 11-14 所示。

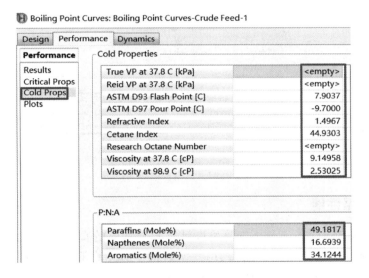

图 11-14　查看临界性质

（5）查看低温性能　进入 **Performance | Cold Props** 页面，可以查看物流的低温性能，其中 P：N：A 表示的是 Paraffins（链烷烃）、Napthenes（环烷烃）和 Aromatics（芳烃）的比例，如图 11-15 所示。

图 11-15　查看低温性能

11.3.2　CO_2凝固析出

CO_2凝固析出（CO_2 Freeze Out）分析工具使用状态方程计算含 CO_2 的混合物中 CO_2 初始固体析出点，该工具可以用于预测与物流当前条件下存在的气相、液相或水相（极少数情况）相平衡的 CO_2 固体析出点。

必须选取 Peng-Robinson 或 SRK 物性包，才可以使用该分析工具。

下面通过例 11.4 介绍 CO_2 凝固析出分析工具的应用。

【例 11.4】　计算例 10.2 中物流 Gaswell 3 在压力、组成不变的条件下，CO_2 固体的析出温度。

本例模拟步骤如下：

（1）打开本书配套文件　打开 Example10.2-Workbook.hsc，另存为 Example11.4-CO_2 Freeze Out.hsc。

（2）查看 CO_2 析出情况　选中物流 Gaswell 3，右击弹出其快捷菜单选择 Create Stream Analysis 子菜单中的 CO_2 Freeze Out，弹出 **Freeze Out** 窗口，在 Component 下拉列表框中选择 CO_2（除二氧化碳外，该工具还可以分析硫化氢、苯、甲苯、戊烷、己烷、庚烷、辛烷、壬烷、癸烷、正丁烷和环己烷），即可得到分析结果，如图 11-16 所示。

Freeze Temp 单元格显示物流 Gaswell 3 在 -114.5279℃ 时会析出 CO_2 固体；Freeze From 单元格显示固体将从液相析出；Formation Flag 显示当前条件下是否有 CO_2 固体析出，Does NOT Form 表示没有 CO_2 固体析出，若有 CO_2 固体析出，则该单元格会显示 Solid CO_2 Present。

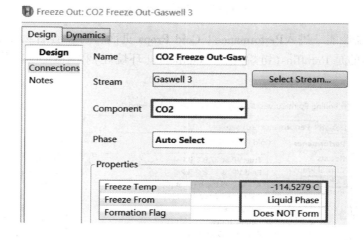

图 11-16　查看 CO_2 析出情况

11.3.3　低温性能

低温性能（Cold Properties）分析工具可以计算石油物流的真实蒸气压、雷德蒸气压、闪点、倾点、折射率、十六烷值（柴油指数）、辛烷值、37.8℃ 下的黏度和 98.9℃ 下的黏度。用户还可以查看 ASTM D86 蒸馏曲线数据以及 PNA 摩尔分数。

下面通过例 11.5 介绍低温性能分析工具的应用。

【例 11.5】　查看例 13.3 中物流 Crude Feed-1 的低温性能。

本例模拟步骤如下：

（1）打开本书配套文件　打开 Example13.3-Crude Distillation Unit.hsc，另存为 Example11.5-Cold Properties.hsc。

（2）查看物流低温性能　选中物流 Crude Feed-1，右击弹出其快捷菜单选择 Create Stream Analysis 子菜单中的 Cold Properties，弹出 **Cold Properties** 窗口，查看物流 Crude Feed-1 的低温性能，如图 11-17 所示。选择 **Options** 单选按钮，可在 Calculation Methods 选项区域选择相应物性的计算方法，如图 11-18 所示。

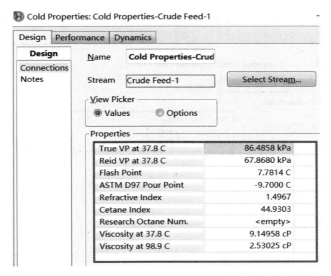

图 11-17　查看物流低温性能

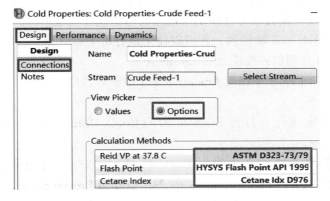

图 11-18　选择计算方法

（3）查看 ASTM D86 蒸馏曲线数据　进入 **Performance | BP** 页面查看 ASTM 蒸馏曲线数据，如图 11-19 所示。在 Calculation Method 选项区域可以选择蒸馏曲线的计算方法。

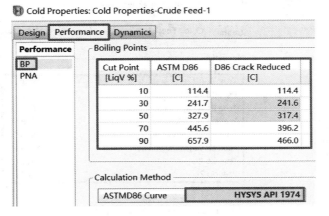

图 11-19　查看 ASTM D86 蒸馏曲线数据

（4）查看 PNA 摩尔分数　进入**Performance | PNA** 页面查看 PNA 摩尔分数，如图 11-20 所示。

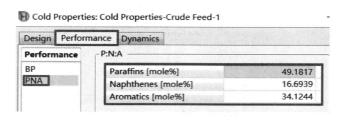

图 11-20　查看 PNA 摩尔分数

11.3.4　临界性质

临界性质（Critical Properties）分析工具可用于计算已完全定义的物流的真假临界温度、临界压力、临界体积和临界压缩因子。

临界性质分析工具显示真假两组临界性质。其中真临界性质是指使用与物性包相关的混合规则计算的临界性质，而假临界性质是指使用简单的线性模型估计的混合物的临界性质。

必须选取 Peng-Robinson 物性包，才可以使用该分析工具。

下面通过例 11.6 介绍临界性质分析工具的应用。

【例 11.6】　查看例 13.3 中物流 Crude Feed-1 的临界性质。

本例模拟步骤如下：

（1）打开本书配套文件　打开 Example13.3-Crude Distillation Unit. hsc，另存为 Example11.6-Critical Properties. hsc。

（2）查看物流临界性质　选中物流 Crude Feed-1，右击弹出其快捷菜单选择 Create Stream Analysis 子菜单中的 Critical Properties，弹出**Critical Properties** 窗口，进入**Design | Connections** 查看物流 Crude Feed-1 的临界性质，如图 11-21 所示。

图 11-21　查看物流临界性质

11.3.5　包络线

包络线（Envelope）分析工具可以分析已知组成的物流特定参数之间的关系，包括仅有一个组分的物流。该工具可以绘制压力-温度、压力-摩尔体积、压力-焓、压力-熵、温度-摩尔体积、温度-焓和温度-熵的气-液包络线图。

对于压力-温度包络线图，在图中可以添加质量线或水合曲线，还包括其他等参数曲线，如等温线或等压线。因为包络线工具只能执行以干基为基准的闪蒸计算（如果物流中有水，它会忽略水的存在），因此在对含水或可以形成第二液相的多组分混合物应用该工具时要特别注意。

必须选取 Peng-Robinson，SRK 或 Glycol Package 物性包，才可以使用该分析工具。

下面通过例 11.7 介绍包络线分析工具的应用。

【例 11.7】　查看例 6.7 中物流 Gas Well A 的包络线，以及水合物生成曲线。

本例模拟步骤如下：

（1）打开本书配套文件　打开 Exanmple6.7-Pipe Segment.hsc，另存为 Example11.7-Envelope.hsc。

（2）检查物流是否含有水　双击物流 Gas Well A，进入**Worksheet | Composition** 页面，可知该物流不含水。

（3）绘制包络线　选中物流 Gas Well A，右击弹出其快捷菜单选择 Create Stream Analysis 子菜单中的 Envelope，弹出**Envelope**窗口，进入**Performance | Plots** 页面查看包络线，选择 Hydrate 复选框，即可得到其水合物生成曲线，如图 11-22 所示。用户还可以在 Envelope Type 选项区域通过选择 pV、pH、pS、TV、TH 或 TS 依次查看该物流压力-摩尔体积、压力-焓、压力-熵、温度-摩尔体积、温度-焓或温度-熵的包络线。

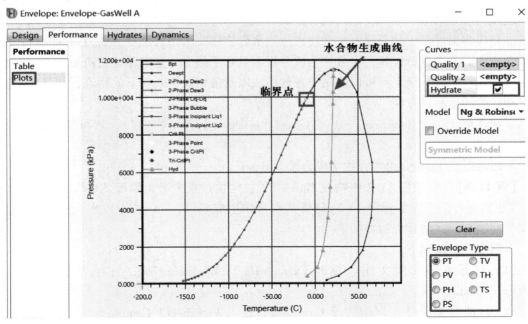

图 11-22　绘制包络线

（4）查看曲线数据　进入 **Performance | Table** 页面以表格的形式查看曲线数据。在 Table Type 下拉列表框中选择表中显示的数据类型，本例选择 Bubble Pt（泡点数据），如图 11-23 所示。

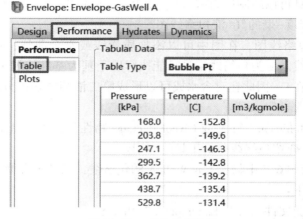

图 11-23　查看曲线数据

11.3.6　水合物生成

水合物生成(Hydrate Formation)分析工具可以计算天然气中水合物生成条件。在管道输送的天然气中通常含有水，天然气中含水会出现水合问题，即水与小分子气体在较高压力和较低温度条件下，生成固体水合物。

管道中如果有固体水合物生成，会堵塞阀门、仪表、弯头或管道，降低生产输送能力，尤其当天然气中含有二氧化碳和硫化氢等比烃类更易溶于水的酸性气体时，更易生成水合物，造成的凝结堵塞、侵蚀腐蚀问题会更加严重。为防止以上现象发生，必须预先采取脱水措施。要检测天然气中是否含有水合物或预测水合物将要出现的温度、压力条件，可以直接用水合物生成工具进行计算。水合物生成分析工具基于热力学基本原理，使用状态方程来计算平衡条件。因此，该工具可以应用于各种组成以及极端操作条件下的物流，并且比经验表达式和经验图更具可靠性。

必须选取 Peng-Robinson、SRK、Glycol Package 或 CPA 物性包，才可以使用该分析工具。

下面通过例 11.8 介绍水合物生成分析工具的应用。

【例 11.8】　假设例 11.2 中物流 Gaswell 2 在运输过程中最低温度 5℃，压力 3000kPa。(1)预测其是否会生成水合物；(2)分析其水合物生成条件；(3)若生成水合物，现注入甲醇作为抑制剂，试估算抑制剂用量。

本例模拟步骤如下：

（1）打开本书配套文件　打开 Example10.2-Workbook.hsc，另存为 Example11.8-Hydrate Formation.hsc。

（2）修改物流条件　双击物流 Gaswell 2，进入 **Worksheet | Conditions** 页面，输入温度 5℃，压力 3000kPa。

（3）查看水合物生成情况　选中物流 Gaswell 2，右击弹出其快捷菜单选择 Create Stream Analysis 子菜单中的 Hydrate Formation。进入**Design | Connections** 页面，在 Hydrate Formation Flag 单元格显示 Will Form，表示当前温度压力条件下已经有水合物生成，如图 11-24 所示。若 Hydrate Formation Flag 单元格显示 Will NOT Form，则表示该条件下不会生成水合物。

在 Hydrate Type Formed 单元格中会显示水合物生成的类型，如果冰先生成，则该单元格会显示 Ice Forms First。如果物流的温度高于生成温度，或物流的压力低于生成压力，则该单元格中会显示 No Types。

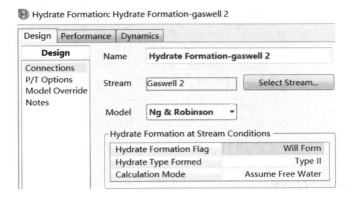

图 11-24　查看水合物生成情况

（4）查看水合物生成条件　进入**Performance | Formation T/P** 页面，可以查看该物流水合物生成条件，在压力不变的情况下下，温度低于 17.3297℃时会生成水合物；在温度不变的情况下，压力高于 640.4727kPa 时会生成水合物，如图 11-25 所示。

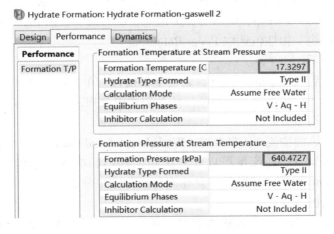

图 11-25　查看水合物生成条件

（5）估算抑制剂用量　进入**Design | Connections** 页面，在 Hydrate Suppression（水合物抑制）选项区域选择 Inhibitor Flow Calculation（抑制剂流量计算）复选框，在 Inhibitor（抑制剂）下拉列表框中选择 MeOH（甲醇），这里必须先在组分列表中添加甲醇组分，否则 Inhibitor 下拉列表框为空，Aspen HYSYS 将自动计算出当前条件下所需抑制剂用量，如图 11-26 所示。

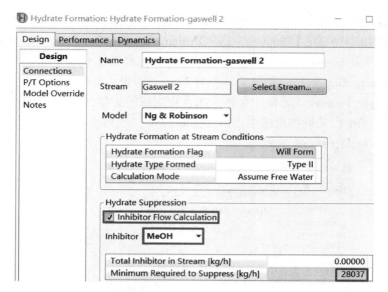

图 11-26　估算抑制剂用量

11.3.7　基本相包络线

基本相包络线(Master Phase Envelope)分析工具允许用户计算多股物流的三相包络线，包括只有一种组分的物流。

下面通过例11.9介绍基本相包络线分析工具的应用。

【例11.9】　一股物流，温度-31℃，压力 202.6kPa，其中甲烷(Methane)、乙烷(Ethane)、丙烷(Propane)、异丁烷(i-Butane)、正丁烷(n-Butane)、水(H_2O)和正庚烷(n-Heptane)的摩尔分数依次为 0.0143，0.0143，0.0143，0.4285，0.0143，0.0143 和 0.5，查看该物流的基本相包络线。物性包选取 Peng-Robinson。

本例模拟步骤如下：

(1) 新建模拟　启动 Aspen HYSYS，新建空白模拟，单位集选择 SI，文件保存为 Example11.9-Master Phase Envelope.hsc。按题目信息创建组分列表，选取物性包 Peng-Robinson，并查看其二元交互作用参数。

(2) 添加物流　添加物流1，双击进入**Worksheet | Conditions** 页面，输入温度-31℃，压力 202.6kPa，流量 50kmol/h(流量可以任意给定，并不影响基本相包络线的绘制)。进入**Worksheet | Composition** 页面，按题目信息输入各组分摩尔分数。

(3) 查看基本相包络线：

① 查看物流相态　首先要保证输入的物流是三相的，进入**Worksheet | Conditions** 页面查看物流相态，可知该物流存在 Vapour、Liquid 和 Aqueous 三相，如图 11-27 所示。

② 查看基本相包络线　选中物流1，右击弹出其快捷菜单选择 Create Stream Analysis，子菜单中的 Master Phase Envelope，弹出**Master Phase Envelope** 窗口，进入**Performance | Plots** 页面，选择物流1，选择**Plot** 单选按钮，查看基本相包络线，如图 11-28 所示。用户还可以通过选择 pV、pH、pS、TV、TH 和 TS 单选按钮依次查看该物流压力-摩尔体积、压力-焓、压力-熵、温度-摩尔体积、温度-焓和温度-熵的基本相包络线。

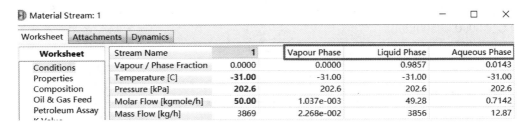

图 11-27　查看物流相态

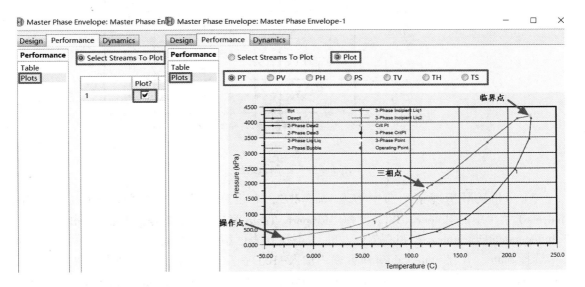

图 11-28　查看基本相包络线

11.3.8　物性表

物性表(Property Table)分析工具,可以用数据表或性质曲线来表示用户所选择的自变量与因变量之间的关系。物性表应用广泛,可适用于各种体系,特别是对于含水体系,由于不能直接使用包络线工具执行体系在各种压力下的泡点和露点的计算,可以借助物性表来绘制在一定压力范围内的泡点和露点曲线。

下面通过例 11.10 介绍物性表分析工具的应用。

【例 11.10】　使用物性表对例 10.2 进行如下分析:(1)分析物流 Gaswell 2 的反凝析现象;(2)绘制 Gaswell 3 压力从 100kPa 到 5000kPa 的泡点和露点曲线。

反凝析现象为多组分体系在等温降压或等压升温过程中出现液体凝析的现象,也称逆变现象。这种现象一般发生在临界点附近区域。

本例模拟步骤如下:

(1)打开本书配套文件　打开 Examlpe10.2-Workbook.hsc,另存为 Example11.10-Property Table.hsc。

(2)绘制包络线　根据例 11.7 介绍绘制物流 Gaswell 2 的包络线,得到该物流的临界点，如图 11-29 所示。选择其临界点附近区域并使用物性表进行反凝析现象分析，本例选择-10℃，8000~9500kPa。

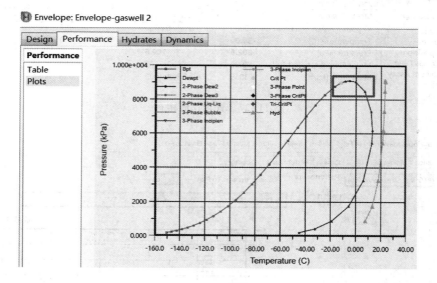

图 11-29　绘制包络线

（3）分析反凝析现象　选中物流 Gaswell 2，右击弹出其快捷菜单选择 Create Stream Analysis 子菜单中的 Property Table，弹出**Property Table** 窗口，进入**Design | Connections** 页面，在 Independent Variables 选项区域 Variable 1 下拉列表框中选择 Temperature，Mode 下拉列表框中选择 State，并在 State values 单元格中输入-10℃；在 Variable 2 下拉列表框中选择 Pressure，Mode 默认选择 Incremental，Lower Bound（下限）输入 8000kPa，Upper Bound（上限）输入 9500kPa，修改# of increments 的值为 20，如图 11-30 所示。

注：其中一个自变量必须是压力或温度。

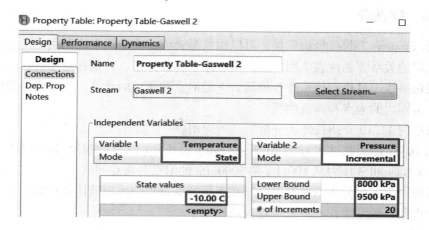

图 11-30　设置物性表自变量参数

进入**Design | Dep. Prop** 页面，单击**Add** 按钮，弹出**Variable Navigator** 窗口，选择 Vapour Fraction，单击**OK** 按钮，完成选择，单击**Calculate** 按钮，进行计算，如图 11-31 所示。

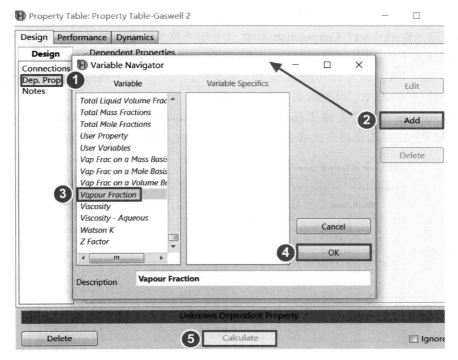

图 11-31　选择物性表因变量

进入**Performance | Plots** 页面，单击**View Plot** 按钮，即可查看物流 Gaswell 2 温度恒定时，气相分数随压力变化曲线，如图 11-32 所示。由图可知物流 Gaswell 2 在 -10℃，8900 ~ 9100kPa 时，有反凝析现象发生。

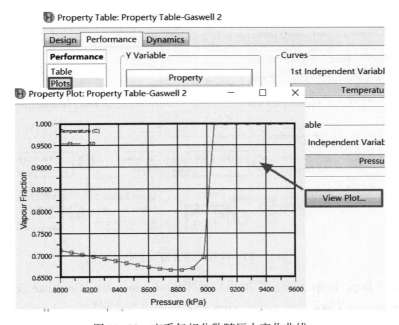

图 11-32　查看气相分数随压力变化曲线

（4）利用物性表绘制 Gaswell 3 压力从 100kPa 到 5000kPa 的泡点和露点曲线 双击物流 Gaswell 3，进入 **Worksheet | Composition** 页面，可知该物流含水，故不能用包络线工具计算物流在不同压力下泡露点，需使用物性表进行计算。由于物流中含有 H_2S 和 CO_2，故物性包此时应选择 Sour PR，需为 Gaswell 3 添加一个新的物性包。单击 **Properties** 按钮返回物性环境，添加物性包 Sour PR，并修改名称为 Sour PR。

单击 **Simulation** 按钮进入模拟环境，双击物流 Gaswell 3，进入 **Worksheet | Conditions** 页面，在 Fluid Package 单元格下拉列表框中选择 Sour PR，如图 11-33 所示。

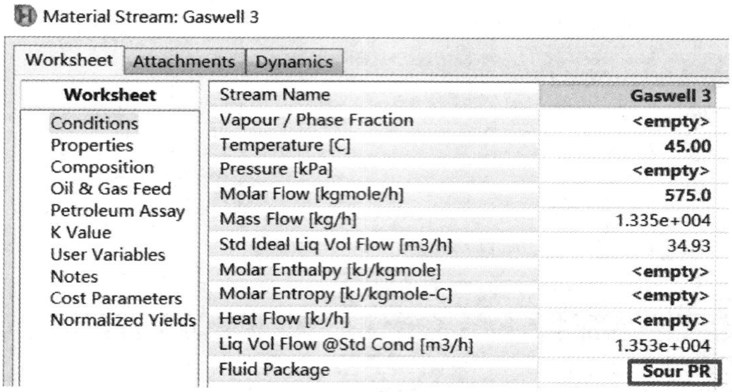

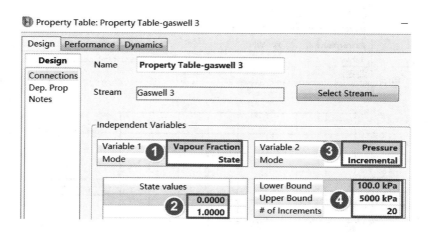

图 11-33　选择流体包

选中物流 Gaswell 3，右击弹出其快捷菜单选择 Create Stream Analysis 子菜单中的 Property Table。弹出 **Property Table** 窗口，进入 **Design | Connections** 页面，输入自变量参数，如图 11-34 所示。

图 11-34　设置物性表自变量参数

进入 **Design | Dep. Prop** 页面，添加因变量 Temperature，单击 **Calculate** 按钮。

进入 **Performance | Plots** 页面，单击 **View Plot** 按钮即可绘制物流 Gaswell 3 压力从 100kPa 到 5000kPa 的泡点和露点曲线，如图 11-35 所示。

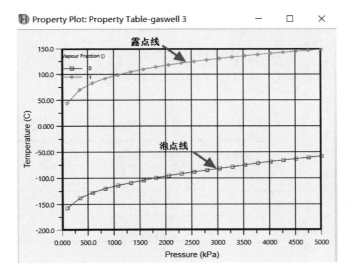

图 11-35　绘制泡点和露点曲线

11.4　塔水力学分析

在 Aspen HYSYS V9 版本中，新添加了塔水力学分析（Column Analysis）工具，替代了之前版本中塔板设计（Tray Sizing）功能，使工作流程得到显著改善。使用塔水力学分析工具可以分析不同塔内件的水力学特性。该工具仅用于精馏塔、吸收塔或解吸塔，不能用于设计液–液萃取塔，也不适用于使用 OLI 物性包的塔。

下面通过例 11.11 介绍塔水力学分析的应用。

【例 11.11】　为本书配套文件 C2 Splitter. hsc 中的乙烷–乙烯分离塔设计塔板，并计算全塔压降。

本例模拟步骤如下：

（1）打开本书配套文件　打开 C2 Splitter. hsc，另存为 Example11.11–Column Analysis. hsc。

（2）绘制塔内气液分布图　双击精馏塔 T-100，Aspen HYSYS 界面顶部会出现 Column Design 功能区选项卡，在该选项卡下 Plots 组中单击 **Flow Rate** 按钮，弹出 **Total Flow Profile** 窗口，单击 **Properties** 按钮，弹出 **Properties View** 窗口，选择 Act. Volume 单选按钮，Aspen HYSYS 将基于气液相质量流量进行绘图，如图 11-36 所示。由图可知塔内液相分布均匀，气相在第 90 块板上变化较大，缘于该塔第 90 块板为进料板，且为露点进料。第 1 到第 89 块板为精馏段，第 90 到第 125 块板为提馏段，且精馏段和提馏段内的气液相负荷变化不大，因此可根据进料位置将该塔分为两段进行设计。

（3）选择塔内件　进入 **T-100 | Internals** 页面，在 Auto Section 下拉列表框中选择 Based on Feed/Draw Locations（基于进料/采出位置），如图 11-37 所示。Aspen HYSYS 将根据进料和采出位置自动将塔分为 CS-1 和 CS-2 两段进行设计。塔板类型选择 Nutter-BDP，结果显示塔段 CS-1 和 CS-2 的塔径分别为 2.906m 和 2.671m，如图 11-38 所示。

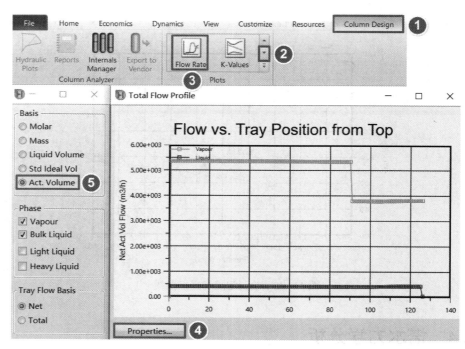

图 11-36　绘制塔内气液分布图

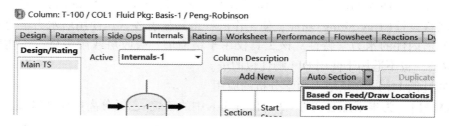

图 11-37　选择自动分段方式

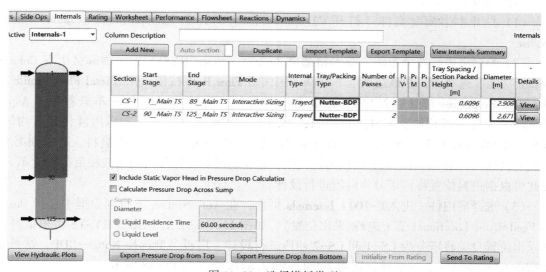

图 11-38　选择塔板类型

由于两段塔径相差较小，可以将两段塔径均圆整为 3m，有利于设备的制作和安装。另外将板间距圆整为 0.6m，如图 11-39 所示。

Section	Start Stage	End Stage	Mode	Internal Type	Tray/Packing Type	Number o Passes	Pa V	Pa M	Pa D	Tray Spacing / Section Packed Height [m]	Diameter [m]	Details
CS-1	1_Main TS	89_Main TS	Interactive Sizing	Trayed	Nutter-BDP	2				0.6000	3.000	View
CS-2	90_Main TS	125_Main TS	Interactive Sizing	Trayed	Nutter-BDP	2				0.6000	3.000	View

图 11-39　圆整塔径及板间距

（4）校核水力学参数　将塔的计算模式修改为 Rating（校核），如图 11-40 所示。单击 **View Hydraulic Plots** 按钮即可生成塔板水力学负荷性能图，如图 11-41 所示。设计合理的塔板操作点应在适宜操作区内，适宜操作区边界包括 Maximum Entrainment（最大雾沫夹带线）、Jet Flood（喷射液泛线）、Weep（漏液线）、Minimum Weir Load（出口堰液相负荷下限线）、Maximum Weir Load（出口堰液相负荷上限线）、Downcomer Backup（降液管液泛线）。该设计中两塔段计算结果均存在警告（黄色部分为警告），警告为侧降液管出口流速过高，建议增加板间距或增加降液管底隙。

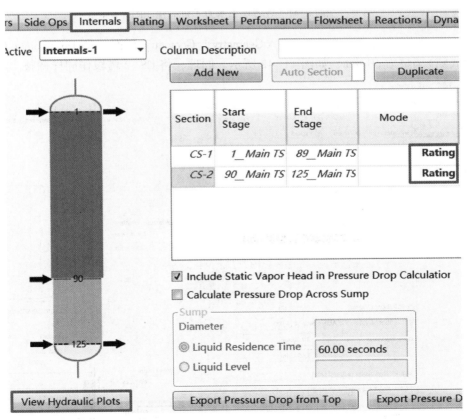

图 11-40　修改塔计算模式

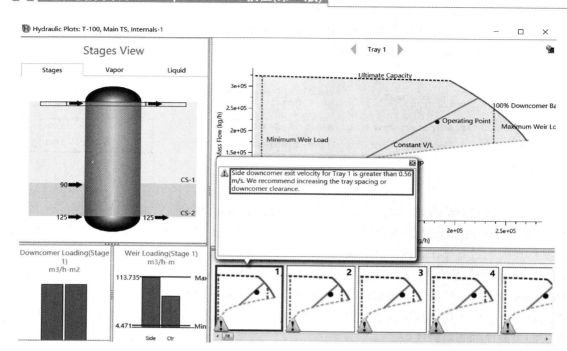

图 11-41　查看塔板水力学负荷性能图

单击 CS-1 塔段的 **View** 按钮，进入 **Geometry | Geometry** 页面，将 Downcomer Clearance
（降液管底隙）调整为 60 mm，如图 11-42 所示。同理，将 CS-2 塔段作同样调整。

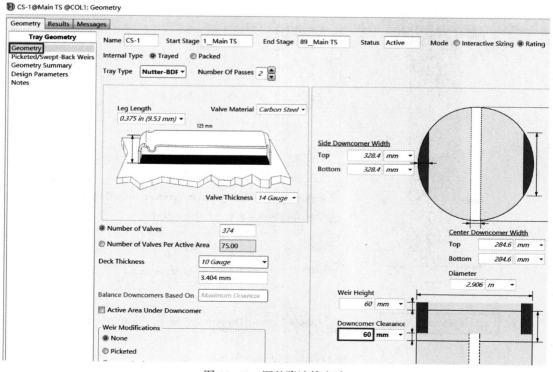

图 11-42　调整降液管底隙

单击**View Hydraulic Plots**按钮，再次查看塔板水力学负荷性能图，如图 11-43 所示，第二塔段存在漏液现象，需要降低开孔面积以提高阀孔动能因子。这里采用减少浮阀数目来解决漏液问题。如图 11-44 所示。

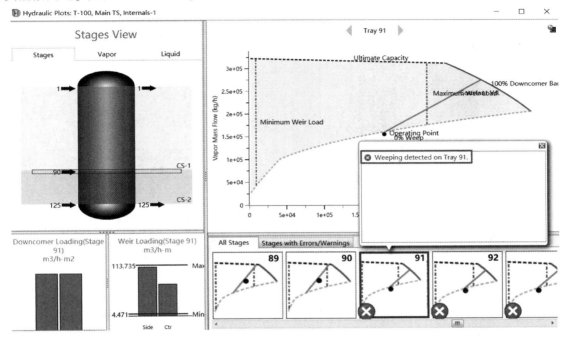

图 11-43　查看塔板水力学负荷性能图

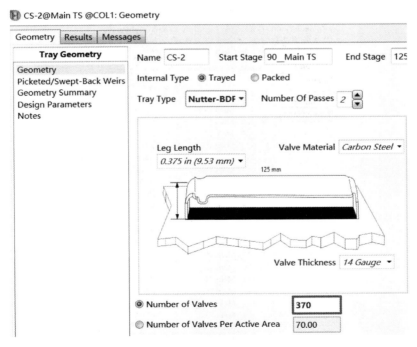

图 11-44　增大侧降液和中心降液管宽度

再次查看塔板水力学负荷性能图，如图 11-45 所示，所有警告已消除。

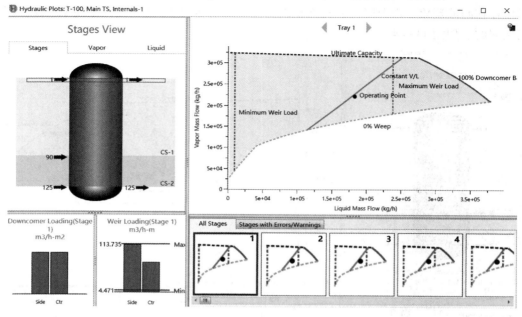

图 11-45 查看塔板水力学负荷性能图

（5）计算全塔压降 塔内件设计完成后，用户可根据塔水力学结果重新计算全塔压降。进入 **Rating | Pressure Drop** 页面，将初始设置的再沸器压力 2170kPa 删除，改为设置最后一块塔板压力为 2170kPa，如图 11-46 所示。

注：若不做修改，则冷凝器、再沸器压力均为设定值无法重新计算压降。

Column: T-100 / COL1 Fluid Pkg: Basis-1 / Peng-Robinson		

Rating	Pressure Profile	
	Pressure [kPa]	Pressure Drop [kPa]
107_Main TS	2170	1.991e-003
108_Main TS	2170	1.991e-003
109_Main TS	2170	1.991e-003
110_Main TS	2170	1.991e-003
111_Main TS	2170	1.991e-003
112_Main TS	2170	1.991e-003
113_Main TS	2170	1.991e-003
114_Main TS	2170	1.991e-003
115_Main TS	2170	1.991e-003
116_Main TS	2170	1.991e-003
117_Main TS	2170	1.991e-003
118_Main TS	2170	1.991e-003
119_Main TS	2170	1.991e-003
120_Main TS	2170	1.991e-003
121_Main TS	2170	1.991e-003
122_Main TS	2170	1.991e-003
123_Main TS	2170	1.991e-003
124_Main TS	2170	1.991e-003
125_Main TS	2170	<empty>
Reboiler	2170	-0.0000

（Rating 侧栏：Towers / Vessels / Equipment / **Pressure Drop**）

图 11-46 设置塔板压力

进入**Internals | Main Tower** 页面，单击**Export Pressure Drop from Top**（从塔顶计算压降）按钮，即可重新计算塔压降，如图 11-47 所示。

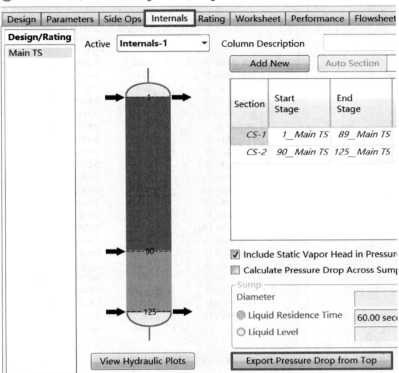

图 11-47 重新计算压降

（6）查看结果 在**Performance | Internals Results** 页面，重新计算的全塔压降为 909.1 mbar，如图 11-48 所示。

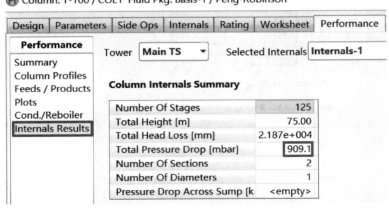

图 11-48 查看结果

进入**Rating | Pressure Drop** 页面，用户可以查看塔内压力分布，如图 11-49 所示。

Column: T-100 / COL1 Fluid Pkg: Basis-1 / Peng-Robinson

Design	Parameters	Side Ops	Internals	Rating	Worksheet	Perfor

Rating

Towers
Vessels
Equipment
Pressure Drop

Pressure Profile

	Pressure [kPa]	Pressure Drop [kPa]
105_Main TS	2246	0.6349
106_Main TS	2247	0.6349
107_Main TS	2247	0.6350
108_Main TS	2248	0.6352
109_Main TS	2249	0.6354
110_Main TS	2249	0.6356
111_Main TS	2250	0.6359
112_Main TS	2251	0.6360
113_Main TS	2251	0.6362
114_Main TS	2252	0.6364
115_Main TS	2252	0.6365
116_Main TS	2253	0.6366
117_Main TS	2254	0.6366
118_Main TS	2254	0.6367
119_Main TS	2255	0.6368
120_Main TS	2256	0.6368
121_Main TS	2256	0.6368
122_Main TS	2257	0.6368
123_Main TS	2258	0.6369
124_Main TS	2258	0.6369
125_Main TS	2259	<empty>
Reboiler	2259	-0.0000

图 11-49　查看塔压力分布

（7）导出结果到其他软件　Aspen HYSYS 计算出的塔内件数据可以导出到其他软件。在 **Column Design** 功能区选项卡下单击**Export to Vendor** 按钮，可以将文件导出为适合其他软件的格式，如图 11-50 所示。

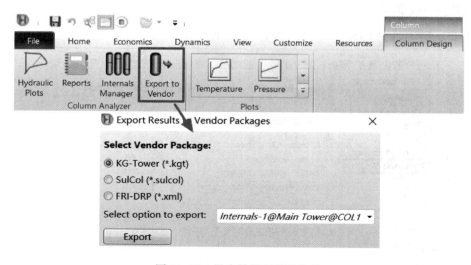

图 11-50　导出结果到其他软件

第12章 复杂精馏模拟

12.1 萃取精馏

当混合物中二组分相对挥发度较小或形成恒沸物时，使用普通精馏很难将其分离，这时可以采用萃取精馏(Extractive Distillation)，其原理为向原混合物中加入第三种组分，通常称之为溶剂或萃取剂，使原有组分间相对挥发度显著提高。萃取剂可通过普通精馏进行回收，返回至萃取精馏塔循环使用。

萃取剂选择原则：① 萃取剂的沸点高于进料混合物，且避免形成萃取剂-非萃取剂共沸物；② 萃取剂的沸点不能过高，以避免萃取剂回收塔塔釜温度过高；③ 所选择的萃取剂应能够较大地提高原混合物中关键组分的相对挥发度；④ 萃取剂应易与产品分离，即容易回收和循环使用；⑤ 毒性小，不污染环境；⑥ 成本低，容易获得。

萃取精馏所分离的混合物大多是高度非理想体系，在模拟时应该注意选用合适的物性方法计算相平衡。

下面通过例12.1介绍萃取精馏的应用。

【例12.1】 如图12-1所示，使用萃取精馏分离正庚烷-甲苯二元混合物。进料物流 Feed 正庚烷和甲苯均含 0.5(摩尔分数，下同)，气相分数 0.5，压力 100kPa，流量 100kmol/h。萃取剂苯酚，温度181℃，压力 100kPa，流量 60kmol/h。苯酚通过溶剂回收塔 T-101 进行回收，返回至萃取精馏塔 T-100 循环使用。要求产品中含正庚烷和甲苯不低于 0.99，循环萃取剂 Lean-Solvent 中含苯酚不低于 0.99999。求补充萃取剂 Makeup 用量和萃取精馏过程的热负荷。物性包选取 NRTL，气相模型选取 RK。

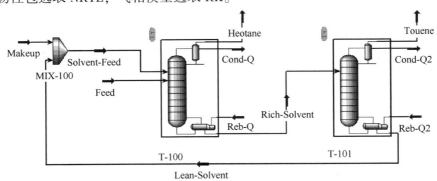

图 12-1 正庚烷-甲苯萃取精馏工艺流程

本例模拟步骤如下：

（1）新建模拟 启动 Aspen HYSYS，新建空白模拟，单位集选择 SI，文件保存为 Example12.1-Extractive Distillation. hsc。

（2）创建组分列表　进入**Component Lists**页面，添加 n-Heptane（正庚烷）、Toluene（甲苯）和 Phenol（苯酚）。

（3）定义流体包　进入**Fluid Packages**页面，选取物性包 NRTL，气相模型选取 RK，如图 12-2 所示。进入**Fluid Packages | Basis-1 | Binary Coeffs**页面查看二元交互作用参数，本例采用默认值。

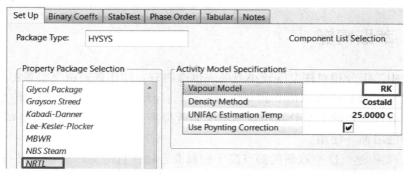

图 12-2　选取物性包

（4）添加萃取精馏塔　单击**Simulation**按钮进入模拟环境。添加精馏塔 T-100，建立如图 12-3 所示连接，冷凝器类型选择 Full Rflx（液相全回流的部分冷凝器），理论板数为 50，萃取剂和混合物进料位置分别为 4 和 37。单击**Next**按钮，保持默认设置；单击**Next**按钮，输入冷凝器和再沸器压力均为 100kPa；单击**Next**按钮，保持默认设置；单击**Next**按钮，保持默认设置；单击**Done**按钮弹出精馏塔属性窗口。

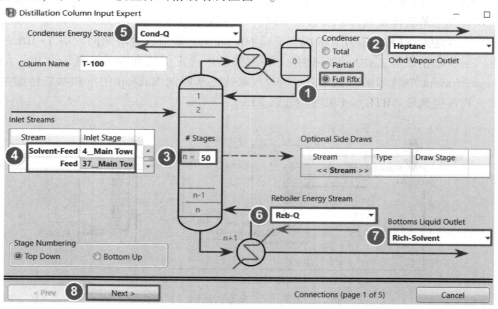

图 12-3　设置塔输入专家连接页面

（5）输入物流条件及组成　进入**T-100 | Worksheet | Conditions**页面，按题目信息输入各物流条件，进入**T-100 | Worksheet | Composition**页面，按题目信息输入各组分摩尔分数。如图 12-4 所示。

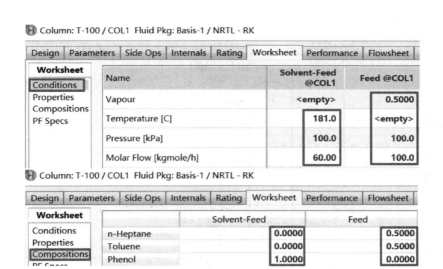

图 12-4 输入物流条件及组成

（6）定义设计规定 进入 **T-100 | Design | Monitor** 页面，添加新设计规定，规定塔顶产品中正庚烷的摩尔分数 0.99，指定 Ovhd Vap Rate（塔顶气相流量）为 50kmol/h，在 Active 列中选择激活 Ovhd Vap Rate 和 Comp Fraction，如图 12-5 所示。自动运行模拟，流程收敛。

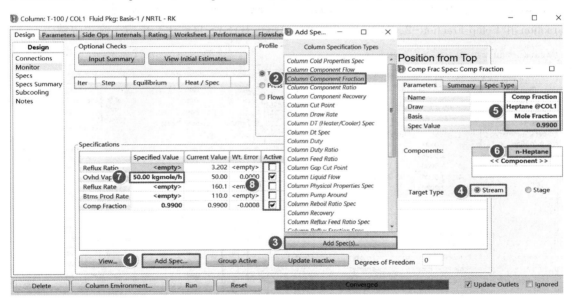

图 12-5 定义设计规定

（7）添加溶剂回收塔 添加一个精馏塔 T-101，建立如图 12-6 所示连接，冷凝器类型选择 Full Rflx，理论板数为 28，进料位置为 21。单击 **Next** 按钮，保持默认设置；单击 **Next** 按钮，输入冷凝器和再沸器压力均为 100kPa；单击 **Next** 按钮，保持默认设置；单击 **Next** 按钮，保持默认设置；单击 **Done** 按钮弹出精馏塔属性窗口。

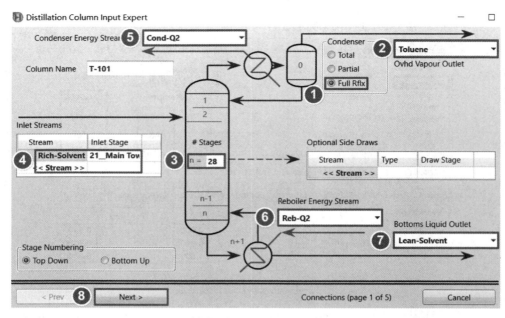

图 12-6　设置塔输入专家连接页面

（8）定义设计规定　进入**T-101 | Design | Monitor** 页面，添加新设计规定，规定塔顶产品中甲苯的摩尔分数 0.99，塔底产品中苯酚的摩尔分数 0.99999，在 Active 列下选择激活 Comp Fraction 和 Comp Fraction-2，如图 12-7 所示。Aspen HYSYS 自动运行模拟，流程收敛。

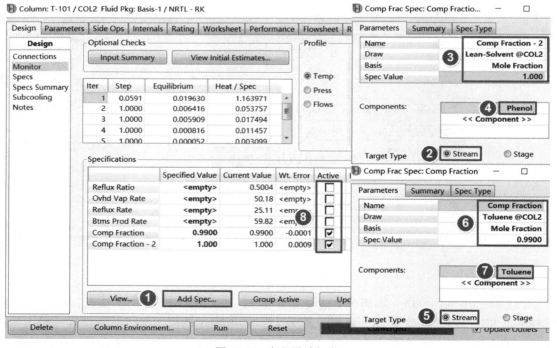

图 12-7　定义设计规定

（9）添加补充萃取剂　随着萃取精馏过程的进行，必然有一部分萃取剂从萃取精馏塔 T-100 和溶剂回收塔 T-101 的塔顶流出。故需要添加补充萃取剂物流 Makeup，与循环萃取剂混合一同进入萃取精馏塔 T-100。进料萃取剂的量应等于循环萃取剂的量与补充萃取剂的量之和。添加物流 Makeup，双击进入 **Makeup | Worksheet | Conditions** 页面，输入压力 100kPa，进入 **Makeup | Worksheet | Composition** 页面，输入 Phenol 摩尔分数 1，如图 12-8 所示。

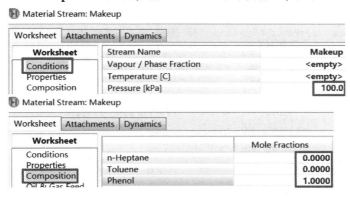

图 12-8　输入物流 Makeup 条件及组成

（10）添加混合器　添加一个混合器 MIX-100，建立如图 12-9 所示物流连接，利用混合器反算功能计算萃取剂补充量。

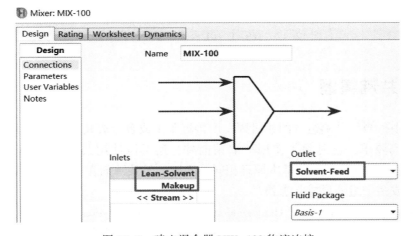

图 12-9　建立混合器 MIX-100 物流连接

（11）查看萃取剂补充量　至此整个流程建立完毕并收敛，双击物流 Makeup 进入 **Makeup | Worksheet | Conditions** 页面，可以查看补充萃取剂的量为 0.1845kmol/h，如图 12-10 所示。

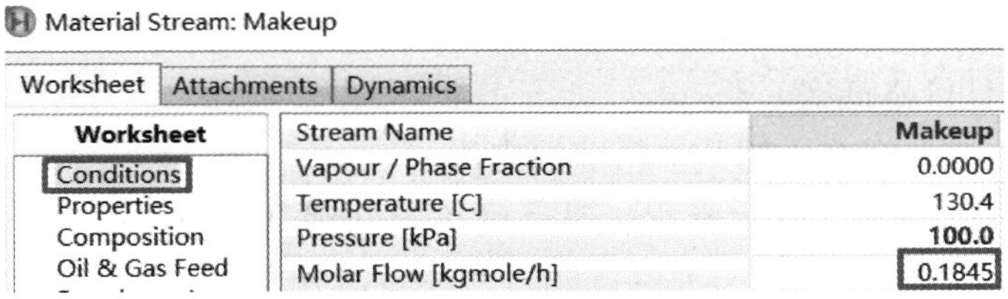

图 12-10　查看萃取剂补充量

（12）查看过程热负荷 分别双击萃取精馏塔 T-100 和溶剂回收塔 T-101，进入 **Perform-ance | Cond./Reboiler** 页面查看再沸器温度与热负荷，如图 12-11 和图 12-12 所示。

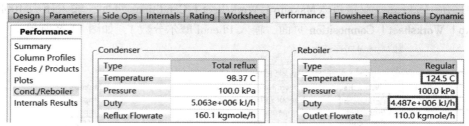

图 12-11　查看 T-100 再沸器温度与热负荷

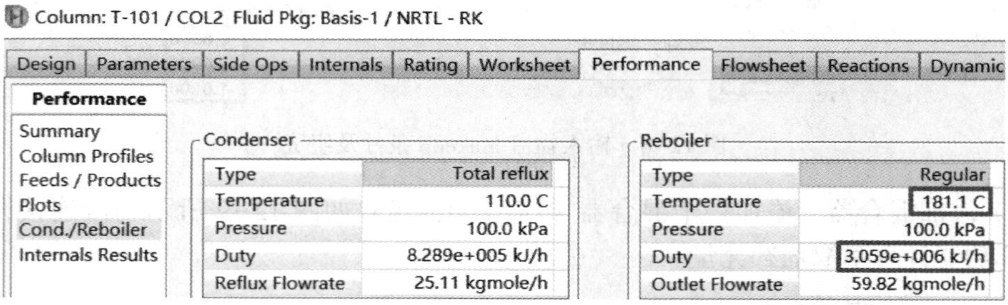

图 12-12　查看 T-101 再沸器温度与热负荷

12.2　共沸精馏

化学工业中，当待分离组分的相对挥发度接近于 1 或者形成共沸物时，使用一般精馏方法无法达到分离要求，这时除了使用萃取精馏外，还可以使用共沸精馏(Azeotropic Distillation)。共沸精馏和萃取精馏的基本原理相同，不同的是共沸剂在改变组分相对挥发度的同时，还与一个或多个组分形成共沸物。

共沸精馏分为均相共沸精馏(Homogeneous Azeotropic Distillation)和非均相共沸精馏(Heterogeneous Azeotropic Distillation)。共沸精馏处理的物系非理想性很强，对于非均相共沸精馏，还需要计算液液平衡。如果塔板上出现两个液相，则需使用三相精馏。

共沸剂对分离过程影响很大，一般选用能形成低沸点共沸物的共沸剂。共沸剂的选择应遵循以下原则：共沸剂用量越小越好，汽化相变焓越小越好；共沸剂易于回收和分离；共沸剂能够显著影响关键组分的汽液平衡关系；共沸剂不与进料中的组分发生反应，热稳定性好；无毒、无腐蚀且价格低廉。

下面通过例 12.2 介绍非均相共沸精馏的应用。

【例 12.2】　如图 12-13 所示流程，以环己烷为共沸剂，使用共沸精馏获得无水乙醇。非均相共沸精馏塔 T-100 塔顶的三元共沸物进入冷凝器分离，其中富环己烷相 Sol-Rec 循环至溶剂进料处，富水相 C_2 Feed 进入乙醇回收塔 T-101，乙醇回收塔塔顶的乙醇-水二元共沸物 Feed Rec 循环至非均相共沸精馏塔,要求塔底产品 ETOH 中乙醇的摩尔分数 0.9995,废水 Water 中水的摩尔分数 0.99。已知进料 Feed 气相分数 0.3,压力 100kPa,流量 100kmol/h,乙醇和水的摩尔分数分别为 0.87 和 0.13。两塔操作压力 100kPa,使用全凝器,计算非均相共沸精馏塔 T-100 塔底产品 ETOH 流量。物性包选取 PRSV。

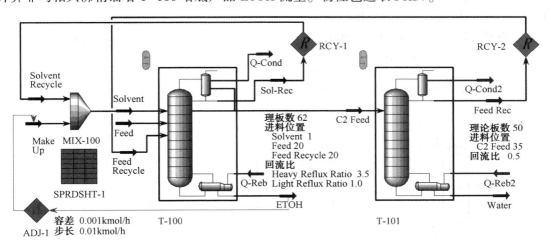

图 12-13 乙醇-水非均相共沸精馏流程

本例模拟步骤如下:

(1)新建模拟 启动 Aspen HYSYS,新建空白模拟,单位集选择 SI,文件保存为 Example12.2-Azeotropic Distillation. hsc。

(2)创建组分列表 进入**Component Lists** 页面,添加 Ethanol(乙醇)、H₂O(水)和 Cyclohexane(环己烷)。

(3)定义流体包 进入**Fluid Packages** 页面,选取物性包 PRSV;进入**Fluid Packages | Basis-1 | Binary Coeffs** 页面查看二元交互作用参数,本例采用默认值。

(4)添加混合器

① 添加模块和物流 单击**Simulation** 按钮进入模拟环境,添加混合器和两股物流。

② 输入物流条件及组成 按表 12-1 输入两股物流条件及组成。物流 Make Up 为补充环己烷,流量为估计值,后续利用 Adjust 模块计算准确值,物流 Solvent Recycle 为循环物流,流量与组成为估计值,后续利用 Recycle 模块计算准确值。

表 12-1 物流条件及组成

物流	温度/℃	压力/kPa	流量/(kmol/h)	组成(摩尔分数)
Make Up	25	100	0.01	Cyclohexane 1
Solvent Recycle	25	100	400	Cyclohexane 0.5,Ethanol 0.5

③ 设置模块参数 双击混合器 MIX-100,设置进口物流 Make Up 和 Solvent Recycle,出口物流 Solvent,其他参数保持默认设置。

(5)添加非均相共沸精馏塔

① 添加模块和物流 添加三相精馏塔和两股物流。

② 输入物流条件及组成　双击物流 1，将其名称改为 Feed，按题目信息输入物流 Feed 条件及组成。

双击物流 2，将其名称改为 Feed Recycle，输入气相分数 0，压力 100kPa，流量 25kmol/h，其中 Ethanol 和 H$_2$O 的摩尔分数分别为 0.7 和 0.3。此物流为循环物流，流量与组成为估计值，后续利用 Recycle 模块计算准确值。

③ 设置模块参数　双击塔 T-100，进入三相精馏塔输入专家**There Phase Column Configuration** 页面，塔构型默认选择 Distillation，如图 12-14 所示。

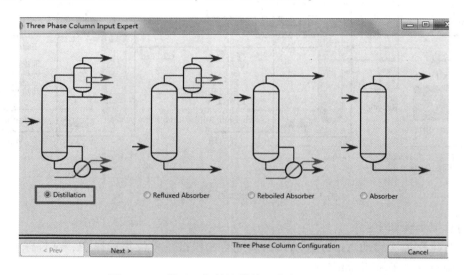

图 12-14　设置三相精馏塔输入专家塔构型页面

单击 **Next** 按钮，输入理论板数 62，Two Liquid Phase Check 选项区域默认选择 Condenser，如图 12-15 所示。

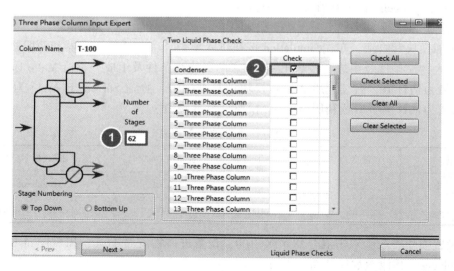

图 12-15　设置三相精馏塔输入专家双液相检查页面

单击**Next** 按钮，冷凝器类型选择 Total，建立物流及能流连接，如图 12-16 所示。

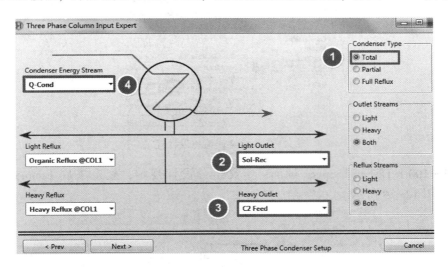

图 12-16　设置三相精馏塔输入专家冷凝器建立页面

单击**Next** 按钮，保持默认设置。单击**Next** 按钮进入精馏塔输入专家**Connections** 页面，建立物流能流连接，如图 12-17 所示。

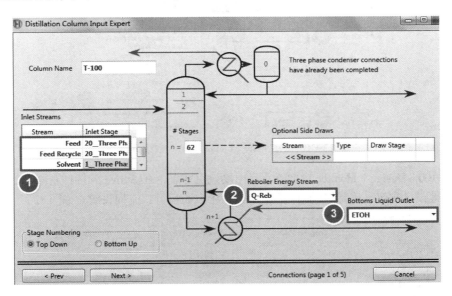

图 12-17　设置塔输入专家连接页面

单击**Next** 按钮，保持默认设置；单击**Next** 按钮，输入冷凝器和再沸器压力 100kPa，压降默认 0；单击**Next** 按钮，保持默认设置；单击**Next** 按钮，保持默认设置；单击**Done** 按钮完成精馏塔输入专家设置。

进入**T-100 | Design | Specs Summary** 页面，输入 Heavy Reflux Ratio 为 3.5，Light Reflux Ratio 为 1，如图 12-18 所示。

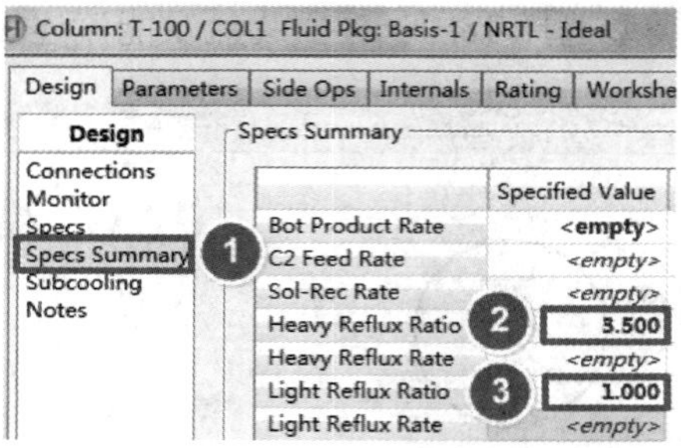

图 12-18 定义回流比设计规定

进入 **T-100 | Design | Specs** 页面，定义组分设计规定，规定塔底 Ethanol 摩尔分数 0.9995，如图 12-19 所示。

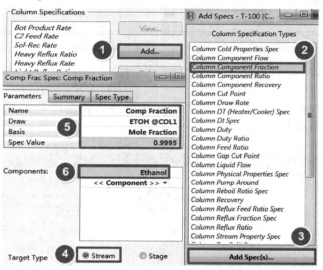

图 12-19 定义塔底 Ethanol 摩尔分数设计规定

进入 **T-100 | Design | Monitor** 页面查看自由度设定状态，在 Active 列选择新添加的设计规定，同时取消其他设计规定，确保塔的自由度为 0，系统自动运行，流程收敛，如图 12-20 所示。

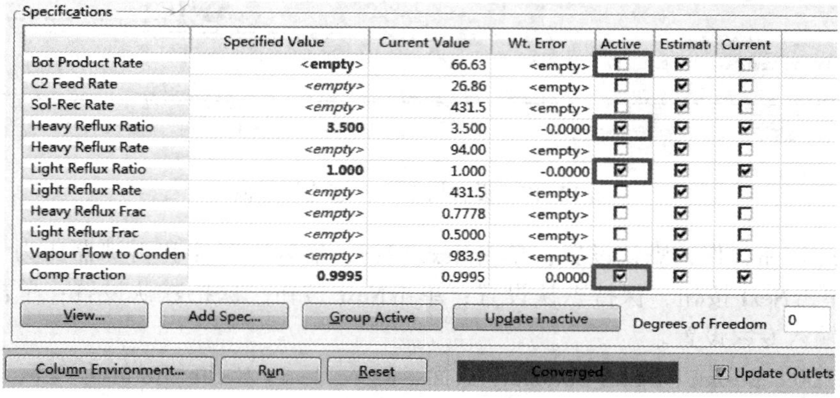

Specifications	Specified Value	Current Value	Wt. Error	Active	Estimat	Current
Bot Product Rate	<empty>	66.63	<empty>	☐	☑	☐
C2 Feed Rate	<empty>	26.86	<empty>	☐	☑	☐
Sol-Rec Rate	<empty>	431.5	<empty>	☐	☑	☐
Heavy Reflux Ratio	3.500	3.500	-0.0000	☑	☑	☑
Heavy Reflux Rate	<empty>	94.00	<empty>	☐	☑	☐
Light Reflux Ratio	1.000	1.000	-0.0000	☑	☑	☑
Light Reflux Rate	<empty>	431.5	<empty>	☐	☑	☐
Heavy Reflux Frac	<empty>	0.7778	<empty>	☐	☑	☐
Light Reflux Frac	<empty>	0.5000	<empty>	☐	☑	☐
Vapour Flow to Conden	<empty>	983.9	<empty>	☐	☑	☐
Comp Fraction	0.9995	0.9995	0.0000	☑	☑	☑

View... | Add Spec... | Group Active | Update Inactive | Degrees of Freedom | 0

Column Environment... | Run | Reset | Converged | ☑ Update Outlets

图 12-20 激活 T-100 设计规定

（6）添加逻辑模块

① 添加调节器 ADJ-1 和电子表格 SPRDSHT-1，调节物流 Make Up 流量，双击电子表格 SPRDSHT-1，在 A1 和 A2 单元格输入变量名称，如图 12-21 所示。

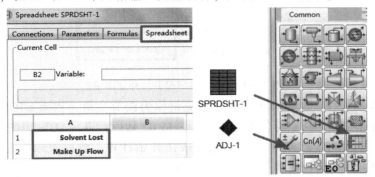

图 12-21　添加设置逻辑模块

右击 B1 单元格，导入物流 ETOH 中 Cyclohexane 摩尔流量变量，如图 12-22 所示。

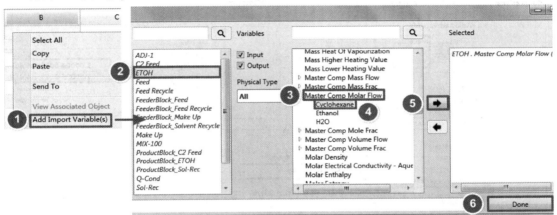

图 12-22　导入组分流量变量

右击 B2 单元格，导入物流 Make Up 摩尔流量变量，如图 12-23 所示。

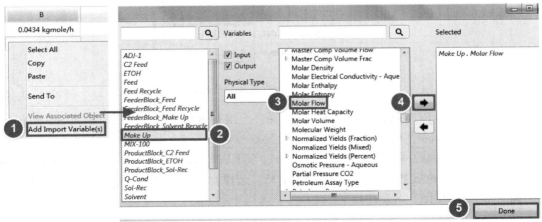

图 12-23　导入物流流量变量

由电子表格可知，分离过程中溶剂损失流量大于开始补充流量，如图 12-24 所示。当用户闭合循环回路时，流程不易收敛，因此需利用调节器进行调节。

	A	B
1	**Solvent Lost**	0.0333 kgmole/h
2	**Make Up Flow**	1.000e-002 kgm...

图 12-24　查看溶剂损失与补充流量

双击调节器 ADJ-1，物流 Make Up 摩尔流量作为调节变量，物流 ETOH 中 Cyclohexane 摩尔流量作为目标变量，将目标值设置为电子表格 B2 数值；进入**ADJ-1 | Parameters** 页面设置调节器参数，如图 12-25 所示。单击**Start** 按钮开始计算，流程收敛，由电子表格可知，此时系统损失溶剂和补充溶剂相等，如图 12-26 所示。

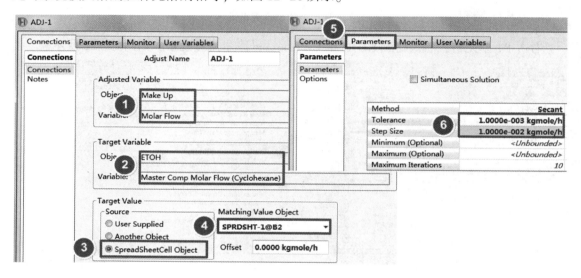

图 12-25　设置调节器

	A	B
1	**Solvent Lost**	0.0333 kgmole/h
2	**Make Up Flow**	3.331e-002 kgm...

图 12-26　查看溶剂损失与补充流量

② 添加循环器 RCY-1，使物流 Sol-Rec 循环至溶剂进料处，设置进口物流 Sol-Rec，出口物流 Solvent Recycle，模块参数保持默认设置。

（7）添加乙醇回收塔　添加精馏塔 T-101，双击塔 T-101，进入精馏塔输入专家**Connections** 页面，输入理论板数 50，选择进料位置 35，选择冷凝器类型 Total，建立物流及能流连接，如图 12-27 所示。

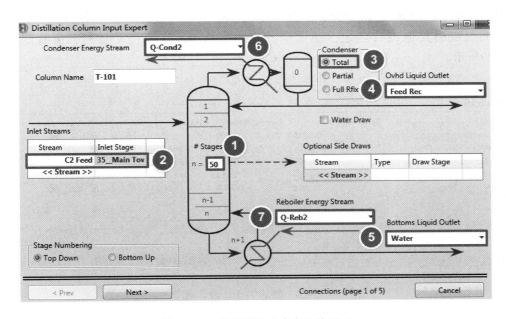

图 12-27　设置塔输入专家连接页面

单击**Next** 按钮，保持默认设置；单击**Next** 按钮，输入冷凝器和再沸器压力 100kPa，压降默认 0；单击**Next** 按钮，保持默认设置；单击**Next** 按钮，输入 Reflux Ratio 为 0.5，其他选项保持默认设置；单击**Done** 按钮完成精馏塔输入专家设置。

进入**T-101 | Design | Specs** 页面，定义组分设计规定，规定塔底 H_2O 摩尔分数 0.99，如图 12-28 所示。

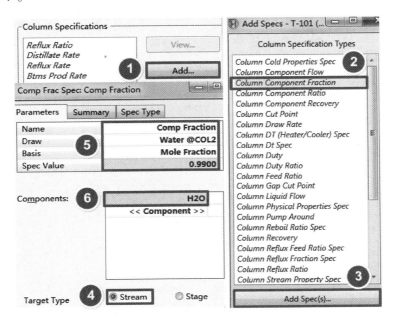

图 12-28　定义塔底 H_2O 摩尔分数设计规定

进入**T-101** | **Design** | **Monitor** 页面查看自由度设定状态，在 Active 列选择新添加的设计规定，同时取消其他设计规定，确保塔的自由度为 0，系统自动运行，流程收敛，如图 12-29所示。

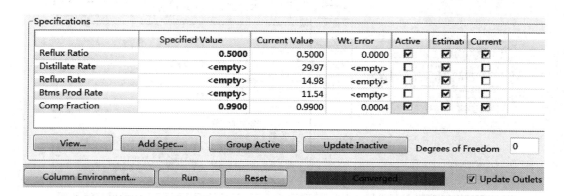

图 12-29 激活 T-101 设计规定

（8）添加循环器 添加循环器 RCY-2，使物流 Feed Rec 循环至非均相共沸精馏塔，设置进口物流 Feed Rec，出口物流 Feed Recycle，模块参数保持默认设置。

（9）查看结果 双击非均相共沸精馏塔 T-100，进入**T-100** | **Performance** | **Summary** 页面，可得塔底产品物流 ETOH 流量 86.85kmol/h，其中乙醇摩尔分数 0.9995，如图 12-30 所示。

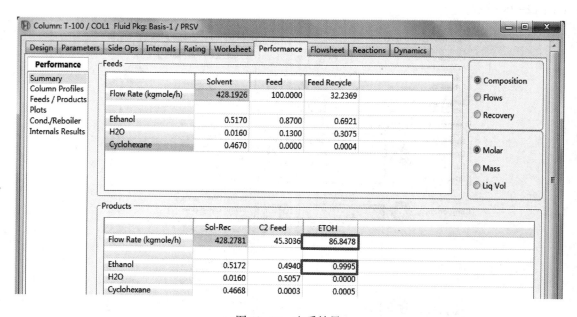

图 12-30 查看结果

12.3 变压精馏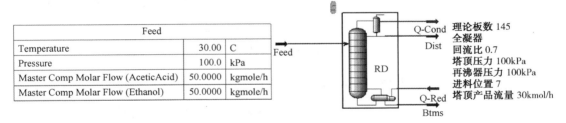

12.4 反应精馏

反应精馏(Reactive Distillation)是将反应过程与精馏分离有机结合在同一设备中进行的一种耦合过程。反应精馏与传统的反应和精馏相比，具有如下突出的优点：反应和精馏过程在同一个设备内完成，投资少，操作费用低，节能；反应和精馏同时进行，不仅改进了精馏性能，而且借助精馏的分离作用，提高了反应转化率和选择性；通过及时移走反应产物，能克服可逆反应的化学平衡转化率的限制，或提高串联或平行反应的选择性；温度易于控制，避免出现"热点"问题；缩短反应时间，提高生产能力。但是，反应精馏一般仅适用于化学反应和精馏过程可在同样温度和压力范围内进行的工艺过程。

下面通过例 12.3 介绍反应精馏的应用。

【例 12.3】 如图 12-31 所示流程，精馏塔内进行如下液相反应：

$$乙酸(A)+乙醇(B) \rightleftharpoons 乙酸乙酯(C)+水(D)$$

正反应速率 $r_f = 1.9 \times 10^8 \exp(-59500/RT) C_A C_B$

逆反应速率 $r_r = 5.0 \times 10^7 \exp(-59500/RT) C_C C_D$

其中，计算基准为摩尔分数，反应速率单位为 $kmol/(m^3 \cdot s)$，活化能单位为 $kJ/kmol$，指前因子单位为 $kmol/(m^3 \cdot s)$。反应在全塔内进行(不包括冷凝器)。求塔顶产品的组成。物性包选取 NRTL，气相模型选取 Virial。

Feed		
Temperature	30.00	C
Pressure	100.0	kPa
Master Comp Molar Flow (AceticAcid)	50.0000	kgmole/h
Master Comp Molar Flow (Ethanol)	50.0000	kgmole/h

理论板数 145
全凝器
回流比 0.7
塔顶压力 100kPa
再沸器压力 100kPa
进料位置 7
塔顶产品流量 30kmol/h

图 12-31 反应精馏流程

本例模拟步骤如下：

(1) 新建模拟 启动 Aspen HYSYS，新建空白模拟，单位集选择 SI，文件保存为 Example12.4-Reactive Distillation. hsc。

(2) 创建组分列表 进入 **Component Lists** 页面，添加 AceticAcid(乙酸)、Ethanol(乙醇)、E-Acetate(乙酸乙酯)和 H_2O。

(3) 定义流体包 进入 **Fluid Packages** 页面，选取物性包 NRTL，气相模型选取 Virial。进入 **Fluid Package | Basis-1 | Binary Coeffs** 页面，查看二元交互作用参数，二元交互作用参数完整，无需估算。

(4) 定义反应 进入 **Reactions** 页面，选择反应类型 Kinetic(动力学反应)。进入 **Kinetic Reaction：Rxn-1** 窗口，输入化学计量关系、基准和正、逆反应的阿伦尼乌斯参数，如

图 12-32所示。将反应集添加至流体包，如图 12-33 所示。

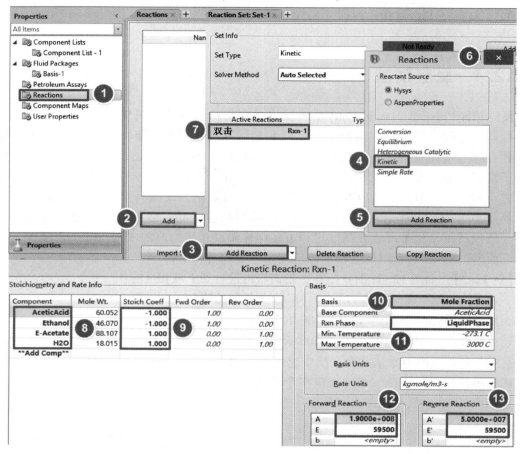

图 12-32　定义反应

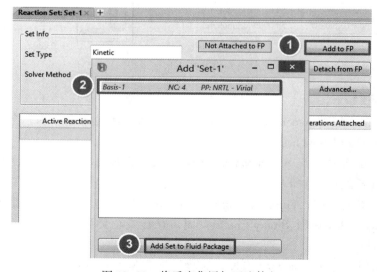

图 12-33　将反应集添加至流体包

（5）添加单元模块和物流　单击 **Simulation** 按钮进入模拟环境，添加精馏塔 T-100 和物流 Feed。

（6）输入物流条件及组成　双击物流 Feed，进入 **Feed | Worksheet | Conditions** 页面，按题目信息输入物流条件；进入 **Feed | Worksheet | Composition** 页面，输入物流 Feed 组成，如图 12-34 所示。

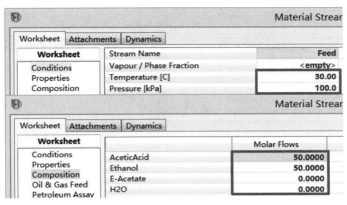

图 12-34　输入物流条件及组成

（7）设置模块参数　双击精馏塔 T-100，进入 **Distillation Column Input Expert | Connections** 页面，将名称改为 RD，修改塔的理论板数为 15，选择第 7 块板为进料板，Condenser（冷凝器）类型选择 Total（全凝器），并建立物流及能流连接，如图 12-35 所示。

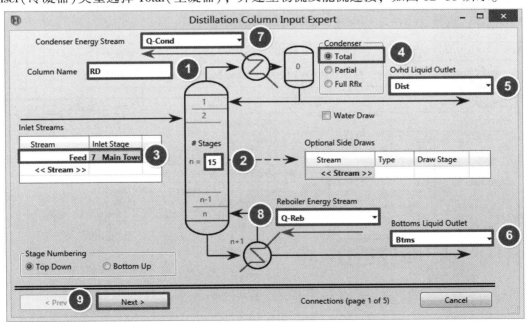

图 12-35　设置塔输入专家连接页面

单击 **Next** 按钮，保持默认设置；单击 **Next** 按钮，输入冷凝器和再沸器的压力均为 100kPa，压降默认为 0；单击 **Next** 按钮，保持默认设置；单击 **Next** 按钮，输入 Reflux Ratio

(回流比)和 Liquid Rate(塔顶产品流量)依次为 0.7 和 30kmol/h，单击**Done** 按钮，完成精馏塔输入专家设置。

进入**RD | Parameters | Solver** 页面，由于 Sparse Continuation Solver 算法主要用于求解高度非理想的化学体系和反应精馏，修改 Solving Method(算法)为 Sparse Continuation Solver，如图 12-36 所示。

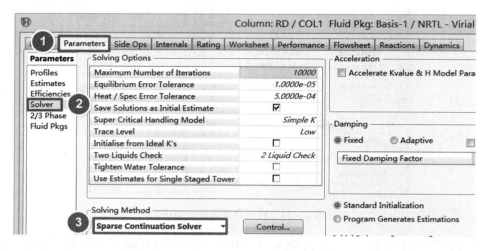

图 12-36　修改算法

进入**RD | Reactions | Stages** 页面，单击**New** 按钮添加反应，弹出**Column Reaction** 窗口，设置反应段，选择 Active 激活反应，如图 12-37 所示。

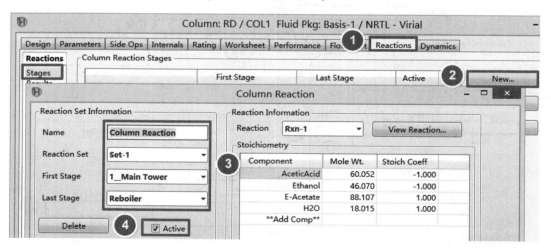

图 12-37　添加反应

进入**RD | Design| Monitor** 页面，查看自由度设定状态，确保塔自由度为 0，单击**Run** 按钮，运行模拟，流程收敛。

(8) 查看结果　进入**RD | Performance | Summary** 页面，查看塔顶产品 Dist 组成，如图 12-38 所示。

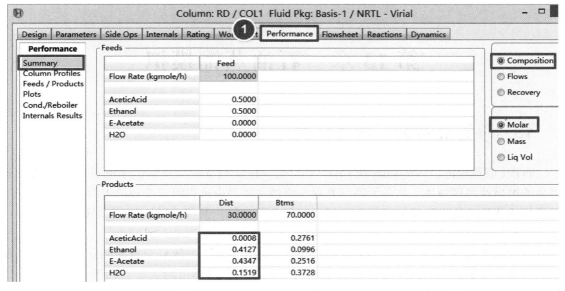

图 12-38 查看结果

12.5 三相精馏

12.6 多效精馏

12.7 隔壁塔

12.8 热泵精馏

第 13 章　石油蒸馏模拟

13.1　石油及油品物理性质

石油（或称原油，Petroleum 或 Crude Oil）是一种从地下深处开采出来的黄色、褐色乃至黑色的可燃性黏稠液体，常与天然气并存。原油主要是由远古海洋或湖泊中的生物在地下经过漫长的化学演化而形成的烃类和非烃类的复杂混合物。其沸点范围很宽，从常温到 500℃以上，平均相对分子质量的范围为数十至数千。

石油组成极其复杂，而且不同石油之间性质差别比较大，故对于石油馏分的模拟，不能按照常规情况定义确切的组分进行分析，实际生产中，也不可能去做石油馏分的全组分分析，因而有一套专门的表征石油及油品性质的方法。

13.1.1　密度和 API 度

单位体积石油的质量称为石油密度，通常用符号 ρ 表示。由于密度和温度有关，通常用 ρ_t 表示温度 t 时物质的密度。国家标准规定 20℃ 时石油及液体石油产品的密度 ρ_{20} 为标准密度，其他温度下测得的密度 ρ_t 称为表观密度。密度是石油最重要的指标之一，它几乎与所有的石油性质相关。一般密度小的石油黏度、凝点或倾点、酸值、硫含量、金属含量等都比较低，轻油收率较高，加工比较容易，而密度大的石油则相反。

石油的相对密度（Specific Gravity，SPGR）是指其密度与规定温度下水的密度之比，通常用符号 d 表示。中国以及东欧习惯采用 20℃ 时的石油密度与 4℃ 时纯水的密度之比 d_4^{20} 表示石油相对密度。国际标准规定以 15.6℃（60℉）下的纯水为标准物质，石油在 15.6℃ 下的相对密度以 $d_{15.6}^{15.6}$ 表示，称之为相对密度。美国石油学会（American Petroleum Institute）采用 API 度（API gravity）表示石油相对密度，在西方应用极其广泛。API 度计算公式为

$$°API = \frac{141.5}{d_{15.6}^{15.6}} - 131.5 \qquad (13-1)$$

从式中可以看出 API 度与相对密度成反比，水作为计算基准，其相对密度为 1，API 度为 10，大多数炼厂产品密度比水小，其 API 度往往大于 10。我国常压重油和减压渣油的相对密度及相应 API 度如表 13-1 所示，渣油的相对密度一般在 0.9~1.0 之间，其相应的 API度范围一般为 10~25，少数减压渣油的相对密度大于 1.0，其 API 度小于 10。

表 13-1　我国常压重油和减压渣油相对密度及 API 度

原油名称	沸点范围/℃	相对密度（d_4^{20}）	API 度
大庆	>350	0.8959	25.8
	>500	0.9221	21.3
胜利	>350	0.9448	16.8
	>500	0.9732	13.0

续表

原油名称	沸点范围/℃	相对密度(d_4^{20})	API 度
孤岛	>350	0.9786	12.1
	>500	1.0020	8.7
大港	>350	0.9314	19.7
	>500	0.9536	16.0
任丘	>350	0.9012	24.7
	>500	0.9986	9.5

13.1.2　特性因数 K

特性因数 K 值(Characterization Factor)又称 Watson(UOP)K 值，是石油中链烷烃含量的度量，用于分析石油。在石油的整个馏程内，该因数近乎为一常数，在研究不同族烃类的性质时，发现烃类沸点的立方根与其相对密度成直线关系。不同族的烃类，其斜率不同，故定义该斜率为特性因数，其计算公式为

$$K = \frac{1.216\sqrt[3]{T}}{d_{15.6}^{15.6}}$$ (13-2)

式中　T——石油平均沸点，K。

此处的 T 最早是分子平均沸点，后改用立方平均沸点，近年来多使用中平均沸点。各类烃的特性因数不同，烷烃最高，环烷烃次之，芳烃最低。对于含复杂烃类混合物的石油馏分，可以采用特性因数来大致表征它的组成特性。特性因数有助于了解石油的分类和确定石油的加工方案、石油的化学组成及石油的其他特性。大庆原油、胜利原油和孤岛原油实沸点蒸馏窄馏分的特性因数范围分别为 12.0~12.6、11.2~12.1 和 11.1~11.7。

13.1.3　石油及油品其他性质

(1) 闪点(Flash Point)

闪点是表征油品安全性的指标。闪点是指在规定条件下，加热油品所逸出的蒸气刚够与周围的空气形成混合物与火焰接触时发生瞬间闪火时的最低温度。闪点的标准测定法有闭口杯法(Closed Cup)和开口杯法(Open Cup)，前者可测定轻质油品和重质油品的闪点，后者一般用于重质油品。

(2) 浊点(Cloud Point)

浊点是在规定的试验条件(GB/T 6986—2014)下，清澈、洁净的液体油品在降温过程中，由于出现蜡结晶而呈雾状或浑浊时的最高温度。

(3) 结晶点(Crystallization Point)

结晶点是指在规定试验条件下，轻质油品在降温过程中，由于出现蜡结晶而先呈现雾状或浑浊，肉眼可观察到结晶时的最低温度。

(4) 冰点(Freeze Point)

冰点是在规定条件下，轻质油品在降温过程中出现结晶后，再使其升温，原来形成的烃类结晶消失的最低温度。

（5）凝点（Condensing Point）与倾点（Pour Point）

凝点是指石油及油品在规定试验条件下，被冷却的试样停止移动时的最高温度。倾点指石油及油品在规定试验条件下，被冷却的试样能够流动的最低温度。

（6）辛烷值（Octane Number）

辛烷值是衡量汽油抗爆性的一种数字指标，是在标准的试验条件下用可变压缩比单缸汽油发动机，将待测试样与参比燃料试样进行对比试验热测得的。所用的参比燃料是异辛烷（2,2,4-三甲基戊烷）、正庚烷及其混合物。人为地规定抗爆性极好的异辛烷的辛烷值为100，抗爆性极差的正庚烷的辛烷值为0。两者的混合物则以其中异辛烷的体积分数含量值为其辛烷值。

车用汽油辛烷值的测定方法主要有两种：① 马达法辛烷值（Motor Octane Number，MON），测定条件为发动机转速900 r/min，冷却液温度100℃，混合气温度149℃。② 研究法辛烷值（Research Octane Number，RON），测定条件为发动机转速600 r/min，冷却液温度100℃，混合气温度为室温。用研究法测定时，由于其发动机转速较低，混合气温度也较低，条件不如马达法苛刻，研究法辛烷值通常比马达法辛烷值高5~10个单位，两者之间的差值，称为敏感度。

（7）黏度（Viscosity）

黏度是评定油品流动性的指标，是油品特别是润滑油质量标准中的重要项目，也是炼油工艺计算中不可缺少的物理性质。任何真实流体，当其内部分子间作相对运动时，都会因流体分子间的摩擦而产生内部阻力。黏度值是用以表示流体运动时分子间摩擦阻力大小的指标。

（8）硫含量（Sulfur Content）

硫含量是指原油中所含硫（硫化物或单质硫）的百分数。所有的原油都含有一定量的硫，但不同原油中的硫含量相差很大，从万分之几到百分之几。由于在原油加工中硫会使某些催化剂中毒，部分含硫化合物（如硫醇等）本身具有腐蚀性，以及油品中的硫燃烧后均生成二氧化硫，从而导致设备腐蚀和环境污染。根据硫含量（下为质量分数）不同，可分为低硫原油（低于0.5%）、含硫原油（0.5%~2.0%）和高硫原油（高于2.0%）。

13.2　石油管理器

石油管理器（Oil Manager）可使用离散的虚拟组分（Hypothetical Component 或 Hypocomponent）来表征石油的特性。Aspen HYSYS 会根据用户所选的关联式计算每个虚拟组分的物理性质、临界性质、热力学性质和传递性质。定义完全的虚拟组分可以安装到物流中，并可用于任何流程。

Aspen HYSYS 采用用户提供的石油评价数据（Assay Data）定义虚拟组分，用户可以复制、导入和导出已定义的石油评价数据，导出的评价数据可用于其他流体包或者其他案例。

Home 功能区选项卡中的石油管理器（Oil Manager） 特有的功能包括：

① 提供石油评价数据；

② 切割单股石油物流；

③ 混合多股石油物流；

④ 自定义虚拟组分性质;

⑤ 选择用于计算物性的关联式集;

⑥ 将虚拟组分安装到物流中;

⑦ 查看用户输入数据和表征石油性质的表和图。

Aspen HYSYS 石油表征(Characterization)方法可以将用户提供的凝析油(Condensates)、原油(Crude Oils)、石油馏分(Petroleum Cuts)和煤焦油(Coal-tar Liquids)的实验室评价分析数据转化为一系列离散的虚拟组分。流体包基于这些虚拟组分预测其余的热力学性质和传递性质。

Aspen HYSYS 可以根据较少的数据计算出虚拟组分完整的物理性质和临界性质。用户提供的数据越多,Aspen HYSYS 计算出虚拟组分的性质越准确。

13.2.1　石油及其馏分蒸馏曲线(Laboratory Data or Distillation Data)

在过程模拟中表征石油时,挥发性特征的准确性至关重要。Aspen HYSYS 接受以下几种标准实验室蒸馏方法得到的数据。

(1) 实沸点(True Boiling Point,TBP)蒸馏

实沸点蒸馏能够很好地表示油品真实组成与温度的关系,它是采用理论板数为 10~18 的填充蒸馏柱在回流比为 5 时对轻、重馏分进行分离的方法,实沸点是指实际沸点。馏出温度随馏出量变化的曲线,即为实沸点蒸馏曲线。由于蒸馏塔的塔板数较多且有较大的回流比,馏出温度和馏出物的沸点十分接近,可以大致反映出馏出的各个组分的真实状况。通常按照每3%(质量分数)的馏出物为一组馏分或者每间隔10℃切取一个窄馏分来计算每组馏分的收率以及总收率。为了保证蒸馏过程中烃类不发生分解,一般不允许蒸馏釜的温度超过310℃。

实沸点蒸馏耗费时间长,成本也比较高,一般情况下,只有当十分必要时才做实沸点蒸馏实验,实际中实沸点蒸馏曲线经常由其他类型的蒸馏曲线转换得到。

(2) 恩氏蒸馏(ASTM D86)

恩氏蒸馏是采用渐次汽化法测定石油馏分组成的经验性标准方法。由于这种蒸馏是渐次汽化,基本不具备蒸馏作用。

石油在恩氏蒸馏设备中按规定条件加热时,馏出第一滴液滴时的气相温度称为初馏点(Initial Boiling Point,IBP)。蒸馏过程中,烃类分子按沸点从低到高的顺序逐渐蒸出,气相温度也逐渐升高,馏出物体积为10%、30%、50%、70%和90%时的气相温度分别称为10%点、30%点、50%点、70%点和90%点。蒸馏到最后所能达到的最高气相温度称为终馏点(Final Boiling Point,FBP)或干点(Dry Point,DP),初馏点到干点这一温度范围称馏程(Distillation Range)或沸程(Boiling Range)。

由于恩氏蒸馏基本上没有蒸馏作用,石油中最轻组分的沸点低于初馏点,最重烃组分的沸点高于干点,所以馏程不代表石油的真实沸点范围。但因其简便且具有严格的条件性,普遍用于石油馏程的相对比较或大致判断油品中轻、重组分的相对含量,在炼油工业中也常用作石油质量的重要评价指标。

注:对于 ASTM D86 蒸馏,Aspen HYSYS 能够校正气压和热裂解的影响。

（3）ASTM D1160 蒸馏

ASTM D1160 蒸馏用于测定高沸点的石油。该过程与恩氏蒸馏类似，由于高沸点石油在常压下会裂解，所以需要在减压下进行。通常选择在 10 mmHg 或者更低的压力下蒸馏。在 10 mmHg 压力下，石油可以被蒸馏到 530℃（换算成 760 mmHg 压力下）左右。由于低压下蒸馏过程很接近理想的组分分离过程，故 ASTM D1160 蒸馏数据比较接近实沸点蒸馏数据。

（4）色谱法模拟蒸馏（ASTM D2887）

色谱法模拟蒸馏是一种相对较新的色谱蒸馏方法，此方法采用气相色谱将石油馏分按照挥发度的高低进行分离，可以代替费用较高的实沸点蒸馏。

（5）平衡汽化（Equilibrium Flash Vaporization，EFV）

平衡汽化曲线由一系列常压条件下的实验得到。以汽化温度为纵坐标，汽化率（体积分数，%）为横坐标作图，即可得到油品的平衡汽化曲线。根据平衡汽化曲线，可以确定油品在不同汽化率时的温度（如蒸馏塔进料段温度）、泡点温度（如蒸馏塔侧线温度和塔底温度）、露点温度（如蒸馏塔塔顶温度）等。

（6）色谱分析（Chromatograph）

色谱分析法即通过气相色谱分析来取得石油和石油馏分的模拟实沸点数据。气相色谱法模拟实沸点蒸馏可以节约大量的时间，所用的试样量也很少，但不能得到窄馏分样品。

13.2.2 石油蒸馏曲线相互转换（ASTM to TBP Conversion）

Aspen HYSYS 可根据内部生成的常压 TBP 蒸馏曲线计算虚拟组分的物理性质和临界性质。无论用户提供何种类型的石油评价数据，Aspen HYSYS 会将其转换成 TBP 蒸馏曲线。对于 ASTM D86 和 ASTM D2887 蒸馏曲线，用户可进入 **Oil Manager | Oil Output Settings** 页面选择这两种蒸馏曲线与 TBP 蒸馏曲线的转换方法，转换方法如表 13-2 所示。

表 13-2　ASTM D86、ASTM D2887 与 TBP 蒸馏曲线之间的转换方法

转换类型	转换方法	转换类型	转换方法
D86—TBP	API 1974 API 1987 API 1994 Edmister-Okamoto 1959	D2887—TBP	API 1987 API 1994 Indirect API 1994 Direct

13.2.3 数据报告基准（Data Reporting Basis）

蒸馏曲线均采用下述馏出分数基准（石油评价基准）之一：

① 液相体积百分数（Liquid Volume Percent）或液相体积分数（Liquid Volume Fractions）；

② 摩尔百分数（Mole Percent）或摩尔分数（Mole Fractions）；

③ 质量百分数（Mass Percent）或质量分数（Mass Fractions）。

Aspen HYSYS 接受采用上述任意一种标准基准的 TBP 蒸馏和色谱分析数据。但由于 API 数据手册转换曲线形式的限制，EFV、ASTM D86 和 ASTM D1160 曲线必须采用液相体积基准，而 ASTM D2887 曲线只能选择质量基准。

13.2.4　石油评价物性数据(Physical Property Assay Data)

用户向 Aspen HYSYS 提供更多的信息将有助于提高石油表征的准确性。提供部分或者全部整体性质(Bulk Properties)(平均相对分子质量、密度或特性因数 K)可提高石油表征的准确性。如果用户提供物性曲线(Property Curves)(平均相对分子质量曲线、密度曲线和/或黏度曲线),则虚拟组分的准确性将进一步提高。如果用户不提供物性曲线数据,Aspen HYSYS 根据关联式得到必要的信息,进而生成内部曲线。用户可以根据需要更改默认的物性关联式。

13.2.5　物性曲线基准(Property Curve Basis)

实验室测定的物性曲线数据使用以下基准:
① 独立评价基准(Independent Assay Basis)　物性曲线馏出分数不与蒸馏曲线馏出分数一一对应;
② 关联评价基准(Dependent Assay Basis)　蒸馏曲线和物性曲线使用同一组馏出分数。

13.2.6　默认关联式(Default Correlations)

在石油管理器中,Aspen HYSYS 用一组默认的关联式计算虚拟组分的物理性质和临界性质。用户可以随时更改默认关联式。

13.3　石油评价数据表征方法及关联式

Aspen HYSYS 根据石油评价数据生成一系列虚拟组分的步骤如下:
① 基于用户输入的数据曲线,Aspen HYSYS 会计算生成整套工作曲线(Working Curves)(包括 TBP 蒸馏曲线、平均相对分子质量曲线、密度曲线和黏度曲线);
② 使用默认的或用户提供的切割点温度集,从 TBP 工作曲线中可以确定每个虚拟组分的馏出体积分数;
③ 从生成的工作曲线中可确定每一虚拟组分的标准沸点(NBP)、平均相对分子质量、密度和黏度;
④ 对于每一个虚拟组分其余的临界性质和物理性质,Aspen HYSYS 根据虚拟组分的标准沸点、平均相对分子质量和密度采用相应的关联式计算得到。
了解石油表征过程的四个步骤,可以帮助用户更好地理解输入数据如何影响表征结果。

13.3.1　生成一整套工作曲线(Generate a Full Set of Working Curves)

为确保表征计算准确性,需要提供 TBP 蒸馏曲线、平均相对分子质量曲线、密度曲线和黏度曲线数据,这些曲线称为工作曲线。Aspen HYSYS 采用用户提供的任何曲线数据,并根据需要进行内插和外推,以生成馏出体积分数范围0%~100%的工作曲线。

如果用户提供 ASTM D86,ASTM D1160 或 EFV 蒸馏曲线,Aspen HYSYS 会自动将其转换为 TBP 蒸馏曲线。如果用户没有提供任何蒸馏数据,仅提供整体性质(平均相对分子质量、密度或特性因数 K)中的两个,Aspen HYSYS 也能够计算平均 TBP 蒸馏曲线。

用户未提供的物性数据曲线可通过默认的关联式计算得到,用于模拟各种石油(包括凝析油、石油馏分和煤焦油)。如果用户输入石油的整体性质,比如平均相对分子质量或密度，Aspen HYSYS 将调整用户提供或生成的物性曲线，以与整体性质相匹配。典型的 TBP 蒸馏曲线如图 13-1 所示。

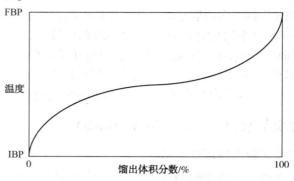

图 13-1　典型的 TBP 蒸馏曲线

13.3.2　分析轻端组分(Light Ends Analysis)

Aspen HYSYS 使用用户提供的轻端组分数据，以离散的纯组分的形式定义或者替换 TBP、ASTM D86 和 ASTM D1160 蒸馏曲线沸点较低的部分。Aspen HYSYS 不要求用户提供的轻端组分最高沸点和 TBP 工作曲线的最低沸点相匹配。

处理轻端组分时可能会存在如图 13-2~图 13-4 所示的三种情况。图中 A 点表示纵坐标为最重轻端组分(正戊烷)的沸点与 TBP 工作曲线的交点，B 点表示 TBP 工作曲线中横坐标为轻端组分馏出量与 TBP 工作曲线的交点。

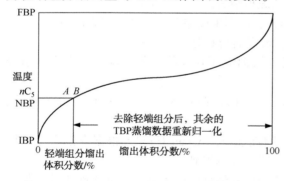

图 13-2　A 点与 B 点完全重合的 TBP 工作曲线

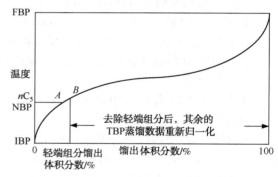

图 13-3　A 点位于 B 点之下的 TBP 工作曲线

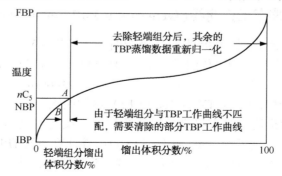

图 13-4　A 点位于 B 点之上的 TBP 工作曲线

13.3.3 自动计算轻端组分(Auto Calculate Light Ends)

Aspen HYSYS 自动计算轻端组分程序在 TBP 工作曲线上内部绘制已定义组分的沸点，并通过插值法确定其组成。Aspen HYSYS 将调整全部轻端组分馏出体积分数，使得最重轻端组分的沸点恰好为最后一个轻端组分馏程的中点。自动计算轻端组分过程如图 13-5 所示。

13.3.4 确定 TBP 曲线切割点温度(Determine TBP Cutpoint Temperatures)

用户可提供一组切割点温度和每个温度范围内的切割数量来规定虚拟组分的切割方式。Aspen HYSYS 也可以根据用户指定的虚拟组分切割总数来计算一组最佳的切割方式。表征程序将采用生成的 TBP 工作曲线和规定的切割点集来确定每个虚拟组分的馏出体积分数。

如图 13-6 所示，Aspen HYSYS 使用五个等温度增量的切割点生成了四个虚拟组分。

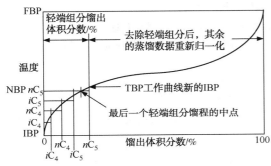

图 13-5 自动计算轻端组分

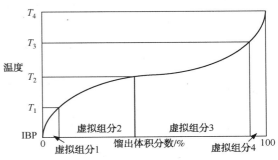

图 13-6 TBP 蒸馏曲线切割

进入 **Oil Manager | Output Blend** 页面，在 Cut Option Selection 下拉列表框中选择 AutoCut 选项，Aspen HYSYS 会自动执行切割。Aspen HYSYS 使用的自动切割点集如表 13-3 所示。

表 13-3 Aspen HYSYS 自动切割点集

TBP 温度范围/℃	切割馏分数量	TBP 温度范围/℃	切割馏分数量
38~425	28	650~870	4
425~650	8		

13.3.5 图解确定虚拟组分性质(Graphically Determine Component Properties)

已知虚拟组分的切割点和馏出体积分数后，可以确定虚拟组分的标准沸点（NBP）。基于每个虚拟组分的 TBP 蒸馏曲线与表示标准沸点的水平线之间的面积相等，Aspen HYSYS 计算出标准沸点，如图 13-7 所示，黑色区域的面积相等。虚拟组分的平均相对分子质量、密度、黏度是根据相应的工作曲线计算得到。

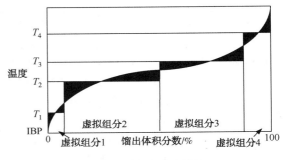

图 13-7 标准沸点计算

13.3.6　计算组分临界性质(Calculate Component Critical Properties)

已知标准沸点、平均相对分子质量和密度，Aspen HYSYS 能够计算完全定义虚拟组分所需的其他物理性质和热力学性质。用户可以选择关联式估算每个组分的临界性质。

13.3.7　关联式(Correlations)

临界性质关联式的适用范围如表 13-4 所示。

表 13-4　临界性质关联式适用范围

临界性质关联式	适用范围
Lee-Kesler 法	沸点低于 677℃时，该关联式与使用 API 数据手册关联图获得的结果几乎相同。该方程通过改进，拓展了温度适用范围，但未给出适用温度的上限
Cavett 法	对于开发关联式所用到的数据及其适用范围，作者未给出任何参考信息。实验表明，该关联式应用于 API 度大于零的馏分或高芳烃族和环烷烃馏分，如应用于煤焦油时，可给出十分准确的结果
Riazi-Daubert 法	在-18~317℃沸点范围内，该关联式准确性略优于其他关联式，其最重要的不足是当计算临界压力和平均相对分子质量时，沸点不能超过 457℃
Nokay 法	该关联式未给出限制范围。在计算重芳烃或环烷烃体系的临界温度和平均相对分子质量时十分准确
Roess 法	该关联式不适用于沸点高于 343℃(C_{20})的馏分，严重低估了较重馏分的临界温度，因此不适用于重油
Edmister 法	该关联式对纯组分的计算非常准确，但仅适用于具有有限数量异构体的凝析油气体系。对于沸点高于 343℃(C_{20})的馏分，Edmister 偏心因子往往低于 Lee-Kesler，该方程仅限于沸点低于 343℃的馏分
Bergman 法	该关联式是针对含有较轻馏分的贫气和凝析油开发的，因此仅适用于碳数小于 15 的体系
Spencer-Daubert 法	该关联式是原始 Nokay 方程的改进型，扩展了其适用范围
Rowe 法	该关联式用于估算链烷烃的沸点、临界压力和临界温度。碳数是该方程唯一用到的关联变量，将方程应用范围限制在较轻的石蜡体系
Standing 法	用 Matthews、Roland 和 Katz 的数据开发了这些关联式。平均相对分子质量和相对密度是关联变量。常用于 C_7 以上的组分，但也适用于较窄的沸点切割范围，对于沸点高于 450℃(C_{25})的馏分，应谨慎使用
Lyderson 法	该关联式基于 PNA(石蜡/环烷烃/芳烃)方程，与 Peng-Robinson PNA 相似
Yarborough 法	该关联式仅适用于估算烃类的相对密度。碳数和芳香度是该方程的关联变量。Yarborough 法假设已经测得 C_7 以上组分的平均相对分子质量和相对密度，并且通过气相色谱法测得各组分的摩尔分数(假设链烷烃的平均相对分子质量，从而将质量转换为摩尔分数)
Katz-Firoozabadi 法	该关联式仅适用于估算相对分子质量和相对密度。正常沸点是唯一的关联变量，适用于碳数小于 45 的碳氢化合物
Mathur 法	作者未给出关联式的限制范围，对于重芳烃混合物如煤焦油液体，该关联式能够得到很好的结果，但是对于长链烷烃其准确性没有进行严格的检验
Penn State 法	该关联式与 Riazi-Daubert 法相似，适用范围大致相同

续表

临界性质关联式	适用范围
Aspen 法	该关联式计算的结果与 Lee-Kesler 法非常接近，但是对于芳香族体系，通常可给出更准确的结果。该关联式的适用范围可以参考 Lee-Kesler 法
Hariu Sage 法	利用特性因数 K，该关联式能够估算平均相对分子质量。当沸点大于 816℃ 时，该关联式能够合理外推估算，比 Lee-Kesler 关联式计算的平均相对分子质量更准确
TWU Method 法	Aspen 特有的关联式

13.4 石油表征步骤

13.4.1 初始化（Initialization）

在进入石油管理器（Oil Manager）之前，用户必须定义一个流体包，该流体包中至少带有一个指定的物性包，此物性包必须能够处理虚拟组分。

如果要使用数据库中的组分表示轻端组分，最好在进入石油管理器之前添加组分。

石油管理器中关联的流体包具有提供轻端组分和识别虚拟组分所属流体包的功能。

当用户将石油安装到一股物流时，Aspen HYSYS 始终将这股物流放在主流程中。因此，关联的流体包必须是主流程使用的流体包。

如果用户需要将虚拟组分安装到子流程中，需在子流程流体包 Components 选项卡上完成（进入**Hypothetical** 页面，单击**Add Group** 或**Add Hypo** 按钮添加虚拟组分）。如果子流程与主流程使用相同的流体包，则无需此操作，一旦安装了石油物流，虚拟组分会自动添加到流体包中。

如果用户希望在使用不同流体包的流程间传输石油物流，应确保使用的虚拟组分安装到每个流体包中。如果用户没有在每个流体包中定义相同的组分，Aspen HYSYS 将仅传输相同组分的组成，并将组成归一化。

用户可单击 Home 功能区选项卡下**Associated Fluid Package** 按钮，弹出 **Fluid Package Associated with Oil Manager** 窗口，在 Associated Fluid Package 下拉列表框中选择流体包，如图 13-8 所示。

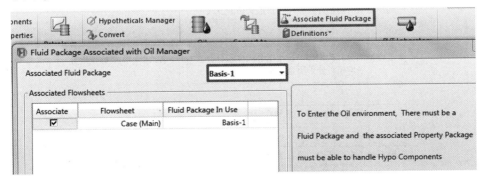

图 13-8　石油管理器关联流体包

常见的石油评价数据构成如图 13-9 所示。

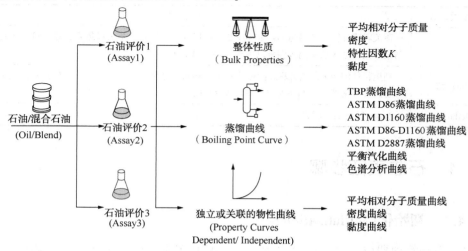

图 13-9　典型的石油构成

石油或混合石油(Oil or Blend)是由任意数量的石油评价数据构成。每个单独的石油评价数据包含整体性质、蒸馏曲线(沸点曲线)和物性曲线。对于整体性质，用户可提供平均相对分子质量、密度、特性因数 K 和/或黏度。用户可提供图 13-9 中列举的任何一种蒸馏曲线。在计算过程中，Aspen HYSYS 自动将所有曲线转换为 TBP 蒸馏曲线。用户还可以选择提供平均相对分子质量曲线、密度曲线和/或黏度曲线。

13.4.2　石油表征步骤(Petroleum Fluids Characterization Procedure)

安装一股石油物流步骤(图 13-10)如下：

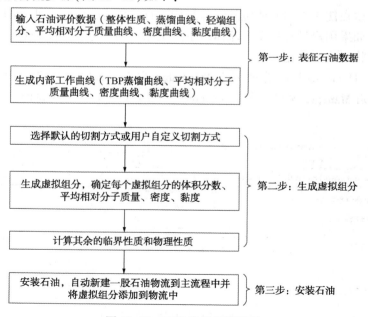

图 13-10　石油表征步骤流程

（1）表征石油评价数据（Characterize Assay）

进入**Oil Manager | Input Assay**页面输入石油评价数据。Aspen HYSYS使用提供的评价数据生成内部TBP工作曲线、平均相对分子质量工作曲线、密度工作曲线和黏度工作曲线。

（2）生成虚拟组分（Generate Hypocomponents）

进入**Oil Manager | Output Assay | Blend-1 | Data**页面，单击**Submit**按钮生成虚拟组分。

（3）安装石油（Install Oil）

一旦得到满意的石油表征结果，进入**Oil Manager | Output Assay | Blend-1**页面，单击**Install Oil**按钮，在弹出的**Install Oil**窗口中输入石油物流名称，单击**Install**按钮，添加一股石油物流并将虚拟组分安装到物流中。虚拟组分也可以添加到不同的虚拟组分组和相关联流体包中。

13.4.3　用户自定义物性（User Property）

在Aspen HYSYS中，除了表征石油需要的三个基本步骤，用户还能够添加、修改、删除和复制自定义的物性曲线。用户可进入物性环境中**User Properties**页面，添加用户自定义物性，进入**Oil Manager | Input Assay | User Curves**页面，输入用户自定义物性曲线。

13.4.4　关联式（Correlations）

进入**Oil Manager | Correlations Sets**页面，用户可从多个关联式中选择用于确定工作曲线和生成虚拟组分的关联式。

进入**Oil Manager | Oil Output Settings**页面，用户还可以更改"IBP cut point,%"（IBP切割点），"FBP cut point,%"（FBP切割点）和Basis for IBP & FBP（IBP和FBP基准），如图13-11所示。这些值用于确定TBP蒸馏曲线的初馏点温度和终馏点温度。IBP切割点的默认值为1%，FBP切割点的默认值为98%。

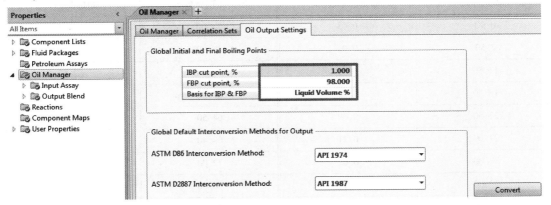

图13-11　石油输出设置页面

例如，如果"IBP cut point,%"输入1，则初馏点是馏出体积分数为1%的馏出物中所有组分沸点的加权平均值。如果"FBP cut point,%"输入98，则终馏点是剩余的馏出体积分数为2%的馏出物中所有组分沸点的加权平均值。TBP蒸馏曲线的两端将被拉伸，以得到馏出体积分数为0%~100%的TBP蒸馏曲线。

下面通过例 13.1 介绍石油的表征过程。

【例 13.1】 已知原油 Oil 的平均相对分子质量 300，标准密度 783.4 kg/m³，原油评价数据见表 13-5 和表 13-6。按照表 13-7 对原油进行切割，并绘制原油 Oil 的 TBP 蒸馏曲线和含硫曲线。物性包选取 Peng-Robinson。

表 13-5 原油 Oil 评价数据

TBP 蒸馏曲线			轻端组分		密度曲线			黏度曲线		
馏出体积分数/%	温度/℃	平均相对分子质量	组分	馏出体积分数/%	馏出体积分数/%	密度/(kg/m³)	馏出体积分数/%	黏度/mPa·s (37.78℃)	黏度/mPa·s (98.89℃)
0.00	27.00	68.00	丙烷	0	13.00	725.00	10.00	0.20	0.10
10.00	124.00	119.00	异丁烷	0.19	33.00	758.00	30.00	0.75	0.30
20.00	176.00	150.00	正丁烷	0.11	57.00	796.00	50.00	4.20	0.80
30.00	221.00	182.00	异戊烷	0.37	74.00	832.00	70.00	39.00	7.50
40.00	275.00	225.00	正戊烷	0.46	91.00	897.00	90.00	600.00	122.00
50.00	335.00	282.00	—	—	—	—	—	—	—
60.00	400.00	350.00	—	—	—	—	—	—	—
70.00	491.00	456.00	—	—	—	—	—	—	—
80.00	591.00	585.00	—	—	—	—	—	—	—
90.00	692.00	713.00	—	—	—	—	—	—	—
98.00	766.00	838.00	—	—	—	—	—	—	—

表 13-6 硫曲线

馏出体积分数/%	硫质量分数/%	馏出体积分数/%	硫质量分数/%
0.90	0.03	54.00	2.75
7.50	0.03	55.90	2.70
11.50	0.02	57.00	2.67
16.50	0.08	60.00	2.68
22.50	0.09	64.50	2.80
27.00	0.21	68.40	3.10
32.00	0.62	72.00	3.50
37.00	1.12	76.00	3.90
42.00	1.70	79.00	4.30
47.00	2.35	82.00	4.65
49.00	2.65	85.00	5.00
50.50	2.79	87.50	5.30
52.00	2.80	90.50	5.65

表 13-7 原油馏分切割点集

TBP 温度下限/℃	TBP 温度上限/℃	切割组分数
38	427	28
427	649	8
649	766	2

本例模拟步骤如下:

(1)新建模拟 启动 HYSYS,新建空白模拟,单位集选择 SI,文件保存为 Example13.1-TBP Assay.hsc。

(2)创建组分列表 进入**Component Lists** 页面,添加轻端组分 Propane(丙烷)、i-Butane(异丁烷)、n-Butane(正丁烷)、i-Pentane(异戊烷)和 n-Pentane(正戊烷)。

(3)定义流体包 进入**Fluid Package** 页面,选取物性包 Peng-Robinson。

(4)输入原油评价数据

① 单击 Home 功能区选项卡中的 Oil Manager 按钮,进入**Oil Manager | Input Assay | Assay-1 | Input Data** 页面,定义评价数据,输入 Molecular Weight(平均相对分子质量)300,Standard Density(标准密度)783.4 kg/m³,如图 13-12 所示。

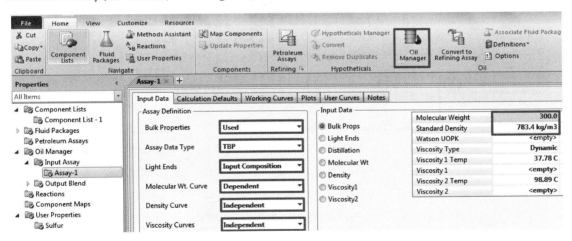

图 13-12 定义评价数据

② 在 Input Data 选项区域选择 Light Ends,在 Light Ends Basis 下拉列表框中选择 Liquid Volume%,输入轻端组分;在 Input Data 选项区域选择 Distillation,在 Assay Basis 下拉列表框中选择 Liquid Volume%,输入蒸馏曲线;在 Input Data 选项区域选择 Molecular Wt,输入平均相对分子质量曲线;在 Input Data 选项区域选择 Density,输入密度曲线;在 Input Data 选项区域选择 Viscosity1,在 Viscosity Curves 选项区域选择 Use Both,在 Viscosity Type 下拉列表框中选择 Dynamic,输入 37.78℃ 的黏度曲线,同理输入 98.89℃ 的黏度曲线,如图 13-13所示。

(5)生成工作曲线 进入**Oil Manager | Input Assay | Assay-1 | Calculation Defults** 页面,工作曲线外推计算方法保持默认设置,单击**Calculate** 按钮,计算评价数据生成工作曲线,如图 13-14 所示。

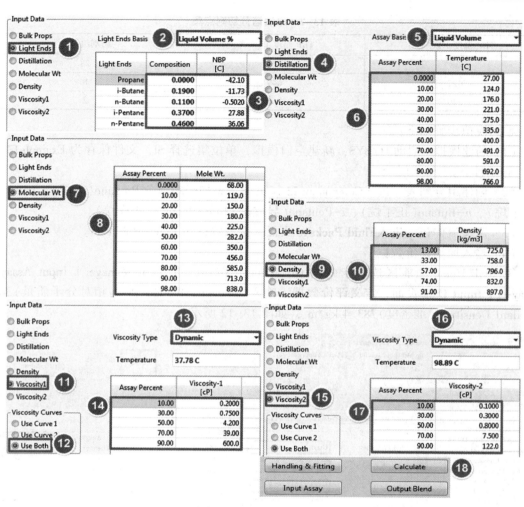

图 13-13　输入评价数据

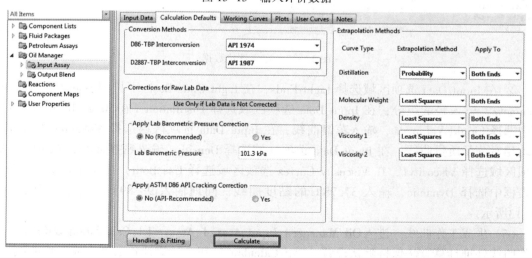

图 13-14　计算评价数据生成工作曲线

进入**Oil Manager | Input Assay | Assay-1 | Working Curves** 页面可查看工作曲线数据，如图 13-15 所示。

Point #	Moles	Cum. Moles	NBP [C]	Mole Wt	Mass Density [kg/m3]	Viscosity 1 [cP]	Viscosity 2 [cP]
0	0.00000	0.00000	36.25	77.76	695.4	0.098	0.061
1	0.03027	0.03027	47.40	92.79	697.1	0.106	0.064
2	0.02656	0.05683	61.64	106.0	698.8	0.114	0.068
3	0.02401	0.08085	73.63	117.5	700.4	0.123	0.072
4	0.02218	0.10303	82.97	127.5	702.1	0.133	0.077
5	0.02084	0.12387	92.12	136.1	703.7	0.145	0.081
6	0.02036	0.14423	100.7	139.6	705.4	0.158	0.086
7	0.01900	0.16413	108.6	143.2	707.0	0.173	0.091

图 13-15　查看工作曲线数据

进入**Oil Manager | Input Assay | Assay-1 | Plots** 页面，可查看 Assay-1 的 TBP 蒸馏曲线，如图 13-16 所示。用户还可以在 Property 下拉列表框中选择查看其他工作曲线。

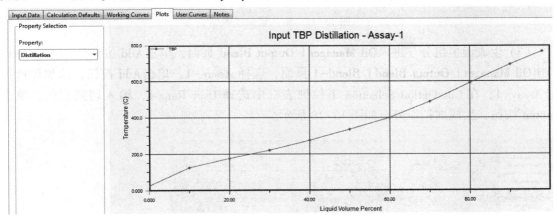

图 13-16　查看 TBP 工作曲线

（6）添加硫曲线　进入**User Properties** 页面，单击**Add** 按钮，添加硫曲线 Sulfur，双击 Sulfur 文本框，弹出**User Properties | Sulfur | Data** 页面，选择混合基准 Mass Fraction，如图 13-17所示。

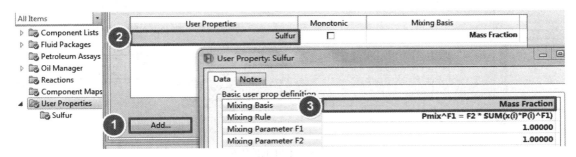

图 13-17　选择混合基准

进入**Oil Manager | Input Assay | Input Data | Assay-1 | User Curves** 页面，单击**Add** 按钮添加 Sulfur，单击**Edit** 按钮输入硫曲线，单击**Calculate** 按钮，如图 13-18 所示。

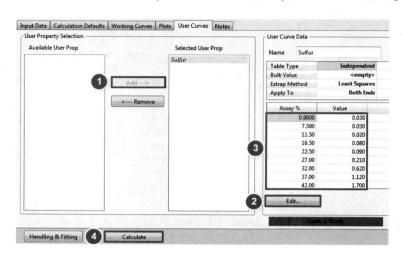

图 13-18　输入硫曲线数据

（7）生成虚拟组分　进入**Oil Manager | Output Blend** 页面，单击**Add** 按钮添加 Blend-1，弹出**Oil Manager | Output Blend | Blend-1** 页面，选择 Assay-1，单击**Add** 按钮，添加评价数据 Assay-1；在 Cut Option Selection 下拉列表框中选择 User Ranges，输入切割点集，单击**Submit** 按钮，生成虚拟组分，如图 13-19 所示。

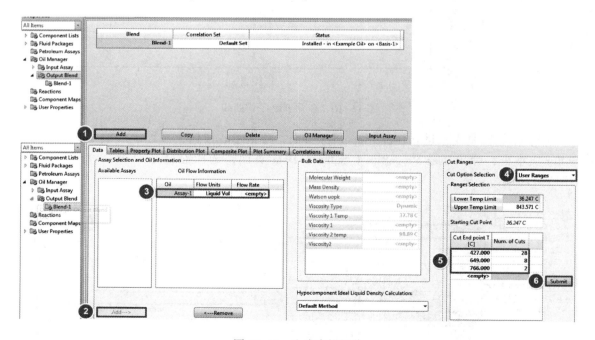

图 13-19　生成虚拟组分

进入 **Oil Manager | Output Blend | Blend-1 | Tables** 页面，可查看生成的虚拟组分的物性数据，如图 13-20 所示。

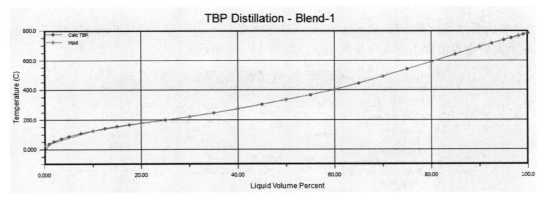

图 13-20　查看虚拟组分物性数据

进入 **Oil Manager | Output Blend | Blend-1 | Composite Plot** 页面，查看 TBP 蒸馏曲线，如图 13-21 所示。

图 13-21　查看 TBP 蒸馏曲线

进入 **Oil Manager | Output Blend | Blend-1 | Composite Plot** 页面，在 Plot Control 选项区域的 Property 下拉列表框中选择 User Property，选择 Sulfur 复选框，可查看硫曲线，如图 13-22 所示。

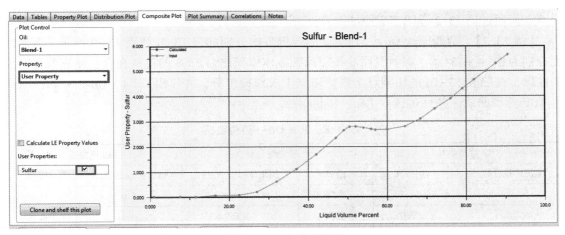

图 13-22　查看硫曲线

（8）安装原油　单击 **Install Oil** 按钮，弹出 **Blend－1｜Install Oil** 页面，输入物流名称 Example Oil，单击 **Install** 按钮安装原油，如图 13－23 所示。

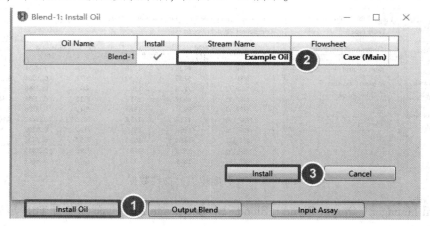

图 13－23　安装原油

（9）查看结果　进入 **Simulation** 环境，双击物流 Example Oil，进入 **Example Oil｜Composition** 页面可查看流程中原油物流的组成，如图 13－24 所示。

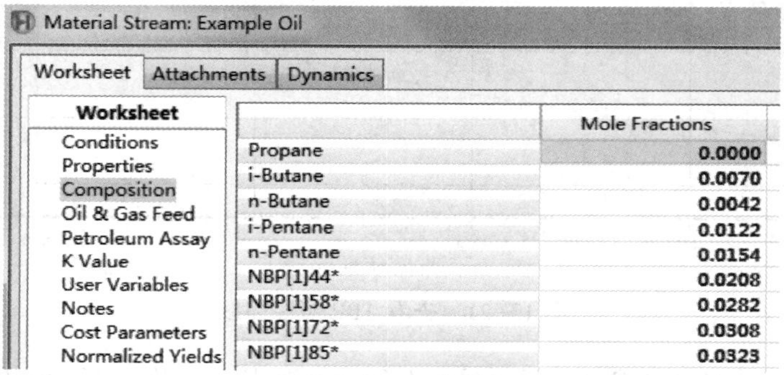

图 13－24　查看原油物流 Example Oil 的组成

下面通过例 13.2 介绍多股原油混合。

【**例 13.2**】　两股原油 Oil-1 与 Oil-2 的评价数据分别如表 13－8 和表 13－9 所示，其 API 度分别为 31.4 和 34.8。将两股原油按照标准液体体积比为 2∶8 的比例混合，计算调合原油的性质，按照表 13－10 的切割点集进行切割生成虚拟组分，并作出 Oil-1、Oil-2 和调合原油的 TBP 蒸馏曲线。物性包选取 Peng-Robinson。

表 13－8　原油 Oil-1 评价数据

TBP 蒸馏曲线		轻端组分		API 度曲线	
馏出体积分数/%	温度/℃	组分	馏出体积分数/%	馏出质量分数/%	API 度
6.8	54.5	甲烷	0.1	5.0	90.0
10.0	82.0	乙烷	0.15	10.0	68.0
30.0	214.5	丙烷	0.9	15.0	59.7

续表

TBP 蒸馏曲线		轻端组分		API 度曲线	
馏出体积分数/%	温度/℃	组分	馏出体积分数/%	馏出质量分数/%	API 度
50.0	343.5	异丁烷	0.4	20.0	52.0
62.0	427.0	正丁烷	1.6	30.0	42.0
70.0	484.0	异戊烷	1.2	40.0	35.0
76.0	538.0	正戊烷	1.7	45.0	32.0
90.0	679.5	—	—	50.0	28.5
—	—	—	—	60.0	23.0
—	—	—	—	70.0	18.0
—	—	—	—	80.0	13.5

表 13-9 原油 Oil-2 评价数据

TBP 蒸馏曲线		轻端组分		API 度曲线	
馏出体积分数/%	温度/℃	组分	馏出体积分数/%	馏出质量分数/%	API 度
6.5	49.0	水	0.1	2.0	150.0
10.0	94.0	甲烷	0.2	5.0	95.0
20.0	149.0	乙烷	0.5	10.0	65.0
30.0	204.5	丙烷	0.5	20.0	45.0
40.0	243.0	异丁烷	1.0	30.0	40.0
50.0	288.0	正丁烷	1.0	40.0	38.0
60.0	343.0	异戊烷	0.5	50.0	33.0
70.0	399.0	正戊烷	2.5	60.0	30.0
80.0	454.5	—	—	70.0	25.0
90.0	593.0	—	—	80.0	20.0
95.0	704.5	—	—	90.0	15.0
98.0	802.0	—	—	95.0	10.0
100.0	910.0	—	—	98.0	5.0

表 13-10 原油馏分切割点集

TBP 温度下限/℃	TBP 温度上限/℃	相邻组分 TBP 增量/℃
40	440	20
440	650	30
650	760	55
760	890	65

本例模拟步骤如下：

（1）新建模拟　启动 HYSYS，新建空白模拟，单位集选择 SI，将文件保存为 Example13.2-Blend.hsc。

（2）创建组分列表　进入 **Component Lists** 页面，输入组分 H_2O（水）、Methane（甲烷）、Ethane（乙烷）、Propane（丙烷）、i-Butane（异丁烷）、n-Butane（正丁烷）、i-Pentane（异戊烷）和 n-Pentane（正戊烷）。

（3）定义流体包　进入**Fluid Package**页面，物性包选取 Peng-Robinson。

（4）输入评价数据　进入**Oil Manager | Input Assay | Input Data**页面，单击 Add 按钮，添加评价数据 Assay-1 和 Assay-2，如图 13-25 所示。进入**Oil Manager | Input Assay | Input Data | Assay-1**页面，选择评价数据类型，输入 Oil-1 评价数据，如图 13-26 所示。同理输入 Oil-2 评价数据，如图 13-27 所示。

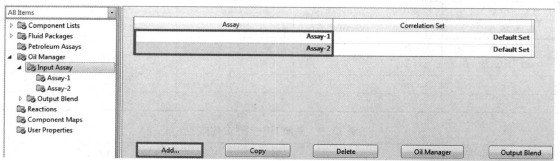

图 13-25　添加评价数据 Assay-1 和 Assay-2

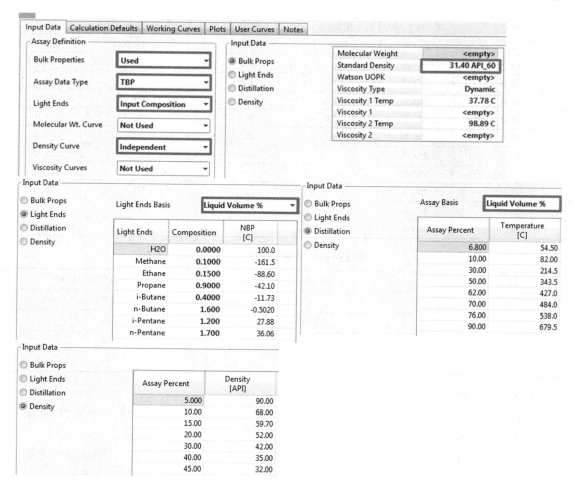

图 13-26　输入 Oil-1 评价数据

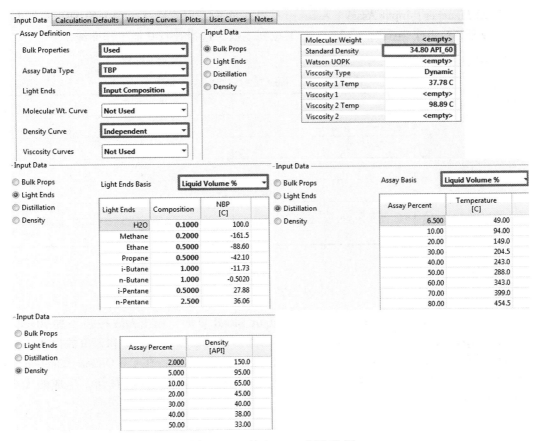

图 13-27　输入 Oil-2 评价数据

（5）生成工作曲线　进入 **Oil Manager | Input Assay | Assay-1 | Calculation Defults** 页面，工作曲线外推计算方法保持默认设置，单击 **Calculate** 按钮，计算评价数据生成工作曲线，如图 13-28 所示。

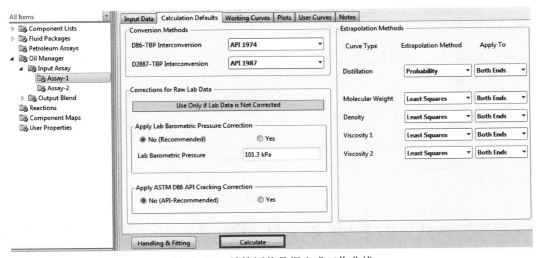

图 13-28　计算评价数据生成工作曲线

进入**Oil Manager | Input Assay | Assay-1 | Plots** 页面，可查看 Assay-1 的 TBP 蒸馏曲线，如图 13-29 所示。用户还可以在 Property 下拉列表框中选择查看其他工作曲线。

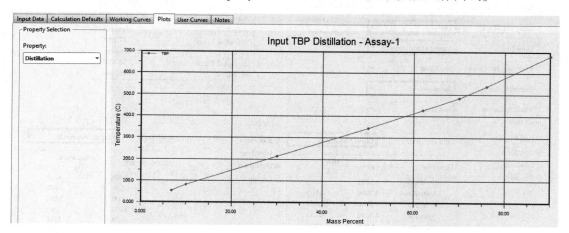

图 13-29 查看 TBP 工作曲线

（6）生成虚拟组分 进入**Oil Manager | Output Blend** 页面，单击**Add** 按钮添加 Blend-1，弹出**Oil Manager | Output Blend | Blend-1** 页面，添加评价数据 Assay-1 和评价数据 Assay-2；Flow Units 栏默认为 Liquid Vol，在 Flow Rate 栏分别输入 2 和 8；在 Cut Option Selection 下拉列表框中选择 User Ranges，输入表 13-10 中的切割点集，单击**Submit** 按钮，生成的虚拟组分，如图 13-30 所示。

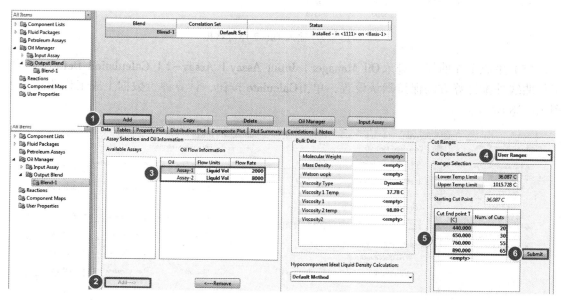

图 13-30 生成虚拟组分

进入**Oil Manager | Output Blend | Blend-1 | Tables** 页面，可查看生成的虚拟组分的物性数据，如图 13-31 所示。

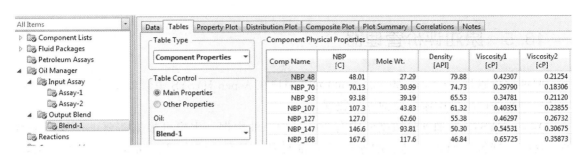

图 13-31　查看虚拟组分物性数据

进入 **Oil Manager | Output Blend | Blend-1 | Distribution Plot** 页面，可查看石油分布图，如图 13-32 所示。该图能够为用户提供各石油产品产量的估值。

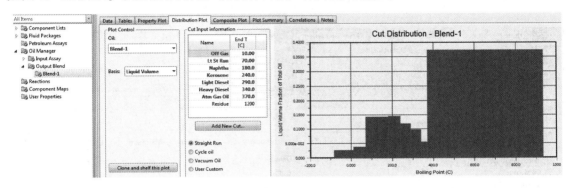

图 13-32　查看石油分布图

(7) 查看 TBP 蒸馏曲线　进入 **Oil Manager | Output Blend | Blend-1 | Property Plot** 页面，在 Data Control 选项区域选择 Blend-1，Blend-1/Assay-1 和 Blend-1/Assay-2 选项，曲线类型选择 TBP，查看生成的原油 Oil-1、Oil-2 和调合原油 Blend-1 的 TBP 蒸馏曲线，如图 13-33 所示。

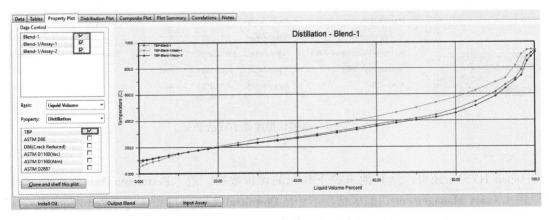

图 13-33　查看 TBP 蒸馏曲线

13.5　原油评价管理器

原油评价管理器(Assay Management)允许用户在 Aspen HYSYS 中管理原油评价数据,可以从各种来源向模拟中添加原油评价数据。

Aspen HYSYS 原油评价数据库中有 200 多种原油数据,用户可根据需要进行复制和编辑。这些数据包括原油产地、国家以及原油性质(密度、硫含量、黏度等)。单击 Assay Management 功能区选项卡下**New Assay** 按钮,弹出**Add Assay** 窗口,用户可在该窗口将评价数据添加到案例中,如图 13-34 所示。添加评价数据后,系统会自动选择流体包,用户也可以在 Fluid Package 下拉列表框中选取流体包。

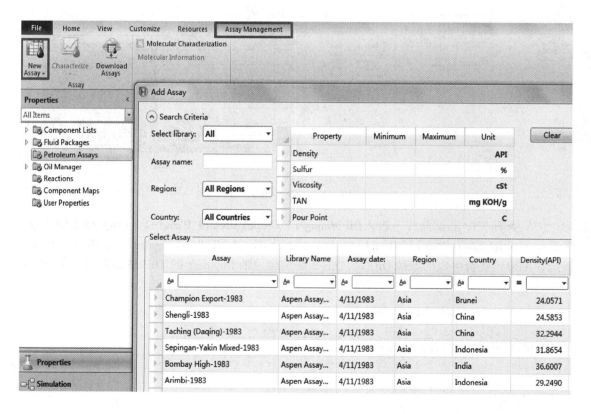

图 13-34　添加数据库原油评价数据

Aspen HYSYS 还可以从其他来源下载原油评价数据。进入**Petroleum Assays** 页面,用户可以单击**Assay Management** 功能区选项卡中的**Download Assays** 按钮,进入**Petroleum Assays | Download Assays** 页面下载可用的原油评价数据,如图 13-35 所示。

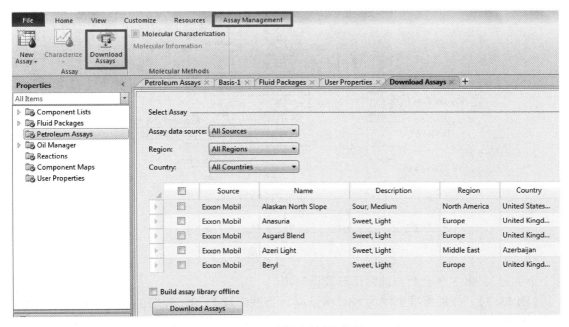

图 13-35　下载原油评价数据

13.6　原油常压蒸馏塔

原油常压蒸馏塔在接近大气压力下操作。原油通过常压蒸馏切割成汽油、煤油、轻柴油、重柴油和重油等产品。原油常压蒸馏塔是一个复杂塔，产品从各侧线馏出。侧线产品一般都设有汽提塔，用水蒸气汽提(也有个别情况用再沸器提馏)，所用的过热水蒸气量一般为侧线产品的 2%~3%(质量分数)。常压塔底也需要水蒸气汽提，吹入的过热水蒸气量一般为 2%~4%(质量分数)。

原油常压蒸馏塔的热量是靠进料提供，其回流比由全塔的热量平衡确定。原油常压蒸馏塔往往采用中段回流的方式取热，以使塔内气液负荷分布均匀，同时起到节省能源的目的。中段回流取热量一般占全塔取热量的 40%~60%。

典型的常压蒸馏流程如图 13-36 所示，所涉及的主要设备包括 1 台原油蒸馏塔(Crude Column)和 3 台侧线汽提塔(Kerosene SS，Diesel SS，AGO SS)。在例 13.3 中，原油在蒸馏塔中按蒸发能力被蒸馏切割成沸点范围不同的馏分。从塔顶采出石脑油馏分(Naphtha)，由塔侧线引出煤油(Kerosene)、轻柴油(Diesel)和重柴油(AGO)等馏分，塔底产品为常压渣油(Atm Residue)。

原油常压蒸馏塔的塔底温度很高，一般在 350℃ 左右，如果采用再沸器很难找到合适的热源，而且再沸器必然十分庞大，因此原油常压蒸馏塔的热量供应主要靠进料带入塔内，即将原料加热到尽可能高的温度。几乎所有的原油常压蒸馏塔都在底部注入过热水蒸气(Btm Steam)，以降低油气分压，从而帮助塔底重油中较轻的油料汽化，同时也提高了进料在汽化段的汽化率。侧线产品提馏段的侧线汽提塔也分别使用过热水蒸气(Diesel Steam，AGO Steam)汽提以降低侧线产品中轻质组分的含量，从而保证产品的质量。

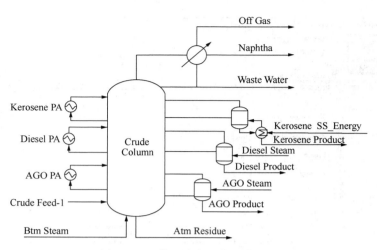

图 13-36　典型的常压蒸馏塔流程

下面通过例 13.3 介绍原油常压蒸馏塔模拟。

【例 13.3】 原油标准密度为 886.6kg/m³，特性因数 11.3。轻端组分和 ASTM D86 数据如表 13-11 所示。采用自动切割的方式生成虚拟组分。原油进入常压塔被分离成如下产品：石脑油(Naphtha)、煤油(Kerosene)、轻柴油(Diesel)、重柴油(AGO)，常压塔的进口物流条件如表 13-12 所示。已知常压塔 29 块理论板，从第 28 块板进料，塔底压力 230kPa，塔顶分凝器的压力 100kPa，压降 60kPa，温度约 40℃，塔顶温度约 120℃，塔底温度约 340℃，塔顶产品石脑油的流量 150m³/h，排出不凝气的流量为 0，其他条件见表 13-13 和表 13-14，求冷凝器热负荷。物性包选取 Peng-Robinson。

表 13-11　原油评价数据

轻端组分		ASTM-D86		轻端组分		ASTM-D86	
组分	馏出体积分数/%	馏出体积分数/%	温度/℃	组分	馏出体积分数/%	馏出体积分数/%	温度/℃
甲烷	0.0056	5	44.9	正丁烷	2.87	70	431.5
乙烷	0.0229	10	89.1	异戊烷	2.69	90	653.6
丙烷	0.458	30	225.4	正戊烷	3.81	95	676.8
异丁烷	0.358	50	317.1	水	0.197	100	710.7

表 13-12　常压塔进口物流条件

项目	Crude Feed-1	Btm Steam	AGO Steam	Diesel Steam
气相分数	—	1.0	—	—
温度/℃	400	—	150	150
压力/kPa	290	1380	350	350
流量/(kg/h)	5.229×10⁵	3400	1350	1150

表 13-13　常压塔中段回流参数

中段回流	抽出板位置	返回板位置	流量/(Vol@ Std Cond，m³/h)	热负荷/(kJ/h)
Kerosene PA	9	8	330	-4.5×10⁷
Diesel PA	17	16	200	-3.7×10⁷
AGO PA	22	21	200	-3.7×10⁷

表 13-14 常压塔侧线汽提塔参数

产品	抽出板位置	返回板位置	流量/(Vol@ Std Cond，m³/h)	汽提塔理论板数
煤油(Kerosene)	9	8	62	3
轻柴油(Diesel)	17	16	130	3
重柴油(AGO)	22	21	30	3

本例模拟步骤如下：

（1）新建模拟　启动 HYSYS，新建一个空白模拟，单位集选择 SI，文件保存为 Example13.3-Crude Distillation Unit. hsc。

（2）创建组分列表　进入 **Component Lists** 页面，添加 Methane(甲烷)、Ethane(乙烷)、Propane(丙烷)、i-Butane(异丁烷)、n-Butane(正丁烷)、i-Pentane(异戊烷)和 n-Pentane(正戊烷)和 H_2O(水)。

（3）定义流体包　进入 **Fluid Packages** 页面，选取物性包 Peng-Robinson。

（4）安装原油　输入原油评价数据和安装步骤同例 13.1，这里不再详述。

（5）添加模块和物流

① 双击物流 Crude Feed-1，输入温度 400℃，压力 290kPa，流量 $5.229×10^5$kg/h；添加物流 Btm Steam，输入组成水，气相分数 1.0，压力 1380kPa，流量 3400 kg/h。

② 添加塔模板 Refluxed Absorber Column Sub-Flowsheet。

（6）设置常压塔参数

① 双击塔 **T-100**，进入 **T-100 | Refluxed Absober Column Input Expert** 页面，将塔的名称改为 **Atmos Tower**，输入常压塔理论板数 29，设置原油物流进料位置为第 28 块板，选择 Partial(部分冷凝)，建立物流和能流连接，如图 13-37 所示。

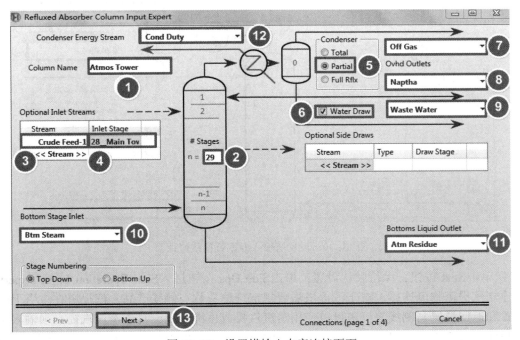

图 13-37　设置塔输入专家连接页面

② 单击**Next** 按钮，输入冷凝器压力 140kPa，压降 60kPa，塔底压力 230kPa，如图 13-38 所示。

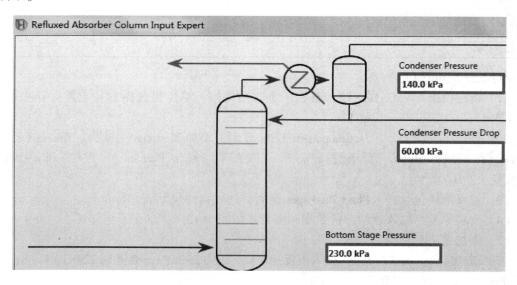

图 13-38　设置塔输入专家压力分布页面

③ 单击**Next** 按钮，输入常压塔冷凝器温度估值 40℃，塔顶温度估值 120℃，塔底温度估值 340℃，如图 13-39 所示。

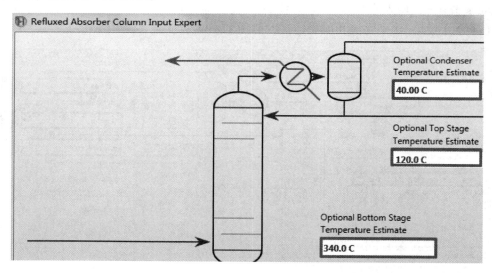

图 13-39　设置塔输入专家可选估值页面

④ 单击**Next** 按钮，保持默认设置，单击**Side Ops** 按钮进入**Side Operation Input Expert** 页面，建立汽提塔物流连接。对于汽提塔需要规定理论板数、侧线产品、汽提塔在主塔上的抽出位置和返回位置。侧线汽提塔可以使用蒸汽汽提或再沸汽提，对于蒸汽汽提必须输入蒸汽物流条件，对于再沸汽提，需要输入再沸器的热负荷。本例重柴油(AGO)和轻柴油(Diesel)采用的是蒸汽汽提的方式，而煤油(Kerosene)采用的是再沸汽提的方式。

进入Side Operation Input Expert | Reboiled Side Stripper Connections 页面，单击Add Side Stripper 按钮，建立煤油汽提塔物流连接，如图 13-40 所示，完成后单击Install 按钮安装汽提塔。

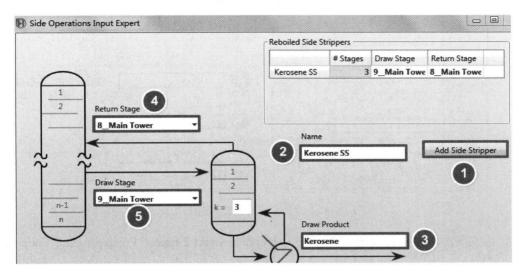

图 13-40　设置煤油汽提塔连接页面

单击Next 按钮，进入Side Operation Input Expert | Steam Stripped Side Stripper Connections 页面，单击Add Side Stripper 按钮，建立轻柴油汽提塔物流连接，如图 13-41 所示，完成后单击Install 按钮安装汽提塔。

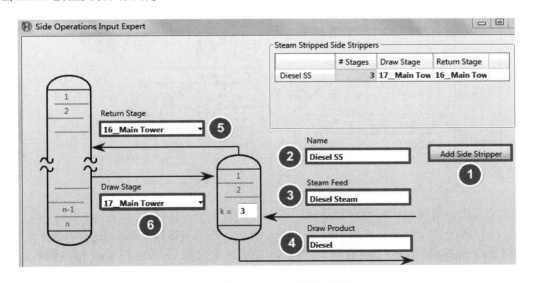

图 13-41　设置轻柴油汽提塔连接页面

单击Add Side Stripper 按钮，建立重柴油汽提塔物流连接，如图 13-42 所示，完成后单击Install 按钮安装汽提塔。

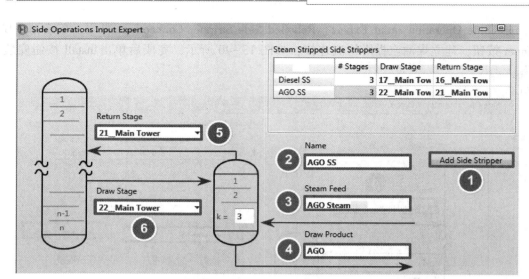

图 13-42　设置重柴油汽提塔连接页面

⑤ 连续两次单击**Next** 按钮，进入**Side Operation Input Expert | Pump-Around Connections** 页面，创建 3 个中段回流。对于中段回流，需要规定每个中段回流的 Draw Stage(抽出位置) 以及 Return Stage(返回位置)。

按照表 13-15 中的信息创建三个中段回流，如图 13-43 所示。

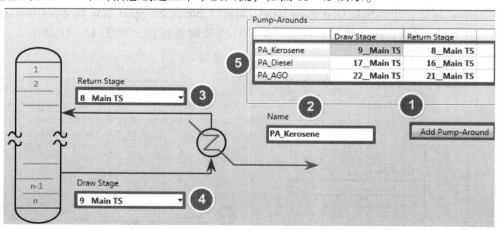

图 13-43　设置中段回流连接页面

⑥ 定义汽提塔和中段回流设计规定

a. 汽提塔的设计规定　连续两次单击**Next** 按钮，进入**Side Operation Input Expert | Steam Stripped Side Stripper Specifications** 页面，Flow Basis 选项选择 Vol@ Std Cond(标准体积流量)，在 Draw Spec 栏输入侧线流量 62 m³/h，如图 13-44 所示。

Reboiled Side Stripper Specs	Flow Basis	Draw Spec	2nd Spec Type	2nd Spec Value
Kerosene SS	Vol @ Std Cor	62.000 m3/h	Boilup	0.7500

图 13-44　定义煤油再沸汽提塔设计规定

单击**Next** 按钮，进入**Side Operation Input Expert | Reboiled Side Stripper Specifications** 页面，Flow Basis 选项均选择 Vol@ Std Cond，输入重柴油汽提塔 AGO SS 侧线流量 $130m^3/h$ 和轻柴油汽提塔 Diesel SS 侧线流量 30 m^3/h，如图 13-45 所示。

Steam Stripped Side Stripper Specs

	Flow Basis	Draw Spec
Diesel SS	Vol @ Std Cor	130.00 m3/h
AGO SS	Vol @ Std Cor	30.000 m3/h

图 13-45 定义蒸汽汽提塔设计规定

b. 中段回流设计规定 单击**Next** 按钮，进入**Side Operation Input Expert | Pump-Around Specifications** 页面，Flow Basis 选项均选择 Vol@ Std Cond，2nd Spec Type 选项均选择 Duty，分别输入中段回流的流量和热负荷，如图 13-46 所示。

Pump-Around Specs

	Flow Basis	PA Rate	2nd Spec Type	2nd Spec Value
PA_Kerosene	Vol @ Std Cor	330.00 m3/h	Duty	-4.500e+007 kJ/h
PA_Diesel	Vol @ Std Cor	200.00 m3/h	Duty	-3.700e+007 kJ/h
PA_AGO	Vol @ Std Cor	200.00 m3/h	Duty	-3.700e+007 kJ/h

图 13-46 设置中段回流参数

⑦ 输入物流数据，连续三次单击**Next** 按钮，单击**Done** 按钮，返回到 PFD 流程中，双击物流 Diesel Steam，输入温度 150℃，压力 350kPa，流量 1350kg/h，H_2O 摩尔分数 1.0，如图 13-47 所示。

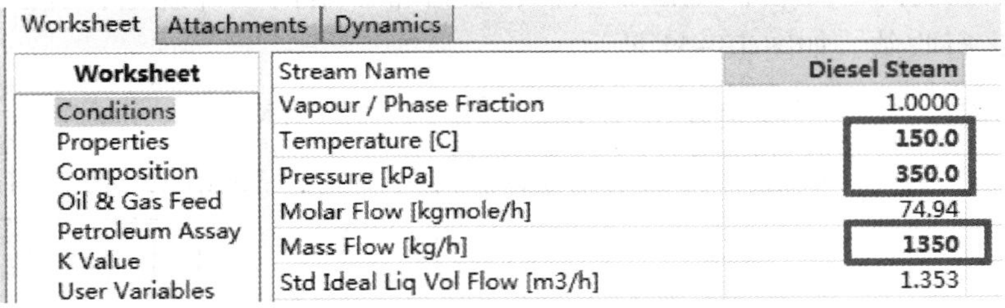
Worksheet
Attachments
Dynamics
Worksheet
Conditions
Properties
Composition
Oil & Gas Feed
Petroleum Assay
K Value
User Variables
Stream Name
Diesel Steam
Vapour / Phase Fraction
1.0000
Temperature [C]
150.0
Pressure [kPa]
350.0
Molar Flow [kgmole/h]
74.94
Mass Flow [kg/h]
1350
Std Ideal Liq Vol Flow [m3/h]
1.353

图 13-47 输入物流 Diesel Steam 条件

双击物流 AGO Steam，输入温度 150℃，压力 350kPa，质量流量 1150kg/h，H_2O 摩尔分数 1.0，如图 13-48 所示。

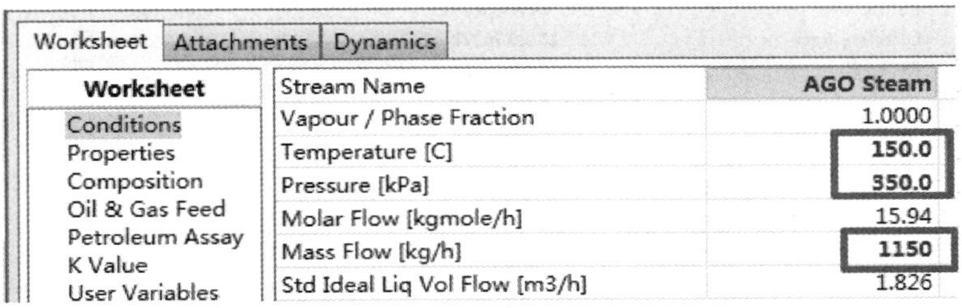
Worksheet
Attachments
Dynamics
Worksheet
Conditions
Properties
Composition
Oil & Gas Feed
Petroleum Assay
K Value
User Variables
Stream Name
AGO Steam
Vapour / Phase Fraction
1.0000
Temperature [C]
150.0
Pressure [kPa]
350.0
Molar Flow [kgmole/h]
15.94
Mass Flow [kg/h]
1150
Std Ideal Liq Vol Flow [m3/h]
1.826

图 13-48 输入物流 AGO Steam 条件

⑧ 定义常压塔设计规定，进入**Atmos Tower | Design | Monitor** 页面，在 Specifications 选项区域双击 Distillate Rate，弹出**Distillate rate** 窗口，Flow Basis(流量基准)选择 Vol@ Std Cond，输入 Spec Value(馏出量规定值)150m³/h，如图 13-49 所示。

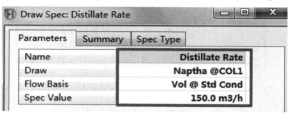

图 13-49　定义 Distillate Rate 设计规定

进入**Atmos Tower | Design | Monitor** 页面，在 Specifications 选项区域双击 Vap Prod Rate，弹出**Distillate rate** 窗口，Flow Basis(流量基准)选择 Vol@ Std Cond，输入 Spec Value(气相采出量规定值)0，如图 13-50 所示。

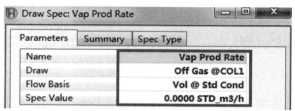

图 13-50　定义 Vap Prod Rate 设计规定

进入**Atmos Tower | Design | Monitor** 页面，查看常压塔的设计规定，自由度为 0，单击 **Run** 按钮，塔运行收敛，如图 13-51 所示。

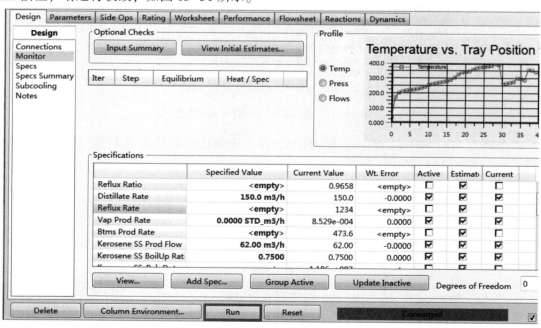

图 13-51　查看 Monitor 窗口和运行常压塔 Atmos Tower

进入**Atmos Tower | Design | Spec Summary** 页面，查看塔的所有设计规定，如图 13-52 所示。

	Specified Value	Active	Current	Fixed/Ranged	Prim/Alt	Lower	Upper
Reflux Ratio	<empty>	☐	☐	Fixed	Primary	<empty>	<empty>
Distillate Rate	150.0	☑	☑	Fixed	Primary	<empty>	<empty>
Reflux Rate	<empty>	☐	☐	Fixed	Primary	<empty>	<empty>
Vap Prod Rate	0.0000	☑	☑	Fixed	Primary	<empty>	<empty>
Btms Prod Rate	<empty>	☐	☐	Fixed	Primary	<empty>	<empty>
Kerosene SS Prod Flc	62.00	☑	☑	Fixed	Primary	<empty>	<empty>
Kerosene SS BoilUp I	0.7500	☑	☑	Fixed	Primary	<empty>	<empty>
Kerosene SS_Reb Du	<empty>	☐	☐	Fixed	Primary	<empty>	<empty>
Diesel SS Prod Flow	130.0	☑	☑	Fixed	Primary	<empty>	<empty>
AGO SS Prod Flow	30.00	☑	☑	Fixed	Primary	<empty>	<empty>
PA_Kerosene_Rate(P;	330.0	☑	☑	Fixed	Primary	<empty>	<empty>
PA_Kerosene_Dt(Pa)	<empty>	☐	☐	Fixed	Primary	<empty>	<empty>
PA_Kerosene_Duty(P	-4.500e+007	☑	☑	Fixed	Primary	<empty>	<empty>
PA_Diesel_Rate(Pa)	200.0	☑	☑	Fixed	Primary	<empty>	<empty>
PA_Diesel_Dt(Pa)	<empty>	☐	☐	Fixed	Primary	<empty>	<empty>
PA_Diesel_Duty(Pa)	-3.700e+007	☑	☑	Fixed	Primary	<empty>	<empty>
PA_AGO_Rate(Pa)	200.0	☑	☑	Fixed	Primary	<empty>	<empty>
PA_AGO_Dt(Pa)	<empty>	☐	☐	Fixed	Primary	<empty>	<empty>
PA_AGO_Duty(Pa)	-3.700e+007	☑	☑	Fixed	Primary	<empty>	<empty>

图 13-52　查看塔的设计规定

⑨ 进入**Atmos Tower | Worksheet | Conditions** 页面，查看塔的各物流信息，如图 13-53 所示。

Name	Crude Feed-1 @COL1	Btm Steam @COL1	Diesel Steam @COL1	AGO Steam @COL1	Off Gas @COL1	Naptha @COL1
Vapour	0.8099	1.0000	1.0000	1.0000	1.0000	0.0000
Temperature [C]	400.0	194.6	150.0	150.0	37.35	37.35
Pressure [kPa]	290.0	1380	350.0	350.0	140.0	140.0
Molar Flow [kgmole/h]	2740	188.7	74.94	63.84	2.093e-005	1274
Mass Flow [kg/h]	5.229e+005	3400	1350	1150	1.103e-003	1.097e+005
Std Ideal Liq Vol Flow [m3/h]	589.8	3.407	1.353	1.152	1.951e-006	151.6
Molar Enthalpy [kJ/kgmole]	-2.215e+005	-2.367e+005	-2.378e+005	-2.378e+005	-1.268e+005	-1.994e+005
Molar Entropy [kJ/kgmole-C]	637.5	166.3	175.0	175.0	164.3	51.69
Heat Flow [kJ/h]	-6.069e+008	-4.468e+007	-1.782e+007	-1.518e+007	-2.654	-2.541e+008

Name	Waste Water @COL1	Atm Residue @COL1	Kerosene @COL1	Diesel @COL1	AGO @COL1
Vapour	0.0000	0.0000	0.0000	0.0000	0.0000
Temperature [C]	37.35	389.6	276.5	244.9	316.4
Pressure [kPa]	140.0	230.0	208.6	217.1	222.5
Molar Flow [kgmole/h]	383.3	468.2	329.1	135.4	477.3
Mass Flow [kg/h]	6905	2.184e+005	5.204e+004	2.586e+004	1.159e+005
Std Ideal Liq Vol Flow [m3/h]	6.919	217.8	61.31	29.68	128.4
Molar Enthalpy [kJ/kgmole]	-2.853e+005	-6.097e+005	-2.551e+005	-3.257e+005	-3.636e+005
Molar Entropy [kJ/kgmole-C]	56.86	1549	318.7	381.6	621.7
Heat Flow [kJ/h]	-1.093e+008	-2.855e+008	-8.397e+007	-4.409e+007	-1.735e+008

图 13-53　查看各物流信息

进入 **Atmos Tower丨Performance丨Cond./Reboiler** 页面，查看冷凝器的热负荷为 1.59×10^{8} kJ/h，如图 13-54 所示。

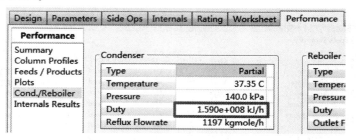

图 13-54 查看冷凝器热负荷

习 题

原油 Raw Crude 的标准密度为 879.8kg/m³，其他性质如附表 13-1 所示，按照附表 13-2 的要求进行切割生成虚拟组分。常压塔采用 29 块理论板，进料板为第 28 块板，塔底压力 230kPa，塔顶分凝器的压力 140kPa，压降 60kPa，温度约 40℃，塔顶温度约 120℃，塔底温度约 340℃，塔顶石脑油(Naphtha)流量 150 m³/h，其他条件见附表 13-3 ~附表 13-6，常压蒸馏工艺如附图 13-1 所示。求轻柴油(Diesel)的质量流量。

附表 13-1 原油 Raw Crude 评价数据

TBP 蒸馏曲线		轻端组分		硫含量	
馏出体积分数/%	温度/℃	组分	馏出体积分数/%	馏出质量分数/%	硫含量/%(质量分数)
0	-12	甲烷	0.0065	15	0.083
4	32	乙烷	0.0225	27	0.212
9	74	丙烷	0.32	36	1.122
14	115	异丁烷	0.24	52	2.786
20	154	正丁烷	1.75	64	2.806
30	224	异戊烷	1.65	72	3.481
40	273	正戊烷	2.25	85	4.984
50	327	水	0	90	5.646
70	450	—	—	—	—
76	490	—	—	—	—
80	515	—	—	—	—

附表 13-2 原油切割点集

TBP 温度下限/℃	TBP 温度上限/℃	切割组分数
47.57	425	20
425	620	5
620	720	2

附表 13-3 物流条件

物流	气相分数	温度/℃	压力/kPa	质量流量/(kg/h)
Raw Crude	—	15	1000	6×10^5
Btm Steam	1.0	—	1380	3400
AGO Steam	—	150	350	1150
Diesel Steam	—	150	350	1350
Hot Pump Around	—	180	500	1.746×10^5
Water	—	15	1000	2.15×10^4
To Heat Exchanger	—	65	—	—
To Desalter	—	146	—	—
Atm Feed	—	400	—	—
To Pre Flash	—	175	—	—

附表 13-4 换热器操作条件

Simple Heater 1	Heat Exchanger		Simple Heater 2	Simple Heater 3
压降/kPa	管程压降/kPa	壳程压降/kPa	压降/kPa	压降/kPa
50	35	5	375	250

附表 13-5 常压塔中段回流参数

中段回流	抽出板位置	返回板位置	流量/(Vol@ Std Cond,m^3/h)	热负荷/(kJ/h)
Kerosene PA	9	8	330	-4.5×10^7
Diesel PA	17	16	200	-3.7×10^7
AGO PA	22	21	200	-3.7×10^7

附表 13-6 常压塔侧线汽提塔参数

产品	抽出板位置	返回板位置	流量/(Vol @ Std Cond,m^3/h)
煤油(Kerosene)	9	8	62
轻柴油(Diesel)	17	16	130
重柴油(AGO)	22	21	30

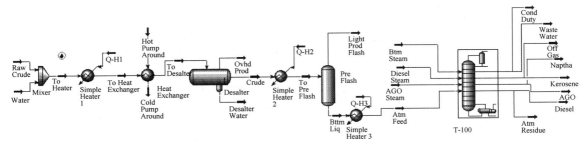

附图 13-1 常压整蒸馏工艺

第 14 章　故障诊断

14.1　故障诊断常用方法

在过程模拟中经常会出现一些错误，以下是模拟过程中常用的故障诊断方法：

① 在 Home 功能区选项卡下检查求解器(Solver)是否处于挂起(On Hold)模式；

② 阅读一致性错误(Consistency Errors)窗口信息；

③ 沿物流方向查找错误；

④ 确保所有必需物流全部定义；

⑤ 使用对象状态窗口(Object Status Window)和跟踪窗口(Trace Window)查找错误；

⑥ 查找流程中隐藏(Hide)或忽略(Ignored)的对象；

⑦ 确保调节器参数设置合理；

⑧ 查看初始物料信息及模块操作条件。

14.1.1　求解器挂起模式

当流程模拟处于求解器挂起模式时，所有计算被冻结，即使用户提供了必需信息，计算结果也可能显示<empty>。用户可根据一致性错误窗口信息对一些未求解的物流和模块进行调试。

当模拟中发生一致性错误，模拟由稳态转换为动态以及单击**On Hold** 按钮 时，求解器会进入挂起模式。挂起模式下的状态栏显示为 Holding，如图 14-1 所示。用户可通过单击 Home 功能区选项卡下**Active** (激活)按钮 激活求解器。

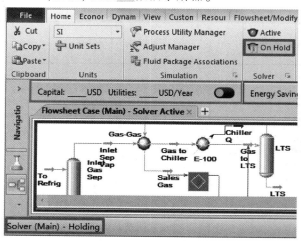

图 14-1　求解器挂起模式

14.1.2　一致性错误

当某一变量具有两个不同值时，流程对象会发生一致性错误。产生错误的原因是：Aspen HYSYS 在求解过程中执行双向计算，并将结果传递给相邻模块。因此，一个对象可能具有来自其上游和下游模块所传递的两个不同值，从而导致一致性错误。

当出现一致性错误时，Aspen HYSYS 会弹出一致性错误窗口，如图 14-2 所示。用户需仔细阅读窗口中的信息，如发生错误的位置和不同的计算结果，这些信息可以帮助用户找到错误原因。

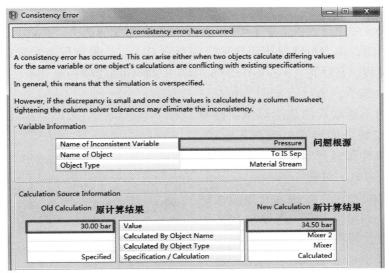

图 14-2　一致性错误窗口

14.1.3　沿物流方向调试

在对模拟中的错误进行故障排除时，用户需要沿着物流的方向进行调试，例如，进口物流从模块的左侧进入，右侧离开，则需从左到右进行调试。

在调试之前，用户需确保上游模块没有错误，且求解器必须保持激活状态才能获得正确的变量值。用户可通过查看模块**Worksheet** 页面快速确定计算（黑色文本）或指定（蓝色文本）的变量。

14.1.4　提供必需信息

Aspen HYSYS 使用自由度（Degrees of Freedom）结合内置算法的方法自动求解，软件在用户提供信息的同时自动执行相关计算。通常模块定义完毕后，其出口物流各物性已求解，故可以不指定。

用户要确保定义了流程中所有必需物流，如塔的进料物流、流程的进口物流以及循环器的出口物流等。

14.1.5　状态与跟踪窗口

当流程中出现计算错误时，状态与跟踪窗口会显示错误的相关信息，用户可通过这些信息来定位和调试模拟中的错误，需特别注意红色和蓝色文本信息，颜色指示详见 2.2.4 节。用户可选择 **File | Options | Simulation | Error**，选择相应的复选框，在跟踪窗口显示错误信息。

14.1.6　忽略与隐藏对象

Aspen HYSYS 为用户提供了一个可以在流程中隐藏对象的选项。如果工艺流程太大或有很多对象需要考虑，用户可以使用该选项以便查看 PFD。如果流程非常复杂，且用户想对 PFD 中的部分流程执行计算，Aspen HYSYS 可以在求解期间忽略其他对象。

然而这两个选项也会导致错误，如在计算时，用户忘记了忽略或隐藏的对象而没有对其进行计算，则可能会导致流程不收敛。故在进行全流程计算时，用户需检查流程中是否含有隐藏或忽略的对象。

若要取消忽略对象，可进入对象属性窗口，取消选择 Ignored 复选框。若要在 PFD 中显示隐藏的对象，可右击 PFD 空白区域，从快捷菜单中选择 Reveal Hidden Objects(显示隐藏对象)菜单项，如图 14-3 所示。

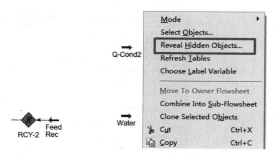

图 14-3　显示 PFD 中隐藏对象

14.1.7　合理设置调节器

用户在设置调节器时，须注意以下几方面：

① 确保步长(Step Size)合理　计算过程中步长太大可能导致无法求解，太小可能需要长时间计算或需要较强的计算机处理能力；

② 确保容差(Tolerance)合理　容差太大导致求解不准确，太小可能导致无法求解；

③ 使用最大值/最小值(Maximum/Minimum)限制操作　若没有设置最大值或最小值，调节器可能会持续寻找或找到一个不合理的解决方案。

14.1.8　使用性能平衡工具

Property Balance(性能平衡)工具可显示整个流程或已选中模块的物料平衡和能量平衡，有利于用户进行故障诊断。

添加性能平衡工具步骤如下：

(1) 在 Home 功能区选项卡下 Model Analysis(模型分析)下拉列表框中选择 Property Balance 选项，如图 14-4 所示。

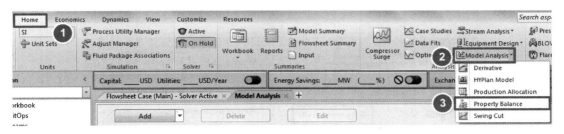

图 14-4　选择性能平衡工具

（2）进入 **Property Balance-1 | Material Balance** 页面，单击 **Scope Objects** 按钮弹出 **Target Objects** 窗口，在 Flowsheets 选项区域选择 Case（Main），Object Filter 选项区域选择 Flowsheet Wide，Flowsheet Wide 选项区域选择 FlowSheetWide，单击 **>>>>>>** 按钮，移动 FlowSheetWide 到 Scope Objects 选项区域，单击 **Accept List** 按钮，如图 14-5 所示。

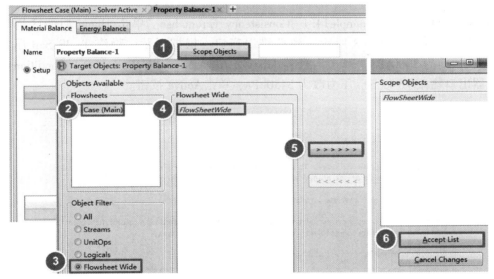

图 14-5　选择对象

（3）单击 **Insert Variable** 按钮，弹出 **Variable Navigator** 窗口，在此可以选择进行物料衡算的变量，如图 14-6 所示。插入变量后，单击 **Material Balance** 选项卡，选择 Balance Results，查看物料平衡结果，单击 **Energy Balance** 选项卡，查看能量平衡结果，如图 14-7 所示。

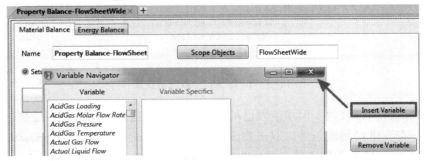

图 14-6　插入变量

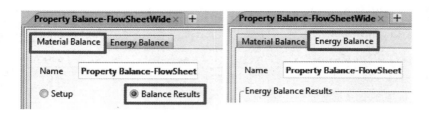

图 14-7　查看物料平衡和能量平衡

下面通过例 14.1 和例 14.2 介绍故障诊断常用方法。

【例 14.1】　打开本书配套文件 Two-Stage Compression. hsc，对尚未收敛的多级压缩装置进行故障诊断，找到并解决流程中存在的问题，使流程收敛。

本例故障诊断步骤如下：

(1) 将文件另存为 Example14.1-Consistency Errors. hsc。单击 Home 功能区选项卡下 **Active** 按钮，出现如图 14-8 所示一致性错误窗口。根据提示，物流 To IS Sep 压力应为 3450kPa，目前为 3000kPa。双击混合器 Mixer2，进入**Mixer2 | Worksheet | Conditions** 页面，将混合器出口物流 To IS Sep 压力改为 3450kPa，单击**Active** 按钮。

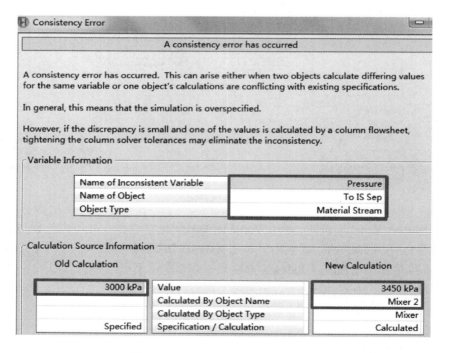

图 14-8　To IS Sep 一致性错误窗口

(2) 此时流程尚未收敛，但求解器已处于激活状态。这种情况很有可能是进口物流条件不全，需逐一查看进口物流条件。双击物流 To Compression，进入**To Compression | Worksheet | Conditions** 页面，发现条件完整；进入**To Compression | Worksheet | Composition** 页面，发现进料组成没有归一化，将物流 To Compression 组成归一化，如图 14-9 所示。

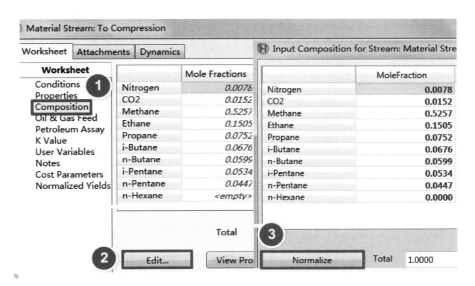

图 14-9　设置组成归一化

（3）双击物流 RCY1 Out，进入**RCY1 Out | Worksheet | Conditions** 页面，发现条件不完整。根据物流 LD1 Out 和物流 To Compression 条件，输入物流 RCY1 Out 流量 350kmol/h，温度 35℃，出现如图 14-10 所示一致性错误窗口。

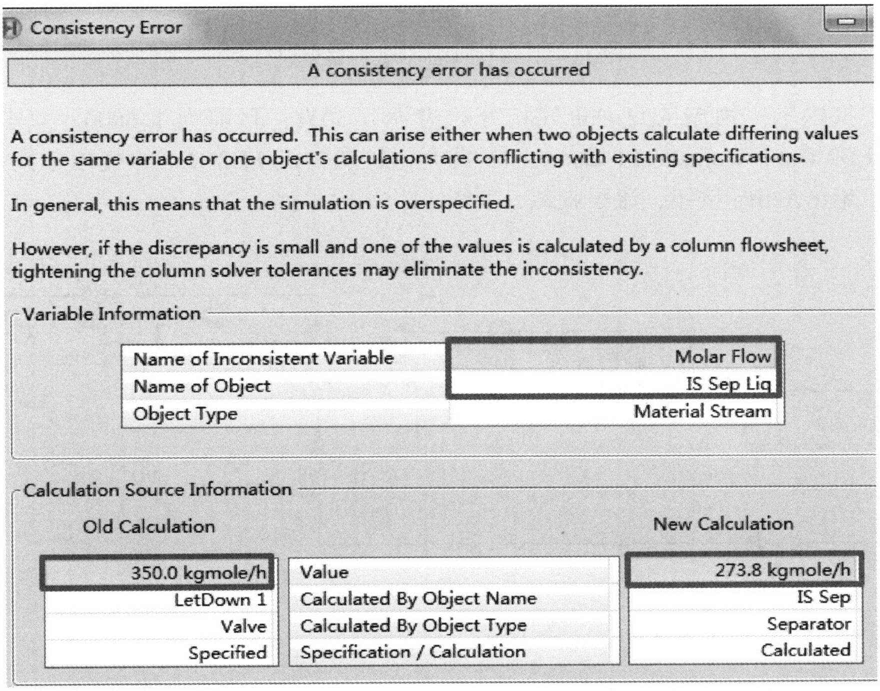

图 14-10　IS Sep Liq 一致性错误窗口

（4）根据提示，物流 IS Sep Liq 流量应为 273.8kmol/h，目前为 350kmol/h。双击阀 Let-Down1，进入 **LetDown1 | Worksheet | Conditions** 页面，发现物流 LD1 Out 的流量和温度条件多余，删除数值，单击 **Active** 按钮，出现如图 14-11 所示一致性错误窗口。

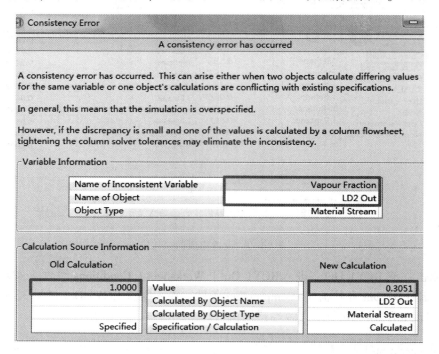

图 14-11　LD2 Out 一致性错误窗口

（5）根据提示，物流 LD2 Out 气相分数应为 0.3051，目前为 1.0000。双击物流 LD2 Out，进入 **LD2 Out | Worksheet | Conditions** 页面，发现物流 LD2 Out 的气相分数条件多余，删除数值，单击 **Active** 按钮，流程收敛，如图 14-12 所示。

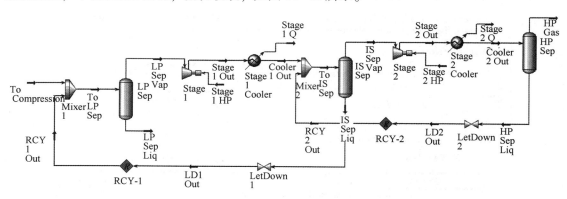

图 14-12　收敛的流程

【**例 14.2**】　打开本书配套文件 Refrigerated Gas Plant. hsc，对尚未收敛的流程进行故障诊断，找到并解决流程中存在的问题，使流程收敛。案例为一简单天然气装置，其中分离器温度设置需满足出口气体的露点规定。

本例故障诊断步骤如下：

（1）将文件另存为 Example14.2-Ignored Objects.hsc。单击**Active** 按钮，分离器 Inlet Gas Sep 已收敛，而其他模块尚未收敛。

（2）通过对象状态窗口可知，冷却器 E-100 和平衡器 BAL-1 已忽略。双击冷却器 E-100，进入属性窗口，取消选择 Ignored 复选框，如图 14-13 所示。

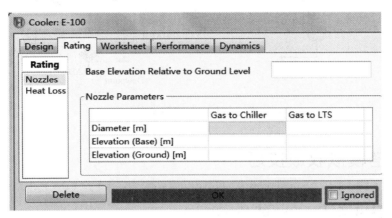

图 14-13　取消选择 Ignored 复选框

（3）双击平衡器 BAL-1，进入属性窗口，取消选择 Ignored 复选框，此时当前显示为 Unknown Balance Type(未知平衡类型)，进入**BAL-1 | Parameters** 页面，在 Balance Type(平衡类型)选项区域选择 Component Mole Flow(组分摩尔流量)，进行物流组分和流量传递，如图 14-14 所示。

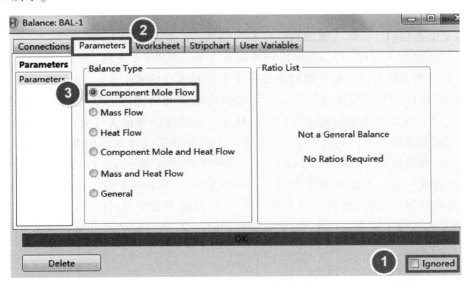

图 14-14　选择平衡类型

至此，流程诊断完毕，程序自动运行。当弹出"ADJ-1 最大迭代次数超过 10，是否继续"对话框时，单击**Yes** 按钮，流程收敛，如图 14-15 所示。

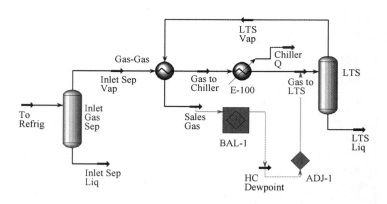

图14-15　收敛的流程

14.2　塔模拟收敛技巧

14.2.1　自由度(Degrees of Freedom)

自由度在求解器的运行中具有重要作用,在塔模板中作用更为明显。自由度可在塔的**Monitor**页面查看,且塔运行之前必须为零。自由度分析用于研究一个系统中独立变量与平衡方程和约束方程数量之间的关系。

通常把精馏塔模型描述为MESH方程组,其方程总数为$[N(2C+3)]$个:

① 物料平衡方程(M)　理论板数N,组分数C,每一级理论板有C个组分,故方程数为NC;

② 相平衡方程(E)　每一级理论板有C个,共NC个方程;

③ 摩尔分数归一方程(S)　每一级理论板有2个,共$2N$个方程;

④ 热量平衡方程(H)　每一级理论板有1个,共N个方程。

假设理论板压力和进料条件均给定,则带有冷凝器和再沸器的常规精馏塔的未知量$[N(2C+3)+2]$个:除冷凝器和再沸器的$(N-2)$块板,每块理论板包含气液两相组成$2C$个,温度1个,气液相流量2个,共$[(N-2)(2C+3)]$个;冷凝器包含气液相组成、温度、液相回流、液相采出和热负荷,共$[(2C+3)+1]$个;同理再沸器也为$[(2C+3)+1]$个。

若方程有唯一解,系统自由度为零,则方程数应等于未知量数。因此,若想求得唯一解,需找出另外两个方程(或减少两个未知量)。在模拟中通常采用以下两种方法(可同时使用)来平衡方程数与未知量数:① 赋予未知量初值;② 通过定义设计规定来提供另外的两个方程。

14.2.2　设计规定(Specifications)

塔的设计规定计算式为

设计规定数=侧线换热器数+侧线抽出数+中段回流数+侧线汽提数　　　　(14-1)

式中,侧线换热器包括再沸器和冷凝器。

当用户定义设计规定后，以下事项有助于塔收敛。

（1）确保没有定义相冲突的设计规定

例如，对于一台常规精馏塔（含有一台冷凝器和一台再沸器），不能既规定再沸器热负荷，又规定塔顶流量。数值相关联或本质相同的设计规定会导致塔无法收敛。

（2）在塔顶和塔底均定义设计规定

例如，避免将冷凝器温度、塔顶气相流量和回流比同时作为三个设计规定，因为这些规定均集中在塔顶。推荐用户规定回流比、塔底采出流量和塔顶气相流量，这样塔底也进行了部分规定。

（3）避免对所有产品流量进行设计规定

在尝试对现有塔进行设置时，因流量易获得，通常将产品流量作为设计规定。但是，如果规定所有的产品流量，Aspen HYSYS 在确定求解方案时不能灵活处理，就会导致塔无法收敛。推荐用户将流量作为估值，将其他参数作为设计规定。

设计规定的合理与否决定了塔能否收敛以及收敛的难易程度，一般来说，常规精馏塔需要两个设计规定，不同组合的设计规定收敛难易程度如表14-1所示。

表 14-1　不同组合设计规定收敛难易程度

项　　目	设计规定1	设计规定2
较易收敛的设计规定	回流比	塔顶（釜）采出量
	回流比	塔顶（釜）温度
较难收敛的设计规定	塔顶（釜）采出量	分离要求
	塔顶（釜）采出量	塔顶（釜）温度
	分离要求	塔顶（釜）温度
	分离要求	分离要求

对大多数塔而言，不需要温度估值。但如果给定了温度估值，塔会更快收敛。如果在模拟过程中用户规定了温度估值，需确保只输入塔顶和塔底的温度。但如果冷凝器是第一块理论板，则也需要输入第二块理论板的温度。如果蒸汽作为进口物流，用户需确保在塔的适当位置添加侧线水抽出以除去多余的水。

在塔求解之前，所有的进口物流必须全部定义。塔不能根据出口物流来计算进口物流条件，因此，所有的出口物流不能包含任何用户指定的信息。产品流量值与其他设计规定可在 **Monitor** 页面列出，但产品流量不能在塔属性窗口 **Worksheet** 页面指定。

14.2.3　塔设置（Configuration）

塔的设置必须在塔求解之前定义，例如：

① 所有的进料物流及其进料位置；

② 理论塔板数；

③ 塔的压力　规定塔顶压力和塔底压力。如果第一块理论板是冷凝器，则也需要规定第二块理论板的压力（冷凝器压降）；

④ 塔的类型，液-液萃取塔、回流吸收塔、再沸吸收塔或精馏塔等；

⑤ 侧线汽提、中段回流及侧线抽出的位置和数量。

14.2.4 收敛技巧

塔在模拟时经常会出现不收敛的情况，以下是一些收敛技巧。

(1) 使用合理的初值估计。

(2) 避免不合理的设计规定：

① 避免规定所有的产品流量，确保规定的流量在进料量的基础上可以实现；

② 避免在同一个地方定义多个设计规定(如塔顶温度、馏出液及塔顶汽化率)；

③ 避免对分凝器设置过冷；

④ 避免对组分规定极端纯度；

⑤避免对同一个组分规定多个纯度或回收率；

⑥ 避免指定温度下无气相或液相。

(3)如果塔出现干板现象，检查以下内容：

① 检查温度与热负荷的设计规定；

② 检查塔的热负荷，以调整塔板气液相流量；

③ 检查进料温度、进料量和进料位置。

(4)如果第一块塔板无液相，检查第一块塔板温度估值是否太高，冷凝器热负荷是否太低，回流比是否太小。

(5)如果中段回流出现问题，首先尝试用能流代替中段回流，使流程收敛，然后用中段回流代替能流。

(6)如果塔不收敛，还可以查看以下内容：

① 回流比　通常情况下，精馏塔在接近最小回流比下操作。然而，在最小回流比条件下，精馏塔很难收敛。用户可以先设置较大的回流比，当塔收敛后，再逐步降低回流比。

② 双液相　如果存在双液相，用户需要添加侧线水抽出。

③ 初值估计　如果塔的设计规定与进料位置都合理，则不收敛的原因可能是初值估计不佳。对于难分离的操作，需要设置温度和流量初值，用户可进入**Parameters | Profiles**页面输入。用户也可进入**Parameters | Estimates**页面查看或指定组成估值。

④ 求解器　如果出现求解振荡，可进入**Parameters | Solver**页面，减小阻尼因子(Damping Factor)或将阻尼因子设置为Adaptive(自适应)。

下面通过例14.3介绍塔模拟收敛技巧。

【例14.3】　打开本书配套文件NGL Fractionation Train.hsc，对尚未收敛的脱甲烷塔和脱乙烷塔流程进行故障诊断，找到并解决流程中存在的问题，使流程收敛。

本例故障诊断步骤如下：

(1) 将文件另存为Example14.3-Column Specifications.hsc。单击**Active**按钮，出现如图14-16所示一致性错误窗口。根据提示，将物流Feed1的气相分数由0.0000修改为0.2098，单击**Active**按钮，此时物流Feed1和Feed2收敛，模块没有收敛。

(2) 依次查看模块，寻找错误。首先双击脱甲烷塔Demethanizer，进入**Demethanizer**

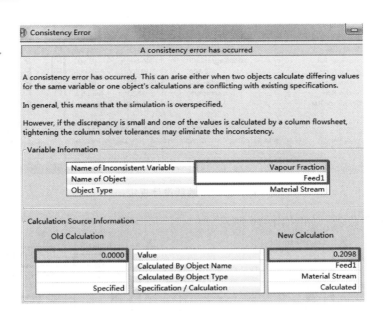

图 14-16 Feed1 一致性错误窗口

| Design | Monitor 页面，发现自由度为 1，激活 Comp Fraction（或 Ovhd Prod Rate）设计规定，出现如图 14-17 所示一致性错误窗口。根据提示，产品物流 DC1 Ovhd 流量输入多余，删除物流 DC1 Ovhd 的流量数据，单击 **Active** 按钮，脱甲烷塔收敛。

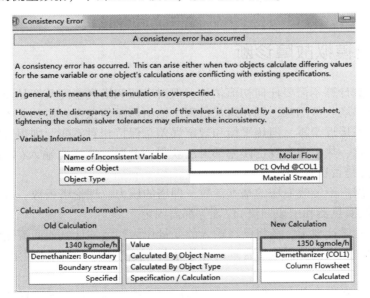

图 14-17 脱甲烷塔一致性错误窗口

（3）双击脱乙烷塔 Deethanizer，进入 **Deethanizer | Design | Monitor** 页面，自由度为 0，但回流比与流量设计规定都在塔顶，需更换塔底再沸器组分比的设计规定。激活 Distillate Rate、Reflux Ratio 和 Comp Ratio 设计规定，脱乙烷塔收敛，如图 14-18 所示。

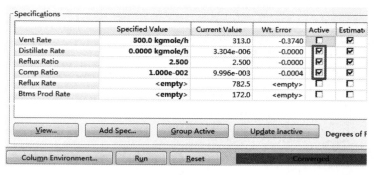

图 14-18　激活设计规定

（4）此时流程收敛，如图 14-19 所示。

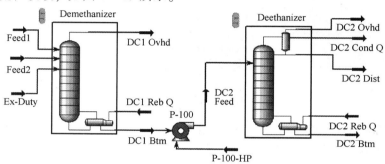

图 14-19　收敛的流程

14.3　塔模拟故障诊断

尽管塔的收敛计算不需要任何初值估计，但对塔顶和塔底温度及产品流量作合理地估计会加速收敛。如果塔收敛困难，则在迭代过程中输出诊断信息可以得到关于塔运行的有效线索。如果平衡误差接近于零，但热平衡和规定误差总保持相对不变，则很可能是设计规定错误；如果平衡误差、热平衡和规定误差都无法获得，此时检查所有输入（如初值估计、设计规定或塔的设置）是否正确。

塔运行时，用户不能改变塔的基本参数，即塔的压力、理论塔板数、进料板位置和附加连接设备（如侧线换热器和中段回流）位置等都需固定。

为达到所需的设计规定，塔将已经输入的变量作为初值估计，如回流比、侧线换热器热负荷或产品流量。用户需确保输入合理的操作条件（初值估计）和设计规定（基本参数）使塔能够求解。

一旦输入所有必需信息，塔即可运行，但用户所给定的信息不能确保塔一定收敛，如果塔无法收敛，可归纳为以下五种情况。

14.3.1　单击运行立即收敛失败

单击运行，立即显示不收敛，可能原因及措施：

① 无法形成气液混合物。检查所有进口物流在操作压力下的泡点和露点温度，保证可

以形成气液混合物;

② 物料不守恒。检查产品流量的估值(规定值)总和是否等于进料值;

③ 对进料中不存在的组分进行了设计规定。检查组分设计规定;

④ 保证无冷凝器的精馏塔必须有一股塔顶液相进料,无再沸器的精馏塔必须有一股塔底气相进料。

14.3.2　热平衡和规定误差收敛失败

允许误差得不到满足是导致塔收敛失败最常见的情况,常见的原因及其措施如下。

(1)初值估计不佳

初值估计为塔的计算提供起始范围,通常较差的估值会造成塔收敛缓慢,有时也会产生严重影响,考虑如下:

① 采用近似分割检查产品估值。对塔顶流量的最好估值,是将进料中所有用户希望的塔顶组分加和,再加上少量的重关键组分。如果塔开始就出现很多错误,则检查塔顶估值是否小于所加和的流量。

② 不准确的回流估值对塔的收敛通常不会有影响,但近沸点混合物的分离则需要合理的回流估值。当塔内液相流量相对气相流量较高时,需要合理地估计,反之亦然。

③ 塔内包含大量不凝气(如氢气和氮气等),要对塔顶流量进行合理估计,如脱氮塔。

④ 当现有的塔板数无法满足分离要求时,用户需要增加塔板数。

若要查看初值,可进入塔属性窗口 **Design | Monitor** 页面,单击 **View Initial Estimates** 按钮,如图 14-20 所示,或者进入 **Performance** 页面查看。

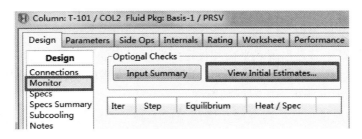

图 14-20　查看初值

(2)输入错误

在塔运行之前要检查所有输入数据(如塔板温度和产品流量)是否正确,注意事项如下:

① 确保数值和单位输入正确;

② 若要规定馏出液流量,确保规定冷凝器的馏出量而不是回流比;

③ 如果改变了理论塔板数,要及时更新进料板的位置、压力规定和其他模块(如侧线换热器)的位置。

单击塔属性窗口 **Design | Monitor** 页面下 **Input Summary** 按钮,可在跟踪窗口(Trace Windows)显示塔的输入参数,如图 14-21 所示。

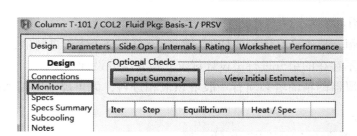

图 14-21　显示塔输入参数

（3）设置错误

对于比较复杂的塔，如原油蒸馏塔，在运行之前需重新检查输入数据。汽提蒸汽、侧线水抽出、中段回流和侧线换热器等很容易被忽略，而遗漏任何一项都会对塔的性能造成影响，导致错误不易查找，只有当用户重新检查输入数据或修改规定后塔才能正常求解。

① 检查没有气液相对流的塔板，如进料板位于无回流的顶部塔板之下或者位于没有顶部贫油(Lean Oil)进料的塔，塔底进料的塔没有再沸器或塔底没有汽提蒸汽。这两种情况使位于进料板上下塔板的物流变为单相，塔无法收敛。

② 当侧线汽提塔没有汽提蒸汽或再沸器时，塔运行立即失败。此时，汽提塔会产生没有再沸器或进口物流的信息。

③ 若汽提塔的顶部塔板有自由水，则要确保添加侧线水抽出。

④ 在原油蒸馏塔求解过程中，塔的各个部分，包括所有的侧线汽提、侧线换热器、侧线抽出以及中段回流等都要连接完整。若用户想建立一个更加简化的塔，如主塔上没有连接相应的辅助模块，但要求在此设置下达到所期望的产品规格，此时收敛比较困难。

（4）不可能的设计规定

当塔在迭代计算中总是出现热平衡和规定误差恒定甚至平衡误差为零的情况，一般是由不可能的设计规定造成。为解决这个问题，用户必须改变塔的设置或操作压力或产品规定。

① 若要过冷，则不能规定冷凝器的温度。

② 若塔顶液相流量为零，则可能是塔顶温度太高，冷凝器的热负荷太低，又或者是回流比太小。

③ 若塔内液相流量太大，则可能是在给定塔板数下产品纯度要求太高，或者冷凝器的热负荷太高。

④ 若塔干板，则表示存在热量平衡问题。检查塔的热负荷以调整塔板气液相流量，增加汽提流量，减少产品流量，检查进料温度，检查进料位置。

⑤ 若产品流量为零，则可能的原因是不合理的产品规定、塔内热量过多没有内部回流或全抽出板下没有热源来产生蒸汽。

（5）设计规定冲突

设计规定冲突一般不易被发现。因其相对普遍，故需要更多关注，可从以下方面考虑：

① 避免在塔内固定所有产品流量；

② 避免固定塔顶温度、液相和气相流量，该组合较难收敛；

③ 不能对分凝器设置过冷；

④ 切割点的规定与流量类似，不能规定所有物流流量，需保留一股对其规定切割点；

⑤ 中段回流三个可选的规定中仅有两个可以固定，例如热负荷和回流温度、热负荷和中段回流的流量；

⑥ 固定塔内液相和气相流量以及热负荷可能会产生冲突，因为它们相互影响；

⑦ 对于无再沸器的塔，塔底温度必须小于塔底进料的温度；

⑧ 对于再沸吸收塔，塔顶温度必须高于塔顶进料温度，除非进料经过阀；

⑨ 对于再沸吸收塔，塔顶气体流量必须大于塔顶进料的气体流量。

14.3.3　热平衡和规定误差振荡

此故障不普遍但也会发生，由初值估计不佳造成，可检查以下方面：

① 如果塔内组分泡点相近，用户需要放宽组分的设计规定。

② 如果塔内有水析出，用户需要添加侧线水抽出，通常添加在冷凝器上，但也可以添加在其他塔板上。

③ 设计规定的组合使进入塔的组分不能流出，导致该组分在塔内循环。

④ 近沸点混合物的分离比较困难，因为小步长变化会导致物流全部汽化。首先改变设计规定使产品为非纯组分，收敛后重置规定并进行计算。

14.3.4　平衡误差收敛失败

若平衡误差收敛失败，则考虑如下：

① 检查塔顶温度是否太低，如果是，用户需要添加侧线水抽出。

② 检查塔的物料平衡，确保设计规定合理。

14.3.5　平衡误差振荡

这种情况大多发生在非理想物系的塔内，用户可将阻尼因子（Damping Factor）调到 0.4～0.6，塔可能会收敛；另外将阻尼因子由 Fixed（固定）设置为 Adaptive（自适应），使程序能够自动调节阻尼因子，也可加快收敛。用户可进入塔属性窗口的 **Parameters | Solver** 页面调节阻尼因子，如图 14-22 所示。

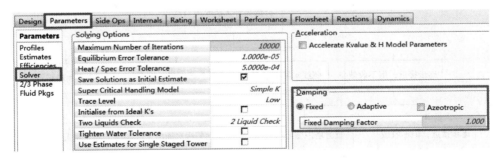

图 14-22　调节阻尼因子

图 14-23～图 14-25 给出了根据经验对塔进行故障诊断的过程。

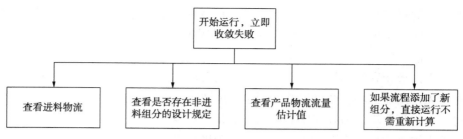

图 14-23　故障诊断(开始运行, 立即失败型)

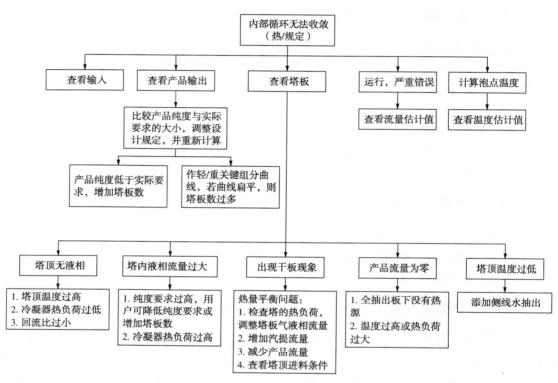

图 14-24　故障诊断(内部循环无法收敛型)

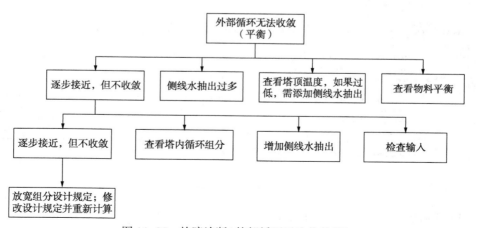

图 14-25　故障诊断(外部循环无法收敛型)

14.4　原油蒸馏塔收敛技巧

以下是原油蒸馏塔的一些收敛技巧。

① 查看石油管理器中的石油分布图（Distribution Plot）。如果案例中未对石油进行表征，用户需要以沸点曲线（蒸馏曲线）为基础重新生成 TBP 曲线，然后再查看石油分布图。用户可通过石油分布图（以体积为基准）查看产品物流的最大生产量。根据石油分布图和进料流量，用户可以估算每一产品的流量，这些估值可作为塔的初始设计规定。

② 使塔的侧线模块逐步收敛。例如，先添加重柴油（Atmospheric Gas Oil，AGO）中段回流和重柴油侧线汽提，运行使塔收敛；然后添加轻柴油（Diesel）中段回流和轻柴油侧线汽提，运行使塔收敛；最后添加煤油（Kerosene）中段回流和煤油侧线汽提，运行使塔收敛。

③ 避免单击 **Reset** 按钮。单击 **Reset** 按钮后，塔可能收敛，也可能不收敛。而求解记录可帮助用户得出下一个求解方案。

④ 初次计算尽量选择使塔易收敛的设计规定，如产品物流的流量规定与中段回流的热负荷规定，有时回流比也是易收敛的设计规定。当塔收敛后，再用难收敛的设计规定替换原易收敛的设计规定。

例如，首先选择热负荷作为设计规定，然后将其更换为温度。为了保证流程顺利收敛，用户最好选择相对应的设计规定，如使用柴油冷却器的热负荷作为设计规定代替柴油回流温度。此外，首先选择产品流量作为设计规定，然后将其更换为切割点。为了保证流程顺利收敛，用户最好选择与其相对应的产品流量和产品规格等设计规定，如使用煤油产品流量代替煤油切割点。

在激活难收敛的设计规定前，可先观察当前计算值。通过观察相对应的易收敛的设计规定计算值，用户可了解难收敛的设计规定上下限。如果用户欲使用的规定值与此范围相差很大，用户可预知此规定在当前塔的条件下能否收敛。

⑤ 如果发现新的设计规定难以满足设计要求，可以考虑更换其他设计规定，例如，如果需要指定更大的柴油产品流量，用户可以指定更小的煤油产品流量。其他难收敛的设计规定也可使用此方法，如用户可以通过其他设计规定来调整一股物流的切割点与雷德蒸气压（Reid Vapor Pressure，RVP）。

⑥ 每次流程收敛后，用户需要保存源文件。当修改设计规定出现错误时，用户可使用先前保存的源文件继续操作。

第 15 章 优化器

优化是利用特有的方法来确定最优的操作条件，并对某一问题或某一过程的设计进行有效求解。在进行工业决策时，这一技术是主要的定量分析工具之一。在化工厂以及许多其他工业工程的设计、建设、操作和分析中所涉及的大部分问题均可使用优化方法进行求解。

（1）优化技术应用

在工厂操作中，优化不仅有助于提高操作性能，例如，增加高价值产品的产量（或减少污染物的排放）、降低能耗和提高过程效率，还能降低维护费用，减少设备损耗，并提高人员的利用率。随着电子计算机的普及，软件、硬件价格大幅度下降，新的数值计算方法不断出现，优化计算的成本也在不断下降。最优化技术这门较新的科学分支目前已深入到各个生产与科学领域，例如，化学工程、机械工程、生产控制、经济规划和经济管理等，并取得了重大的经济效益与社会效益。

最优化技术在工程中的应用主要有下列四个方面：

① 工程部件、单元设备或全系统的最优设计；

② 现有操作的分析和计划制定；

③ 工程分析和数据处理；

④ 研究过程动态特性和设计最优控制方案。

（2）优化问题分类

化学工程中的问题是多种多样的，考虑到对于不同类型的问题需要不同的方法进行处理，因此需要适当地对问题进行分类。

① 线性规划（Linear Programming，LP）　线性规划是用来描述优化方法的术语，即可用线性方程组表示工艺过程的数学模型。方程组的线性本质使得这些方法成为广泛用于解决优化问题的有效工具。

② 非线性规划（Nonlinear Programming，NLP）　对于化学工程中的大多数问题，约束函数或目标函数是高度非线性的，这些问题统称为非线性问题。

③ 序贯二次规划（Sequential Quadratic Programming，SQP）　序贯二次规划用于求解一连串近似于非线性规划的二次规划。所谓二次规划（QP）就是目标函数为二次函数，约束函数为线性函数的最优化问题。

④ 混合整数规划（Mixed-Inter Programming，MIP）　变量根据类型可分为两类，连续变量与离散变量。离散变量是只取整数值的变量，如工艺设备的数量、换热器管数和精馏塔塔板数等。这种要求部分变量为整数的问题被称为混合整数规划问题。其中根据表征目标函数和约束函数是否为线性方程又分为混合整数线性规划（Mixed Integer Linear Programming，MILP）和混合整数非线性规划（Mixed Integer Nonlinear Programming，MINLP）。

（3）Aspen HYSYS 优化器介绍

Aspen HYSYS 中内置了一个多变量稳态分析工具——优化器（Optimizer），流程建立且收敛后，用户可以使用此工具去寻找一个使目标函数最小化或最大化的操作条件。Aspen HYSYS 的这种面向目标对象的设计使优化器功能非常强大，它可以访问各种不同的过程变量(Process Variables)并对其进行优化研究。

优化器可利用自带的电子表格来定义目标函数，根据约束条件，对某个工艺条件或整个工艺流程进行优化。典型的应用如使整个流程的经济效益最大、某单元过程的能耗最小等。优化器本身的数学计算过程非常复杂，但用户所需填写的输入条件却较为简单，需要用户确定以下三项内容：

① 决策变量(Primary Variables，Adjusted Variables 或 Optimization Variables) 又称控制变量、设计变量或操作变量等。决策变量为从流程中导入的变量，通过改变决策变量使目标函数获得最大值或最小值，在给定决策变量的同时，还必须规定决策变量所允许的上下限。

② 目标函数(Objective Function) 即进行优化时需要计算最大值或最小值的函数，该函数在优化器的电子表格中进行定义，优化器内置电子表格具有主流程中电子表格的全部功能。

③ 约束函数(Constraint Function) 约束函数包括等式约束函数和不等式约束函数，可在优化器电子表格中建立等式或不等式进行定义，在求解目标函数时，优化器要满足用户指定的全部约束函数。

单击 Home 功能区选项卡下的**Optimizer** 按钮或按**F5** 键，即可启动优化器，如图 15-1 所示。

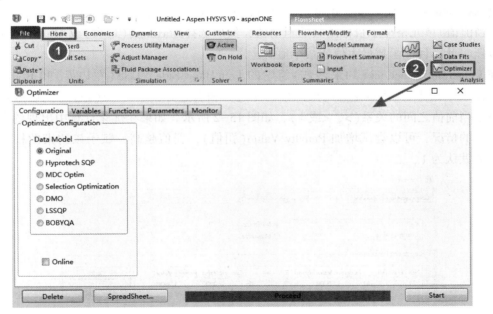

图 15-1 启动优化器

进入**Optimizer | Configuration** (设置)页面可选择不同的优化模式。Aspen HYSYS 中共有七种优化模式，分别为 Original 优化模式、Hyprotech SQP 优化模式、MDC 优化模式、Selection 优化模式、DMO 优化模式、LSSQP 优化模式和 BOBYQA 优化模式，在 Optimizer

Configuration(优化器设置)选项区域中通过选择相应的 Data Model(数据模型)设置优化模式。本章主要介绍 Original 优化模式和 Hyprotech SQP 优化模式。

15.1 Original 优化

Original 优化模式属性窗口包括 Variables(变量)、Functions(函数)、Parameters(参数)和 Monitor(监视器)四个选项卡。

15.1.1 变量页面

进入**Optimizer | Variables**（变量）页面，用户可以添加使目标函数最大或最小化的决策变量。任何可改变的过程变量均可作为决策变量，所有的决策变量必须有上限和下限，所选的上下限应该根据所选决策变量的类型给出合理数值。例如，假设决策变量为管壳式换热器入口的流量，如果所给流量太小可能会使换热器出现温度交叉，从而导致优化器停止运算。

15.1.2 函数页面

优化器带有专用的电子表格来建立目标函数和约束函数。优化器电子表格与主流程电子表格操作相同，可以通过拖拽或使用变量导航器来添加变量，将工艺变量导入到电子表格后，就可以使用简单的数学运算或逻辑运算建立目标函数和约束函数。

进入**Optimizer | Functions** 页面，用户可以在 Cell(单元格)中定义目标函数，Current Value(当前值)单元格显示目标函数的当前值，然后选择 Maximize(最大)或 Minimize(最小)单选按钮，计算目标函数最大值或最小值。

在 Constraint Functions(约束函数)组中的 Left Hand Side，LHS(左边界)和 Right Hand Side，RHS(右边界)列可以定义约束函数的左边界和右边界，在 Cond(条件)列确定左右侧单元格中当前值之间的关系(>、<或=)，如图 15-2 所示。如果在优化计算中出现约束函数无法满足的情况，可以尝试增加 Penalty Value(罚值)，罚值越高，赋予该约束的权重就越大。罚值默认为 1。

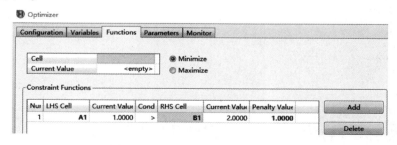

图 15-2　Optimizer | Function 页面

15.1.3 参数页面

进入**Optimizer | Parameters**（参数）页面可选择不同的优化方法和设置相关参数，如图 15-3所示。

进入 **Optimizer | Parameters** 页面可对如下参数进行设置：

① Scheme(优化方法)　可以通过下拉列表框选择不同类型的优化方法。

② Maximum Function Evaluations(最大函数估计)　设置最大函数计算次数(不同于最大迭代次数)。每次迭代过程中，流程中相关部分计算次数和优化方法与决策变量的个数有关。

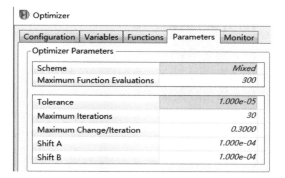

图15-3　Optimizer | Parameters 页面

③ Tolerance(容差)　Aspen HYSYS 迭代计算过程中目标函数与决策变量的改变量。利用此信息，Aspen HYSYS 判断误差是否能够满足规定的要求。

④ Maximum Iterations(最大迭代次数)　最大迭代次数，当迭代次数达到最大迭代次数时优化计算就会停止。

⑤ Maximum Change/Iteration(最大步长)　迭代过程中允许决策变量改变的最大值。例如，假定最大步长值为0.3，如果规定决策变量的变化范围为0~200，则每迭代一次，决策变量的变化值不大于200 × 0.3 = 60。

⑥ Shift A 与 Shift B　通常需要计算目标函数和/或约束函数对决策变量的导数，此导数可由数值差分计算得到，数值差分由式(15-1)计算。

$$x_{shift} = shiftA * x + shiftB \qquad (15-1)$$

式中　x——干扰变量；

　　　x_{shift}——变化量。

求导计算如式(15-2)所示。

$$\frac{\partial y}{\partial x} = \frac{y_2 - y_1}{x_{shift}} \qquad (15-2)$$

式中　y_2——($x+x_{shift}$)所对应的函数值；

　　　y_1——x 所对应的函数值。

在优化器进行每次迭代计算时，将决策变量改变一个 x_{shift} 值，然后根据每个 x 值及所对应的 y 值来计算每个函数的导数，进而确定下一步迭代的方向和步长。通常不需要改变 *Shift A* 与 *Shift B* 的默认值。

15.1.4　监测页面

在优化计算过程中，**Optimizer | Monitor**(监测器)页面显示目标函数、决策变量和约束函数的值，只有当目标函数值发生变化时，监测器页面中的信息才会更新。如果满足不等式约束函数，Constraint(约束)列的值是正数；如果不满足不等式约束函数，其值是负数。

15.1.5 优化方法

（1）建立函数

优化器通过调节决策变量的值使用户定义的目标函数达到最小（或最大），其中目标函数由任意数量过程变量组成。

$$\min f(x_1, x_2, x_3, \cdots, x_n) \tag{15-3}$$

式中 x_1，x_2，x_3，$\cdots$，x_n——过程变量。

可对每一个决策变量 x_i^0 进行范围约束。

$$x_i^0{}_{下限} < x_i^0 < x_i^0{}_{上限} \quad i = 1, \cdots, j \tag{15-4}$$

式中 x_i^0——决策变量。

常用的等式约束函数与不等式约束函数如式（15-5）～式（15-7）所示。

$$c_i(y_1, \cdots, y_n) = 0 \quad i = 1, \cdots, m \tag{15-5}$$

$$c_i(y_1, \cdots, y_n) \leqslant 0 \quad i = 1, \cdots, m \tag{15-6}$$

$$c_i(y_1, \cdots, y_n) \geqslant 0 \quad i = 1, \cdots, m \tag{15-7}$$

式中 y_i——定义约束函数的变量。

所有的决策变量必须有合理的上下限，同时避免出现约束范围过高或过低的现象，因为过高或过低可能会导致缩放时的数值交叉。同样也必须对初始值进行约束以保证其在规定的可行域范围内，约束函数则不受优化方法的限制，具有自由选择性。

如果 Aspen HYSYS 无法满足目标函数或任何约束函数，优化器将初始步长减少至最后一个决策变量增量步长的一半，然后流程重新进行计算，如果仍得不到最优解，优化计算将停止。

（2）选择优化方法

进入 **Optimizer | Parameters** 页面选择优化器计算方法，Original 优化器含有 Box Method（黑箱法）、SQP Method（序贯二次规划法）、Quasi Newton Method（拟牛顿法）、Fletcher-Reeves Method（Fletcher-Reeves 共轭梯度法）和 Mixed Method（混合法）五种优化计算方法。

各种优化方法适用范围的比较如表 15-1 所示。

表 15-1　优化方法适用范围比较

方　　法	非约束问题	不等式约束问题	等式约束问题	计算导数
BOX（黑箱法）	√	√	×	×
Mixed（混合法）	√	√	×	√
SQP（序贯二次规划法）	√	√	√	√
Fletcher Reeves（共轭梯度法）	√	×	×	√
Quasi Newton（拟牛顿法）	√	×	×	√

注：√表示适用，×表示不适用。

15.1.6 优化技巧

下面介绍 Original 优化器的使用技巧。

① 合理选取上下限。选取合理的上下限不仅可以避免出现不良的流程状况(例如换热器出现温度交叉),而且还可以使用这些限值根据优化算法使变量在 0 和 1 之间进行缩放。

② 对于黑箱法和混合法,决策变量的最大步长应尽量小,取 0.05 或 0.1 较合适。

③ 通常,混合法需要计算的次数最少,是最有效的方法。

④ 如果黑箱法、混合法和序贯二次规划法不能满足约束条件,可以试着增加函数栏中的罚值(Penalty Value)到其初始值的 3~6 倍,使其与目标函数的期望值相近。尤其对于黑箱法,合理改变罚值,使其近似等于目标函数有助于优化计算收敛于约束函数。

⑤ 优化器默认为计算目标函数最小值,如果需要计算目标函数最大值,只需选择**Optimizer | Functions** 页面中的 Maximize 单选按钮。

下面通过例 15.1 介绍 Original 优化模式的应用。

【**例 15.1**】 本书配套文件 Mutiple Heat Exchangers. hsc 模拟了多台换热器,流程如图15-4所示。在此基础上,试通过调整物流 E-101 FEED 的摩尔流量优化三台换热器 *UA* 值之和,使其最小。其中物流 E-101 FEED 的流量允许范围为 650~1100kmol/h。优化模式选择Original,优化方法选择 Mixed。

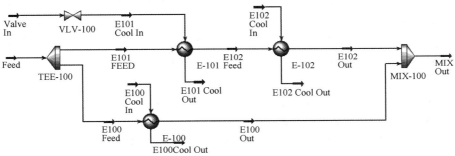

图 15-4 多台换热器流程

本例模拟步骤如下:

(1) 打开本书配套文件 打开 Mutiple Heat Exchangers. hsc,另存为 Example15.1-Optimized Mutiple Heat Exchangers. hsc。

(2) 修改流程条件 优化器通过调节物流 E101-FEED的流量,使整个过程的换热器 *UA* 值之和最小。查看当前流程各物流条件,并删除流程建立时设置的换热器 *UA* 值,输入物流 E-102 Cool In 温度-76.95℃,物流 Valve In 流量187.0kmol/h,物流 E-101 Feed 流量 869.6kmol/h。参数输入完毕,*UA* 值重新计算。

(3) 选择 Original 优化模式 按**F5** 键,选择 Original 优化模式,如图 15-5 所示。

(4) 添加决策变量并设置决策变量上下限 单击进入**Optimizer | Variables** 页面,单击**Add** 按钮弹出 Add Variable to Optimizer 窗口,按图 15-6 所示添加决策变量,设置物流 E-101 FEED 的摩尔流量上下限值为 650kmol/h 和 1100kmol/h。

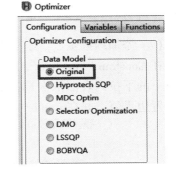

图 15-5 选择 Original 优化模式

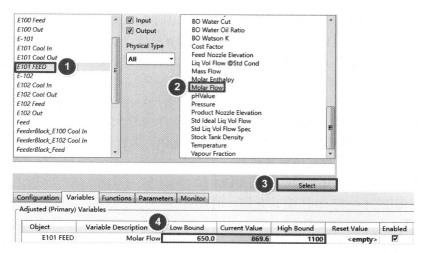

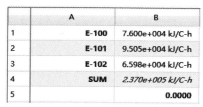

图15-6　添加决策变量并设置决策变量上下限

(5) 设置优化器电子表格　单击优化器底部**SpreadSheet** 按钮，弹出**OptimizerSpreadsheet** 窗口，单击优化器电子表格窗口的 Spreadsheet 选项卡，在 A1~A4 单元格中分别输入E-100、E-101、E-102 和 SUM，在 B1~B3 单元格中分别导入三台换热器的 *UA* 值，在 B4 单元格中输入公式=B1+B2+B3，按**Enter** 键计算结果出现在 B4 单元格中，在 B5 单元格中输入 0，如图 15-7 所示。

(6) 添加目标函数　本例的目标函数为三台换热器 *UA* 值之和。进入 **Optimizer | Functions** 页面，在 Cell(单元格)下拉列表框中选择 B4，B4 单元格中的数值出现在 Current Value(当前值)单元格中，选择 Minimize 单选按钮，如图 15-8 所示。

	A	B
1	E-100	7.600e+004 kJ/C-h
2	E-101	9.505e+004 kJ/C-h
3	E-102	6.598e+004 kJ/C-h
4	SUM	2.370e+005 kJ/C-h
5		0.0000

图15-7　设置优化器电子表格

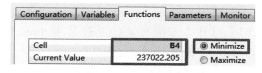

图15-8　添加目标函数

(7) 添加约束函数　添加约束函数，以确保解决方案合理。每台换热器 *UA* 值必须大于零。在 Constraint Function(约束函数)功能区中单击**Add** 按钮添加约束函数，单击**LHS Cell** 单元格下的下拉列表框依次选择 B1、B2、B3。单击**RHS Cell** 单元格下的下拉列表框选择 B5 以设置边界值，并在 Cond 列选择">"，如图 15-9 所示。

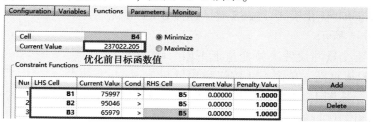

图15-9　添加约束函数

（8）运行优化器并查看结果　进入**Optimizer | Parameters**页面，参数页面保持默认设置。进入**Optimizer | Functions**页面，单击**Start**按钮，优化器进行计算最后收敛。优化结果如图15-10所示，三台换热器 *UA* 值之和为207693.007kJ/(℃·h)，与优化前[237022.205kJ/(℃·h)]相比三台换热器 *UA* 值之和减小了(237022.205−207693.007)/237022.205×100%=12.37%。

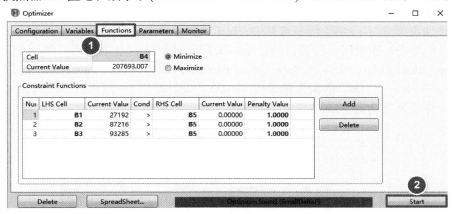

图15-10　查看优化结果

【**例15.2**】　本书配套文件 Separation of Hydrocarbon Mixtures by Distillation. hsc 模拟精馏分离 $nC_5 \sim nC_9$ 混合物生产过程，流程如图15-11所示，在此基础上，优化此精馏塔。优化模式选择 Original，优化方法选择 SQP。

决策变量、目标函数与约束函数如式(15-8)~式(15-13)所示。

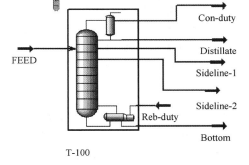

图15-11　精馏分离 $nC_5 \sim nC_9$
混合物流程

决策变量：

$$5 \leqslant R \leqslant 10 \qquad (15-8)$$
$$0.4535 \leqslant D \leqslant 1.815 \qquad (15-9)$$
$$0.4535 \leqslant S1 \leqslant 1.815 \qquad (15-10)$$
$$0.4535 \leqslant S2 \leqslant 1.815 \qquad (15-11)$$

式中　　*R*——回流比(精馏塔设计规定值)；

　　　　D——物流 Distillate 摩尔流量(精馏塔设计规定值)；

　　　　S1——物流 Sideline-1 摩尔流量(精馏塔设计规定值)；

　　　　S2——物流 Sideline-2 摩尔流量(精馏塔设计规定值)。

目标函数：

$$\text{Max}\ (D_{C_5} + S1_{C_6} + S2_{C_7} + S2_{C_8} + B_{C_9}) \qquad (15-12)$$

式中　　D_{C_5}——塔顶物流 Distillate 中 nC_5 的摩尔流量；

　　　　$S1_{C_6}$——侧线采出物流 Sideline-1 中 nC_6 的摩尔流量；

　　$S2_{C_7}$、$S2_{C_8}$——侧线采出物流 Sideline-2 中 nC_7 和 nC_8 的摩尔流量；

　　　　B_{C_9}——塔底物流 Bottom 中 nC_9 的摩尔流量。

约束函数：

$$0.05F \leqslant B \leqslant 0.95F \qquad (15-13)$$

式中　F——进料物流 FEED 的摩尔流量;

　　　B——塔底物流 Bottom 的摩尔流量。

本例模拟步骤如下:

(1)打开本书配套文件　打开 Separation of Hydrocarbon Mixtures by Distillation. hsc,另存为 Example15. 2-Optimized Separation of Hydrocarbon Mixtures by Distillation. hsc。

(2)添加决策变量　按**F5**键,选择 Original 优化模式,然后单击进入**Variables**页面,在**Variables**页面单击**Add**按钮,按题目信息添加决策变量和输入上下限值,如图 15-12 所示。图中,Spec Value(Reflux Ratio)、Spec Value(Distillate Rate)、Spec Value(Sideline-1 Rate)和 Spec Value(Sideline-2 Rate)依次为精馏塔 T-100 的设计规定(回流比,塔顶物流 Distillate 的摩尔流量,侧线采出物流 Sideline-1、Sideline-2 的摩尔流量)。

Object	Variable Description	Low Bound	Current Value	High Bound
T-100	Spec Value (Reflux Ratio)	5.000	5.000	10.00
T-100	Spec Value (Distillate Rate)	0.4535	0.9072	1.815
T-100	Spec Value (Sideline-1 Rate)	0.4535	0.9072	1.815
T-100	Spec Value (Slideline-2 Rat	0.4535	0.9072	1.815

图 15-12　设置决策变量

(3)设置优化器电子表格　单击优化器底部**SpreadSheet**按钮,弹出**Optimizer Spreadsheet**窗口,单击优化器电子表格窗口的 Spreadsheet 选项卡,根据表 15-2 输入相应内容,在 B1~B5,B7 和 D5~D7 单元格中分别导入表 15-2 中所对应的变量值,在 D5~D7 单元格中分别输入公式=B7-D2-D3-D4,=0.05*B7,=0.95*B7,在 B6 单元格输入公式=B1+B2+B3+B4+B5,如图 15-13 所示。

表 15-2　单元格输入内容及说明

单元格	输入	说明	单元格	输入	说明
A1	D-C5	物流 Distillate 中 nC_5 的摩尔流量	C1	RR	回流比(精馏塔设计规定值)
A2	S1-C6	物流 Sideline-1 中 nC_6 的摩尔流量	C2	D	物流 Distillate 的摩尔流量(精馏塔设计规定值)
A3	S2-C7	物流 Sideline-2 中 nC_7 的摩尔流量	C3	S1	物流 Sideline-1 的摩尔流量(精馏塔设计规定值)
A4	S2-C8	物流 Sideline-2 中 nC_8 的摩尔流量	C4	S2	物流 Sideline-2 的摩尔流量(精馏塔设计规定值)
A5	B-C9	物流 Bottom 中 nC_9 的摩尔流量	C5	B	物流 Bottom 的摩尔流量
A6	Total Product	A1~A5 对应摩尔流量之和	C6	0.05F	0.05 倍进料物流 FEED 的摩尔流量
A7	F	物流 FEED 的摩尔流量	C7	0.95F	0.95 倍进料物流 FEED 的摩尔流量

	A	B	C	D
1	D-C5	0.8962 kgmole/h	RR	5.000
2	S1-C6	0.4169 kgmole/h	D	0.9072 kgmole/h
3	S2-C7	0.5376 kgmole/h	S1	0.9072 kgmole/h
4	S2-C8	0.0348 kgmole/h	S2	0.9072 kgmole/h
5	B-C9	1.2320 kgmole/h	B	1.578 kgmole/h
6	Total Product	3.1175 kgmole/h	0.05F	0.2150 kgmole/h
7	F	4.300 kgmole/h	0.95F	4.085 kgmole/h

图 15-13　设置优化器电子表格

（4）添加目标函数　进入**Optimizer | Functions**页面，然后单击**Cell**下拉列表框并选择 B6（目标函数所在单元格），B6 单元格中的数值将出现在 Current Value 单元格中，选择 Maximize 按钮。如图 15-14 所示。

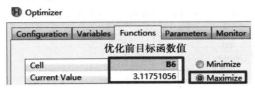

图 15-14　添加目标函数

（5）添加约束函数　根据题目信息添加约束函数，如图 15-15 所示。

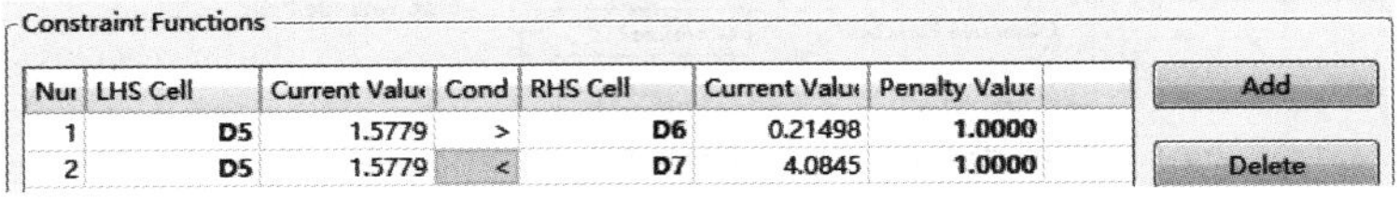

Num	LHS Cell	Current Value	Cond	RHS Cell	Current Value	Penalty Value	
1	D5	1.5779	>	D6	0.21498	1.0000	Add
2	D5	1.5779	<	D7	4.0845	1.0000	Delete

图 15-15　添加约束函数

（6）运行优化器并查看结果　进入**Optimizer | Parameters**页面，选择 SQP 法进行优化，其余参数保持默认设置。单击**Start**按钮，优化器进行计算最后收敛。优化结果如图 15-16 所示，目标函数值为 3.56229342kmol/h。与优化前（3.11751056kmol/h）相比，目标函数增加了（3.56229342-3.11751056）/ 3.11751056×100% = 14.27%。

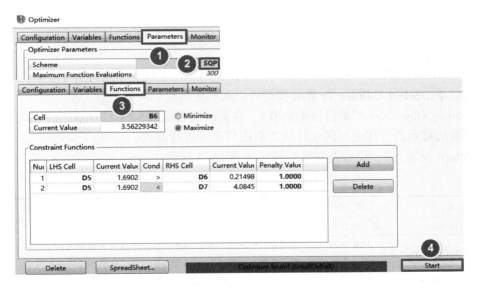

图 15-16　运行优化器并查看结果

15.2　Hyprotech SQP 优化

Hyprotech SQP 是一种严格的序贯二次规划优化求解器。该求解器具有步长限制、决策变量和目标函数缩放，以及独立于问题的并与规模无关的相对收敛测试的特点。该求解器中的算法确保仅在与变量边界有关的可行点处进行模型计算。该算法试图解决局部最优化问题而不是全局最优化问题。

注：Hyprotech SQP 优化模式需要使用 Derivative Utilities(向导工具)。

进入**Hyprotech SQP** 页面，在 Configuration 选项区域中选择 Setup 单选按钮，出现如图 15-17所示页面。

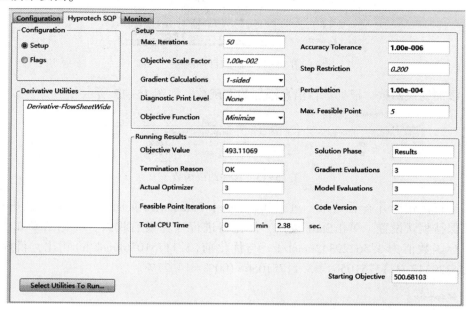

图 15-17　Hyprotech SQP 页面

① Derivative Utilities(向导工具)组　向导工具组列出了优化求解计算中正在运行的向导工具，通过单击**Select Utilities To Run** 按钮可以选择所需要的向导工具。

② Starting Objective(初始目标函数值)　在页面最底端的 Starting Objective 单元格中显示了目标函数的初始值，在进行优化计算之前用户不可进行修改。

③ Setup(设置)组　设置组各参数说明如表 15-3 所示。

表 15-3　设置组参数说明

变量	名　称	说　明
Max. Iterations	最大迭代次数	设置最大迭代次数，默认值50
Objective Scale Factor	目标函数 缩放因子	设置目标函数的缩放因子，目标函数为正值缩放因子为正，目标函数为负则取相反数，目标函数为0时自动生成零值的缩放因子
Gradient Calculations	梯度计算	设置梯度计算时使用的差异类型，为了提高计算速度建议选择 1-sided
Diagnostic Print Level	诊断打印级别	设置要包含在优化程序诊断文件中的信息量
Accuracy Tolerance	精确容差	设置优化测试计算中的精确容差
Step Restriction	步长限制	设置前三次迭代计算中使用的线性搜索步长约束因子。大于 1.0 的值不会产生步长限制，默认值0.2
Perturbation	扰动	指定在 Gradient 和 Jacobian 计算中使用的缩放变量的大小。根据变量最小值和最大值的大小来调整单个变量，默认值是 10^{-3}
Max. Feasible Point	最大可行点	设置 Hyprotech SQP 线性搜索过程中所允许的最大迭代次数

④ Running Results(运行结果)组　运行结果组各参数说明如表 15-4 所示。

表 15-4　运行结果组参数说明

变量	名称	说　明
Objective Value	目标函数值	显示优化器计算的当前工况目标函数值
Termination Reason	终止原因	显示优化器的终止状态
Actual Optimizer	实际优化次数	显示实际迭代次数
Feasible Point Iterations	可行点迭代	显示从最后一次主要迭代到优化计算终止所进行的次要迭代次数
Total CPU Time	CPU 计算时间	显示优化求解计算的时间
Solution Phase	结果状态	显示优化器算法的当前阶段。包括初始化、设置、OPT 派生、OPT 搜索和结果
Gradient Evaluations	梯度评估	显示优化过程中执行的梯度评估次数
Model Evaluations	模型评估	显示优化过程中执行的模型评估次数
Code Version	版本	显示优化器版本

下面通过例 15.3 介绍 Hyprotech SQP 优化模式的应用。

【例 15.3】　本书配套文件 Steam utility. hsc 模拟蒸汽动力系统，流程如图 15-18 所示，在此基础上，试通过调整给水物流 B2 IN 和 B3 IN 的流量，使流程总操作费用最小。其中给水物流 B2 IN 和 B3 IN 的流量变化范围均为 0~3600kg/h。优化模式选取 Hyprotech SQP。

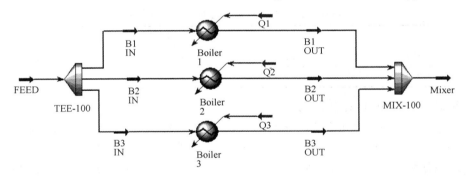

图 15-18　蒸动力系统流程

相关参数及操作费用计算公式如下。

① 锅炉热效率　各台锅炉的热效率可由式(15-14)计算。

$$Eff = Eff_{\max} - 5\% \times \left(\frac{Flow - Flow_{\max}}{Flow_{\max-5\%} - Flow_{\max}} \right)^2 \tag{15-14}$$

式中　Eff——各台锅炉的热效率；

$Eff_{\max}$——各台锅炉的最大热效率；

$Flow$——各台锅炉的给水流量，kg/h；

$Flow_{\max}$——各台锅炉在最大热效率下的给水流量，kg/h；

$Flow_{\max-5\%}$——各台锅炉在低于最大热效率 5% 的条件下的给水流量，kg/h。

各台锅炉参数如表 15-5 所示。

表 15-5 各锅炉参数

参 数	Boiler 1	Boiler 2	Boiler 3
Eff_{max}	85%	87%	90%
$Flow_{max}/(kg/h)$	6480	7920	5760
$Flow_{max-5\%}/(kg/h)$	10800	13680	9000

② 实际提供的热流量　实际提供的热流量与各台锅炉的实际热效率有关,可由式(15-15)计算。

$$Actual\ Heat\ Flow = Heat\ Flow \times \frac{100}{Eff} \tag{15-15}$$

式中　$Actual\ Heat\ Flow$——实际提供的热流量,kJ/h;

$Heat\ Flow$——各台锅炉所需的热流量即 HYSYS 计算值,kJ/h。

③ 总操作费用　本例优化的目标是使该流程的总操作费用最小,总操作费用为各台锅炉操作费用之和,可由式(15-16)计算。

$$Total\ Operating\ Cost = \sum (Operating\ Cost)_i \tag{15-16}$$

式中　i——各台锅炉。

各台锅炉的操作费用是燃料消耗费用总和加上与之相关的间接操作费用总和。燃料单价和各台锅炉的间接操作费用单价如表 15-6 所示。

表 15-6 锅炉的燃料单价与间接操作费用单价

$Cost$	Boiler 1	Boiler 2	Boiler 3
Fuel/($/kJ)	8×10^{-6}	8.5×10^{-6}	8.8×10^{-6}
Overhead/($/h)	30	29	25

各台锅炉操作费用可由式(15-17)计算。

$$Operating\ Cost = (Actual\ Heat\ Flow) \times (Fule\ Cost) + (Overhead\ Cost) \times Status \tag{15-17}$$

式中　$Status$——锅炉的状态变量,使用中(In Service)为 1,停止使用(Out of Service)为 0。

④ 松弛变量　松弛变量的添加表示对各台锅炉最大给水流量的约束,其定义如式(15-18)所示。

$$Slack_{max} = Flow - Max_{Flow} \times Status \tag{15-18}$$

式中　$Slack_{max}$——各台锅炉的最大松弛变量;

$Flow$——各台锅炉的给水流量,kg/h;

Max_{Flow}——各台锅炉的最大给水流量(本例为 36000 kg/h)。

本例要求 $Slack_{max}$ 满足式(15-19)~式(15-21)。

$$-1.0 \times 10^6 < Slack_{max-Boiler1} < 0 \tag{15-19}$$

$$-1.0 \times 10^6 < Slack_{max-Boiler2} < 0 \tag{15-20}$$

$$-1.0 \times 10^6 < Slack_{max-Boiler3} < 0 \tag{15-21}$$

式中　$Slack_{max-Boiler1}$——锅炉 1 的最大松弛变量,kg/h;

$Slack_{max-Boiler2}$——锅炉 2 的最大松弛变量,kg/h;

$Slack_{max-Boiler3}$——锅炉 3 的最大松弛变量,kg/h。

· 386 ·

⑤ 约束函数及范围如表 15-7 所示。

表 15-7 约束函数及范围

名称	变量	最小值	最大值
Boiler 1	Duty/(kJ/h)	0	$4.50×10^7$
Boiler 2	Duty/(kJ/h)	0	$3.42×10^7$
Boiler 3	Duty/(kJ/h)	0	$4.86×10^7$
B1 IN	Mass Flow/(kg/h)	0	36000

本例模拟步骤如下：

（1）打开本书配套文件 打开 Steam utility. hsc，另存为 Example15.3-Optimized Steam utility. hsc。

（2）选择 Hyprotech SQP 优化器模式 按**F5**键，进入**Optimizer | Configuration** 页面，选择 Hyprotech SQP 优化模式。单击 Hyprotech SQP 选项卡进入**Hyprotech SQP** 页面，在 Setup（设置）组中输入优化器的 Accuracy Tolerance（精确容差）$1.0×10^{-6}$，输入 Perturbation（扰动）$1.0×10^{-4}$，其余参数保持默认设置，如图 15-19 所示。

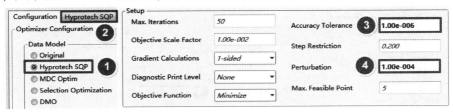

图 15-19 选择 Hyprotech SQP 优化模式

（3）创建电子表格 单击优化器底部的**SpreadSheet** 按钮弹出**SpreadSheet：Optimizer-Spreadsheet**（优化器电子表格）窗口，单击优化器电子表格窗口的 Spreadsheet 选项卡进入 Spreadsheet | **Spreadsheet** 页面，根据题目信息创建电子表格，如图 15-20 所示。

	A	B	C	D	E
1	锅炉给水流量	**Inlet Flow**	**Efficiency(%)**	**Heat Flow**	**Actual Heat Flow**
2	**Boiler 1**	5400 kg/h	85.00	1.621e+007 kJ/h	1.907e+007 kJ/h
3	**Boiler 2**	3600 kg/h	86.97	1.081e+007 kJ/h	1.243e+007 kJ/h
4	**Boiler 3**	5400 kg/h	90.00	1.621e+007 kJ/h	1.801e+007 kJ/h
5			锅炉热效率		实际应提供的热流量
6	状态变量	**STATUS**	**Fule Cost($/kJ)**	**Overhead Cost($...**	**Operating Cost($...**
7	**Boiler 1**	1.000	8.000e-006	30.00	182.6
8	**Boiler 2**	1.000	8.500e-006	29.00	134.6
9	**Boiler 3**	1.000	8.800e-006	25.00	183.5
10			总操作费用	**Total Operating**	500.7
11		**SLACK MAX**			
12	**Boiler 1**	-3.060e+004 kg/h	松弛变量		
13	**Boiler 2**	-3.240e+004 kg/h			
14	**Boiler 3**	-3.060e+004 kg/h			

图 15-20 创建电子表格

（4）设置 Derivative Utility

① 单击 Home 功能区 Model Analysys 选项卡右侧的下拉按钮，选择 Derivative，新建向导工具，如图 15-21 所示。

图 15-21　设置 Derivative Utility

② 设置优化器优化范围。进入**Variables** 页面，单击**Operation** 按钮，弹出**Target Object** 窗口，选择优化对象为 Flowsheet Wide（全流程优化），如图 15-22 所示。

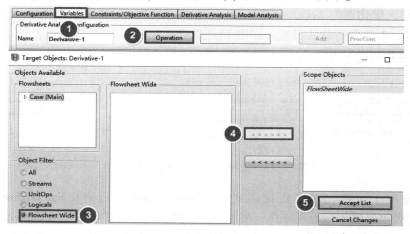

图 15-22　设置优化器优化的范围

一般地，优化器有 3 个主要组成单元。

决策变量：必须为流程中输入的变量。用户可通过是否选择"Optimize Flag"添加决策变量与删除决策变量。每个变量都有一定的搜索范围，这个范围可以由用户给定，如果没有给定，优化器会根据公式（范围=最大值-最小值）自动计算它们的取值范围。

约束函数：约束函数直接关系到流程模拟的计算结果，用户可通过选择或取消选择"User Flag"来添加或删除约束函数。与决策变量类似，约束函数也有其限制范围。区别是约束函数的范围可以是单边约束（如只有最大值或最小值约束）。优化器必须满足用户给定的所有约束函数。每个约束函数需要定义一个尺度参数，当尺度参数符合如下范围时即认为是合理的：

$$（最小值-尺度参数）\leqslant 当前值 \leqslant（最大值+尺度参数）$$

尺度可作为测量准确度，例如使用 1℃ 作为测量温度 100℃ 的尺度参数。尺度参数的值通常为最大值的 1%～5%。较大的尺度参数有助于解决非线性问题，因为其扩大了可行域的范围。但是若给定的尺度参数过大，可行域不合理就有可能使非线性问题得到错误的收敛结果。

目标函数：用来计算最大值或最小值的函数。用户可以分别添加单个目标函数并对其"Price"进行设定（默认为1），也可以利用电子表格添加目标函数。优化器中的 SQP 算法默认设置为求解目标函数最小值的算法。当需要求解目标函数最大值问题时，将"Price"设定为-1 或进入**Hyprotech SQP** 页面，在 Setup 组中单击 Objective Function（目标函数）下拉列表框，选择 Maxmize 即能将最小值问题转变为最大值问题，进而使用 SQP 算法求解。

③ 添加决策变量，设置其范围。进入**Variables** 页面，在 Add 按钮右侧的下拉列表框中选择 OptVars，单击**Add** 按钮弹出**Select optimization variables and DCS Tags** 窗口，根据图 15-23 所示选择 B2 IN，Mass Flow；同理添加 B3 IN，Mass Flow。

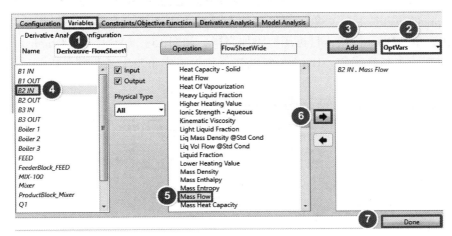

图 15-23　添加决策变量

单击**Input**，输入决策变量范围，如图 15-24 所示。

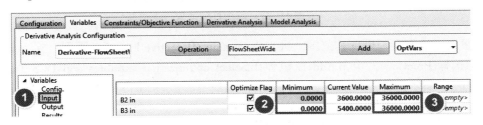

图 15-24　设置各决策变量的范围

④ 添加约束函数，设置其范围。根据表 15-6 添加约束函数，如图 15-25 所示；设置其范围，如图 15-26 所示。

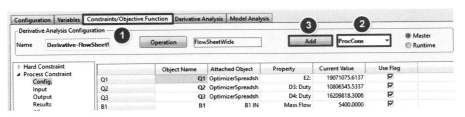

图 15-25　添加约束函数

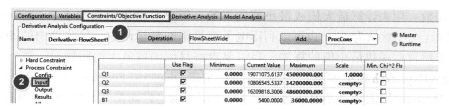

图 15-26　设置约束函数范围

⑤ 添加目标函数。进入 **Constraints/Objective Function** 页面，在 Add 按钮右侧的下拉列表框中选择 ObjFunc，单击 **Add** 按钮，弹出 **Select optimization variables and DCS Tags** 窗口，选择 Optimizer Spreadsheet 为目标对象，在出现的变量列表中选择三个锅炉总操作费用数值所在单元格 E10，单击 **Done** 按钮，目标函数添加完毕，如图 15-27 所示。在 Original 优化模式中用户只能添加一个目标函数，Hyprotech SQP 优化模式中重复上述步骤可以同时添加多个目标函数进行优化。

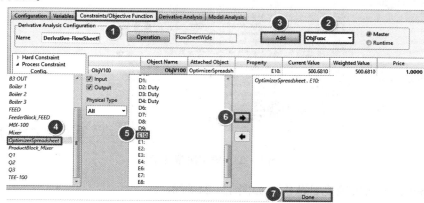

图 15-27　添加目标函数

⑥ 添加松弛变量，设置其范围。进入 **Constraints/Objective Function** 页面，在 Add 右侧的复选框中选择 ProcCons，单击 **Add** 按钮弹出 **Select optimization variables and DCS Tags** 窗口，根据图 15-28 所示选择 Optimizer Spreadsheet，B12；同理添加 B13 和 B14。单击 **Input** 输入松弛变量最大值为 0，最小值为 -1.0×10^6，如图 15-29 所示。

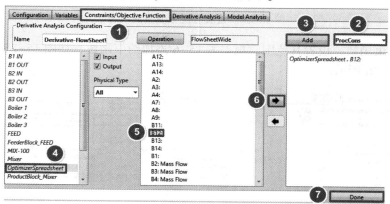

图 15-28　添加松弛变量

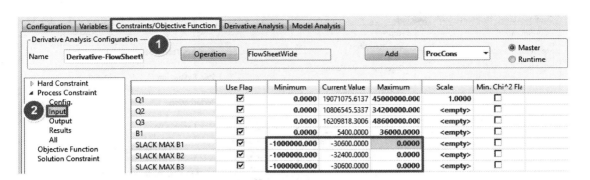

图 15-29　设置松弛变量范围

⑦ 添加状态变量。单击**Variables** 选项卡，单击**State Variables** ，在 Add 按钮右侧的下拉列表框中选择 StateVars，单击**Add** 按钮，弹出**Select optimization variables and DCS Tags** 窗口，根据图 15-30 所示选择 Optimizer Spreadsheet，B8；同理添加 B7 和 B9。

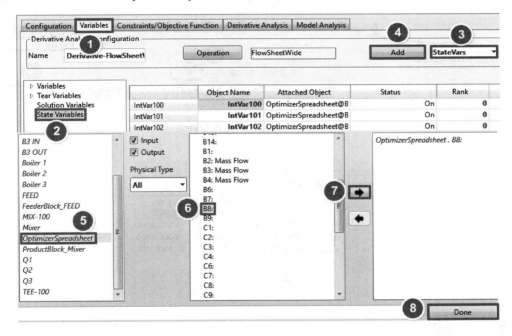

图 15-30　添加状态变量

（5）优化计算　按**F5** 键，进入**Hyprotech SQP** 页面，单击**Select Utilities To Run** 按钮，弹出**Select Utilities To Run** 窗口，选择 Derivative-FlowsheetWide，关闭**Select Utilities To Run** 窗口，优化器页面下边显示 OK，单击**Start** 按钮，优化器进行计算最后收敛，如图 15-31 所示。进入**Monitor** 页面查看优化过程及优化结果，如图 15-32 所示。与优化之前（500.68103）相比总操作费用减少了（500.68103-493.11069）/500.68103×100% = 1.51%。

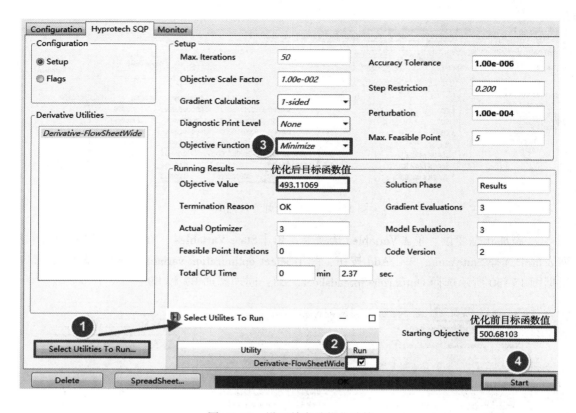

图 15-31　设置并启动优化计算

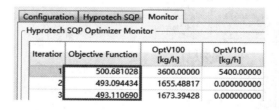

图 15-32　查看优化结果

习　题

15.1　本书配套文件 Separation of Tetrahydrofuran and Toluene by Distillation. hsc 模拟精馏分离四氢呋喃与甲苯生产过程，其流程如附图 15-1 所示。试通过调整产品四氢呋喃和甲苯的纯度，使收益最大。优化模式选择 Original，优化方法选择 Mixed。

产品纯度范围为

$$0.9 < MF_{THF} < 0.99$$

$$0.9 < MF_{Toluene} < 0.99$$

式中　MF_{THF}——四氢呋喃的摩尔分数（精馏塔 T-100 设计规定值）；

MF_{Toluene}——甲苯的摩尔分数（精馏塔 T-100 设计规定值）。

收益为产品销售额减去原料成本与公用工程费用，可由下式计算：

$$Profit=(M_{\text{THF}}\times P_{\text{THF}}+M_{\text{Toluene}}\times P_{\text{Toluene}})-M_{\text{Feed}}\times P_{\text{Feed}}-(H_{\text{Cond-Q}}\times P_{\text{Cond-Q}}+H_{\text{Reb-Q}}\times P_{\text{Reb-Q}})/3600$$

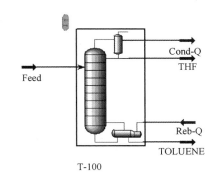

附图 15-1　精馏分离四氢呋喃与甲苯流程

式中　M_{THF}——物流 THF 的质量流量，kg/h；

P_{THF}——四氢呋喃售价，\$/kg；

M_{Toluene}——物流 Toluene 的质量流量，kg/h；

P_{Toluene}——甲苯售价，\$/kg；

M_{Feed}——物流 Feed 的质量流量，kg/h；

P_{Feed}——原料单价，\$/kg；

$H_{\text{Cond-Q}}$——冷凝器热流量，kJ/h；

$P_{\text{Cond-Q}}$——冷凝器冷却成本，\$/(kW·h)；

$H_{\text{Reb-Q}}$——再沸器热流量，kJ/h；

$P_{\text{Reb-Q}}$——再沸器加热成本，\$/(kW·h)。

原料单价为 0.05 \$/kg；四氢呋喃售价为 $0.333\times(F_{\text{THF}})^3$（\$/kg）；甲苯售价为 $0.163\times(F_{\text{Toluene}})^3$（\$/kg）；冷凝器冷却成本为 0.471 [\$/(kW·h)]；再沸器加热成本为 0.737 [\$/(kW·h)]。其中，F_{THF} 为物流 THF 中四氢呋喃的质量分数；F_{Toluene} 为物流 TOLUENE 中甲苯的质量分数。

15.2　本书配套文件 Production of Chloroethane Using Ethane and HCl. hsc 模拟乙烯与氯化氢加成反应制取一氯乙烷生产过程，其流程如附图 15-2 所示。在此基础上，试通过调整尾气物流 To Gas 的摩尔流量（允许范围 4~13kmol/h），使其年利润最大。优化模式选择 Original，优化方法选择 SQP。

设备费用计算公式为　　　$500\times\left(\dfrac{330\times24(FR)}{1000}\right)^{0.6}$ \$

式中　FR——反应器 CRV-100 进料物流 To CRV 的质量流量，kg/h。

原料单价与产品售价分别为：乙烯单价 1.5×10^{-3} \$/kg；氯化氢单价 1.0×10^{-3} \$/kg；一氯乙烷售价 2.5×10^{-3} \$/kg。

利润=工作时间 ×（产品销售额−原料成本）−设备费用×投资回报率，可由下式计算：

$$VP=330\times24\times10^{-3}\times[2.5P-(1.5\times x_{\text{Et}}+x_{\text{HCl}})\times F]-0.1\times500\times\left[\frac{330\times24(FR)}{1000}\right]^{0.6}$$

式中　VP——年利润；

P——产品物流 Bottom 的质量流量，kg/h；

x_{Et}、x_{HCl}——反应器 CRV-100 进料物流 Feed 中乙烯和氯化氢的质量分数；

F——反应器 CRV-100 进料物流 Feed 的质量流量，kg/h。

本例假设投资回报率为 10%，每年为 330 个工作日。

约束函数为 $\qquad$ $M_{\text{To recycle}} < 305 \text{ kg/h}$

式中 $M_{\text{To recycle}}$——物流 To recycle 的质量流量。

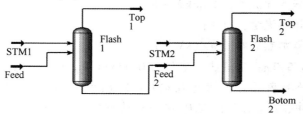

附图 15-2　一氯乙烷生产流程

15.3　本书配套文件 Dichloromethane Solvent Recovery. hsc 模拟二氯甲烷溶剂回收的部分生产过程，其流程如附图 15-3 所示。其中，进料物流 Feed 为二氯甲烷和水，现要求蒸汽STM1 和 STM2 的流量维持在 450～10000 kg/h 之间，闪蒸罐 Flash 2 底部出口物流 Botom 2 中的二氯甲烷的摩尔分数不大于 2×10^{-4}，试确定蒸汽 STM1 和 STM2 的最小总用量。优化模式选择 Original，优化方法选择 SQP。

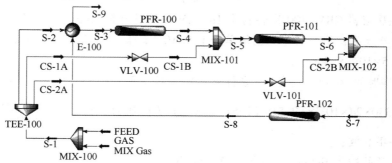

附图 15-3　二氯甲烷回收系统部分流程

15.4　本书配套文件 Ammonia Synthesis. hsc 模拟合成氨生产过程，其流程如附图 15-4所示。试调整分流器 TEE-100 中物流 CS-1A 与物流 CS-2A 的流量比，以尽可能提高氨的产量，即物流 S-9 中氨的摩尔分数达到最大值，要求分流器 TEE-100 中物流 CS-1A 与物流CS-2A 的流量比皆小于 0.4 且二者之和不大于 0.6，物流 S-5 与物流 S-7 的温度均小于300℃。优化模式选取 Hyprotech SQP。

第 16 章　过程模拟案例

16.1　天然气氨法脱硫脱碳 @

16.2　天然气三甘醇脱水 @

16.3　天然气凝液回收(冷剂制冷) @

16.4　天然气凝液回收(联合制冷)

16.4.1　流程介绍

天然气凝液(Natural Gas Liquids，NGL)是从天然气中回收且未经稳定处理的液体烃类混合物。天然气凝液脱除甲烷后，通常进一步分离成乙烷、液化石油气(Liquefied Petroleum Gas，LPG)和轻油(Light Oil)。本案例模拟天然气凝液回收过程，其目的是将天然气中具有价值的凝液回收。本案例天然气凝液中乙烷较多，需要的制冷温度较低，故采用联合制冷分离回收天然气凝液。

天然气经过换热器 LNG-100 和冷却器 E-100 冷却至-62℃后，进入气液分离器 V-100 分离成气相物流 S4 和液相物流 S3。液相物流 S3 经过阀门 VLV-100 减压后从塔 NGL Recovery 第一块板进入；气相物流 S4 经过膨胀机 K-100 膨胀后进入气液分离器 V-101。分离器 V-101 液相物流 S6 进入塔 NGL Recovery 顶部冷凝器；气相物流 S7 和塔 NGL Recovery 气相物流 S9 经过换热器 LNG-100 回收冷量，混合后经压缩机 K-101(由透平膨胀机 K-100 驱动)压缩，经过冷却器 E-101 冷却至 30℃，再经过压缩机 K-102 压缩到 7000kPa 外输。

16.4.2　流程预览

天然气凝液回收工艺流程预览如图 16-1 所示。

16.4.3　模拟建立

(1) 新建模拟　启动 Aspen HYSYS，新建空白模拟，单位集选择 SI，文件保存为 Example16.4-Recovery of NGL.hsc。

(2) 创建组分列表　进入 **Component Lists** 页面，添加 Nitrogen(氮气)、CO$_2$(二氧化碳)、

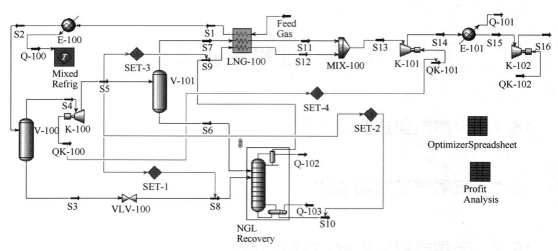

图 16-1　天然气凝液回收工艺流程预览

Methane(甲烷)、Ethane(乙烷)、Propane(丙烷)、i-Butane(异丁烷)、n-Butane(正丁烷)、i-Pentane(异戊烷)、n-Pentane(正戊烷)、n-Hexane(正己烷)和 H_2O(水)。

(3)定义流体包　进入 **Fluid Packages** 页面，选取物性包 Peng-Robinson。进入 **Fluid Packages | Basis-1 | Binary Coeffs** 页面，查看二元交互作用参数，本例采用默认值。

(4)建立流程　单击 **Simulation** 按钮进入模拟环境，建立如图 16-1 所示的工艺流程。

(5)输入物流条件　双击物流 **Feed Gas**，输入物流条件，如图 16-2 所示。

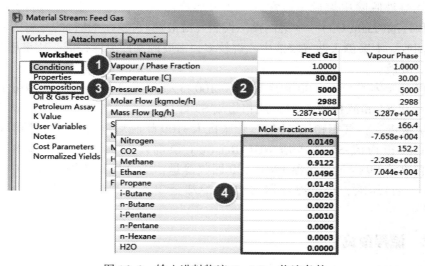

图 16-2　输入进料物流 Feed Gas 物流条件

(6)设置模块参数

① 双击换热器 LNG-100，进入 **LNG-100 | Design | Spec(SS)** 页面，单击 **Add** 按钮，添加两个新的设计规定并激活(Heat Balance 已自动激活)，规定冷物流出口温度相同以及换热器最小传热温差 10℃，换热器 LNG-100 设计规定如表 16-1 所示。

表 16-1 换热器 LNG-100 设计规定

图 标	页 面	项 目	输 入
	LNG-100 | Design | Connections	Pressure Drop(压降)	20kPa
	LNG-100 | Design | Specs	ColdOut Same(冷物流出口温度相同)	0℃
	(SS) | Specifications	Approch Temp(最小传热温差)	10℃

注：LNG 换热器的物流添加完毕时，自由度(Degrees of Freedom)为 6(即 7 个未知变量，1 个约束)，添加两个新的设计规定后，自由度减少为 4。当流程建立完成时，这 4 个自由度将减少到 0，即有足够的条件求解 LNG 换热器。

② 双击冷却器 E-100，进入 **E-100 \| Design \| Parameters** 页面，输入压降 20kPa；进入 **E-100 \| Worksheet \| Conditions** 页面，输入物流 S2 温度-62℃。

③ 双击膨胀机 K-100，进入 **K-100 \| Worksheet \| Conditions** 页面，输入物流 S5 压力 2800kPa。

④ 双击设置器 SET-1，定义物流 S8 压力与膨胀机出口物流 S5 压力相同，设置器 SET-1 参数如表 16-2 所示。同理定义设置器 SET-2，使物流 S10 压力与物流 S5 相同。

表 16-2 设置器 SET-1 参数

图 标	页 面	项 目	选 择
	Set-1 | Connections |	Object(目标对象)	物流 S8
	Target Variable	Variable(目标变量)	Pressure
	Set-1 | Connections | Source	Object(源对象)	物流 S5

双击设置器 SET-3，定义物流 S9 压力比物流 S5 低 35kPa，设置器 SET-1 参数如表 16-3 所示。

表 16-3 设置器 SET-3 参数

图 标	页 面	项 目	选 择
	Set-3 | Connections |	Object(目标对象)	物流 S9
	Target Variable	Variable(目标变量)	Pressure
	Set-3 | Connections | Source	Object(源对象)	物流 S5
	Set-3 | Paramaters	Offset(偏差)	-35kPa

双击设置器 SET-4，定义压缩机 K-101 轴功率 QK-101 与膨胀机 K-100 轴功率 QK-100 相等，设置器 SET-4 参数如表 16-4 所示。

注：膨胀机出口压力是流程中可变的关键工艺参数，用设置器将塔顶和塔底的压力与膨胀机出口压力相关联，便于后续分析改变膨胀机出口压力对流程的影响，而无需手动调节相关变量。

表 16-4 设置器 SET-4 参数

图 标	页 面	项 目	选 择
	Set-4 | Connections |	Object(目标对象)	QK-101
	Target Variable	Variable(目标变量)	Heat Flow
	Set-4 | Connections | Source	Object(源对象)	QK-100

⑤ 双击塔 NGL Recovery，进入 **NGL Recovery \| Design Connection** 页面，输入塔理论板数

5, 物流 S6 和物流 S8 分别进入冷凝器和第一块塔板, 选择冷凝类型 Full Reflux(液相全回流的部分冷凝), 由于精馏塔产品物流的压力用设置器定义, 系统自动计算再沸器和冷凝器的出口压力。

进入**NGL Recovery | Design | Monitor** 页面, 单击**Add Spec** 按钮, 添加设计规定。由于气体膨胀产生的冷液体物流 S6 和塔顶气相物流进入冷凝器进行气液分离, 液相作为塔顶回流, 气相作为塔顶气相产品物流 S9。此时塔顶冷凝器仅相当于一个绝热闪蒸罐, 规定冷凝器热负荷为 0, 规定物流 S10 雷德蒸气压(RVP)1379kPa, 塔 NGL Recovery 参数如表 16-5 所示。

注: 进入**File | Options | Simulation Options** 页面取消 Use Input Experts 选项, 双击塔模板不会出现精馏塔输入专家页面。

表 16-5 塔 NGL Recovery 参数

图标	页面	项目	选择/输入
NGL Recovery (图)	Distillation Column InputExpert | Connections	No. of Stages(塔板数)	5
		Feed Streams/Stage(物流/进料位置)	S6/Condenser S8/1_Main Tower
		Condenser Type(冷凝器类型)	Full Reflux
	Distillation Column InputExpert | Pressure Profile	Condenser Pressure(冷凝器压力)	2765kPa
		Reboiler Pressure(再沸器压力)	2800kPa
	Distillation Column InputExpert | Specifications	Ovhd Duty(冷凝器热负荷)	0kJ/h
		Btms RVP(物流 S10 雷德蒸汽压)	1379kPa

⑥ 双击冷却器 E-101, 进入**E-101 | Design | Parameters(SS)** 页面, 输入压降20kPa; 进入**E-101 | Worksheet | Conditions** 页面, 输入物流 S15 温度30℃。

⑦ 双击压缩机 K-102, 进入**K-102 | Worksheet | Conditions** 页面, 输入物流 S16 压力 7000kPa。

⑧ 其他模块保持默认设置。

(7) 添加制冷循环模板 双击对象面板中的 Blank Sub-Flowsheet, 添加本书配套文件制冷循环模板 Example2.3-Template-Mixed Refrigeration.tpl, 进入**Mixed Refrig | Connections** 页面, 修改模板名称为 Mixed Refrig, 输入 Tag 标签名 TPL, 选择与内部能流 Evapor-Q 对应的外部能流 Q-100, 内部物流名称自动变成 Q-100, 其他选项保持默认设置, 如图 16-3 所示。

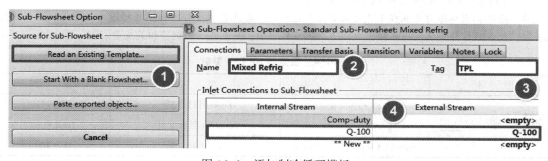

图 16-3 添加制冷循环模板

进入 **NGL Recovery | Design | Connection** 页面，单击 **Run** 按钮运行塔，流程收敛。

16.4.4 电子表格与工况分析

本节添加一电子表格(Spreadsheet)到天然气凝液回收流程模拟中，估算成本和利润；并添加工况分析(Case Studies)分析冷却器 E-100 出口物流 S2 温度和膨胀机 K-100 出口物流 S5 压力对压缩机 K102 和 Compressor 轴功率和利润的影响。

(1) 添加电子表格，进入 **Profit Analysis | Connections** 页面，将名称改为 Profit Analysis，单击 **Add Import** 按钮，在对应的单元格中导入物流 S2 温度，物流 S5 压力，制冷循环模板 Mixed Refrig 压缩机 Compressor 轴功率 Comp-duty，压缩机 K-102 轴功率 QK-102 和物流 S10 质量流量；单击 **Add Export** 按钮，将 B9 单元格中的计算值导出到循环物流 3 的温度(需要将循环物流 3 温度输入值删除)，定义物流 3 温度比物流 S2 温度低 5℃(单元格公式见图 16-5)，如图 16-4 所示。

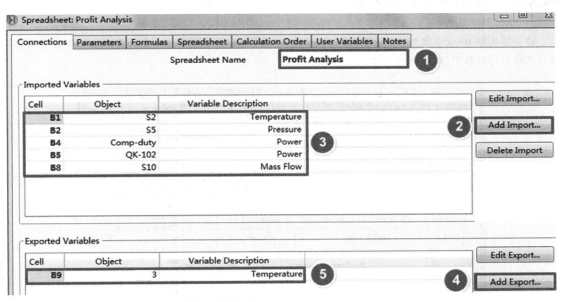

图 16-4 添加导入变量和导出变量

(2) 进入 **Profit Analysis | Spreadsheet** 页面，在对应单元格中输入图 16-5 所示公式。添加单元格文本标签，在单元格 D1 中输入电费价格 0.05 $/kWh，在单元格 D2 中输入天然气凝液产品价格 0.2 $/kg，如图 16-6 所示。

Formula Summary

Cell	Formula
B6	= B4 + B5
B9	=B1-5
D6	= B6 * D1
D8	= D2 *B8
D9	= D8 -D6

图 16-5 输入单元格公式

	A	B	C	D
1	Chiller Exit Temp	-62.00 C	Power $/kWh	5.000e-002
2	Expander Exit Pr...	2800 kPa	NGL Value $/kg	0.2000
3				
4	Refig Comp duty	716.3 kW		
5	Export Compress...	2267 kW		
6	Total Power	2984 kW	Cost of Power $/h	149.2
7				
8	NGLProduct	3218 kg/h	Value of NGL $/h	643.5
9	Mixed Reffrig Te...	-67.00 C	Profit $/h	494.3

图 16-6 添加单元格文本标签和价格

为使用户更容易在另一模块(如调节器)中调用电子表格单元格的信息,进入**Profit Analysis | Parameter** 页面,输入变量名称,将单元格 D6 和 D8 变量类型改为 Unitless(无量纲),如图 16-7 所示。

注:单元格 D6 变量类型为热流量(Heat Flow),单元格 D8 变量类型为质量流量(Mass Flow),这些均为单元格计算过程中引入的变量类型。

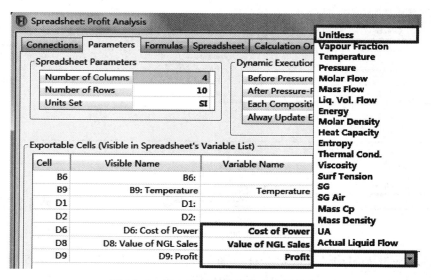

图 16-7 输入变量名称和修改变量单位

(3)单击 Home 功能区选项卡中的**Case Studies** 按钮,单击**Add** 按钮,新建工况分析,单击**Edit** 按钮,弹出**Case Study 1** 窗口,单击**Find Variables** 按钮添加自变量物流 S5 压力和物流 S2 温度,同理添加电子表格中 D6、D8 和 D9 对应的变量,HYSYS 能自动识别自变量和因变量,如图 16-8 所示。

(4)进入**Case Studies | Case Study1 | Case Study Setup** 页面,工况分析类型选择 Nested,输入物流 S5 压力的 Start(下限),End(上限)和 Step Size(步长值)分别为 2000kPa、4000kPa 和 500kPa;物流 S2 温度的 Start(下限),End(上限)和 Step Size(步长值)分别为 -65℃、-45℃ 和 4℃,单击**Run** 按钮运行,如图 16-9 所示。

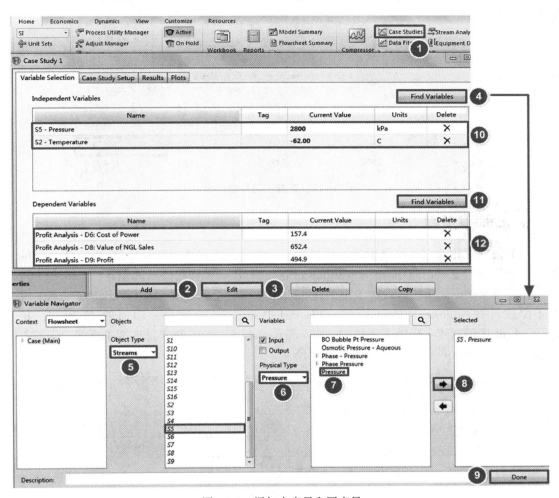

图 16-8　添加自变量和因变量

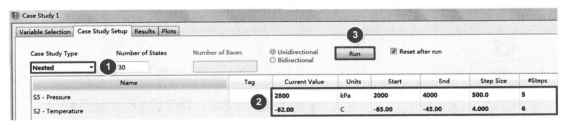

图 16-9　输入自变量范围

（5）进入 **Case Studies | Results** 页面，查看工况分析结果，当物流 S5 压力为 2500kPa、物流 S2 温度为−61℃时，利润最高为 ＄494.7/h，如图 16-10 所示。

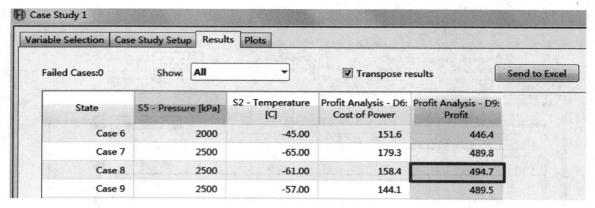

图 16-10　查看工况分析结果

16.4.5　优化器

本节使用优化器对天然气凝液回收过程进行优化，优化器的决策变量(Primary Varibles)和工况分析的自变量(Independent Varibles)相同，对比两种优化方法的差异。

(1) 单击 Home 功能区选项卡中的**Optimizer** 按钮，进入**Optimizer | Variables** 页面，单击**Add** 按钮，在 Adjusted (Primary) Varibles 组中添加决策变量，输入变量范围；单击**Spreadsheet** 按钮新建一个电子表格 OptimizerSpreadsheet，输入的变量、文本标签、公式和单位同电子表格 Profit Analysis，如图 16-11 所示。

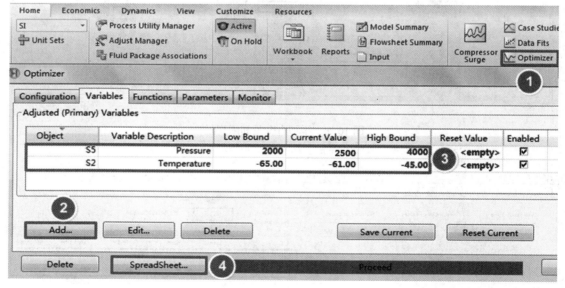

图 16-11　添加决策变量和范围

(2) 进入**Optimizer | Functions** 页面，设置目标变量为单元格 D9(利润)，选择优化类型为 Maximum(最大值)，单击**Start** 按钮进行优化，如图 16-12 所示。进入**OptimizerSpreadsheet | Spreadsheet** 页面，查看当前利润为 \$494.9/h，物流 S2 温度-61.33℃和物流 S5 压力 2550kPa，如图 16-13 所示。对比工况分析结果和优化器结果，可看出后者略高。

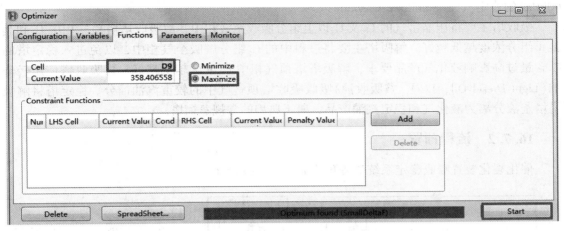

图 16-12　设置优化目标变量

	A	B	C	D
1	Chiller Exit Temp	-61.33 C	Power $/kWh	5.000e-002
2	Expander Exit Pr...	2550 kPa	NGL Value $/kg	0.2000
3				
4	Refig Comp duty	644.3 kW		
5	Export Compress...	2504 kW		
6	Total Power	3148 kW	Cost of Power $/h	157.4
7				
8	NGLProduct	3262 kg/h	Value of NGL $/h	652.4
9	Mixed Reffrig Te...	-66.33 C	Profit $/h	494.9

图 16-13　查看优化结果

16.5　天然气液化(氮气膨胀制冷) @

16.6　天然气液化(丙烷预冷混合制冷剂制冷) @

16.7　催化裂化装置吸收稳定系统

16.7.1　流程介绍

催化裂化装置吸收稳定系统主要由吸收塔(Absorber)、解吸塔(Desorber)、再吸收塔(Reabsorber)、稳定塔(Stabilizer)及其他相应辅助设备组成。来自催化裂化主分馏塔的富气(Rich Gas)中带有汽油组分,而粗汽油(Naphtha)中溶解有 C_3、C_4 组分。催化裂化装置吸收稳定系统的作用,就是利用吸收和精馏的方法将富气和粗汽油分离成干气(Dry Gas、C_2 及 C_2 以下组分)、液化气(Liquefied Petroleum Gas,LPG,C_3、C_4)和蒸气压合格(雷德蒸气压 ≤

60kPa)的稳定汽油(Stabilized Gasoline)。

吸收塔主要将压缩富气的 C_3 及 C_3 以上组分吸收至液相中,故吸收塔塔顶气相中 C_3 和其他重组分浓度越低越好。解吸塔主要将进料中的 C_2 组分解吸至气相中,以免进入稳定塔的 C_2 含量过高影响液化气产品要求,解吸塔塔顶气相中 C_3 浓度越低越好。再吸收塔使用轻柴油(Light Diesel Oil, LCO, 贫吸收油)吸收吸收塔顶贫气中的较重汽油馏分。稳定塔将解吸塔塔釜液分离为液化气和稳定汽油产品,属于典型的常规蒸馏塔。

16.7.2 流程预览

催化裂化装置吸收稳定系统流程预览如图 16-14 所示。

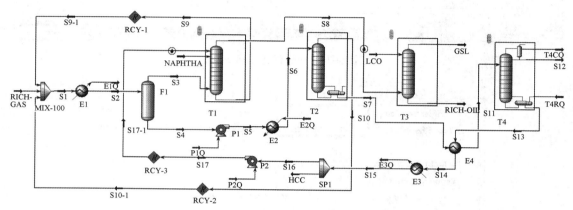

图16-14 催化裂化装置吸收稳定系统流程预览

16.7.3 模拟建立

(1)新建模拟 启动 Aspen HYSYS,新建空白模拟,单位集选择 SI,文件保存为 Example16.7-Absorption Stabilization System. hsc。

(2)创建组分列表 进入**Component Lists** 页面,添加 Hydrogen(氢气)、CO(一氧化碳)、CO_2(二氧化碳)、Oxygen(氧气)、Nitrogen(氮气)、H_2S(硫化氢)、Methane(甲烷)、Ethylene(乙烯)、Ethane(乙烷)、Propene(丙烯)、Propane(丙烷)、i-Butene(异丁烯)、1-Butene(1-丁烯)、tr2-Butene(反-2-丁烯)、cis2-Butene(顺-2-丁烯)、i-Butane(异丁烷)、n-Butane(正丁烷)和 n-Pentane(正戊烷)。

(3)定义流体包 进入**Fluid Packages** 页面,选取物性包 SRK,进入**Fluid Packages | Basis-1 | Binary Coeffs** 页面,查看二元交互作用参数,本例采用默认值。

(4)添加虚拟组分

① 输入油品分析数据 在 Home 功能区选项卡下单击**Oil Manager** 按钮,进入**Oil Manager | Input Assay** 页面,单击 **Add** 按钮,创建油品分析 Assay-1,将 Assay-1 重命名为 NAPHTHA。进入**Oil Manager | Input Assay | NAPHTHA | Input Data** 页面,在 Bulk Properties 下拉列表框中选择 Used,在 Assay Data Type 下拉列表框中选择 ASTM D86。在 Input Data 组中,选择 Bulk Props 单选按钮,在 Standard Density 单元格中输入 703.6kg/m³,选择 Distillation 单选按钮,单击**Edit Assay** 按钮,打开**Assay Input Table** 窗口,按表 16-6 输入恩氏

蒸馏数据，单击**OK**按钮。油品分析数据输入完毕后，单击**Calculate**按钮进行计算，单击**Output Blend**按钮，可进入**Oil Manager | Output Blend**页面。输入 NAPHTHA 油品分析数据过程如图 16-15 所示。按相同方法输入 LCO 油品分析数据。

表 16-6　物流 NAPHTHA 和 LCO 数据

物　　流		NAPHTHA	LCO
温度/℃		40	38
压力/kPa		1600	1600
流量/(kg/h)		42000	23000
标准密度/(kg/m³)		703.6	884.7
恩氏馏程(ASTM D86)/%			
切割温度/℃	0	34	156
	10	56	229
	50	109	283
	90	171	340
	100	191	357

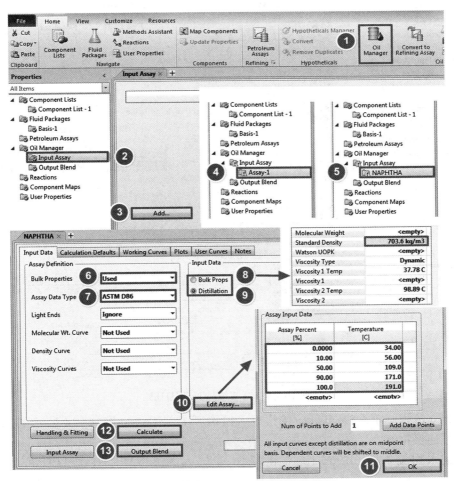

图 16-15　输入 NAPHTHA 油品分析数据

② 安装油品　进入**Oil Manager | Output Blend** 页面，单击**Add** 按钮，创建油品 Blend-1，将油品 Blend-1 重命名为 NAPHTHA。进入**Oil Manager | Output Blend | NAPHTHA | Data** 页面，在 Cut Option Selection 下拉列表框中默认选择 Auto Cut，在 Available Assays 列表框中选择 NAPHTHA，单击**Add** 按钮，将油品 NAPHTHA 导入 Oil Flow Information 列表框中，油品自动切割生成虚拟组分。单击**Install Oil** 按钮，打开**Install Oil** 窗口，将 Stream Name(物流名称)命名为 NAPHTHA，单击**Install** 按钮，油品 NAPHTHA 安装在模拟环境下的流程图中。安装油品 NAPHTHA 过程如图 16-16 所示。按相同方法安装油品 LCO。

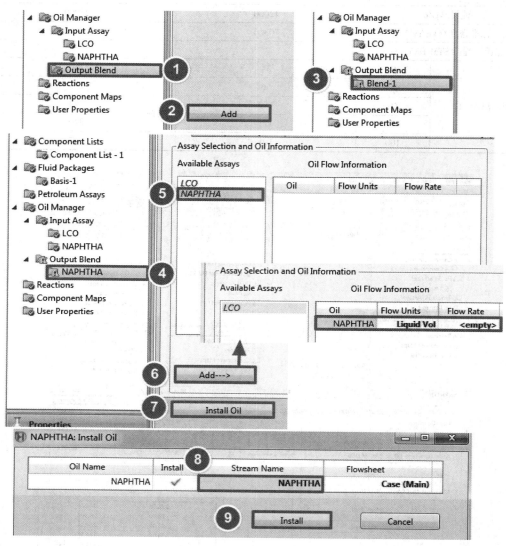

图 16-16　安装油品 NAPHTHA

(5) 建立流程　单击**Simulation** 按钮进入模拟环境，建立如图 16-14 所示的工艺流程，循环器暂不连接物流。

(6) 输入物流条件　按表 16-6 和表 16-7 输入物流 NAPHTHA、LCO 和 RICH-GAS 条件。

表 16-7　物流 RICH-GAS 条件

物　　流		RICH-GAS	物　　流		RICH-GAS
温度/℃		97		乙烷	2.67
压力/kPa		1600		丙烯	19.37
流量/(kg/h)		33445		丙烷	5.15
组成 (摩尔分数)	氢气	11.56	组成 (摩尔分数)	异丁烯	3.47
	一氧化碳	1.156		1-丁烯	2.38
	二氧化碳	1.73		反-2-丁烯	2.08
	氧气	5.416		顺-2-丁烯	1.59
	氮气	1.354		异丁烷	11.84
	硫化氢	0.004		正丁烷	3.79
	甲烷	16.67		正戊烷	1.58
	乙烯	8.19			

（7）设置模块参数

① 双击冷却器 E1，进入 **E1 | Design | Parameters** 页面输入冷却器 E1 压降 20kPa；进入 **E1 | Worksheet | Conditions** 页面输入物流 S2 温度 40℃。

② 双击吸收塔 T1，根据表 16-8 设置吸收塔 T1 参数。

表 16-8　吸收塔 T1 参数

吸收塔 T1	页　　面	项　　目	选择/输入
	Absorber Column InputExpert | Connections	Stages（塔板数）	20
		Optional Inlet Streams-Inlet Stage （可选进料物流-进料位置）	4
	Absorber Column InputExpert | Pressure Profile	Top Stage Pressure（塔顶压力）	1360kPa
		Bottom Stage Pressure（塔底压力）	1370kPa

在 **Distillation Column Input Expert | Optional Estimates** 页面单击 **Side Ops** 按钮，进入 **Side Operations Input Expert** 页面，连续单击 **Next** 按钮，直至进入添加中段回流页面，单击 **Add Pump-Around** 按钮，添加中段回流 PA_1；抽出板和返回板均选择第 7 块板，单击 **Install** 按钮安装中段回流；再次单击 **Add Pump-Around** 按钮，同理添加第二个中段回流 PA_2，抽出板和返回板均为第 14 块板。两个中段回流安装之后，连续单击 **Next** 按钮，进入中段回流参数规定页面，中段回流 PA_1 和 PA_2 抽出流量均为 50000kg/h，返回温度均为 35℃。添加中段回流过程如图 16-17 所示。

双击物流 S17-1，打开 **Material Stream** 窗口，单击 **Define from Stream** 按钮，打开 **Spec Stream As** 窗口，在 Available Streams 框中选择 NAPHTHA，单击右下角 **OK** 按钮，将物流 NAPHTHA 数据导入物流 S17-1，如图 16-18 所示。

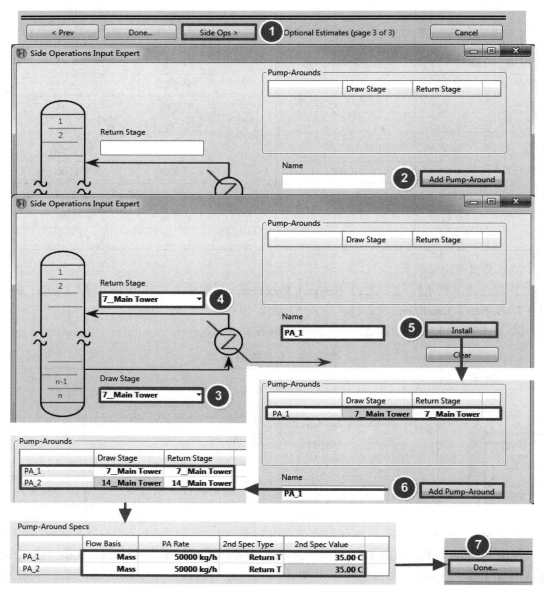

图 16-17　添加中段回流

　　双击吸收塔 T1，进入**T1 | Design | Monitor** 页面，在 Specifications 选项区域的 Active 列中选择四个设计规定，如图 16-19 所示，单击下方的**Run** 按钮运行，吸收塔 T1 运算收敛。

　　③ 双击循环器 RCY-1，进入**RCY-1 | Connections | Connections** 页面，设置进口物流为 S9，出口物流为 S9-1，流程收敛。

　　④ 双击泵 P1，输入绝热效率 80%，物流 S5 压力 1450kPa；双击加热器 E2，输入压降 20kPa，物流 S6 温度 54℃。

　　⑤ 双击解吸塔 T2，根据表 16-9 设置解吸塔 T2 参数。

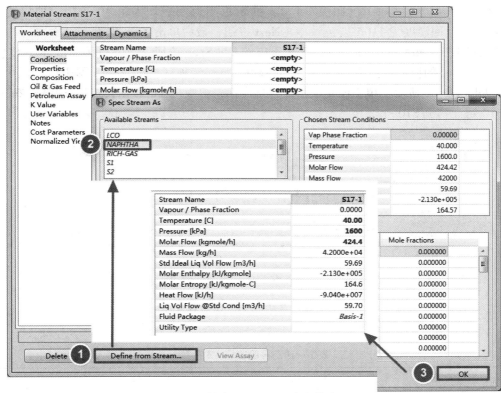

图 16-18　用物流 NAPHTHA 定义物流 S17-1

	Specified Value	Current Value	Wt. Error	Active	Estimat	Current	
PA_1_Rate(Pa)	**5.0000e+04 kg/h**	5.0000e+04	0.0000	☑	☑	☑	
PA_1_Dt(Pa)	*<empty>*	5.872	*<empty>*	☐	☑	☐	
PA_1_Duty(Pa)	*<empty>*	-6.440e+005	*<empty>*	☐	☑	☐	
PA_2_Rate(Pa)	**5.0000e+04 kg/h**	5.0000e+04	-0.0000	☑	☑	☑	
PA_2_Dt(Pa)	*<empty>*	10.45	*<empty>*	☐	☑	☐	
PA_2_Duty(Pa)	*<empty>*	-1.161e+006	*<empty>*	☐	☑	☐	
PA_1_TRet(Pa)	**35.00 C**	35.00	0.0000	☑	☑	☑	
PA_2_TRet(Pa)	**35.00 C**	35.00	0.0000	☑	☑	☑	

View...　　Add Spec...　　Group Active　　Update Inactive　　Degrees of Freedom　0

图 16-19　激活吸收塔 T1 设计规定

表 16-9　解吸塔 T2 参数

解吸塔 T2	页　面	项　目	选择/输入
	Reboiled Absorber Column Input Expert │ Connections	Stages(塔板数)	20
	Reboiled Absorber Column Input Expert │ Pressure Profile	Top Stage Pressure(塔顶压力)	1400kPa
		Reboiler Pressure(再沸器压力)	1420kPa

（T2 图：S10、S6、S7，T2）

参照图 16-17，添加中段回流 PA_1，抽出板和返回板均为第 10 块板，抽出流量为 60000kg/h，返回温度为 110℃。连续单击**Next** 按钮，最后单击**Done** 按钮。

进入**T2 | Design | Monitor** 页面，单击下方的**Add Spec** 按钮，设置再沸器液体中 C₂(Ethylene 和 Ethane) 的质量分数为 0.001，在 Specifications 选项区域的 Active 列中选择三个设计规定，如图 16-20 所示，单击**Run** 按钮，运行模拟，解吸塔 T2 运算收敛。参照图 16-18 用物流 S10 定义物流 S10-1。

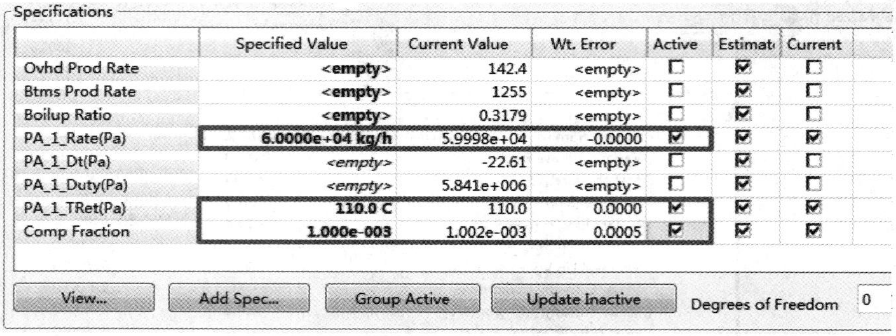

Specifications

	Specified Value	Current Value	Wt. Error	Active	Estimat	Current
Ovhd Prod Rate	<empty>	142.4	<empty>	☐	☑	☐
Btms Prod Rate	<empty>	1255	<empty>	☐	☑	☐
Boilup Ratio	<empty>	0.3179	<empty>	☐	☑	☐
PA_1_Rate(Pa)	**6.0000e+04 kg/h**	5.9998e+04	-0.0000	☑	☑	☑
PA_1_Dt(Pa)	<empty>	-22.61	<empty>	☐	☑	☐
PA_1_Duty(Pa)	<empty>	5.841e+006	<empty>	☐	☑	☐
PA_1_TRet(Pa)	**110.0 C**	110.0	0.0000	☑	☑	☑
Comp Fraction	**1.000e-003**	1.002e-003	0.0005	☑	☑	☑

View...	Add Spec...	Group Active	Update Inactive	Degrees of Freedom	0

图 16-20　激活解吸塔 T2 设计规定

⑥ 双击再吸收塔 T3，根据表 16-10 设置再吸收塔 T3 参数。

表 16-10　再吸收塔 T3 参数

再吸收塔 T3	页　面	项　目	选择/输入
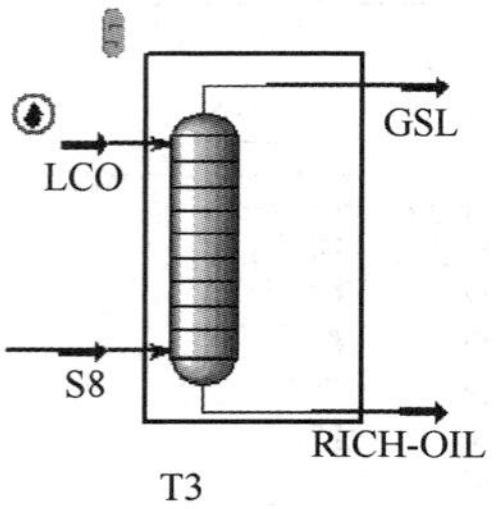	Absorber Column Input Expert	Connections	Stages(塔板数)	7
	Absorber Column Input Expert	Pressure Profile	Top Stage Pressure(塔顶压力)	1330kPa
		Bottom Stage Pressure(塔底压力)	1350kPa

进入**T3 | Design | Monitor** 页面，可看到系统自由度为 0，无需定义设计规定，单击**Run** 按钮运行，再吸收塔 T3 运算收敛。

⑦ 双击换热器 E4，输入壳程和管程压降均为 20kPa，输入物流 S11 温度 130℃。

⑧ 双击稳定塔 T4，根据表 16-11 设置稳定塔 T4 参数。

表 16-11　稳定塔 T4 参数

稳定塔 T4	页　面	项　目	选择/输入
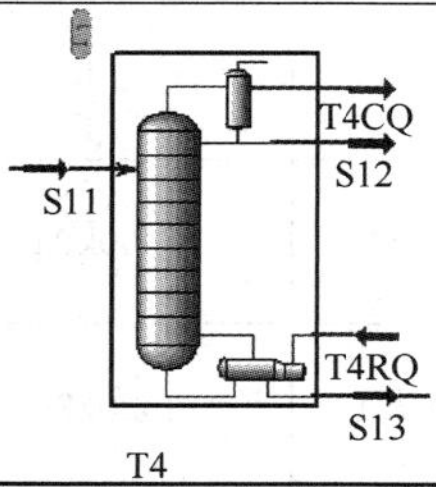	Distillation Column Input Expert	Connections	Stages(塔板数)	25
		Inlet Stage(进料位置)	12
		Condenser(冷凝器)	Total(全冷凝)
	Distillation Column Input Expert	Pressure Profile	Condenser Pressure(冷凝器压力)	1050kPa
		Reboiler Pressure(再沸器压力)	1100kPa

进入 **T4 | Design | Monitor** 页面，定义设计规定：规定 1，冷凝器液体中 C_5（n-Pentane）质量分数为 0.01；规定 2，再沸器液体中 C_4（i-Butene、1-Butene、tr2-Butene、cis2-Butene、i-Butane 和 n-Butane）质量分数为 0.01。在 Specifications 选项区域的 Active 列中选择两个设计规定，如图 16-21 所示，单击 **Run** 按钮，运行模拟，稳定塔 T4 运算收敛。

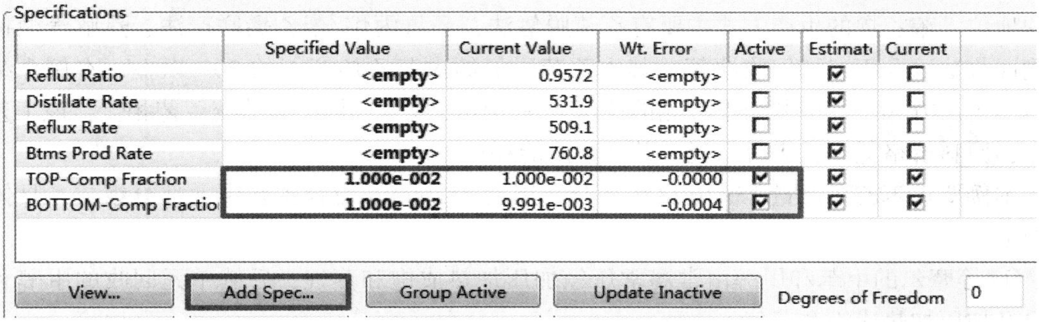

Specifications	Specified Value	Current Value	Wt. Error	Active	Estimate	Current
Reflux Ratio	**<empty>**	0.9572	<empty>	☐	☑	☐
Distillate Rate	**<empty>**	531.9	<empty>	☐	☑	☐
Reflux Rate	**<empty>**	509.1	<empty>	☐	☑	☐
Btms Prod Rate	**<empty>**	760.8	<empty>	☐	☑	☐
TOP-Comp Fraction	**1.000e-002**	1.000e-002	-0.0000	☑	☑	☑
BOTTOM-Comp Fractio	**1.000e-002**	9.991e-003	-0.0004	☑	☑	☑

View...   Add Spec...   Group Active   Update Inactive   Degrees of Freedom 0

图 16-21 激活稳定塔 T4 设计规定

⑨ 双击冷却器 E3，输入压降 20kPa，物流 S15 温度 40℃；双击分流器 SP1，输入物流 S16 流量 32000kg/h；双击泵 P2，输入绝热效率 80%，物流 S17 压力 1400kPa。

⑩ 双击循环器 RCY-3，进入 **RCY-3 | Connections | Connections** 页面，设置进口物流为 S17，出口物流为 S17-1，流程收敛。双击循环器 RCY-2，进入 **RCY-2 | Connections | Connections** 页面，设置进口物流为 S10，出口物流为 S10-1，流程收敛。

（8）查看结果 双击物流 HCC，进入 **HCC | Worksheet | Conditions** 页面，查看稳定汽油产品的条件，进入 **HCC | Worksheet | Composition** 页面，查看稳定汽油产品的组成，如图 16-22 所示。

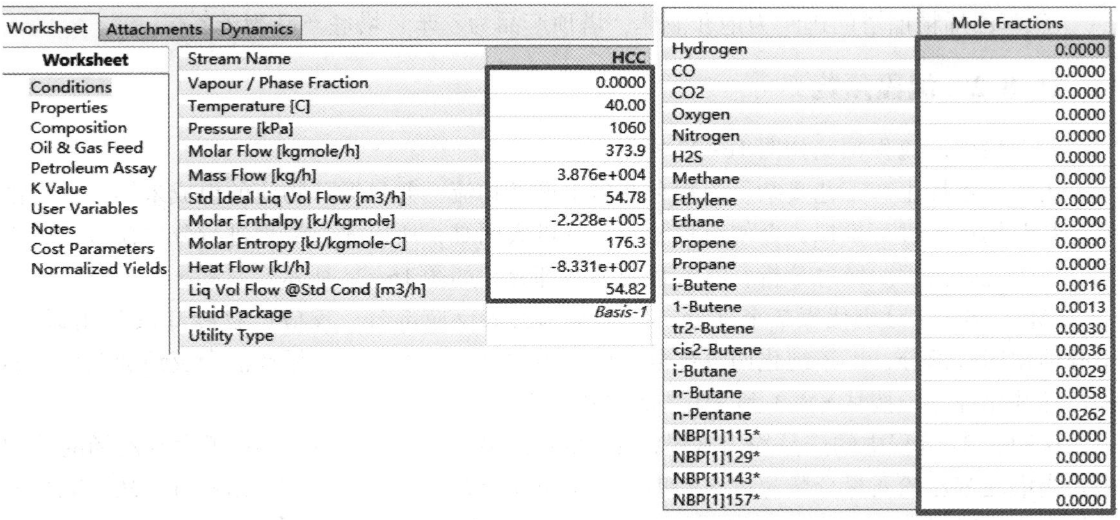

Worksheet	Stream Name	HCC
Conditions	Vapour / Phase Fraction	0.0000
Properties	Temperature [C]	40.00
Composition	Pressure [kPa]	1060
Oil & Gas Feed	Molar Flow [kgmole/h]	373.9
Petroleum Assay	Mass Flow [kg/h]	3.876e+004
K Value	Std Ideal Liq Vol Flow [m3/h]	54.78
User Variables	Molar Enthalpy [kJ/kgmole]	-2.228e+005
Notes	Molar Entropy [kJ/kgmole-C]	176.3
Cost Parameters	Heat Flow [kJ/h]	-8.331e+007
Normalized Yields	Liq Vol Flow @Std Cond [m3/h]	54.82
	Fluid Package	Basis-1
	Utility Type	

	Mole Fractions
Hydrogen	0.0000
CO	0.0000
CO2	0.0000
Oxygen	0.0000
Nitrogen	0.0000
H2S	0.0000
Methane	0.0000
Ethylene	0.0000
Ethane	0.0000
Propene	0.0000
Propane	0.0000
i-Butene	0.0016
1-Butene	0.0013
tr2-Butene	0.0030
cis2-Butene	0.0036
i-Butane	0.0029
n-Butane	0.0058
n-Pentane	0.0262
NBP[1]115*	0.0000
NBP[1]129*	0.0000
NBP[1]143*	0.0000
NBP[1]157*	0.0000

图 16-22 查看结果

16.8　甲苯甲醇侧链烷基化合成苯乙烯

16.8.1　流程介绍

苯乙烯作为一种重要的有机化工产品及石油化工基本原料，在化工领域始终占有举足轻重的地位。苯乙烯的生产方式主要有乙苯脱氢法、环氧丙烷/苯乙烯联产法、热解汽油抽提蒸馏回收法以及丁二烯回收法等，其中乙苯脱氢约占苯乙烯产能的90%以上。本例介绍一种新的生产方式——甲苯与甲醇侧链烷基化一步法合成苯乙烯，与传统工艺相比，该工艺流程短，原料价格低廉，来源广泛，并且生产能耗低。

本例要求苯乙烯产量 25×10^4 t/a（年开工周期 8320h），流程主要由七部分组成，具体描述如下：

① 等摩尔的甲苯和甲醇由常温常压经加压加热成饱和蒸气，后续单元回收的甲醇和甲苯也经加压加热成饱和蒸气。

② 新鲜原料和循环物流混合进入加热炉加热成过热蒸汽。

③ 过热蒸汽进入转化反应器进行反应，甲醇甲苯侧链烷基化生成苯乙烯，同时发生副反应生成乙苯。反应器绝热操作，不发生其他副反应且苯乙烯不发生聚合。

④ 离开反应器的物流冷却形成气相、有机相和水相，进入三相分离器分离。离开三相分离器的气相主要是氢气，可用作燃料；水相主要包括甲醇和水，送入甲醇回收塔；有机相主要包括甲苯、乙苯和苯乙烯，送入甲苯回收塔。

⑤ 甲醇回收塔的进料为饱和液体，塔顶得到甲醇，循环利用，塔底为污水，常温常压下排出。

⑥ 甲苯回收塔的进料为饱和液体，塔顶得到含少量甲醇的循环甲苯，塔底为乙苯和苯乙烯，随后进入苯乙烯精馏塔。

⑦ 苯乙烯精馏塔的进料为饱和液体，塔顶产品为乙苯，塔底产品为苯乙烯。

16.8.2　流程预览

苯乙烯生产流程预览如图 16-23 所示。

由于苯乙烯生产工艺复杂，流程存在多个循环物流，并且循环物流的组成未知，若直接从进料开始逐步进行模拟，会使流程收敛出现极大困难，所以先对流程进行分块模拟，最终建立一个完整流程。经过分析，将流程分为 7 部分，如图 16-24 所示。

SM.1~SM.7 分别代表 7 个部分，依次是苯乙烯反应部分、反应产物冷却及分相部分、甲醇纯化回收部分、甲苯纯化回收部分、甲苯甲醇进料准备部分、循环混合及预加热部分和苯乙烯纯化部分，按从 SM.1 到 SM.7 顺序建立模拟。

说明：① 流程中的产品均为常温常压（25℃，101.3kPa）储存；② 对于含苯乙烯的精馏塔，当塔底苯乙烯质量分数超过50%时，其温度不能超过145℃（苯乙烯沸点），从而减少苯乙烯聚合；③ 泵绝热效率设置75%。

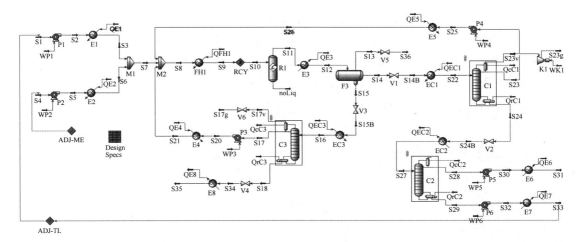

图 16-23　苯乙烯生产流程预览

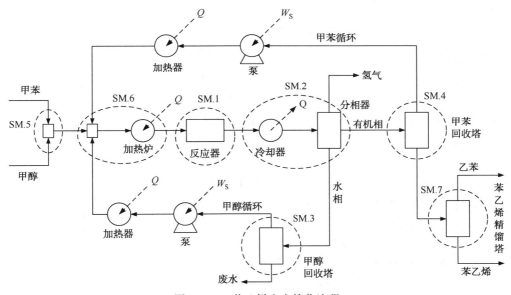

图 16-24　苯乙烯生产简化流程

16.8.3　模拟建立

（1）新建模拟　启动 Aspen HYSYS，新建空白模拟，单位集选择 SI，文件保存为 Example16.8-Styrene Production Process. hsc。

（2）创建组分列表　进入 **Component Lists** 页面，添加 Toluene（甲苯），Methanol（甲醇），Styrene（苯乙烯），E-Benzene（乙苯），H_2O（水）和 Hydrogen（氢气）。

（3）定义流体包　进入 **Fluid Packages** 页面，选取物性包 PRSV；进入 **Fluid Packages** | **Basis-1** | **Binary Coeffs** 页面查看二元交互作用参数，本例采用默认值。

（4）定义反应

① 反应说明

$$主反应 \quad C_7H_8 + CH_3OH \longrightarrow C_8H_8 + H_2O + H_2$$
$$副反应 \quad C_7H_8 + CH_3OH \longrightarrow C_8H_{10} + H_2O$$

② 添加反应集　反应类型均选择 Conversion，添加反应 Rxn-1 和 Rxn-2，将其重命名为 Rxn-SM 和 Rxn-EB，分别代表生成苯乙烯的主反应与生成乙苯的副反应，反应定义如图 16-25 所示。将反应集添加到流体包，完成反应定义。

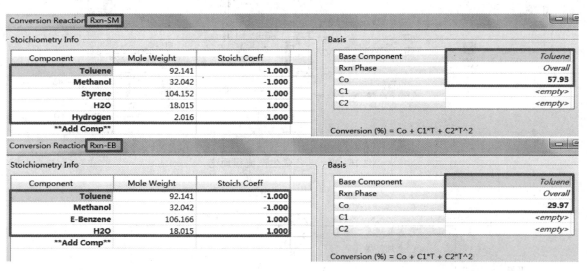

图 16-25　定义反应 Rxn-SM 和 Rxn-EB

（5）SM.1 苯乙烯反应部分　单击 **Simulation** 按钮进入模拟环境，建立如图 16-26 所示流程，其中 R1 采用转化反应器模块。

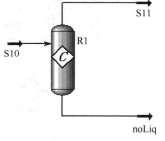

根据反应器数据和苯乙烯产量，取甲苯和甲醇摩尔流量相等，反算进口物流 S10 流量 997.49kmol/h。

甲苯流量计算过程如下：

图 16-26　苯乙烯反应部分流程

$$苯乙烯流量为 \frac{250000 \times 1000 (苯乙烯产量)}{8320 \times 104 (年开工周期 \times 苯乙烯相对分子质量)}$$
$$= 288.92 (kmol/h)$$

$$甲苯流量为 \frac{288.92 (苯乙烯摩尔流量)}{0.5793 (主反应甲苯转化率)} = 498.746 (kmol/h)$$

① 双击物流 S10，按表 16-12 输入物流条件及组成。

表 16-12　物流 S10 条件及组成

物流	温度/℃	压力/kPa	流量/(kmol/h)	组分(摩尔分数)
S10	540	400	997.49	Toluene 0.5，Methanol 0.5

② 双击反应器 R1，输入 R1 压降 70kPa，选择反应集 Set-1，反应器收敛。

（6）SM.2 反应产物冷却及分相部分　建立反应产物冷却及分相部分流程，收敛流程如图 16-27 所示。

① 双击冷却器 E3，输入 E3 压降 10kPa，物流 S12 温度 38℃。

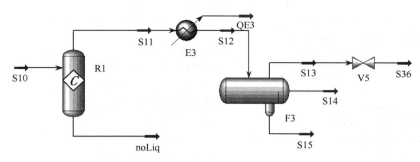

图 16-27 反应产物冷却及分相部分流程

②双击三相分离器 F3，输入 F3 压降 10kPa。

③ 双击阀 V5，输入物流 S36 压力 101.3kPa，将气相常压排放。

（7）SM.3 甲醇纯化回收部分 建立甲醇纯化回收部分流程，收敛流程如图 16-28 所示。

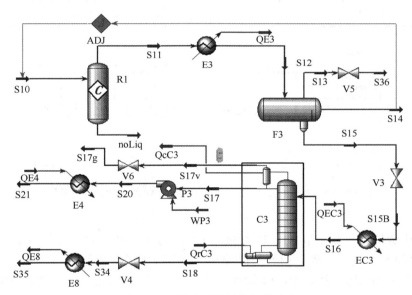

图 16-28 甲醇纯化回收部分流程

① 双击阀 V3，输入 V3 压降 150kPa。

② 双击加热器 EC3，输入 EC3 压降 10kPa，物流 S16 气相分数 0，使甲醇回收塔 C3 为饱和液体进料。

③ 双击甲醇回收塔 C3，按表 16-13 输入 C3 工艺参数和定义设计规定，激活三个设计规定，塔成功收敛，如图 16-29 所示。组分规定类型选择 Column Component Fraction，冷凝器中不凝气量/进料量的规定类型选择 Column Feed Ratio。

④ 塔顶不凝气和污水后处理。双击阀 V6，输入物流 S17g 压力 101.3kPa，使气体于常压下排出。双击阀 V4，输入物流 S34 压力 111.3kPa。双击冷却器 E8，输入 E8 压降 10kPa，物流 S35 温度 25℃，塔底污水于常温常压下排出。

表 16-13　甲醇回收塔 C3 参数

图　标	页　面	项　目	选择/输入
	Distillation Column Input Expert | Connections	No. of Stages(塔板数)	35
		Feed Streams Stage(进料位置)	15
		Condenser Type(冷凝器类型)	Partial
	Distillation Column Input Expert | Pressure Profile	CondenserPressure(冷凝器压力)	125kPa
		Condenser Delta Drop(冷凝器压降)	10kPa
		ReboilerPressure(再沸器压力)	180kPa
		ReboilerPressure Drop(再沸器压降)	10kPa
	Distillation Column Input Expert | Optional Estimates	Condenser Temperature Estimate(冷凝器温度估算)	72℃
		Reboiler Temperature Estimate(再沸器温度估算)	117℃
	Distillation Column Input Expert | Specifications	Reflux Ratio(回流比)	20.42
		Flow Basis(流量基准)	Molar
	Column | Design | Specs	LK-ME mass frac Bottoms(塔底甲醇质量分数)	6.0×10^{-5}
		HK-WA mol frac Distillate(塔顶水摩尔分数)	0.001
		Vent Ratio-S17v/S16-mol(冷凝器不凝气量/进料量)	1.0×10^{-6}

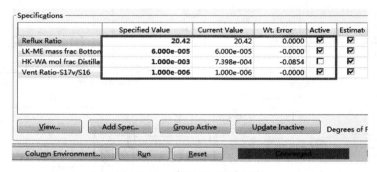

图 16-29　激活 C3 设计规定

⑤ 循环甲醇制备。双击泵 P3，输入物流 S20 压力 470kPa。双击加热器 E4，输入 E4 压降 10kPa，物流 S21 气相分数 1，使循环甲醇为 460kPa 下的饱和蒸气。

⑥ 双击调节器 ADJ，按表 16-14 设置调节器，保证苯乙烯流量达到 288.92kmol/h。

表 16-14　调节器 ADJ 参数

图　标	页　面	项　目	选择/输入
S10　ADJ　S14	ADJ | Connections | Connections	Adjusted Variable(调节变量)	S10 | Molar Flow
		Target Variable(目标变量)	S14 | Master Comp Molar Flow (Styrene)
		Specified Target Value(目标值)	288.92kmol/h
	ADJ | Parameters | Parameters	Tolerance(容差)	0.01kmol/h
		Step Size(步长)	100kmol/h
		Minimum(最小值)	800kmol/h
		Maximum(最大值)	1200kmol/h

（8）SM.4甲苯纯化回收部分　建立甲苯纯化回收部分流程，收敛流程如图16-30所示。

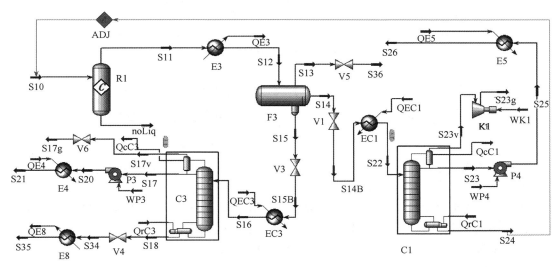

图16-30　甲苯纯化回收部分流程

① 双击阀 V1，输入物流 S14B 压力 90kPa。

② 双击加热器 EC1，输入 EC1 压降 10kPa，S22 气相分数 0.01（含不凝气）。

③ 双击甲苯回收塔 C1，按表 16-15 输入 C1 工艺参数和定义设计规定，激活三个设计规定，塔成功收敛，如图 16-31 所示。其中塔底再沸器温度不指定，只需观察其温度是否 ≤145℃，避免苯乙烯聚合。此时甲苯在塔底的摩尔分数（LK-TL mol frac Bottoms）设计规定精度未满足，将在 SM.6 循环混合和预加热单元完成后满足。

表 16-15　甲苯回收塔 C1 参数

图　标	页　面	项　目	选择/输入
	Distillation Column Input Expert | Connections	No. of Stages（塔板数）	30
		Feed Streams Stage（进料位置）	5
		Condenser Type（冷凝器类型）	Partial
	Distillation Column Input Expert | Pressure Profile	CondenserPressure（冷凝器压力）	70kPa
		Condenser Delta Drop（冷凝器压降）	5kPa
		ReboilerPressure（再沸器压力）	100kPa
		ReboilerPressure Drop（再沸器压降）	10kPa
	Distillation Column Input Expert | Optional Estimates	Condenser Temperature Estimate（冷凝器温度估算）	74℃
		Reboiler Temperature Estimate（再沸器温度估算）	143℃
	Distillation Column Input Expert | Specifications	Reflux Ratio（回流比）	9.2
		Flow Basis（流量基准）	Molar
	Column | Design | Specs	LK-TL mol frac Bottoms（塔底甲苯摩尔分数）	0.0001
		HK-EB mass frac Distillate（塔顶乙苯质量分数）	0.035
		Vent Ratio-S23v/S22-mol（冷凝器不凝气量/进料量）	0.01
		Reboiler Temp,℃（再沸器温度）	—

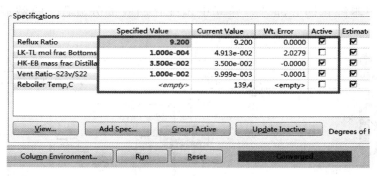

图 16-31　激活 C1 设计规定

④ 塔顶不凝气后处理。双击压缩机 K1，输入物流 S23g 压力 101.3kPa，使气体于常压下排出。

⑤ 循环甲苯制备。双击泵 P4，输入物流 S25 压力 470kPa。双击加热器 E5，输入 E5 压降 10kPa，S26 气相分数 1，使循环甲苯为 460kPa 下的饱和蒸气。

⑥ 双击调节器 ADJ，调节目标变量，将原物流 S14 改为 S24，保证苯乙烯流量达到 288.92kmol/h。

（9）SM.5 甲苯甲醇进料准备部分　建立甲苯甲醇进料准备部分流程，收敛流程如图 16-32所示。

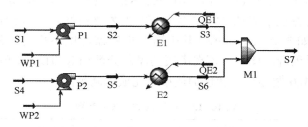

图 16-32　甲苯甲醇进料准备部分流程

① 双击物流 S1 和 S4，按表 16-16 输入物流条件及组成。因后续循环物流混合，物流 S1 和 S4 流量将低于原计算值，且最后会根据苯乙烯产量和进料要求对流量进行调节。

表 16-16　物流 S1 和 S4 条件组成

物流	温度/℃	压力/kPa	流量/(kmol/h)	组成(摩尔分数)
S1	25	101.3	450	Toluene 1
S4	25	101.3	450	Methanol 1

② 双击泵 P1，输入物流 S2 压力 470kPa，双击加热器 E1，输入 E1 压降 10kPa，物流 S3 气相分数 1，泵 P2 和加热器 E2 参数输入同 P1 和 E2，使甲苯和甲醇为 460kPa 下的饱和蒸气。

③ 混合器 M1 保持默认设置。

（10）SM.6 循环混合及预加热部分　删除调节器 ADJ，建立循环物流混合及预加热部分流程，收敛流程如图 16-33 所示(由于流程较大，这里只显示部分流程)。

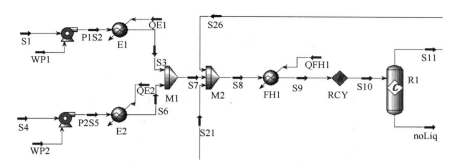

图 16-33　循环混合及预加热部分流程

设置模块参数前，选择循环器 RCY 属性窗口 Ignored 复选框。

① 混合器 M2 保持默认设置。

② 双击加热炉 FH1，输入 FH1 压降 60kPa，物流 S9 温度 540℃。

③复制物流 S9。双击物流 S10，单击**Define From Other Stream** 按钮复制物流 S9，进行两次复制操作。

④ 双击循环器 RCY，按表 16-17 设置循环器。取消选择 Ignored 复选框，流程收敛。

表 16-17　循环器 RCY 参数

图　标	页　面	项　目	选择/输入
S9　→R→　S10　RCY	RCY｜Parameters｜Variables	Pressure(压力)	10
		Flow(流量)	0.0001
		Enthalpy(焓值)	1
		Composition(组分)	1
	RCY｜Parameters｜Numerical	Maximum Iterations(最大迭代次数)	60

双击甲苯回收塔 C1，进入**C1｜Design｜Monitor** 页面，此时所有设计规定精度满足，如图 16-34 所示。

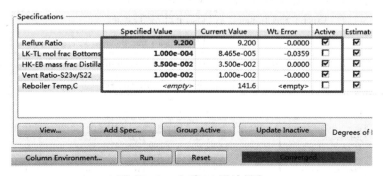

图 16-34　查看 C1 设计规定

（11）SM.7 苯乙烯纯化部分　建立苯乙烯纯化部分流程，收敛流程如图 16-35 所示(由于流程较大，这里只显示部分流程)。

① 双击阀 V2，输入物流 S24B 压力 55kPa。

② 双击冷却器 EC2，输入 EC2 压降 10kPa，物流 S27 气相分数 0，使塔 C2 为饱和液体进料。

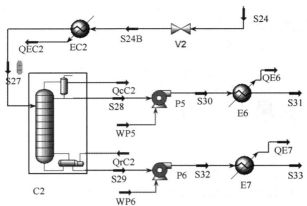

图 16-35　苯乙烯纯化部分流程

③ 双击苯乙烯精馏塔 C2，按表 16-18 输入 C2 工艺参数和定义设计规定，激活两个设计规定，塔成功收敛，如图 16-36 所示。

表 16-18　苯乙烯精馏塔 C2 参数

图 标	页 面	项 目	选择/输入
	Distillation Column Input Expert｜Connections	No. of Stages(塔板数)	100
		Feed Streams Stage(进料位置)	20
		Condenser Type(冷凝器类型)	Total
	Distillation Column Input Expert｜Pressure Profile	CondenserPressure(冷凝器压力)	30kPa
		Condenser Delta Drop(冷凝器压降)	5kPa
		ReboilerPressure(再沸器压力)	95kPa
		ReboilerPressure Drop(再沸器压降)	10kPa
	Distillation Column Input Expert｜Optional Estimates	Condenser Temperature Estimate(冷凝器温度估算)	97℃
		Reboiler Temperature Estimate(再沸器温度估算)	143℃
	Distillation Column Input Expert｜Specifications	Reflux Ratio(回流比)	11.28
		Flow Basis(流量基准)	Molar
	Column｜Design｜Specs	LK-EB mass frac Bottoms(塔底乙苯质量分数)	0.0003
		HK-EB mass frac Distillate(塔顶苯乙烯质量分数)	0.03
		Reboiler Temp，C(再沸器温度)	—

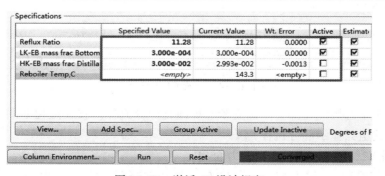

图 16-36　激活 C2 设计规定

④ 双击泵 P5，输入物流 S30 压力 111.3kPa，双击冷却器 E6，输入 E6 压降 10kPa，S31温度 25℃，泵 P6 和冷却器 E7 参数输入同 P5 和 E6，使乙苯和苯乙烯常温常压储存。

（12）调节部分　流程中包含两个调节器 ADJ-TL 和 ADJ-ME，以满足每年 $25×10^4$ t 苯乙烯产量和等摩尔甲苯甲醇反应的两个规定。调节器 ADJ-TL 调节 S1 甲苯摩尔流量，直到 S33流量等于 288.92kmol/h，而调节器 ADJ-ME 调节 S4 甲醇摩尔流量，直到 S10 中甲苯和甲醇的摩尔流量比为 0.9999，两个调节器同时进行。

① 添加调节器 ADJ-TL，ADJ-ME 和电子表格 Design Specs。

② 双击电子表格 Design Specs，添加单元格标签及导入变量，在 B4 中计算物流 S10 中甲苯和甲醇摩尔流量比，如图 16-37 所示。

图 16-37　设置电子表格 Design Specs

③ 双击调节器 ADJ-ME，按表 16-19 设置调节器，与电子表格结合调节甲醇摩尔流量，保证等摩尔甲苯和甲醇进入反应器 R1。

表 16-19　调节器 ADJ-ME 参数

图　　标	页　　面	项　　目	选择/输入
S4 ADJ-ME	ADJ-ME｜Connections｜Connections	Adjusted Variable（调节变量）	S4｜Molar Flow
		Target Variable（目标变量）	DesignSpecs@ B4｜B4：S10 TL/ME Ratio
	ADJ-ME｜Parameters｜Parameters	Specified Target Value（目标值）	0.9999
			Simultaneous Solution
		Tolerance（容差）	0.0001
		Step Size（步长）	50kmol/h
		Minimum（最小值）	300kmol/h
		Maximum（最大值）	500kmol/h

④ 双击调节器 ADJ-TL，按表 16-20 设置调节器，保证苯乙烯流量达到 288.92kmol/h。

表 16-20 调节器 ADJ-TL 参数

图　标	页　面	项　目	选择/输入
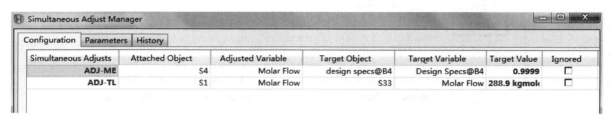	ADJ-TL | Connections | Connections	Adjusted Variable(调节变量)	S1 | Molar Flow
		Target Variable(目标变量)	S33 | Molar Flow
		Specified Target Value(目标值)	288. 92kmol/h
	ADJ-TL | Parameters | Parameters		Simultaneous Solution
		Tolerance(容差)	0. 0001
		Step Size(步长)	50kmol/h
		Minimum(最小值)	300kmol/h
		Maximum(最大值)	500kmol/h
			Sim Adj Manager

单击**Sim Adj Manager**(同步调节管理器)按钮可在同一位置控制工况中所有选择 Simultaneous Solution 选项的调节器，如图 16-38 所示。

图 16-38 查看同步调节管理器

双击调节器 ADJ-TL，进入**ADJ-TL ｜ Monitor ｜ Tables** 页面，查看 Total Iterations(总迭代次数)，如图 16-39 所示，数值应在 40~140 次迭代范围内。

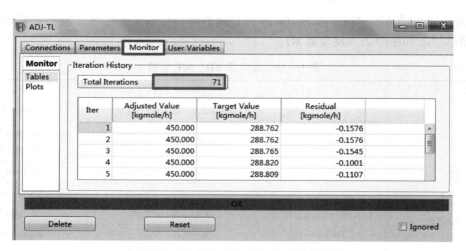

图 16-39 查看调节器 ADJ-TL 总迭代次数

至此，全流程收敛。双击电子表格 Design Specs，可得甲苯进料量 450. 3kmol/h，甲醇进料量 450. 1kmol/h 时，苯乙烯流量 288. 9kmol/h，达到生产要求，如图 16-40 所示。

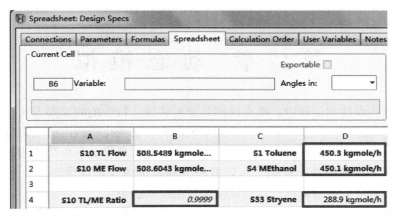

图 16-40 查看甲苯、甲醇和苯乙烯流量

16.9 二甲醚羰基化合成乙酸甲酯 @

16.10 苯与丙烯烷基化合成异丙苯 @

16.11 伴生气轻烃回收 @

第 17 章　动 态 模 拟

在化工过程的设计和运行中，动态模拟是分析装置运行性能的重要方法。尽管有时稳态模拟已经可以满足需要，但如果能够考虑到系统对外界的变化所做出的动态响应，模拟的精度便会显著提高。目前，动态模拟主要应用于：了解装置承受动态负荷的能力；分析开停车及外部干扰作用下装置的动态性能，为装置和控制系统的改进提供参考数据；通过模拟计算，在多种控制方案中进行优选；代替试验装置给出动态响应。

动态模拟对实际生产也有指导意义。例如，开停车过程的模拟，可以了解开停车过程中将会产生多少不合格产品，需要多长时间才能完成开停车过程；当进料组成、温度、压力等过程变量发生变化时，系统需要一定的时间才能回到正常状态，通过动态模拟，可以了解进料组成、温度、压力等过程变量的变化范围，也可以计算出系统恢复到正常状态需要的时间。

Aspen HYSYS Dynamics 是集成在 Aspen HYSYS 中的动态模拟软件，其功能特点如下：

① Aspen HYSYS Dynamics 基于严格的平衡计算、反应模型和控制器模型提供精确的计算结果。

② Aspen HYSYS Dynamics 与 Aspen HYSYS 使用相同的模拟环境。动态模拟环境与稳态模拟环境下物流和单元操作的添加方式相同，来自稳态模拟环境的信息可较为方便地传递到动态模拟环境。

③ Aspen HYSYS Dynamics 使用固定步长的隐式欧拉算法进行模拟计算，物料、能量和组分平衡的计算频率各不相同，这种求解方法使得软件能够快速、准确、稳定地运行。

④ 用户可为流程中的每个设备指定详细的设备信息(结构参数、管嘴位置等)。基于设备信息，滞留模型能够计算液位、热损失、静压头和产品纯度等参数。

⑤ 压力-流量求解器的使用提高了模拟的真实性。通过设置物流和单元操作的动态规定，物流流量根据体积平衡方程和阻力方程计算，更接近真实情况。

⑥ 通过 OLE 技术可将 Aspen HYSYS Dynamics 的模拟结果嵌入用户程序中，实现动态链接。

17.1　动态模拟理论基础

17.1.1　滞留模型(Holdup Model)

对于具有一定体积或滞留量的容器，在出口物流中不能及时检测进口物流的温度、压力、流量或组成的变化。滞留模型能够预测容器的滞留量和出口物流对进口物流变化的时间响应。

滞留模型可以是流程中的一个设备，如分离器可视为滞留模型。一个设备中可能存在多个滞留模型。例如，在精馏塔中，每块塔板都可视为滞留模型；换热器可分为多个区间，每个区间可视为滞留模型。

滞留模型中包含物料和能量累积、热力学平衡、热量传递、化学反应等计算。在滞留模型中假设每一相均混合完全，滞留模型内累积的物料和滞留模型的进料之间存在质量和热量传递，不同相态间存在质量和热量传递。

17.1.1.1 累积(Accumulation)

滞留模型中观察到的滞后响应是物料、能量和组分累积的结果。为了预测滞留模型的状态如何随时间变化，在进口物流旁引入循环物流，如图17-1所示。循环物流不是一股真实的物流，而是用于为出口物流引入滞后响应，即循环物流代表的是滞留模型中已存在的物料。滞留模型内物料量越多，循环物流流量越大，出口物流的滞后响应也越大。滞留模型内的物料累积量可通过式(17-1)计算。

图17-1　滞留模型示意图

$$物料累积量=进口物流流量+循环物流流量-出口物流流量 \tag{17-1}$$

滞留模型可用于计算物料、能量和组分的累积量。物料累积量默认每个积分步长计算一次，能量累积量默认每两个积分步长计算一次，组分累积量默认每十个积分步长计算一次。

17.1.1.2 非平衡闪蒸(Non-Equilibrium Flash)

滞留模型的气相进料、液相进料与滞留模型内物料的混合程度通常不同。与液相相比，气相在滞留模型内的停留时间短，混合程度低，如果气相的进口管嘴位于出口管嘴附近，混合程度更低。在实际过程中，进料与滞留模型内物料的混合程度取决于进口管嘴、滞留量和设备的结构参数。

用户可通过指定进口物流、出口物流和循环物流的闪蒸效率(Flash Efficiency)间接指定进口物流与滞留模型内物料的混合程度。在单元操作属性窗口的 **Dynamics | Holdup** 页面，单击 **Advanced** 按钮可指定闪蒸效率 η，如图17-2所示。闪蒸效率决定了系统达到平衡状态的速度，如果所有的闪蒸效率均为1，进口物流与滞留模型内物料瞬间达到平衡状态，如果闪蒸效率较低，进口物流与滞留模型内物料不会达到平衡状态。

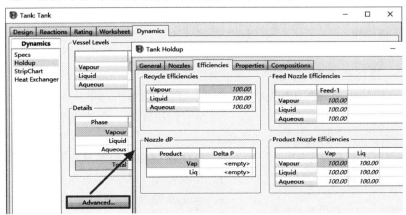

图17-2　指定物流的闪蒸效率

两相体系的非平衡闪蒸过程如图17-3所示。闪蒸效率代表进口物流参与闪蒸计算的比例,如果闪蒸效率为1,物流全部参与闪蒸计算,如果闪蒸效率为0,物流不参与闪蒸计算,直接与出口物流混合。

进口物流、出口物流和循环物流闪蒸效率的默认值为1,在大多数情况下不必修改,通过修改闪蒸效率可模拟非平衡状态。例如,对于存在液体的容器,如果气相的停留时间很短,没有足够的时间与液相达到平衡状态,此时应降低气相的闪蒸效率。

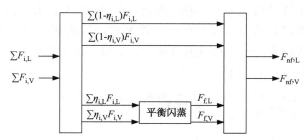

图 17-3　非平衡闪蒸示意图

$F_{i,L}$—液相进口物流流量；$F_{i,V}$—气相进口物流流量；$\eta_{i,L}$—液相进口物流的闪蒸效率；

$\eta_{i,V}$—气相进口物流的闪蒸效率；$F_{f,L}$—平衡闪蒸后的液相物流流量；$F_{f,V}$—平衡闪蒸后的气相物流流量；

$F_{nf,L}$—非平衡闪蒸后的液相出口物流流量；$F_{nf,V}$—非平衡闪蒸后的气相出口物流流量

17.1.1.3　热损失模型(Heat Loss Model)

Aspen HYSYS 有两种热损失模型：简单模型(Simple)和详细模型(Detailed)。热损失模型可在单元操作属性窗口的**Rating | Heat Loss** 页面指定,用户可选择 None 单选按钮忽略热损失计算。

(1) 简单模型

在简单模型中,用户可指定热损失或通过指定总传热系数和环境温度计算热损失。传热面积 A、流体温度 T_f 由 Aspen HYSYS 计算或直接输入。热损失的计算公式如下：

$$Q = UA(T_f - T_{amb}) \tag{17-2}$$

式中　Q——热损失；

　　　U——总传热系数；

　　　A——传热面积；

　　　T_f——流体温度；

　　T_{amb}——环境温度。

(2) 详细模型

① 笛卡尔一维传热模型

笛卡尔一维传热模型如图17-4所示,热量从滞留模型内部散失(或获得),穿过金属器壁、保温层到达环境。在热损失的计算过程中有以下假设：

图 17-4　笛卡尔一维传热模型示意图

a. 金属器壁和保温层具有比热容；

b. 金属器壁和保温层具有热导率；

c. 金属器壁和保温层内外温度相等；

d. 滞留模型内部的气相和液相可具有不同的传热

系数；

e. 滞留模型的散热方式为自然对流；

f. 温度不随滞留模型高度变化。

② 径向一维传热模型

Aspen HYSYS 使用径向一维传热模型计算管道的热损失，当保温层的厚度与壁厚相当时，径向一维传热模型的计算结果与笛卡尔一维传热模型的计算结果相差很大。在动态模式下，管道默认的热损失模型为径向一维传热模型，如图 17-5 所示。

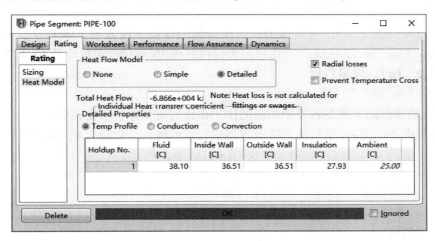

图 17-5　动态模式下管道的径向一维传热模型

17.1.1.4　化学反应(Chemical Reactions)

滞留模型可计算设备中发生的化学反应和化学平衡，在单元操作属性窗口的**Reactions | Results** 页面可指定反应集。

17.1.2　压力-流量求解器(Pressure Flow Solver)

Aspen HYSYS 提供了一种在动态模式下计算压力和流量的方法。流程中的每个单元操作可视为一个滞留模型或压力节点，整个流程中的压力节点可构造为一个网络。压力-流量求解器使用体积平衡方程和阻力方程计算流程中的压力和流量，这两个方程只将压力和流量作为变量。

压力-流量求解器既需要从滞留模型中获取信息，也需要向滞留模型提供信息。当滞留模型计算物料、能量和组分的累积量时，压力-流量求解器计算滞留模型的压力和进出口物流流量。滞留模型使用严格或近似的闪蒸计算为体积平衡方程提供进口物流和出口物流的信息，压力-流量求解器返回滞留模型计算所必需的信息，如滞留模型的压力或滞留模型进出口物流流量。

17.1.2.1　压力-流量平衡的同时求解方法

Aspen HYSYS 中所有物流的压力和流量都可求解，所有单元操作的压力都可求解。在图 17-6 所示的流程中，压力-流量求解器中有 26 个变量，其中，12 股物流提供了 24 个变量，2 容器(V-100 和 V-101)各提供了 1 个变量。虽然阀和分流器决定了进口物流和出口物流之间的压力-流量关系，但是模拟时很少考虑它们的滞留量，因此不视为压力节点。

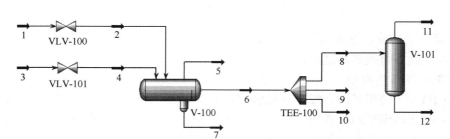

图 17-6　压力-流量平衡求解示意图

　　求解变量需要建立压力-流量模型，该模型包括体积平衡方程、阻力方程和压力/流量规定(Pressure Flow Specifications)。用户需要提供的压力/流量规定数详见 17.1.2.3 节。

17.1.2.2　压力-流量方程

　　(1)体积平衡方程

　　压力-流量平衡的本质是容器中物料的体积在任何时刻保持不变，如式(17-3)所示。在动态计算过程中，压力-流量平衡意味着容器中物料的体积变化量为 0，如式(17-4)所示。

$$V = 常数 = f(w, h, p, T) \tag{17-3}$$

$$\frac{\mathrm{d}V}{\mathrm{d}t} = 0 \tag{17-4}$$

式中　　V——容器的体积；

　　　　t——时间；

　　　　w——质量流量；

　　　　h——滞留量；

　　　　p——容器的压力；

　　　　T——容器的温度。

　　容器的体积平衡方程如下：

$$\Delta V_p + \Delta V_F + \Delta V_T = 0 \tag{17-5}$$

式中　　ΔV_p——压力引起的体积变化；

　　　　ΔV_F——流量引起的体积变化；

　　　　ΔV_T——温度引起的体积变化。

　　每一滞留模型向压力-流量模型提供一个或多个体积平衡方程。当用户设置了合理的压力/流量规定时，无论是容器的压力还是某一物流的流量，都可求解得到。

　　通过体积平衡方程可以观察容器中进料扰动导致的压力效应。例如，在分离器的出口物流流量为定值的情况下，增大分离器的进口物流流量，如果分离器的压力增大，原因如下：

　　① 由于出口物流流量保持恒定，气相进料的增加将增大气相滞留量，气相滞留量的增加意味着更多的物料被压缩为具有相同体积的气体，导致容器压力增大；

　　② 液位的增加导致气相占据容器更小的体积，致使容器压力增大。

　　(2)阻力方程

　　滞留模型出口物流的流量可使用体积平衡方程或阻力方程计算，阻力方程根据压降计算流量，其方程如下：

$$w = k\sqrt{\Delta p} \tag{17-6}$$

式中 w——质量流量；

k——流通能力，表示流动阻力倒数的常数；

Δp——摩擦压力损失，不考虑静压头时单元操作的压降。

式（17-6）是控制阀流量方程的简化形式，流经控制阀的质量流量是流量系数和压降的函数，控制阀流量方程如下：

$$w = f(C_V, p_1, p_2) \tag{17-7}$$

式中 w——质量流量；

C_V——流量系数，表示流动阻力倒数的常数；

p_1——阀前压力；

p_2——阀后压力。

17.1.2.3 压力/流量规定

在动态模式下，用户可指定流程中一股物流的压力和/或流量，压力/流量规定可在物流属性窗口的**Dynamics | Specs** 页面设置。

为了满足压力-流量模型的自由度，用户必须设置一定数量的压力/流量规定。体积平衡方程、阻力方程和压力-流量关系式构成了压力-流量模型中的方程组。用户求解模型前需了解求解压力-流量模型所需的压力/流量规定。

（1）自由度分析

使用压力-流量求解器进行动态模拟的流程通常需为每股流程边界物流设置压力/流量规定。流程边界物流是跨越流程边界并且仅附属于一个单元操作的物流，如流程中的进料物流和产品物流。在图17-7所示的流程中有4股流程边界物流（物流1,4,6,8），求解压力-流量模型需要设置4个压力/流量规定。

每股流程边界物流不必同时设置压力规定和流量规定。只要每股流程边界物流具有1个压力规定或流量规定，也可为其他物流设置压力规定或流量规定。

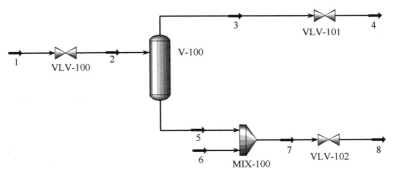

图17-7 自由度分析示意图

在图17-7所示的流程中有8股物流（物流1~8）和1个滞留模型（V-100），为了完全求解压力-流量模型，每股物流的压力和流量以及滞留模型的压力都需要求解。简言之，每股物流有2个变量，每个滞留模型有1个变量，即需求解"8股物流×2+1个滞留模型=17个压力-流量变量"。

滞留模型的累积量/滞留量根据滞留模型的物料平衡方程求解。虽然滞留量不通过压力-流量模型求解，但是体积平衡方程使用滞留量计算滞留模型的压力，滞留模型的压力是压力-流量模型中的一个变量。

流程中压力和流量的关系如表 17-1 所示，滞留模型的压力命名为 p_H，物流的压力和流量分别命名为 $p_{物流名称}$ 和 $F_{物流名称}$。

表 17-1　流程中压力和流量的关系

单元操作	压力-流量方程	说　明	方程数
分离器	体积平衡方程	$$\frac{\mathrm{d}p_H}{\mathrm{d}t}=f(p,\ T,\ 滞留量，流量)$$ 体积平衡方程建立了 p_H 和 F_2，F_3，F_5 之间的关系	1
	压力关系式	$$p_H=p_2=p_3=p_5$$ 如果没有激活积分器(Integrator)中的 Enable static head contributions 选项，则遵循此压力关系式	3
阀	阻力方程	$$F_2=k_{VLV-100}\sqrt{p_1-p_2}$$ $$F_4=k_{VLV-101}\sqrt{p_3-p_4}$$ $$F_8=k_{VLV-102}\sqrt{p_7-p_8}$$ 此方程是阀阻力方程的通用形式。实际方程的形式根据进口物流状态而变	3
	流量关系式	$$F_1=F_2$$ $$F_3=F_4$$ $$F_7=F_8$$ 阀没有滞留量，因此遵循此关系式	3
混合器	压力关系式	$$p_5=p_6=p_7$$ 在动态模式下，如果选择了混合器的 Equalize All 选项，则遵循此压力关系式	2
	流量关系式	$$F_7=F_5+F_6$$ 混合器没有滞留量，因此遵循此关系式	1
压力-流量方程总数			13

流程中有 17 个变量，13 个方程，自由度为 4，求解此系统需要指定 4 个变量，这与流程边界物流的数量相等。

(2) 压力/流量规定指南

下面介绍单独运行单元操作时，物流压力/流量规定的设置方法和单元操作动态规定的选择范围，旨在使用户深入了解每个单元操作的哪些变量需要指定，哪些不需要指定。

① 阀

在 **Rating | Sizing** 页面可设置阀的流量特性和 C_V 等设备信息。

在 **Dynamics | Specs** 页面可选择压降或压力-流量关系作为阀的动态规定：

a. 如果选择压降作为阀的动态规定，需要设置进出口物流的 1 个压力规定和 1 个流量规定；

b. 如果选择压力-流量关系作为阀的动态规定，需要设置进出口物流的 2 个压力规定或

1个压力规定、1个流量规定。

尽量选择压力–流量关系作为阀的动态规定，从而更真实地反映实际过程的压力–流量关系。选择压降作为阀的动态规定可较为简单地计算阀出口物流的初始条件，便于稳态模式和动态模式之间的切换，有助于模拟更复杂的流程。

在分离器中，可分别对气相出口物流和液相出口物流连接相应的阀实现压力和液位控制。建议为每个阀的出口物流设置压力规定，使用比例积分微分（Proportional Integral Derivative，PID）控制器调节阀的开度实现流量控制。

② 换热器/冷却器/加热器

在**Dynamics | Specs**页面可选择压降或k值作为换热器的动态规定：

a. 如果选择压降作为换热器的动态规定，需要设置进出口物流的1个压力规定和1个流量规定；

b. 如果选择管程或壳程的k值作为换热器的动态规定，需要设置进出口物流的2个压力规定或1个压力规定、1个流量规定。单击**Dynamics | Specs**页面下的**Calculate k**按钮可计算k值。

尽量选择压力–流量关系作为换热器的动态规定，从而更真实地反映实际过程的压力–流量关系。

冷却器和加热器的动态规定与换热器类似，由于它们是单物流换热器，仅有1个k值。

③ 分离器

在**Rating | Sizing**页面可设置分离器的体积、水包体积等设备信息。

如果分离器的进口物流和出口物流没有连接阀，至多需要设置进出口物流的1个压力规定，另外的2股物流需要设置流量规定。

④ 吸收塔/精馏塔

在**Rating | Sizing**页面可设置吸收塔/精馏塔的塔径、溢流堰长度、溢流堰高度和塔板间距等设备信息。

吸收塔有2股进口物流和2股出口物流，即4股边界物流。单独运行吸收塔时，需要设置4个压力/流量规定：液相出口物流和气相出口物流的压力规定，2股进口物流的流量规定。

回流吸收塔有1股进口物流、2~3股出口物流（取决于冷凝器的类型），即3~4股边界物流。由于存在回流物流，需要增加1个压力/流量规定。单独运行回流吸收塔时，需要设置4~5个压力/流量规定，包括2个压力规定，3个流量规定。

再沸吸收塔有1股进口物流和2股出口物流，即3股边界物流。单独运行再沸吸收塔时，需要设置3个压力/流量规定，包括1个压力规定，2个流量规定。

精馏塔有1股进口物流，2~3股出口物流（取决于冷凝器的类型），即3~4股边界物流。由于存在回流物流，需要增加1个压力/流量规定。单独运行精馏塔时，需要设置4~5个压力/流量规定，包括1个压力规定和3~4个流量规定。

⑤ 压缩机/膨胀机/泵

在**Dynamics | Specs**页面应选择2个动态规定。用户需了解压力–流量模型无法求解的原

因。例如：

a. 如果指定了进口物流和出口物流的压力，应取消选择 Pressure rise(压力增量)；

b. 如果没有选择 Use Characteristic Curves(使用特性曲线)，应取消选择 Speed(转速)。

压缩机、膨胀机和泵有 1 股进口物流和 1 股出口物流，需要设置进口物流和出口物流的 2 个压力规定或 1 个压力规定、1 个流量规定。

⑥ 混合器/分流器

在**Dynamics | Specs** 页面，建议选择 Equalize All 选项作为混合器的动态规定，不建议选择 Use splits as dynamic flow specs 选项作为分流器的动态规定。

通过设置以上动态规定，在不考虑静压头的情况下，动态模式下混合器和分流器的进出口物流压力相等。分流器进出口物流的流量由流程中的压力和阻力决定，与使用流量比作为动态规定相比更接近真实情况。

单独运行混合器或分流器时，必须设置 1 股物流的压力规定，其余物流设置流量规定。

17.1.3　动态模拟的一般准则

用户可以先在稳态模式下创建稳态模拟流程，然后再创建动态模拟流程，由稳态模式切换到动态模式后，用户可对流程的拓扑结构或物流规定进行一定的修改。用户也可直接在动态模式下创建模拟流程，在动态模式下添加单元操作的方式与稳态模式相同，每添加一个单元操作应当运行积分器以初始化单元操作出口物流的状态。

动态助手(Dynamic Assistant)可以快速修改稳态模拟流程，使其具有一组正确的压力/流量规定。然而，完全依赖程序的自我判断，可能会有很大偏差。

17.1.3.1　稳态模式与动态模式的区别

(1) 稳态模式

稳态模式使用非序贯算法进行计算，物流或单元操作的信息被提供后立即得到处理，计算结果自动地在整个流程中向前和向后传递。

稳态模式下，物料、能量和组分平衡同时计算，压力、流量、温度和组分设计规定在一定情况下可相互替换。例如，精馏塔塔顶产品的流量设计规定由组分设计规定代替，精馏塔利用任意一种设计规定都可求解。

(2) 动态模式

动态模式下物料、能量和组分平衡不同时计算。物料平衡每个积分步长计算一次，能量和组分平衡默认条件下的计算频率更低。压力和流量在压力–流量模型中同时计算，能量和组分平衡以序贯模块法进行计算。动态模式下输入的信息不会立即得到处理，积分器运行后，新添加单元操作的出口物流才会进行计算。

由于压力–流量求解器仅考虑流程中的压力–流量平衡，压力/流量规定与温度、组成规定相互独立。压力/流量规定应当遵循"压力/流量规定数等于流程边界物流数"的原则进行设置，每股边界进料物流需要设置温度和组成规定，下游单元操作和物流通过滞留模型按顺序计算。

17.1.3.2　稳态模式切换到动态模式

在切换到动态模式前，流程必须具有一定的压力梯度，没有压力梯度意味着流程中没有物流流动。稳态模式切换到动态模式的基本步骤如表 17-2 所示。

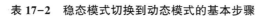

表 17-2 稳态模式切换到动态模式的基本步骤

步　骤	说　明
添加单元操作	添加阀、换热器和泵等可决定物流压力-流量关系的单元操作，也可通过设置物流的流量规定固定其流量
设备设计	在精馏塔属性窗口的**Internals丨Main TS**页面可进行塔板设计，仅限于在稳态模式下进行，关键的塔板结构尺寸包括塔板直径、溢流堰长度、溢流堰高度和板间距。 容器的滞留量影响系统的瞬态响应。在设计过程中，规定容器的液位高度为50%时，液相停留时间为5~15min。 阀应当按照典型流量进行设计，考虑50%的开度和200~300kPa的压降
设置动态规定	每股流程边界物流都应设置压力/流量规定，需注意以下问题： ① 选择压降作为设备的动态规定可能产生不切实际的结果，注意检查再沸器和冷凝器的压降。 ② 当加热器或冷却器的动态规定为热负荷时，可能会出现加热器或冷却器中流量突然降为0的警告。建议使用控制器、电子表格(Spreadsheet)或设置温度规定控制物流的温度。 ③ 对于进入或离开塔板的物流，其压力应当与塔板压力相等。 ④ 如果流程中有大量设备，在必要情况下可使用每个单元操作的忽略(Ignored)功能隔离或收敛单个设备。 ⑤ 在动态模式下，每添加一个单元操作都应运行一下积分器。只有积分器运行以后，出口物流才会得到计算，积分器必须运行足够长的时间以获取新单元操作出口物流的合理数值
调整精馏塔压力分布	在稳态模式下，精馏塔的压力分布由用户指定，而在动态模式下，精馏塔的压力分布通过动态水力学进行计算。如果稳态模式下用户指定的压力分布与计算的压力分布相差很大，则在积分器运行时，精馏塔内的流量会发生很大的波动
进入动态模式	单击 Dynamics 功能区选项卡下**Dynamics Mode**按钮由稳态模式切换到动态模式
删除逻辑单元	某些逻辑单元在动态模式下无效。调节器(Adjust)可用PID控制器代替，循环器(Recycle)在动态模式下多余
添加控制操作	识别流程中主要的控制回路，控制方案的实施提高了模型的真实性和稳定性。传递函数(Transfer Function)模块可对流程施加扰动，事件调度器(Events Scheduler)可用于模拟开停车过程
故障诊断	Too Many Specifications(规定过度)/Not Enough Specifications(规定不足)： ① 出现 Too Many Specifications 警告表明 Aspen HYSYS 检测过过多的规定。与警告信息同时出现的**Equation Summary丨General**页面会显示多余的规定，单击**Full Analysis**(完全分析)按钮或**Partitioned Analysis**(分区分析)按钮可检查流程中存在的问题，进入**Equation Summary丨Extra Specs**页面可查看流程中多余的变量。 ② 出现 Not Enough Specifications 警告表明 Aspen HYSYS 检测到的规定过少。进入**Equation Summary丨Extra Specs**页面可查看流程中缺少的变量。动态助手可帮助用户识别哪些压力/流量规定应当从流程中添加或删除。 Singular Problem(奇异问题)： 这一信息表明压力-流量模型中的方程并不是全部相互独立的。这种情况发生于存在一个或多个冗余方程时。例如，如果选择压降作为阀的动态规定，则不能同时设置进口物流和出口物流的压力规定，否则阻力方程是冗余方程。 The Pressure Flow Solver Failed to Converge(压力-流量求解器收敛失败)： ① 这一信息表明流程中存在一个或多个不合理的压力/流量规定，如果对流程施加较大的扰动，也会出现此信息。进入**Equation Summary丨General**页面，单击**Full Analysis**按钮(或**Partitioned Analysis**按钮)可识别流程中的问题。进入**Equation Summary丨Unconverged**页面，单击**Update Sorted List**按钮，Aspen HYSYS可显示流程中未收敛节点的方程类型、位置和误差范围。 ② 对于**Equation Summary丨Unconverged**页面中误差最大的单元操作，注意检查其体积并确保停留时间合理，检查与单元操作相连阀的 C_V 是否合理

17.1.3.3 动态模拟技巧

(1) 备份稳态模拟文件

在由稳态模式切换到动态模式前，务必备份稳态模拟文件，当模拟流程出现问题或需要在稳态模式下改动时，能够重新启动稳态模拟文件进行修改。如果直接从动态模式切换到稳态模式，在大多数情况下不能解决问题，反而会带来收敛问题。

(2) 动态求解器

Aspen HYSYS 的动态求解器与稳态求解器不同。如果对所有的流程边界物流(进料物流和产品物流)设置了压力/流量规定，则压力-流量求解器将能够同时求解所有内部的压力和流量。在由稳态模式切换到动态模式前，均应在 **Rating | Sizing** 页面对单元操作进行合理的设备设计。

(3) 流体包

动态模式与稳态模式使用相同的物性计算程序，用户需确保选取的流体包是最合适的。当流程出现收敛困难或存在噪声时，可采取以下步骤：在流体包的 **StabTest** 页面，选择 Try IOFlash；如果存在双液相，在流体包的 **StabTest** 页面，将闪蒸选项修改为 Multi Phase 方法。

删除在动态模拟中不需要的组分(浓度可以忽略或为 0 的组分)，这些组分的物性计算会导致收敛问题。这一操作可减小模拟文件的大小，从而加快运行速度。

(4) 故障诊断建议

① 从过程工程的角度分析问题。对于大型的流程，将流程分段研究较为有效。

② 使用电子表格和趋势图(Strip Charts)追踪过程变量的时间响应。

③ 检查控制结构和调谐参数(Tuning Parameters)。

④ 如果控制系统运行不合理，检查控制结构：

a. 在必要的位置添加控制器；

b. 检查控制器的设置，尤其是控制器的作用方向；

c. 检查控制器是否积分饱和；

d. 检查控制器是否增益过大而积分时间过小。

⑤ 对于压力/流量规定，仅可修改被固定的数值。

(5) 动态模拟注意事项

① 在动态模式下，当流程没有控制系统或控制器没有合适的调谐参数时，不要运行模拟流程；

② 分离器中必须有气相，如果分离器中不存在气相，需要添加惰性组分使分离器具有一定的压力；

③ 不要直接连接两个压力节点(如分离器)，建议在压力节点之间添加阀或换热器等单元操作；

④ 对动态助手提出的建议多加考虑，用户不必采用所有的建议；

⑤ 如果考虑静压头，用户需要检查所有模块的管嘴位置是否合理。

17.2 动态模拟工具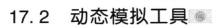

17.3 控制理论基础

17.4 罐动态模拟

下面通过例17.1介绍罐动态模拟的建立步骤。

【**例17.1**】 在本书配套文件 Tank.hsc 的基础上,建立罐的控制结构。

① 流量控制回路 通过流量控制器调整进料流量,使进料流量保持恒定;

② 压力控制回路 通过压力控制器调整气相产品流量,使罐的压力保持恒定;

③ 液位控制回路 通过液位控制器调整液相产品流量,使罐的液位保持恒定。

本例模拟步骤如下:

打开本书配套文件 Tank.hsc,另存为 Example17.1-Dynamic Tank.hsc。

(1)添加泵和阀。在进入动态模式前,流程必须具有一定的压力梯度,没有压力梯度意味着没有物流流动。将物流 Feed 压力修改为 500kPa,为稳态模型添加必要的泵和阀,如图17-8所示。本例中,阀压降 200kPa,泵的压力增量 200kPa,绝热效率 75%。

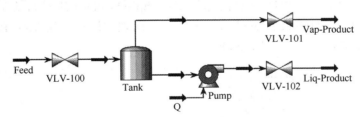

图17-8 添加泵和阀后的罐流程

(2)设备设计 Aspen HYSYS 对流动系统的调节作用与设备体积和物流流量有关,相同流量下,设备体积越小,系统响应越快。在进入动态模式之前,需要对设备的尺寸进行计算。计算过程中规定当流体占设备体积 50% 时,其停留时间为 5min,这里的流体是指流入和流出设备的流体。对于罐 Tank,需要根据物流 Liq-Product 的体积流量计算罐的直径和高度。双击物流 Liq-Product,进入 **Liq-Product | Worksheet | Properties** 页面,查看物流 Liq-Product 的流量 2.836m³/h,如图17-9所示。由此计算罐的体积 2.836÷60×5×2m³ = 0.47m³。指定设备高度为其直径的两倍,设备尺寸计算公式如下:

$$V=\frac{\pi D^2}{4}(2D) \tag{17-8}$$

式中 V——设备体积,m³;

D——设备直径,m。

根据上述计算方法得到罐的直径 0.67m,高度 1.34m。

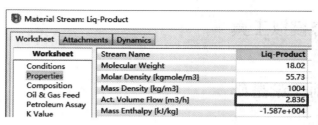

图 17-9　查看物流 Liq-Product 的体积流量

进入 **Tank | Dynamics | Specs** 页面，输入 Diameter(直径)0.67m，Height(高度)1.34m，Aspen HYSYS 自动计算出罐的体积 0.47m³；将 Liquid Volume Percent(液体体积分数)修改为 0%，表明罐的初始液位高度为 0%，其余选项保持默认设置，如图 17-10 所示。

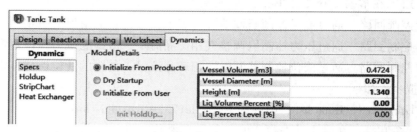

图 17-10　输入罐 Tank 的直径、高度和初始液位高度

(3)设置动态规定　双击物流 Feed，进入 **Feed | Dynamics | Specs** 页面，在 Dynamic Specifications(动态规定)选项区域取消选择 Flow Specification(流量规定)，选择 Pressure Specification(压力规定)500kPa，如图 17-11 所示。同理，设置物流 Vap-Product 压力规定 100kPa，物流 Liq-Product 压力规定 300kPa。

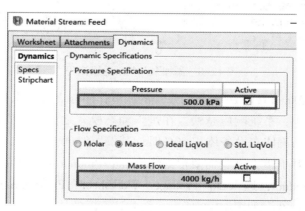

图 17-11　设置物流 Feed 的压力规定

双击阀 VLV-100，进入 **VLV-100 | Dynamics | Specs** 页面，在 Dynamic Specifications 选项区域选择 Pressure Flow Relation(压力-流量关系)，即在动态模式下，采用压力-流量关系计算阀压降，Aspen HYSYS 根据流量和阀压降自动计算出 C_V(流量系数)54.48 USGPM，如图 17-12 所示。同理，设置阀 VLV-101，VLV-102 的动态规定。

注：控制阀的流量系数 C_V 值是指当阀压降为 1 psi，流过 60℉ 水时的流量，单位为 gal/min(USGPM)。

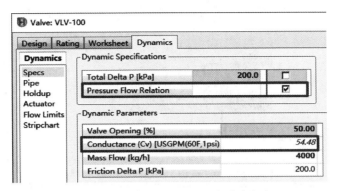

图 17-12　设置阀 VLV-100 的动态规定

双击泵 Pump，进入 **Pump | Dynamics | Specs** 页面，选择泵的 Efficiency（效率）和 Pressure rise（压力增量）作为泵的动态规定，如图 17-13 所示。

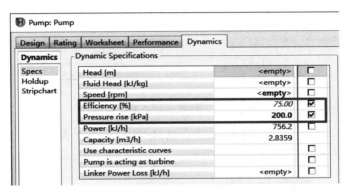

图 17-13　设置泵 Pump 的动态规定

单击 Flowsheet/Modify 功能区选项卡，在 Color Scheme（配色方案）下拉列表框中选择 Dynamic P/F Specs，流程中的物流被赋予不同的颜色，可用于快速识别流程中的压力/流量规定，如图 17-14 所示。单击 **Editor** 按钮可修改配色方案。

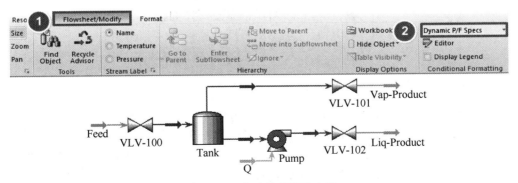

图 17-14　修改流程配色方案

（4）进入动态模式　单击 Dynamics 功能区选项卡下 **Dynamics Assistant** 按钮，进入 **Dynamics Assistant | General** 页面，查看动态助手的建议。双击该条建议，进入 **Dynamics Assistant | Other** 页面，根据动态助手的建议，应取消选择泵的压力增量动态规定，设

置泵的功率动态规定，如图 17-15 所示。本例仅需泵产生固定的压力增量，此条建议可忽略。

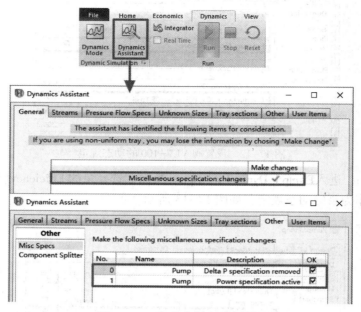

图 17-15　查看动态助手的建议

单击 Dynamics 功能区选项卡下 **Dynamics Mode** 按钮，弹出 **Aspen HYSYS** 对话框，单击"**否**"按钮，进入动态模式，如图 17-16 所示。

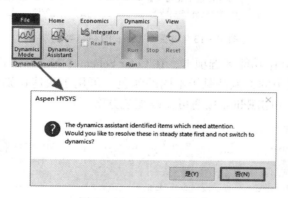

图 17-16　进入动态模式

（5）建立控制结构并整定控制器参数　从对象面板选择 PID Controller 模块添加到流程中，如图 17-17 所示。

双击控制器 IC-100，进入 **IC-100 | Connections** 页面，将控制器重命名为 FC；单击 **Select PV** 按钮，在弹出的 **Select Input PV For FC** 窗口中选择 Objects（对象）为 Feed，Variables（变量）为 Mass Flow，单击 **Select** 按钮连接过程变量，如图 17-18 所示。单击 **Select OP** 按钮，在弹出的

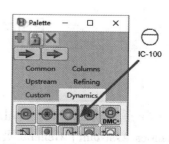

图 17-17　添加 PID 控制器模块

Select OP Object For FC 窗口中选择 Objects 为 VLV-100，Variables 为 Actuator Desired Position
（执行器预期位置），单击**Select** 按钮连接操纵变量，如图 17-19 所示。

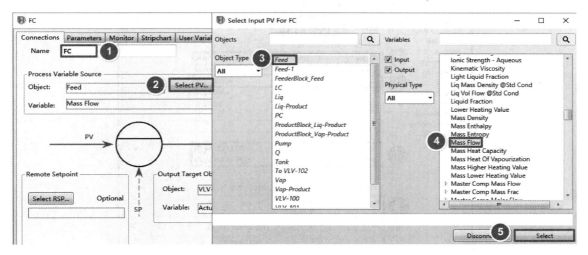

图 17-18　连接流量控制器 FC 的过程变量

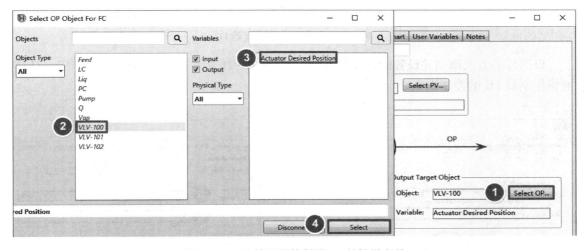

图 17-19　连接流量控制器 FC 的操纵变量

进入**FC | Parameters | Configuration** 页面，在 PV Range（过程变量范围）组中输入 PV
Minimum（过程变量最小值）2000kg/h，PV Maximum（过程变量最大值）6000kg/h；物流 Feed
流量增大时，应减小阀 VLV-100 的开度，在 Operational Parameters（操作参数）组中，选择
Action（作用方向）为 Reverse（反作用），在 Mode（控制模式）下拉列表框中选择 Auto（自动），
输入 SP（设定值）4000kg/h；输入常规的流量控制器调谐参数，K_c（比例增益）为 0.5，T_i（积
分时间）为 0.3min；单击**Face Plate** 按钮，打开流量控制器 FC 的控制面板，如图 17-20
所示。

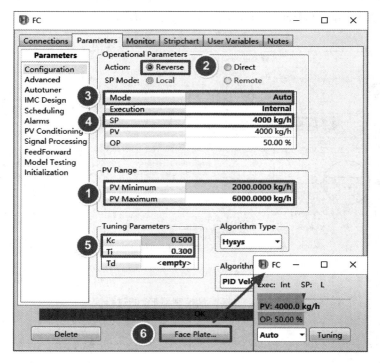

图 17-20　设置流量控制器 FC

以同样的方式添加并设置液位控制器 LC，如图 17-21 所示。单击**Face Plate** 按钮，打开液位控制器 LC 的控制面板。

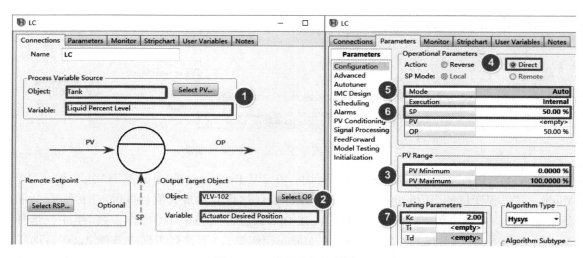

图 17-21　设置液位控制器 LC

以同样的方式添加并设置压力控制器 PC，如图 17-22 所示。单击**Face Plate** 按钮，打开压力控制器 PC 的控制面板。罐控制结构如图 17-23 所示。

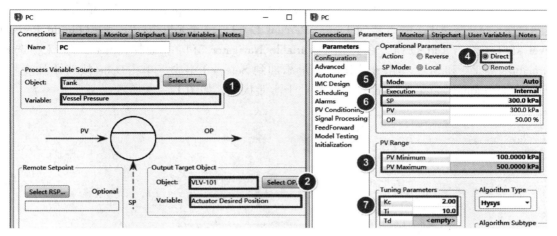

图 17-22　设置压力控制器 PC

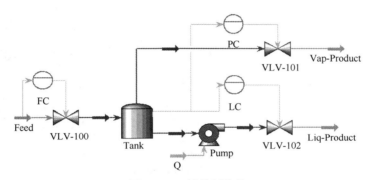

图 17-23　罐控制结构

（6）测试控制效果　进入 **File ｜ Options ｜ Simulation Options ｜ Simulation** 页面，在 Data Logger（数据记录器）组中可修改趋势图默认的 Logger size（取样点个数）和 Sample interval（取样间隔）。默认情况下，趋势图的 Logger size 为 300，Sample interval 为 20s，即每 20s 取一个样点，共取 300 个样点。将默认的 Logger size 修改为 1080，即总取样时间为 6h，单击 **OK** 按钮保存更改，如图 17-24 所示。

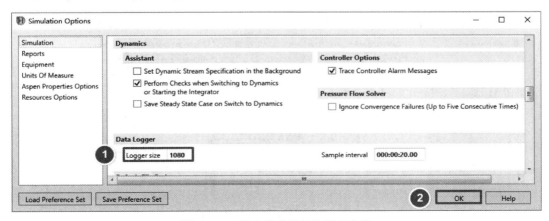

图 17-24　修改趋势图的取样点个数

单击 Dynamics 功能区选项卡下**Strip Charts** 按钮，弹出**StripChart** 窗口，单击**Add** 按钮创建趋势图 DataLogger1，重命名为 Liquid Percent Level。单击**Edit** 按钮，弹出**Liquid Percent Level** 窗口，单击**Add** 按钮，在弹出的**Variable Navigator** 窗口中选择 Objects 为 LC，选择 Varaiables 为 PV 和 SP，单击➡按钮将变量添加到 Selected 组中，单击**Done** 按钮添加变量，变量显示在**Liquid Percent Level** 窗口，并处于激活状态，如图 17-25 所示。

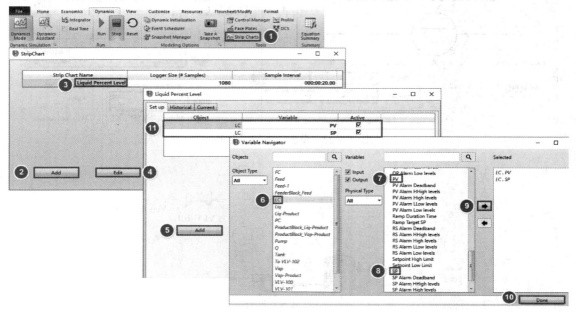

图 17-25　创建趋势图 Liquid Percent Level

双击 Liquid Percent Level 显示趋势图，右击趋势图空白处，在弹出的快捷菜单中单击 Graph Control(图形控制)，进入**Strip Chart Configuration-Liquid Percent Level | Axes** 页面，单击**New Axis** 按钮添加坐标轴 Axis2；进入**Strip Chart Configuration-Liquid Percent Level | Curves** 页面，选择 LC-SP，在 Scailing Axis 下拉列表框中选择 Axis2-Percent，即坐标轴 Axis2 记录液位控制器 LC 的设定值；进入**Strip Chart Configuration-Liquid Percent Level | Axes** 页面，在 Auto Scale 选项区域选择 Automatic Auto Scale(自动缩放)，在 Axis Display(坐标轴显示方式) 选项区域选择 Show All(全部显示)，如图 17-26 所示。

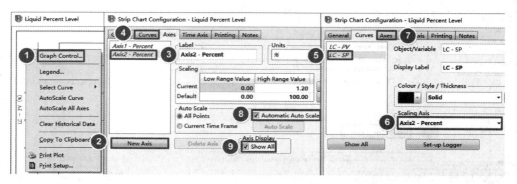

图 17-26　设置趋势图 Liquid Percent Level

单击 Dynamics 功能区选项卡下 **Integrator** 按钮，进入 **Integrator | General** 页面，将 End time(停止时间)修改为 60min，单击 **Run** 按钮，运行积分器，如图 17-27 所示。

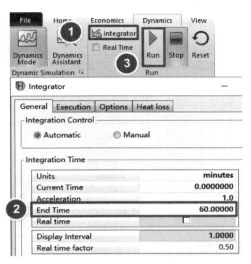

图 17-27 修改积分器的停止时间

积分器运行 60min 后自动停止，查看趋势图 Liquid Percent Level，如图 17-28 所示。拖动页面下方的 ▼ 可调整时间轴的范围，罐的液位达到 50% 需要约 17min。

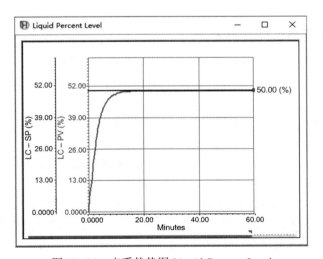

图 17-28 查看趋势图 Liquid Percent Level

打开液位控制器 LC 的控制面板，将液位控制 LC 的设定值修改为 25%，控制面板中的 ▼ 移动到 25% 的位置，如图 17-29 所示。将积分器的 End Time 修改为 120min，单击 **Run** 按钮，运行积分器。

积分器运行 60min 后自动停止，查看趋势图 Liquid Percent Level，液位由 50% 下降至 25% 需要约 35min，如图 17-30 所示。

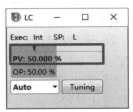

图 17-29 修改液位
控制器 LC 的设定值

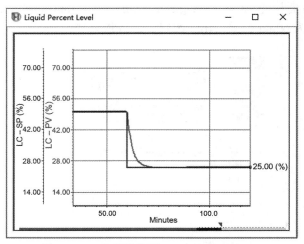

图 17-30　查看趋势图 Liquid Percent Level

17.5　反应器动态模拟

化学反应器是化工生产中的核心设备，反应器的自动控制直接关系到产品的安全生产、产量和质量。反应器结构、反应机理和传热传质情况等方面的差异，使得反应器控制的难易程度相差很大，控制方案大相径庭。

17.5.1　全混釜反应器动态模拟

在反应器控制过程中，不可逆放热反应的反应温度控制难度最大，本节以苯胺加氢制环己胺的不可逆放热反应($C_6H_7N+3H_2 \longrightarrow C_6H_{13}N$)为例，介绍全混釜反应器动态模拟的建立步骤。

Aspen HYSYS 中的全混釜反应器有两种加热/冷却方式：

① Direct Q　热量被直接加入或从反应器移出；

② Utility Fluid　公用工程物流作为换热介质，流体与反应器之间的热传递受传热温差、UA 和公用工程流量的影响。

当反应器的加热/冷却方式为 Utility Fluid 时，假设反应器器壁外设有夹套，换热介质位于夹套中，夹套中的换热介质温度均匀，反应器与换热介质的传热温差为反应温度与夹套中换热介质温度的差值。下面将分别对其进行介绍。

17.5.1.1　直接利用热量控制反应温度

【例 17.2】　在本书配套文件 CSTR. hsc 的基础上，建立反应器的控制结构。

① 流量控制回路　通过流量控制器调整物流 Feed-1 流量，使物流 Feed-1 流量保持恒定；

② 流量控制回路　通过流量控制器调整物流 Feed-2 流量，使物流 Feed-1 和物流 Feed-2 流量之比恒定；

③ 压力控制回路　通过压力控制器调整气相产品流量，使反应器压力保持恒定；

④ 液位控制回路　通过液位控制器调整液相产品流量，使反应器液位保持恒定；

⑤ 温度控制回路　通过温度控制器调整热流量，使反应温度保持恒定。

本例模拟步骤如下：

打开本书配套文件 CSTR. hsc，另存为 Example17. 2-Dynamic CSTR. hsc。

（1）添加泵和阀　将物流 Feed-1 和 Feed-2 压力修改为 4400kPa，为稳态模型添加泵和阀，如图 17-31 所示。本例中，阀压降 200kPa，泵的压力增量 200kPa，绝热效率 75%。

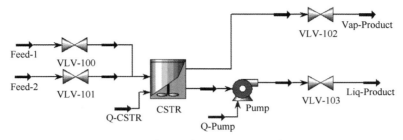

图 17-31　添加泵和阀后的全混釜反应器流程

（2）设置动态规定　设置物流 Feed-1，Feed-2 压力规定 4400kPa，物流 Vap-Product 压力规定 4000kPa，物流 Liq-Product 压力规定 4200kPa。其余模块和物流的动态规定采用默认设置。

（3）进入动态模式　单击 Dynamics 功能区选项卡下 **Dynamics Mode** 按钮，弹出 **Aspen HYSYS** 对话框，单击"否"按钮，进入动态模式。

（4）建立控制结构并整定控制器参数　双击反应器 CSTR，进入 **CSTR | Dynamics | Heat Exchanger** 页面，Source（热量来源）采用默认的 Direct Q，输入热流量最小值 -5000kW，最大值 0，如图 17-32 所示。

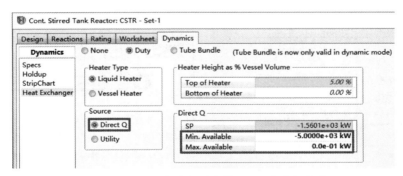

图 17-32　设置全混釜反应器 CSTR 的冷却方式

由于温度控制存在时间滞后，在温度控制器输入信号端插入 1min 的死区时间。从对象面板选择 Transfer Function Block 模块添加到流程中，用于模拟死区时间，如图 17-33 所示。

双击死区时间 TRF-1，进入 **TRF-1 | Connections** 页面，将死区时间重命名为 DT。单击 **Select PV** 按钮，在弹出的 **Select Input PV For DT** 窗口中选择 Objects 为 CSTR，Variables 为 Vessel Temperature（容器温度），单击 **Select** 按钮连接过程

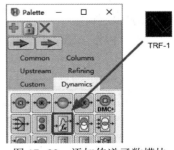

图 17-33　添加传递函数模块

变量，如图 17-34 所示。进入 **DT | Parameters | Configuration** 页面，在 Output Variable Type (输出变量类型)下拉列表框中选择 Temperature(温度)，输入 PV(过程变量)最小值 100℃，最大值 140℃，OP(输出变量)最小值 100℃，最大值 140℃；进入 **DT | Parameters | Delay** 页面，在 Active Transfer Functions(激活传递函数)选项区域选择 Delay(延迟)，输入 T (Dead Time)为 1min，如图 17-35 所示。

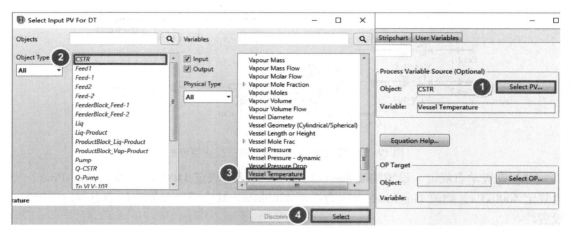

图 17-34　连接死区时间 DT 的过程变量

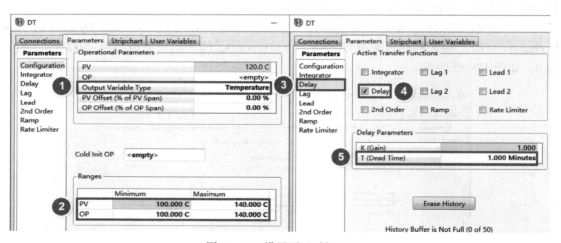

图 17-35　设置死区时间 DT

添加流量控制器 FC-1 和 FC-2，压力控制器 PC，液位控制器 LC，温度控制器 TC，各控制器的参数如表 17-3 所示。在反应器的液位控制中，液位影响反应速率，与常规的液位控制相比，控制要求较高，但仍可采用比例控制，本例中 K_c(比例增益)设置为 10。

表 17-3　控制器参数一览表

控制器	过程变量	操纵变量	过程变量范围	作用方向	设定值	模式	K_c	T_i/min	控制阀流量范围
FC-1	Feed-1：Molar Flow	VLV-100：Actuator Desired Position	0~100kmol/h	Reverse	50kmol/h	Auto	0.5	0.3	—

续表

控制器	过程变量	操纵变量	过程变量范围	作用方向	设定值	模式	K_c	T_i/min	控制阀流量范围
FC-2	Feed-2：Molar Flow	VLV-101：Actuator Desired Position	0~400kmol/h	Reverse	200kmol/h	Auto	0.5	0.3	—
PC	CSTR：Vessel Pressure	VLV-102：Actuator Desired Position	3500~4900kPa	Direct	4200kPa	Auto	2	10	—
LC	CSTR：Liquid Percent Level	VLV-103：Actuator Desired Position	0%~100%	Direct	80%	Auto	10	—	—
TC	DT：OP Value	Q-CSTR：Control Valve	100~140℃	Reverse	120℃	Auto	1	—	-5000~0kW

　　反应过程中反应物的配比对反应影响较大，在对反应器进料物流添加流量控制器时需要控制两股反应物进料流量比值，这一目的可通过使用电子表格模拟乘法器实现。添加电子表格，重命名为 Multiplier。双击乘法器 Multiplier，进入 **Multiplier | Spreadsheet** 页面，定义如图 17-36 所示的乘法器，其中 B1 单元格为物流 Feed-1 的摩尔流量，在 B2 单元格中输入"=4*B1"。

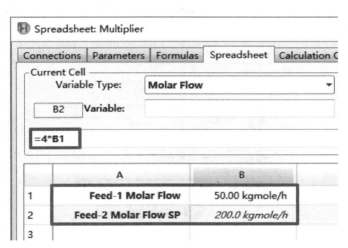

图 17-36　定义乘法器 Multiplier

　　双击流量控制器 FC-2，进入 **FC-2 | Connections** 页面，在 Remote Setpoint(远程设定值)组中单击 **Select RSP** 按钮，弹出 **Select Setpoint for FC-2** 窗口，选择 Object 为 Multiplier，单击 **OK** 按钮，设置控制器的远程设定值来源为乘法器 Multiplier，在 Spreadsheet Cell 下拉列表框中选择 B2；进入 **FC-2 | Parameters | Advanced** 页面，在 Set Point/OP Options 选项区域选择控制器设定值的变化形式，本例选择 Use PV units(使用过程变量的单位)，控制器从远程源读取设定值作为控制器的设定值，远程设定值的单位与控制器过程变量的单位一致；进入 **FC-2 | Parameters | Configuration** 页面，SP Mode(设定值模式)选择 Remote(远程)，控制模式自动更新为 Casc(串级模式)，如图 17-37 所示。

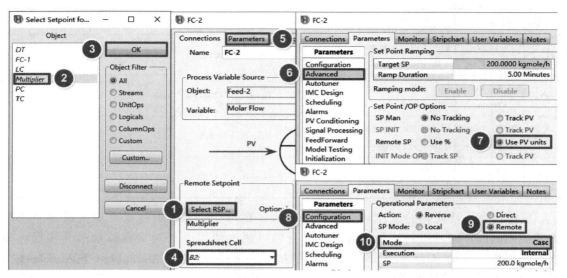

图 17-37　设置流量控制器 FC-2 的设定值来源和控制模式

　　双击温度控制器 TC，进入 **TC | Stripchart** 页面，在 Variable Set(变量集)下拉列表框中选择"SP，PV，OP Only"，单击 **Create Stripchart** 按钮创建趋势图 TC-DL1 记录温度控制器 TC 的设定值、过程变量和输出值。

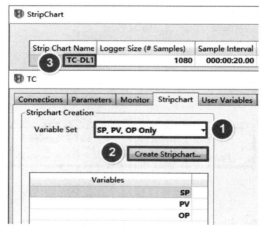

图 17-38　创建趋势图 TC-DL1

　　采用继电型自整定法整定温度控制器参数。将积分器的 End Time 修改为 5min，单击 **Run** 按钮，运行积分器以获得各控制器过程变量和输出变量的初值。清除积分器的 End Time，单击 **Run** 按钮，使积分器保持在运行状态。进入 **TC | Parameters | Autotuner** 页面，查看 Relay Hysteresis(滞环宽度)默认值 0.1%，Relay Amplitude(幅值)默认值 5%，本例无需修改，单击 **Start Autotuner** 按钮，Autotuner 运行几个循环后自动停止，在 Autotuner Results 组中查看 Ultimate Gain(临界增益)7.13，Ultimate Period(临界振荡周期)5.65；进入 **TC | Parameters | Configuration** 页面，整定后的 K_c(比例增益)为 2.23，T_i(积分时间)为 12.4min，

如图 17-39 所示。继电-反馈测试曲线如图 17-40 所示。

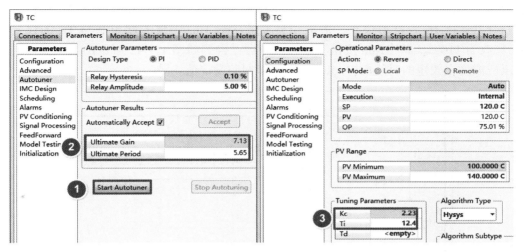

图 17-39　整定温度控制器 TC

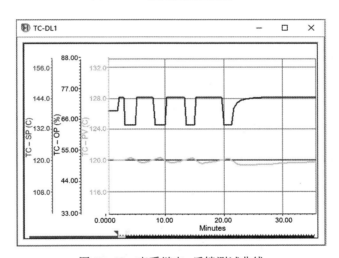

图 17-40　查看继电-反馈测试曲线

至此，全混釜反应器的控制结构已全部建立完成，如图 17-41 所示。

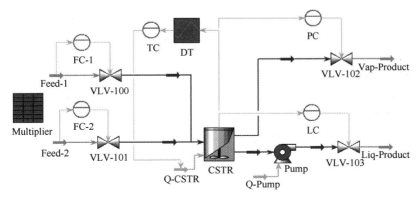

图 17-41　全混釜反应器控制结构

（5）测试控制效果　在趋势图 TC-DL1 中添加能流 Q-CSTR 的 Heat Flow 变量。将积分器的 Current Time（当前时间）修改为 0，End Time 修改为 1h，单击 **Run** 按钮，运行积分器。

积分器运行 1h 后自动停止，清除积分器的 End Time，将温度控制器 TC 的设定值由 120℃ 修改为 110℃。单击 **Run** 按钮，运行积分器，得到如图 17-42 所示的反应温度响应曲线，反应温度在较短的时间内（1.5h 左右）即可回归设定值。

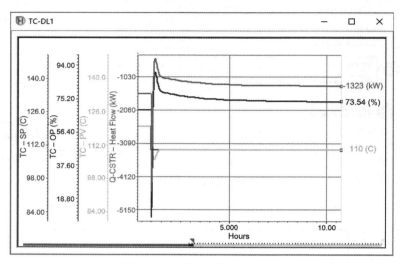

图 17-42　反应温度响应曲线

17.5.1.2　利用冷却介质流量控制反应温度

【例 17.3】　在本书配套文件 CSTR.hsc 的基础上，建立反应器的控制结构。

① 流量控制回路　通过流量控制器调整物流 Feed-1 流量，使物流 Feed-1 流量保持恒定；

② 流量控制回路　通过流量控制器调整物流 Feed-2 流量，使物流 Feed-1 和物流 Feed-2 流量之比恒定；

③ 压力控制回路　通过压力控制器调整气相产品流量，使反应器压力保持恒定；

④ 液位控制回路　通过液位控制器调整液相产品流量，使反应器液位保持恒定；

⑤ 温度控制回路　通过温度控制器调整冷却介质流量，使反应温度保持恒定。

本例模拟步骤如下：

打开本书配套文件 CSTR.hsc，另存为 Example17.3-Dynamic CSTR.hsc。

按照例 17.2 的方式为稳态模型添加泵和阀，设置动态规定，进入动态模式。

（1）建立控制结构并整定控制器参数　已知能流 Q-CSTR 的热流量 $Q = 1560\text{kW}$，反应温度 $T_R = 120℃$，采用冷却水作为反应器的冷却介质，冷却水的进口温度 $T_{CWin} = 30℃$，水的比热容 $c_p = 75\ \text{kJ}/(\text{kmol}\cdot℃)$。反应器直径 $D = 3.07\text{m}$，高度 $H = 4.60\text{m}$，液位高度 80%，则传热面积（反应器侧面积）为

$$A = 0.8\pi DH = 0.8\times3.14\times3.07\times4.60\ \text{m}^2 = 35.47\ \text{m}^2$$

假设总传热系数 $U = 850\text{W}/(\text{m}^2\cdot℃)$，反应器与冷却水的传热温差为

$$\Delta T = \frac{Q}{UA} = \frac{1560\times10^3}{850\times35.47}℃ = 51.74℃$$

假定夹套中的换热介质完全混合，冷却水的出口温度 $T_{CWout}=(120-51.74)℃=68.26℃$，冷却水的流量为

$$F_{CW}=\frac{Q}{c_p(T_{CWout}-T_{CWin})}=\frac{1560}{72\times(68.26-30)}\times3600kmol/h=1957kmol/h$$

已知水的密度 $1000kg/m^3$，相对分子质量18。假设夹套的厚度为15cm，则夹套中冷却水的滞留量为

$$\frac{35.47}{0.8}\times0.15\times1000\times\frac{1}{18}kmol=369.48kmol$$

双击反应器CSTR，进入 **CSTR | Dynamics | Heat Exchanger** 页面，在Source选项区域选择Utility，输入Inlet Temp（进口温度）30℃，Temp Approach（传热温差）51.74℃，Utility Holdup（公用工程滞留量）369.48kmol；单击 **Initialize Duty Valve** 按钮初始化能流阀，Aspen HYSYS自动计算出 UA，Mole Flow（摩尔流量）和Outlet Temp（出口温度）；输入Min Mole Flow（最小流量）0，Max Mol Flow（最大流量）6000kmol/h，如图17-43所示。

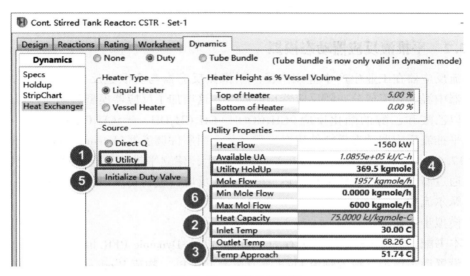

图17-43　初始化能流阀

添加流量控制器FC-1和FC-2，压力控制器PC，液位控制器LC，温度控制器TC，各控制器的参数与例17.2相同。将温度控制器TC的作用方向修改为Direct。

运行积分器5min后，采用继电型自整定法整定温度控制器参数，得到温度控制器的 K_c（比例增益）为2.28，T_i（积分时间）为61.1min。

（2）测试控制效果　双击温度控制器TC，进入 **TC | Parameters | Stripchart** 页面，在Variable Set下拉列表框中选择"SP，PV，OP Only"，单击 **Create Stripchart** 按钮创建趋势图TC-DL1。在趋势图TC-DL1中添加能流Q-CSTR的Utility flow rate（公用工程流量）变量。将积分器的Current Time修改为0，End Time修改为1h，单击 **Run** 按钮，运行积分器。

积分器运行1h后自动停止，清除积分器的End Time，将温度控制器TC的设定值由120℃修改为110℃。单击 **Run** 按钮，运行积分器，得到如图17-44所示的反应温度响应曲线，该控制方案响应时间较长，约4h回归设定值。

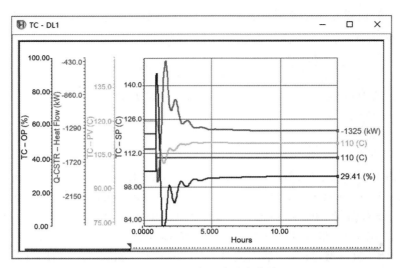

图 17-44 反应温度响应曲线

17.5.2 平推流反应器动态模拟

平推流反应器在工业生产中应用广泛。平推流反应器与全混釜反应器最重要的区别在于，反应器中温度和组成分布随反应器长度而变，这增加了反应器模型和动态模拟的复杂程度。本节以乙酸和乙醇的酯化反应（$CH_3COOH + CH_3CH_2OH \rightleftharpoons CH_3COOCH_2CH_3 + H_2O$）为例，介绍平推流反应器动态模拟的建立步骤，并介绍事件调度器（Event Scheduler）的应用。

【例 17.4】 在本书配套文件 PFR.hsc 的基础上，建立平推流反应器进口物流的温度控制回路，通过温度控制器调整加热器热负荷，改变反应器进料物流温度，监测产品物流中关键组分的摩尔流量。

本例模拟步骤如下：

打开本书配套文件 PFR.hsc，另存为 Example17.4-Dynamic PFR.hsc。

（1）设置动态规定 设置物流 Feed 压力规定 110kPa，物流 Product 压力规定 90kPa。

双击加热器 Heater，进入 **Heater | Dynamics | Specs** 页面，在 Dynamic Specifications 组中选择 Overall k，如图 17-45 所示。

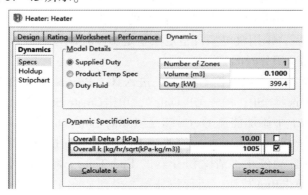

图 17-45 设置加热器 Heater 的动态规定

双击反应器 PFR，进入 **PFR ι Dynamics ι Specs** 页面，单击 **Calculate Ks** 按钮，Aspen HYSYS 根据模型的稳态数据计算每一子体积的 k 值(流通能力，详见 17.1.2.2 节)，如图 17-46 所示。

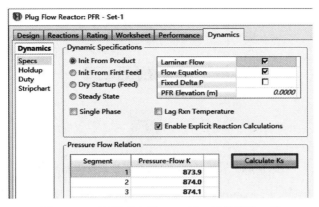

图 17-46 计算反应器 PFR 每一子体积的 k 值

(2) 进入动态模式 单击 Dynamics 功能区选项卡下 **Dynamics Mode** 按钮，弹出 **Aspen HYSYS** 对话框，单击"**是**"按钮，进入动态模式。

(3) 建立控制结构并整定控制器参数 添加温度控制器 TC。在温度控制器 TC 前插入 1min 的死区时间 DT，过程变量为物流 To PFR 的温度，死区时间 DT 的过程变量和输出变量的范围均为 0~80℃。

双击温度控制器 TC，进入 **TC ι Conncetions** 页面，连接控制器的过程变量和操纵变量；单击 **Control Valve** 按钮，弹出 **FCV For Q** 窗口，输入热流量的最大值和最小值；进入 **TC ι Parameters ι Configuration** 页面，设置控制器的相关参数，如图 17-47 所示。

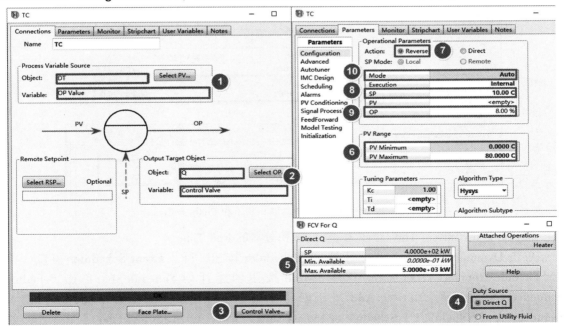

图 17-47 设置温度控制器 TC

运行积分器 5min 后，采用继电型自整定法整定温度控制器参数，得到温度控制器的 K_c 为 0.509，T_i 为 4.77min。添加温度控制器的平推流反应器流程如图 17-48 所示。

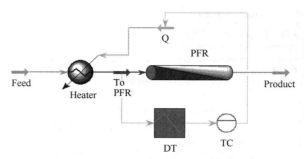

图 17-48　添加温度控制器的平推流反应器流程

（4）动态特性分析　使用 Event Scheduler 创建计划，研究反应器的动态特性。

① 保持进料温度 10℃，运行 1h；

② 在 1h 内将进料温度从 10℃升高至 50℃；

③ 继续运行 1h；

④ 在 1h 内将进料温度从 50℃降低至 10℃；

⑤ 继续运行 2h。

双击物流 Product，进入 **Product | Dynamics | Stripchart** 页面，在 Variable Set 下拉列表框中选择"T，P and F"，单击**Create Stripchart** 按钮创建趋势图 Product-DL1。单击 Dynamics 功能区选项卡下**Strip Charts** 按钮，弹出**StripChart** 窗口，单击**Add** 按钮创建趋势图 DataLogger1，重命名为 Product-Comp，在趋势图中添加变量，如图 17-49 所示。

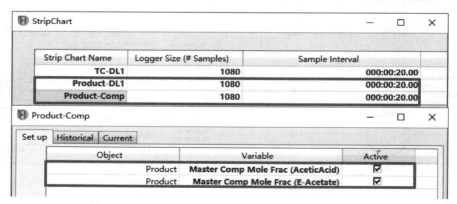

图 17-49　创建趋势图 Product-DL1 和 Product-Comp

将积分器的 Current Time 修改为 0，清除积分器的 End Time。

单击 Dynamics 功能区选项卡下**Event Scheduler** 按钮，弹出**Event Scheduler** 窗口，单击 Schedule Options（计划选项）组中的**Add** 按钮创建计划 Schedule 1，单击 Schedule Sequences（计划序列）组中的**Add** 按钮创建序列 Sequence A；双击 Sequence A，进入 **Sequence A of Schedule 1 | Schedule of Events** 页面，单击三次**Add** 按钮创建三个事件，如图 17-50 所示。

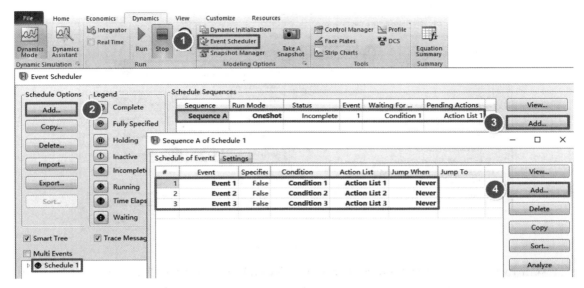

图 17-50　创建计划、序列和事件

双击 Event 1，进入**Event 1 of Sequence A of Schedule 1 | Condition** 页面，在 Wait For(等待)选项区域选择 A Specific Simulation Time(特定的模拟时间)，输入 Wait Until(等到)为1h；进入**Event 1 of Sequence A of Schedule 1 | Action List** 页面，单击**Add** 按钮添加 Action 1，在 Type(类型)下拉列表框中选择 Ramp Controller(斜坡控制器)，单击**Select Target** 按钮，弹出 **Available Controllers** 窗口，选择温度控制器 TC，单击**OK** 按钮添加控制器，输入 Target SP (目标值)50℃，Ramp Duration(斜坡持续时间)1h，如图 17-51 所示。

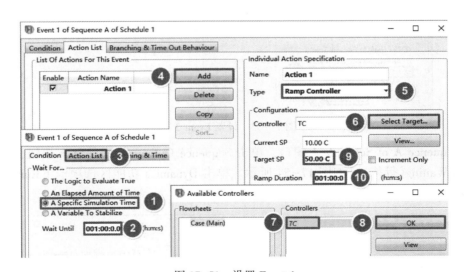

图 17-51　设置 Event 1

双击 Event 2，进入**Event 2 of Sequence A of Schedule 1 | Condition** 页面，以同样的方式设置 Event 2，如图 17-52 所示。

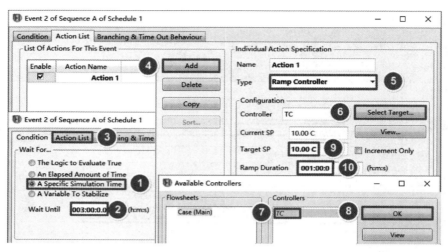

图 17-52　设置 Event 2

双击 Event 3，进入**Event 3 of Sequence A of Schedule 1 | Condition** 页面，在 Wait For 选项区域选择 A Specific Simulation Time，输入 Wait Until 为 6h；进入**Event 3 of Sequence A of Schedule 1 | Action List** 页面，单击**Add** 按钮添加 Action 1，在 Type 下拉列表框中选择 Stop Intergrator(停止积分器)，如图 17-53 所示。

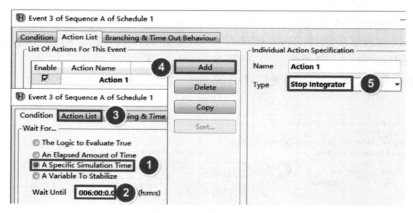

图 17-53　设置 Event 3

进入**Sequence A of Schedule 1** 窗口，单击 Sequence Options 组中的**Start** 按钮，Status(状态)显示为 Waiting(等待)，如图 17-54 所示。单击 Dynamics 功能区选项卡下**Run** 按钮，运行积分器。

图 17-54　查看序列的状态并启动序列

积分器停止后，出口物流 Product 的温度、流量、压力变化情况如图 17-55 所示，出口物流 Product 中关键组分的浓度变化情况如图 17-56 所示。

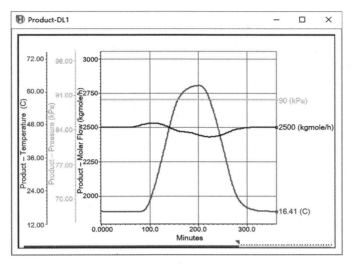

图 17-55　查看趋势图 Product-DL1

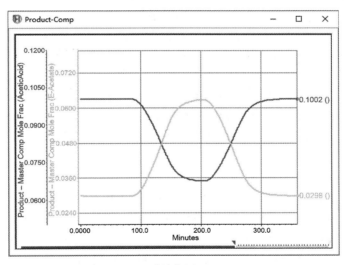

图 17-56　查看趋势图 Product-Comp

17.6　精馏塔动态模拟

17.6.1　温度控制结构

在精馏塔控制过程中，可以通过维持某块塔板温度来控制产品纯度，被选作控制温度的塔板即为灵敏板（Sensitive Stage）。在温度控制结构建立前需要选取合适的灵敏板，目前灵敏板选择判据均基于稳态信息。常用的灵敏板选择判据可分为以下五种：

（1）斜率判据

选取塔板间温差最大的塔板作为灵敏板。此判据是目前最简便的灵敏板判据，其操作方法为：作精馏塔内塔板温度分布曲线，求出各塔板位置处的曲线斜率（可通过塔板间温度差代替），斜率最大处即为灵敏板位置。若某塔板温度分布曲线斜率较大，说明在该区域存在关键组分浓度的突变，稳定该塔板温度可以较为有效地维持塔内组成分布，减少轻组分流入塔底或重组分混入塔顶。

（2）灵敏度判据

当操纵变量发生变化时，选取温度变化最大的塔板作为灵敏板。操作方法为：操纵变量增加或减少一个微小数值（通常为设定值的0.1%），分别记录各塔板温度的变化量；计算塔板温度变化量与操纵变量变化量的比值，即为塔板温度对操纵变量的开环增益，开环增益最大的塔板即为温度灵敏板。若某塔板的开环增益较大说明所选取的操纵变量能够较为有效地控制该塔板的温度。

（3）奇异值分解判据

奇异值分解（Singular Value Decomposition，SVD）判据通常用于两点温度控制结构，以判断灵敏板与操纵变量间的匹配关系。SVD判据主要基于灵敏度判据，得到操纵变量所对应各塔板的开环增益后，可做出开环增益矩阵 K，该矩阵具有 N_T（塔板数）行和2（操纵变量数）列。对矩阵 K 进行奇异值分解得到三个矩阵：$K = U\sigma V^T$。将矩阵 U 中的两个矢量对塔板位置作图，两曲线峰值即为两操纵变量对应的灵敏板位置。σ 是一个2×2的对角矩阵，其中的元素为奇异值，奇异值中较大数值与较小数值的比值即为条件数（Condition Number），条件数的大小可以判断两点控制的有效性。如果条件数较大，则说明系统控制难度较大。

（4）恒温判据

在塔顶以及塔底产品纯度保持不变的前提下，改变进料组成，找到温度不随进料组成发生变化的塔板即为灵敏板。该方案的难点在于，在某些系统中，进料组成发生变化时可能不存在温度恒定的塔板，在某些多组分体系中非关键组分在塔内的分布情况可能会对塔板温度产生非常大的影响。

（5）最小产品纯度变化判据

在选择灵敏板时先确定几个备选塔板，改变进料组成，通过调节一个操纵变量维持其中一块塔板温度恒定，同时保持其他操纵变量恒定，计算产品纯度变化量。采用同样的方法获得其他几块备选塔板所对应的产品纯度变化量，对应产品纯度变化量最小的塔板即为温度灵敏板。该判据由于需要对各备选塔板分别进行计算，其复杂程度明显高于其他四种判据。

需要注意的是以上五种温度灵敏板判据均基于稳态模型，而控制过程各变量均随时间变化，因此其精确程度有限。五种判据所确定的灵敏板位置可能会有所差异，温度灵敏板位置的最终选取要以动态测试结果作为判断标准。

下面通过例17.5介绍精馏塔温度控制结构的建立步骤。

【例17.5】 在本书配套文件 Depropanizer.hsc 的基础上，建立脱丙烷塔的温度控制结构。

① 流量控制回路 通过流量控制器调整进料流量，使进料流量保持恒定；
② 流量控制回路 通过流量控制器调整塔顶产品流量，使回流比保持恒定；

③ 压力控制回路　通过压力控制器调整冷凝器热负荷，使塔顶压力保持恒定；
④ 液位控制回路　通过液位控制器调整回流量，使冷凝器液位保持恒定；
⑤ 液位控制回路　通过液位控制器调整塔底产品流量，使再沸器液位保持恒定；
⑥ 温度控制回路　通过温度控制器调整再沸器热负荷，使灵敏板温度保持恒定。
本例模拟步骤如下：

打开本书配套文件 Depropanizer. hsc，另存为 Example17. 5a-Dynamic Column. hsc。

（1）添加泵和阀　将物流 Feed 压力修改为 2130kPa，为稳态模型添加泵和阀，如图 17-57 所示。本例中，阀压降 200kPa，泵的压力增量 200kPa，绝热效率 75%。

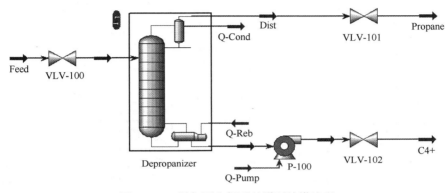

图 17-57　添加泵和阀后的脱丙烷塔流程

（2）设备设计　进入动态模式前，首先规定回流罐（冷凝器）和塔釜（再沸器）的体积。双击脱丙烷塔 Depropanizer，进入 **Depropanizer | Parameters | Profiles** 页面，在 Flow Basis 选项区域选择 Act. Volume（实际体积流量），查看冷凝器的液相负荷 139.0m³/h，如图 17-58 所示；查看第 21 块板的液相负荷 575.0m³/h，如图 17-58 所示。由例 17.1 中的计算方法计算得冷凝器直径 2.45m，长度 4.90m；再沸器直径 3.94m，长度 7.87m。

	Stage	Pressure [kPa]	Temp [C]	Net Liquid [m3/h]	Net Vapour [m3/h]		Stage	Pressure [kPa]	Temp [C]	Net Liquid [m3/h]	Net Vapour [m3/h]
Condenser	0	1925	56.20	139.0	621.1	20_Main Tow	20	1938	132.3	549.9	3119
1_Main Tower	1	1925	57.54	138.6	1995	21_Main Tow	21	1939	144.2	575.0	3146
2_Main Tower	2	1926	59.01	137.8	1990	Reboiler	22	1939	159.9	195.9	3178

图 17-58　查看冷凝器和第 21 块板的液相负荷

进入 **Depropanizer | Rating | Vessels** 页面，输入冷凝器和再沸器的直径和长度，其余参数保持默认设置，如图 17-59 所示。

Column: Depropanizer / COL1　Fluid Pkg: Basis-1 / Peng-Robinson

Design | Parameters | Side Ops | Internals | Rating | Worksheet | Performance | Flowshe

Rating — Vessel Sizing

Rating
Towers
Vessels
Equipment
Pressure Drop

Vessel	Condenser	Reboiler
Diameter [m]	2.450	3.940
Length [m]	4.900	7.870
Volume [m3]	23.10	95.95
Orientation	Horizontal	Horizontal

图 17-59　输入冷凝器、再沸器的直径和长度

　　进入**Depropanizer | Internals | Main Tower** 页面，单击**Send To Rating** 按钮，将尺寸设计结果传输至**Depropanizer | Rating | Towers** 页面；进入**Depropanizer | Rating | Towers** 页面，双击Main Tower 单元格，进入**Main Tower @ COL1 | Rating | Sizing** 页面，查看脱丙烷塔尺寸设计结果，如图 17-60 所示。

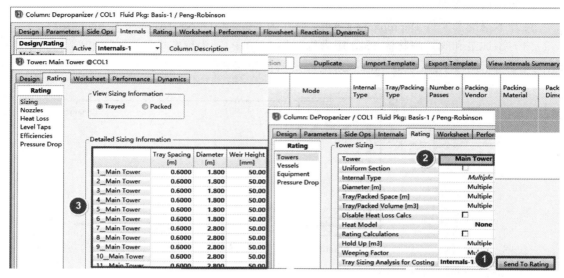

图 17-60　查看脱丙烷塔尺寸设计结果

　　（3）设置动态规定　进入**Main Tower @ COL1 | Dynamics | Specs** 页面，为了便于稳态模式与动态模式间的平稳转换，取消选择 Use tower diameter method，即不根据塔径计算 k 值（流通能力，详见 17.1.2.2 节），根据稳态模型计算 k 值，单击**All Stages** 按钮，计算所有塔板的 k 值，如图 17-61 所示。

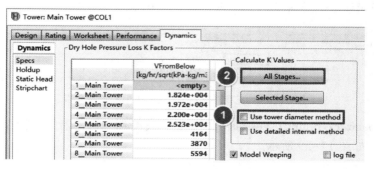

图 17-61　计算塔板 k 值

　　进入精馏塔主环境，设置物流 Feed 压力规定 2130kPa，物流 Propane 压力规定 1725kPa，物流 C_{4+} 压力规定 1939kPa。进入精馏塔子环境，设置物流 Reflux 流量规定 1372kmol/h。其余模块和物流的动态规定保持默认设置。

　　（4）调整脱丙烷塔压力分布　单击 Dynamics 功能区选项卡下**Dynamics Assistant** 按钮，进入**Dynamics Assistant | Tray sections | SS Pressures** 页面，动态助手提示用户当前稳态模式下的压力分布与动态模式下计算的压力分布不一致，如图 17-62 所示。本例忽略此条建议，

采用稳态下使用 Column Analysis 计算出的全塔压力分布。

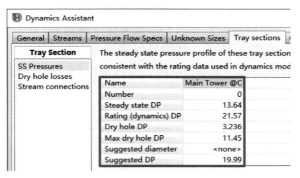

图 17-62 查看动态助手的建议

（5）选择温度灵敏板 进入**Depropanizer | Parameters | Profiles** 页面，将各塔板的温度复制、粘贴至 Excel 中。

进入**Depropanizer | Performance | Cond./Reboiler** 页面，查看再沸器热负荷为 13320kW。采用灵敏度判据选择温度灵敏板，将再沸器热负荷增加 0.1%，即将再沸器热负荷修改为 13333.3kW。进入 **Depropanizer | Design | Specs** 页面，定义设计规定 Reboiler Duty 为 13333.3kW，将 Weighted Tolerance（加权容差）修改为 1×10^{-4}，如图 17-63 所示。进入**Depropanizer | Design | Monitor** 页面，取消选择设计规定 Comp Fraction，选择设计规定 Reboiler Duty。单击**Reset** 按钮重置脱丙烷塔，单击**Run** 按钮，运行模拟，流程收敛。

进入**Depropanizer | Parameters | Profiles** 页面，更新各塔板的温度，将其复制、粘贴至 Excel 中。计算温度差值，将差值除以再沸器热负荷变化量即为各塔板的开环增益，做出开环增益曲线，如图 17-64 所示。曲线的峰值出现在第 16 块塔板处，选取第 16 块塔板作为温度灵敏板。

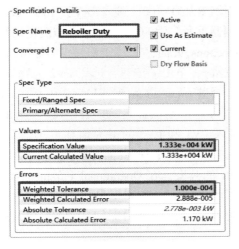

图 17-63 定义设计规定 Reboiler Duty

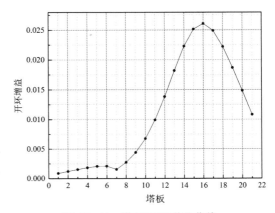

图 17-64 塔板开环增益曲线

进入**Depropanizer | Design | Monitor** 页面，取消选择设计规定 Reboiler Duty，选择设计规定 Comp Fraction。单击**Reset** 按钮重置脱丙烷塔，单击**Run** 按钮，运行模拟，流程收敛。

（6）进入动态模式　单击 Dynamics 功能区选项卡下**Dynamics Mode** 按钮，弹出**Aspen HYSYS** 对话框，单击"**否**"按钮，进入动态模式。

（7）建立控制结构并整定控制器参数　添加流量控制器 FC-1，压力控制器 PC，液位控制器 LC-1 和 LC-2，温度控制器 TC，在温度控制器 TC 前插入 1min 的死区时间 DT，过程变量为第 16 块塔板的温度，过程变量和输出变量的范围均为 87.3~127.3℃。各控制器的参数如表 17-4 所示。

表 17-4　控制器参数一览表

控制器	过程变量	操纵变量	过程变量范围	作用方向	设定值	模式	K_c	T_i/ min	控制阀流量范围
FC-1	Feed：Molar Flow	VLV-100：Actuator Desired Position	600~3000kmol/h	Reverse	1800kmol/h	Auto	0.5	0.3	—
PC	Condenser @ COL1：Vessel Pressure	Q-Cond：Control Valve	1000~2850kPa	Direct	1925kPa	Auto	2	10	0~9313kW
LC-1	Condenser @ COL1：Liquid Percent Level	Reflux @ COL1：Control Valve	0%~100%	Direct	50%	Auto	2	—	372~2372kmol/h
LC-2	Reboiler @ COL1：Vessel Liquid Percent Level	VLV-102：Actuator Desired Position	0%~100%	Direct	50%	Auto	2	—	—
TC	DT：OP Value	Q-Reb：Control Valve	87.3~127.3℃	Reverse	107.3℃	Auto	1	—	0~26663kW

从对象面板选择 Ratio Controller 模块添加到流程中，如图 17-65 所示。

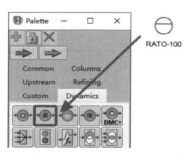

图 17-65　添加比值控制器

双击比值控制器 RATO-100，进入**RATO-100 | Connections** 页面，将控制器重命名为 FC-2，用于模拟流量控制器。进入**FC-2 | Connections** 页面，选择 PV1 为物流 Reflux 的 Molar Flow(摩尔流量)，单击▲按钮，选择 PV2 为物流 Dist 的 Molar Flow，选择操纵变量为阀 VLV-101 的 Actuator Desired Position(执行器预期位置)；进入**FC-2 | Parameters | Range** 页面，输入 PV1 和 PV2 的最大值和最小值；进入 **FC-2 | Parameters | Configuration** 页面，当回流比增大时，应增大阀 VLV-101 的开度，在 Operational Parameters(操作参数)组中，选择 Action(作用方向)为 Direct(正作用)，在 Mode(控制模式)下拉列表框中选择 Automatic(自动)，输入 Ratio(比值)2.20，K_c(比例增益)0.5，T_i(积分时间)0.3min，如图 17-66 所示。脱丙烷塔的温度控制结构如图 17-67 所示。

添加电子表格 SPRDSHT-1，进入**SPRDSHT-1 | Spreadsheet** 页面，定义如图 17-68 所示的电子表格，其中 B1 单元格为物流 Propane 中乙烷的摩尔分数，B2 单元格为物流 Propane 中丙烷的摩尔分数，在 B3 单元格中输入" =B1+B2"。

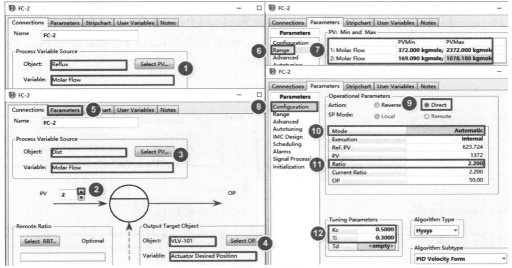

图 17-66 设置流量控制器 FC-2

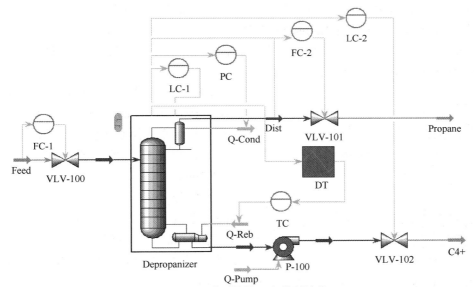

图 17-67 脱丙烷塔温度控制结构

图 17-68 定义电子表格 SPRDSHT-1

单击 Dynamics 功能区选项卡下**Strip Charts** 按钮，创建趋势图 Molar Flow 记录物流 Feed，物流 Propane 和物流 C_{4+} 的摩尔流量；创建趋势图 Liquid Percent Level 记录冷凝器和再沸器的液位；创建趋势图 Pressure 记录冷凝器的压力；创建趋势图 Comp Fraction 记录物流 Propane 中乙烷和丙烷的摩尔分数之和，如图 17-69 所示。

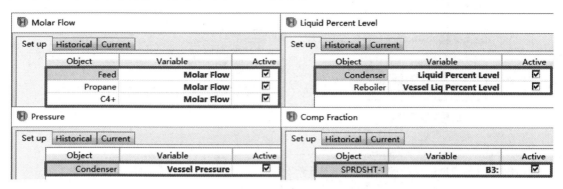

图 17-69　创建趋势图

在动态模拟中，方程的计算执行频率会影响模拟结果的精确程度。单击 Dynamics 功能区选项卡下**Integrator** 按钮，进入**Integrator | Execution** 页面，将 Composition and Flash Calculations(组成和闪蒸计算)的执行频率修改为 2，即每两个积分步长执行一次组成和闪蒸计算，如图 17-70 所示。单击**Run** 按钮，运行积分器。

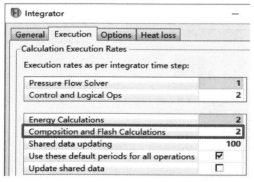

图 17-70　修改方程的计算执行频率

打开趋势图 Molar Flow、Liquid Percent Level、Pressure、Comp Fraction，观察各参数的变化情况，等待各参数稳定后，整定温度控制器参数，得到温度控制器的 K_c 为 0.877，T_i 为 10.2min。

将积分器的 Current Time 修改为 0，End Time 修改为 1h，单击**Run** 按钮，运行积分器。积分器停止后，清除积分器的 End Time，保存文件，另存为 Example17.5b - Dynamic Column.hsc。

(8)测试控制效果　将流量控制器 FC-1 的设定值修改为 1980kmol/h，单击**Run** 按钮，运行积分器，查看塔顶产品中乙烷和丙烷的纯度变化，如图 17-71 所示。通过动态响应曲线可以看出，在进料量扰动下，温度控制结构能够保证组分的摩尔分数回归设定值。

打开本书配套文件 Example17.5a-Dynamic Column.hsc，另存为 Example17.5c-Dynamic Column.hsc。双击物流 Feed，进入**Feed | Worksheet | Composition** 页面，将异丁烷的摩尔分数修改为 0.077，丙烷的摩尔分数修改为 0.336，单击**Run** 按钮，运行积分器，查看塔顶产品中乙烷和丙烷的纯度变化，如图 17-72 所示。通过动态响应曲线可以看出，在进料组成扰动下，温度控制结构能够保证组分的摩尔分数接近设定值。

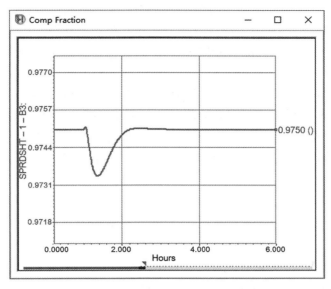

图 17-71　组分摩尔分数在+10%进料量扰动下的响应曲线

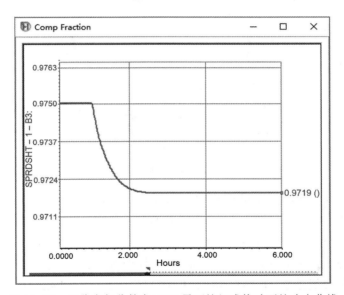

图 17-72　组分摩尔分数在+10%异丁烷组成扰动下的响应曲线

17.6.2　组分控制结构

下面通过例 17.6 介绍精馏塔组分控制结构的建立步骤。

【例 17.6】　在例 17.5 的基础上，删除温度控制回路，建立组分控制回路，通过组分控制器调整再沸器热负荷，使塔顶产品纯度保持恒定。

本例模拟步骤如下：

打开本书配套文件 Example17.5a-Dynamic Column.hsc，另存为 Example17.6a-Dynamic Column.hsc。

（1）建立控制结构并整定控制器参数　删除温度控制回路，保留其他控制回路。添加组分控制器 CC，由于组分控制的时间滞后要长于温度控制，在组分控制器 CC 前插入 3min 的死区时间 DT，过程变量为电子表格 SPRDSHT-1 的 B3 单元格，过程变量和输出变量的范围均为 0.955~0.995。

组分控制器 CC 的过程变量为死区时间 DT 的 OP Value(输出值)，操纵变量为 Q-Reb 的 Control Valve(控制阀)，设置过程变量的范围 0.955~0.995，作用方向 Direct(正作用)，设定值 0.975，控制模式 Auto(自动)。整定组分控制器，得到组分控制器的 K_c(比例增益)为 0.781，T_i(积分时间)为 38.7min。脱丙烷塔的组分控制结构如图 17-73 所示。

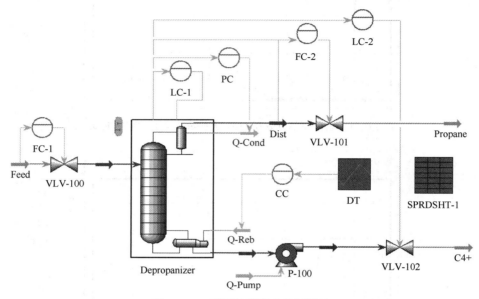

图 17-73　脱丙烷塔组分控制结构

打开趋势图 Molar Flow、Liquid Percent Level、Pressure、Comp Fraction，观察各参数的变化情况，等待各参数稳定后，整定组分控制器参数，得到组分控制器的 K_c(比例增益)为 0.781，T_i(积分时间)为 38.7min。

将积分器的 Current Time 修改为 0，End Time 修改为 1 h，单击 **Run** 按钮，运行积分器。积分器停止后，清除积分器的 End Time，保存文件，另存为 Example17.6b-Dynamic Column.hsc。

（2）测试控制效果　将流量控制器 FC-1 的设定值修改为 1980kmol/h，单击 **Run** 按钮，运行积分器，查看塔顶产品中乙烷和丙烷的纯度变化，如图 17-71 所示。通过动态响应曲线可以看出，在进料量扰动下，组分控制结构能够保证组分的摩尔分数回归设定值。

打开本书配套文件 Example17.6a-Dynamic Column.hsc，另存为 Example17.6c-Dynamic Column.hsc。双击物流 Feed，进入 **Feed | Worksheet | Composition** 页面，将异丁烷的摩尔分数修改为 0.077，丙烷的摩尔分数修改为 0.336，单击 **Run** 按钮，运行积分器，查看塔顶产品中乙烷和丙烷的纯度变化，如图 17-72 所示。通过动态响应曲线可以看出，在进料组成扰动下，组分控制结构能够保证组分的摩尔分数回归设定值。

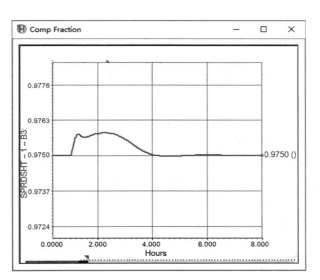

图 17-74　组分摩尔分数在+10%进料量扰动下的响应曲线

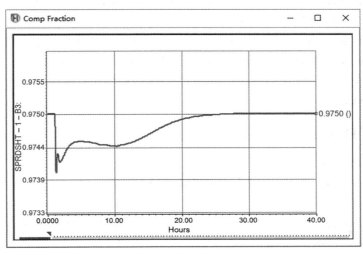

图 17-75　组分摩尔分数在+10%异丁烷组成扰动下的响应曲线

17.7　压缩机动态模拟 @

17.8　泄压阀动态模拟 @

17.9　整厂控制 @

第18章 激 活 分 析

Aspen HYSYS 可激活换热器分析(Activated EDR Analysis)、能量分析(Activated Energy Analysis)和经济分析(Activated Economic Analysis)对工艺进行优化。通过激活换热器分析,可校核换热器热力学与水力学性能,识别换热器操作中可能存在的问题;通过激活能量分析,可优化换热网络,最大限度实现能量回收,减少公用工程消耗;通过激活经济分析,可比较多个工艺设计,获得成本评估,进行工艺优化。这些工具可帮助用户快速确定设计的节能潜力和经济效益,从而降低生产成本。

18.1 换热器分析

Aspen HYSYS 可激活换热器分析(Activated EDR Analysis)功能,调用 Aspen EDR 将流程中的换热器转换为严格模型进行严格设计。转换时,Aspen HYSYS 将换热器的工艺条件(如工艺数据和物性数据)传输给 EDR。换热器分析可以报告换热器的操作问题,评估换热器在不同工艺条件、尺寸和流量下的性能,以及整个设计周期的设备成本。

用户也可以在 Aspen EDR 中直接读取 Aspen HYSYS 文件里传热设备的相关数据,通过数据传输设计换热器。

18.1.1 严格设计

下面通过例 18.1 介绍严格设计过程。

【例 18.1】 Aspen HYSYS 调用 Aspen EDR 进行换热器设计。

本例模拟步骤如下:

(1)打开本书配套文件 Crude Preheat Train. hsc,流程如图 18-1 所示,文件另存为 Example18. 1-Activated EDR Analysis. hsc。

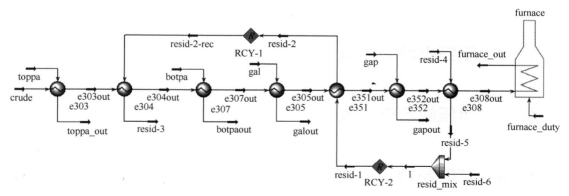

图 18-1 原油预热流程

(2)单击 **EDR Exchanger Feasibility** 控制面板,进入 **Exchanger Summary Table** 页面,单击

e304 右侧**Convert to Rigorous** 按钮；弹出**Convert to Rigorous Exchanger** 窗口，Size Exchanger（设计换热器）选项区域选择 Size Interactively（交互设计），其余选项保持默认设置，单击**Convert** 按钮；弹出**EDR Sizing Console：e304** 窗口，由于原油容易结垢，换热器需要经常清洗，常使用浮头式，更改 TEMA Type 为 AES，Tube pattern（管子排列方式）下拉列表框选择 90-Square（正方形排列），其余选项保持默认设置，单击**Size** 按钮，出现进度条，如图 18-2 所示。Aspen HYSYS 将测试各种可行方案，给出满足流程压降和热负荷的最佳方案。

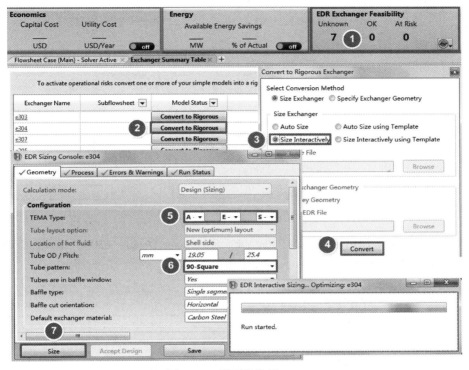

图 18-2 设置换热器 e304

（3）优化完成后，单击**Accept Design** 按钮，接受设计出的最优换热器，弹出对话框，提示"EDR 在严格计算时将设置出口物流条件，是否希望覆盖现有数据以避免过度指定"，单击"**是**"按钮，如图 18-3 所示。

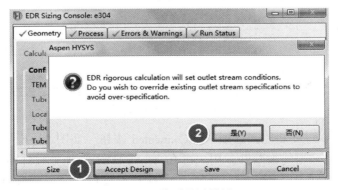

图 18-3 接受设计结果

（4）返回**Exchanger Summary Table** 页面，单击**e304** 按钮，弹出**Heat Exchanger：e304** 窗口，进入**Rigorous Shell &Tube | Exchanger** 页面，单击**Export** 按钮可导出 Aspen EDR 的设计文件，如图 18-4 所示。

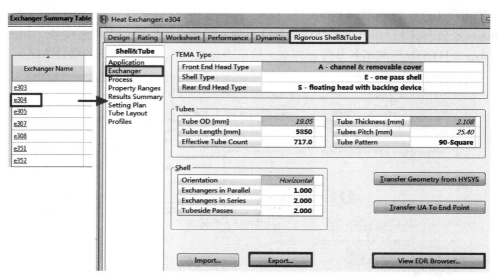

图 18-4　查看设计结果

单击页面下方**View EDR Browser** 按钮，进入**Exchanger Detail：e304 | Results | Thermal /Hydraulic Summary | Performance | Overall Performance** 页面，如图 18-5 所示。

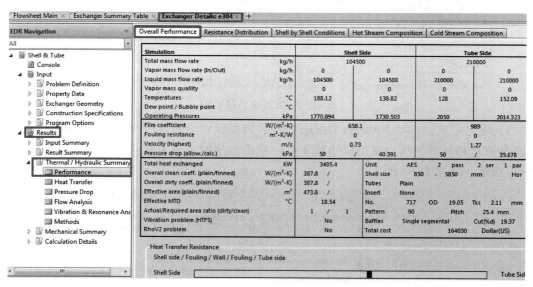

图 18-5　查看换热器总体性能

单击 Exchanger Design 功能区选项卡下**Connected** 按钮，如图 18-6 所示，Aspen HYSYS 和 Aspen EDR 之间的数据传输断开，用户可在 Aspen HYSYS 独立设计换热器。其中，Connected 表示 EDR 连接到 HYSYS，设计的改变会反映到模拟中，Working Online 表示断开与 HYSYS 的连接，设计改变不会影响流程中换热器的设置。

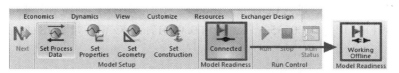

图 18-6 断开数据传输

18.1.2 数据传输

下面通过例 18.2 介绍数据传输过程。

【例 18.2】 使用 Aspen EDR 读取本书配套文件 Crude Preheat Train. hsc 中换热器数据并进行设计。

本例模拟步骤如下：

（1）启动 Aspen Exchanger Design and Rating V9，选择 **File | New | Shell & Tube**，单击 **Create** 按钮，新建空白模拟，如图 18-7 所示，文件保存为 Example18.2-Import Data. EDR。

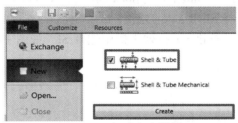

图 18-7 新建空白模拟

（2）选择 **File | Import | Aspen HYSYS V9**；弹出"**打开**"窗口，选择 Crude Preheat Train. hsc 文件，单击"**打开**"按钮；在弹出窗口的 Exchanger List 列表框中选择 e304，单击 **OK** 按钮；弹出 **Import PSF Data** 窗口，单击 **OK** 按钮，导入数据，如图 18-8 所示。

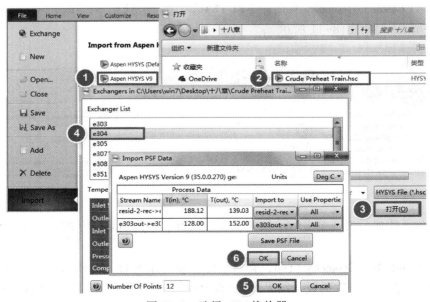

图 18-8 选择 e304 换热器

（3）单位集默认为 SI。进入 **Console | Process** 页面，输入热物流和冷物流的 Fouling resistance（污垢热阻）分别为 $0.00035 \mathrm{m}^2 \cdot \mathrm{K/W}$ 和 $0.00017 \mathrm{m}^2 \cdot \mathrm{K/W}$，如图 18-9 所示。

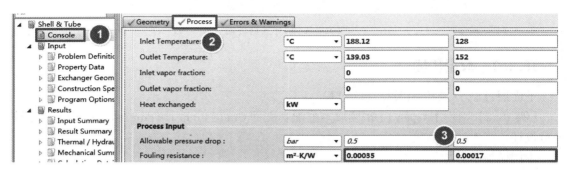

图 18-9　输入污垢热阻

（4）进入 **Input | Problem Definition | Application Options** 页面，在 Location of hot fluid（热流体位置）下拉列表框中选择 Shell side（壳程），在 Select geometry based on this dimensional standard（选择结构基于的尺寸标准）下拉列表框中选择 SI，如图 18-10 所示。

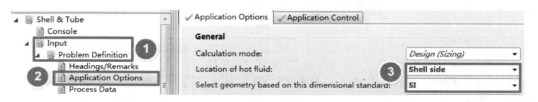

图 18-10　设置应用选项

（5）进入 **Console | Geometry** 页面，更改 TEMA Type 为 AES，在 Tube pattern 下拉列表框中选择 90-Square，如图 18-11 所示。

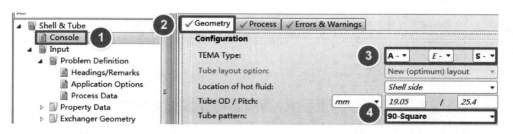

图 18-11　设置结构参数

（6）为防止数据丢失，单击 **Save** 按钮 🖫 保存文件，单击 Home 功能区选项卡下 **Run** 按钮运行程序。

（7）进入 **Console | Geometry** 页面，查看设计结果，如图 18-12 所示。当前设计结果（显示在 Recent 下）将与上一次的设计结果（显示在 Previous 下）并列出现在此页面，有助于用户对比前后设计结果。

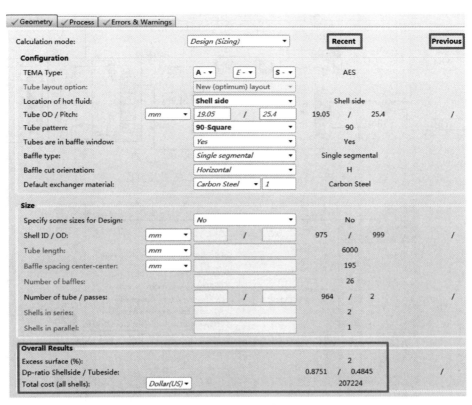

图18-12 查看设计结果

18.2 能量分析

Aspen HYSYS 可激活能量分析（Activated Energy Analysis）功能，查看节能潜力和温室气体的排放情况，用户不需要离开当前模拟即可快速分析并生成改进方案。在这些设计方案中，用户可通过添加或重新布置换热器等方式来实现节能。

下面通过例18.3介绍能量分析过程。

【例18.3】 以例16.9 二甲醚羰基化合成乙酸甲酯过程模拟案例为基础，激活 Aspen HYSYS 内置能量分析功能，查看流程节能潜力，并对换热网络进行改造，降低能耗。

本例模拟步骤如下：

（1）打开本书配套文件 Example16.9-Methyl Acetate Production Process.hsc，流程如图18-13 所示，文件另存为 Example18.3-Energy Analysis.hsc。

（2）进入**File | Options | Simulation Options | Simulation** 页面，在 General Options 选项区域输入碳排放费用 0.05 Cost/kg，单击**OK** 按钮，如图18-14 所示。

（3）单击 Home 功能区选项卡下**Process Utility Manager** 按钮查看可用公用工程，如图18-15所示。Aspen HYSYS 数据库中包含多种公用工程，如 LP Steam、MP Steam、Refrigerant1 和 Refrigerant2 等，用户可以对其进行编辑以满足工艺需求，也可以删除额外的公用工程。

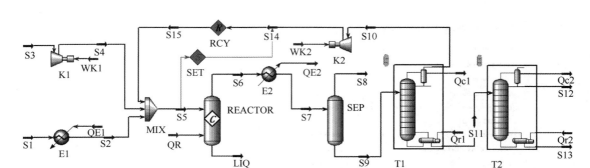

图 18-13　二甲醚羰基化合成乙酸甲酯流程

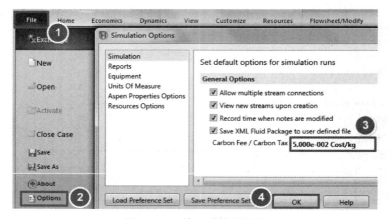

图 18-14　输入碳排放费用

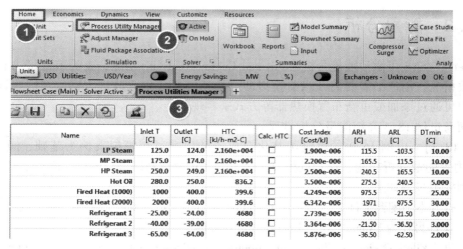

图 18-15　查看公用工程

（4）单击 **Energy** 控制面板，进入 **Energy Analysis | Configuration** 页面，在 Process type 下拉列表框中选择 Chemical 选项，单击 **Define Scope** 按钮，弹出 **Energy Analysis Scope**（能量分析范围）窗口，本例对全流程进行分析，保持默认设置，单击 **OK** 按钮，如图 18-16 所示。

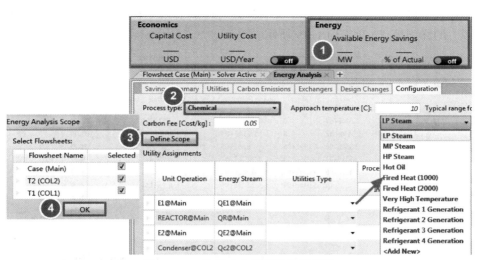

图 18-16 选择工艺类型及分析范围

在**Energy Analysis | Configuration** 页面下的 Utility Assignments（公用工程分配）表中，单击 Utilities Type 下三角按钮，用户可为流程中的能流分配公用工程。若用户所选公用工程不合适，表格中会出现警告图标 。如果没有选择对应的公用工程，在激活能量分析时，Aspen HYSYS 会根据温度和公用工程成本信息自动选择合适的公用工程。本例直接激活能量分析。

（5）激活能量分析　单击 Energy 控制面板中**off** 按钮，将其转为**on**，激活能量分析，结果如图 18-17 所示。当改变**Energy Analysis | Configuration** 页面中的参数后，单击页面下方**Analyze Energy Saving** 按钮，系统将重新进行能量分析并更新 Energy 控制面板数据。

图 18-17　激活能量分析

（6）查看节能概要　进入**Savings Summary** 页面，查看公用工程使用量和碳排放量的当前值和目标值，如图 18-18 所示。用户也可以选择 Cost 单选按钮，查看相关能耗成本的当前值和目标值。

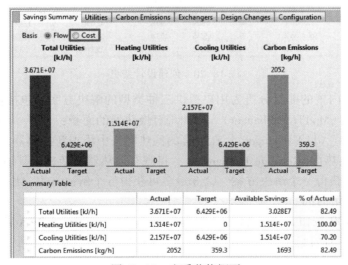

图 18-18　查看节能概要

（7）查看节能潜力　进入**Utilities**页面，查看冷热公用工程使用的当前值和目标值，以及节能潜力的详细信息，如图18-19所示。

	Current [kJ/h]	Target [kJ/h]	Saving Potential [kJ/h]	Energy Cost Savings [Cost/Yr]	Energy Cost Savings [%]	ΔTmin [C]	Status
LP Steam	1.514E+07	0	1.514E+07	252,223	100.00	10.0	
Total Hot Utilities	**1.514E+07**	**0**	**1.514E+07**	**252,223**	**100.00**		✓
Refrigerant 1	2.368E+06	1.699E+06	6.69E+05	16,062	28.25	3.0	
Air	1.771E+07	9.526E+05	1.676E+07	147	94.62	10.0	
MP Steam Generation	1.496E+06	1.634E+06	-1.382E+05	2,654	9.24	10.0	
Cooling Water	0	5.944E+04	-5.944E+04	-111	N/A	5.0	
LP Steam Generation	0	2.083E+06	-2.083E+06	34,514	N/A	10.0	
Total Cold Utilities	**2.157E+07**	**6.429E+06**	**1.514E+07**	**53,267**	**188.34**		✓

图18-19　查看节能潜力

（8）创建设计变更　进入**Design Changes**页面，单击**Find Design Changes**按钮，查找变更方案，如图18-20所示。能量分析提供了增加换热器的三个方案，Solution 1显示添加此换热器会节省40.8%的能源，投资回收期0.329年。

注：表格中的New Area(新增面积)，例如96.8m^2，是指添加到整个换热网络中的总面积。

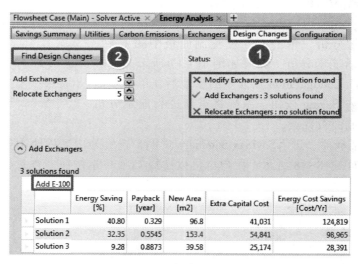

图18-20　创建设计变更

Aspen HYSYS内置的能量分析为用户提供三种类型的解决方案，包括：

① 改变换热器(Modify Exchanger)　增加现有换热器的面积；

② 添加换热器(Add Exchanger)　在现有的换热网络中添加新换热器；

③ 重新布置换热器(Relocate Exchanger)　将现有换热器重新放到其他位置。

其中，①只能获得一个解决方案，②③最多可获得五个解决方案，用户可减少方案数量以节省大型案例求解时间。

单击**Add E-100**按钮，进入能量分析环境下**Project1-Scenario2-Add E-100**页面，查看添加换热器的详细信息，如图18-21所示。用户可以在Include列下选择不同的解决方案。

	Energy			Greenhouse Gases	
	Hot Utilities [kJ/h]	Cold Utilities [kJ/h]	% Reduction	Flow [kg/h]	% Reduction
Current Simulation Case	1.514E+07	2.157E+07	--	2052	--
Change 1 – Add a new E-100	7.653E+06	1.408E+07	40.8	1215	40.8
Target	0	6.429E+06	82.5	359.3	82.5

Potential changes in the new designs : E-100

New Area [m2]	Extra Shells	Extra Capital Cost	Energy Saving		Payback [year]	Location of new heat exchanger		Include
			kJ/h	Cost/Yr		Hot Side Fluid	Cold Side Fluid	
96.8	1	41,031	14980482.56	124,819	0.329	Upstream to E2@Main	Upstream to Reboiler@COL1	●
153.4	1	54,841	11877585.01	98,965	0.5545	Upstream to E2@Main	Upstream to E1@Main	○
39.58	1	25,174	3407459.80	28,391	0.8873	Upstream to E2@Main	Upstream to Reboiler@COL2	○

图 18-21 查看换热器详细信息

（9）优化解决方案 能量分析最初提供的解决方案并没有考虑实际限制，每个换热器所允许的最大新增面积默认为 $10000m^2$，最小温差默认为 $10℃$。

用户可以通过设置最大新增面积和最小温差来优化解决方案。在 E-100 对应的 Maximum Extra Area 和 Minimum Approach Temperature 单元格中分别输入 $80m^2$ 和 $10℃$，单击 **Update** 按钮，更新完成后，E-100 的最大新增面积减少至 $80m^2$，达到输入的上限值，如图 18-22 所示。用户可以使用此方法增加约束条件，优化解决方案，在考虑实际限制的情况下降低成本。

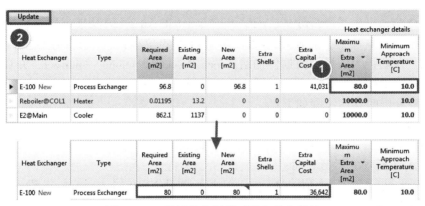

图 18-22 设置最大新增面积和最小温差

用户也可基于图 18-21 选择的优化方案，对换热网络进行多重改造。比如，在新增换热器 E-100 的基础上，再添加一个换热器，即通过导航窗格进入 **Scenario 2 | Add E-100** 页面，单击 Home 功能区选项卡下 **Add Exchanger** 按钮，如图 18-23 所示。

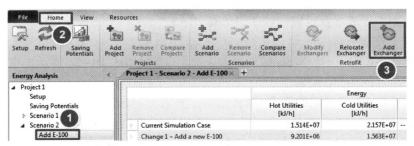

图 18-23 添加换热器

分析结果表明，换热器 E-101 可添加到三个位置上，增加两个换热器累计的节能潜力比原始模拟案例高 73.1%，如图 18-24 所示。

注：用户可单击 Home 功能区选项卡下**Details**按钮，进入 Aspen Energy Analyzer 查看换热网络。

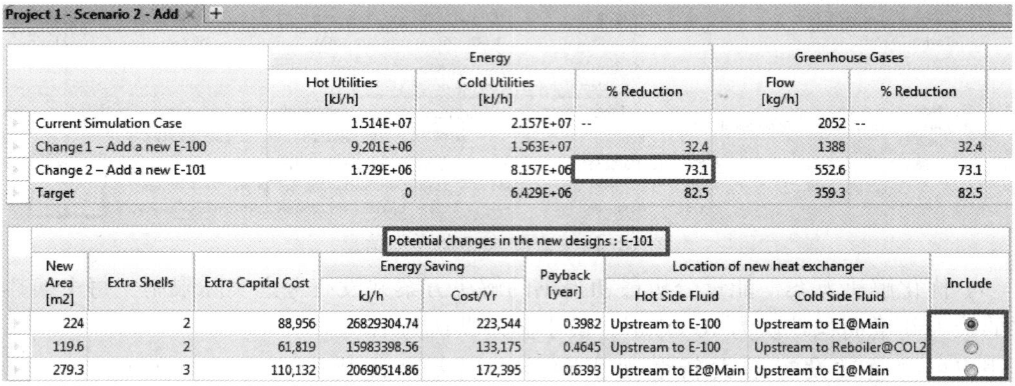

Project 1 - Scenario 2 - Add								

		Energy			Greenhouse Gases		
	Hot Utilities [kJ/h]	Cold Utilities [kJ/h]	% Reduction		Flow [kg/h]	% Reduction	
Current Simulation Case	1.514E+07	2.157E+07	--		2052	--	
Change 1 – Add a new E-100	9.201E+06	1.563E+07	32.4		1388	32.4	
Change 2 – Add a new E-101	1.729E+06	8.157E+06	73.1		552.6	73.1	
Target	0	6.429E+06	82.5		359.3	82.5	

Potential changes in the new designs : E-101

New Area [m2]	Extra Shells	Extra Capital Cost	Energy Saving		Payback [year]	Location of new heat exchanger		Include
			kJ/h	Cost/Yr		Hot Side Fluid	Cold Side Fluid	
224	2	88,956	26829304.74	223,544	0.3982	Upstream to E-100	Upstream to E1@Main	●
119.6	2	61,819	15983398.56	133,175	0.4645	Upstream to E-100	Upstream to Reboiler@COL2	○
279.3	3	110,132	20690514.86	172,395	0.6393	Upstream to E2@Main	Upstream to E1@Main	○

图 18-24　查看换热器添加方案

18.3　经济分析

Aspen HYSYS 可激活经济分析(Activated Economic Analysis)功能，快速创建一个初步的设备尺寸设计和成本评估，方便用户比较多个流程的盈利情况。当用户进行经济分析时，Aspen HYSYS 自动将当前模拟数据传输给 Aspen Process Economic Analyzer，并在模拟文件所在的文件夹下，以相同名称创建一个子文件夹存储改进方案。

进行经济分析的具体步骤如下：

① 输入原料/产品物流的采购/销售价格，查看产品能否营利；

② 选择能流的公用工程类型，估算公用工程成本；

③ 计算工艺流程的运营利润；

④ 经济评估，包括映射 (Mapping)、尺寸设计 (Sizing)、查看设备信息 (View Equipment) 和评估 (Evaluate) 过程；

⑤ 重新经济评估；

⑥ 生成投资分析 (Investment Analysis) 报告。

下面通过例 18.4 介绍经济分析过程。

【例 18.4】　对合成氨工艺过程进行经济分析，包括资本成本、操作成本、原材料成本、产品销售和公用工程成本及投资回收期等估算。

本例模拟步骤如下：

(1) 打开本书配套文件 Ammonia Synthesis. hsc，流程如图 18-25 所示，文件另存为 Example18. 4-Economic Analysis. hsc。

(2) 输入原料/产品物流的采购/销售价格，查看产品能否营利。双击物流 SynGas，进入**SynGas | Worksheet | Cost Parameters**页面，选择物流价格基准 Mass Flow，输入物流价格 0. 26Cost/kg，如图 18-26 所示。同理设置物流 NH_3，基准 Mass Flow，价格 500Cost/ton。

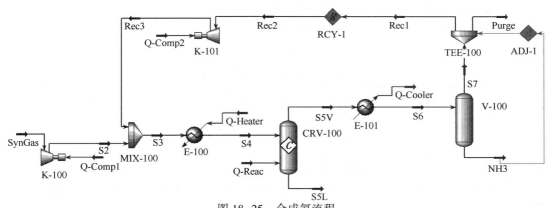

图 18-25 合成氨流程

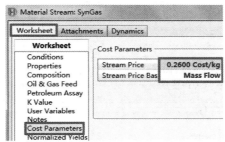

图 18-26 输入原料采购价格

单击 Economics 功能区选项卡下 **Stream Price** 按钮，进入 **Model Summary Grid**（模型概要表）页面查看物流总成本，原料 SynGas 的总成本为 15941Cost/h，产品 NH₃ 的价值为 28794.7Cost/h，如图 18-27 所示。可知产品的价格约为原料的 2 倍，表明该产品可能营利。

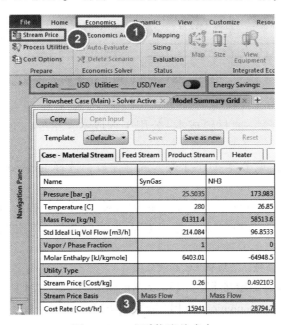

图 18-27 查看物流总成本

（3）选择能流的公用工程类型，估算公用工程成本。依次双击流程中的能流进入其属性窗口，在 Utility Type 对应的下拉列表框中选择所需公用工程，按表 18-1 为所有能流配置公用工程类型。

表 18-1　各能流对应的公用工程类型

Energy Stream(能流)	Utility Type(公用工程类型)	Energy Stream(能流)	Utility Type(公用工程类型)
Q-Comp1	Power	Q-Cooler	Cooling Water
Q-Comp2	Power	Q-Reac	Cooling Water
Q-Heater	Fired Heat(1000)		

单击 Home 功能区选项卡下**Flowsheet Summary** 按钮，弹出**Flowsheet Summary** 窗口，进入 **Utility Summary** 页面查看公用工程概要，可知热公用工程(包括电)和冷公用工程的总成本分别为 2792 Cost/h 和 25.47 Cost/h，如图 18-28 所示。

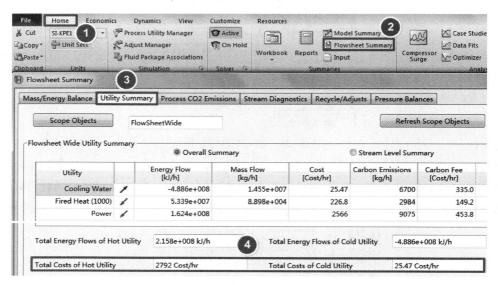

图 18-28　查看公用工程概要

（4）计算工艺流程的运营利润

运营利润=产品销售额-原材料成本-公用工程成本=28794.7-15941-(2792+25.47)=10036.23 Cost/h

（5）经济评估　双击调节器 ADJ-1 进入属性窗口，选择 Ignored 复选框，忽略调节器对计算的干扰。

选择 Economics 功能区选项卡下 Economics Active 复选框，弹出对话框，提示"模拟案例存在警告可能会影响经济分析结果，是否激活经济分析"，单击"**是**"按钮，如图 18-29 所示。

注：为了能够执行经济分析，必须确保流程收敛。

① 映射　映射过程是确定项目范围和成本的关键步骤，类似于设备选型与尺寸调整，是经济评估的基础。单击 Economics 功能区选项卡下**Map** 按钮，弹出**Map Options** 窗口，如图 18-30 所示。

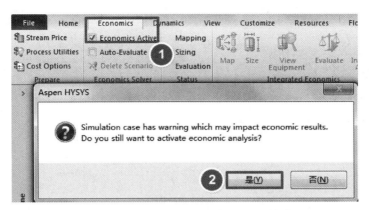

图 18-29　激活经济分析

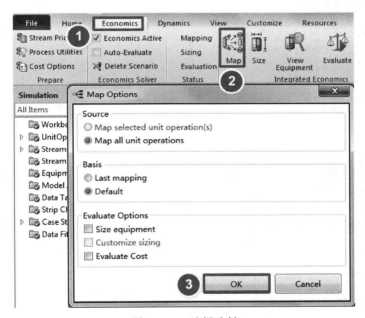

图 18-30　选择映射

单击 **OK** 按钮，弹出 **Map Preview** 窗口，用户可更改模块的映射。虽然经济分析对各模块有默认映射，但用户可适当改动，创建更实际的成本评估。

选择 E-100(HEATER)，单击 Equipment Type(设备类型)下三角按钮，弹出 **Equipment Selection** 窗口；选择"Heat exchangers, heaters"(换热器，加热器)，单击 **OK** 按钮；选择 Furnace(加热炉)，单击 **OK** 按钮；选择 Vertical cylindrical process furnace(圆筒形立式加热炉)，单击 **OK** 按钮，如图 18-31 所示。

选择 CRV-100，以管壳式换热器代替，单击 Equipment Type 下三角按钮，弹出 **Equipment Selection** 窗口；选择"Heat exchangers, heaters"，单击 **OK** 按钮；选择 Heat Exchanger，单击 **OK** 按钮；选择 Fixed tube sheet shell and tube exchanger(固定管板式换热器)，单击 **OK** 按钮，如图 18-32 所示。单击 **OK** 按钮，完成映射过程。

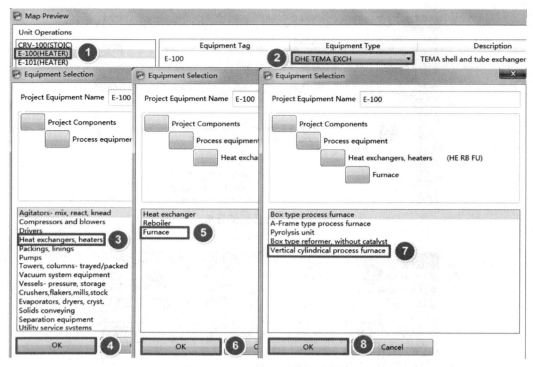

图 18-31　更改 E-100 设备类型

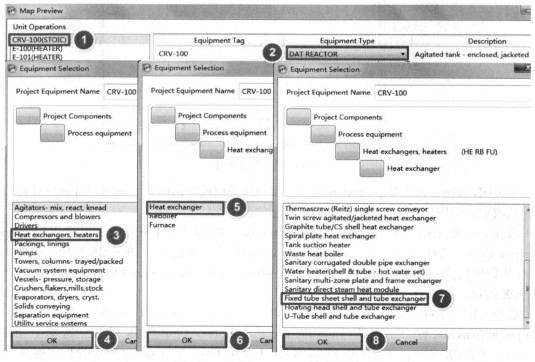

图 18-32　更改 CRV-100 设备类型

② 尺寸设计　单击 Economics 功能区选项卡下**Size** 按钮进行尺寸设计，如图 18-33 所示。

图 18-33　尺寸设计

③ 查看设备信息　单击 Economics 功能区选项卡下**View Equipment** 按钮，进入**Economic Equipment Data Summary | Equipment** 页面，查看设备错误信息，如图 18-34 所示。根据错误提示可知壳程和管程中的流体均被加热。修改物流 S5V 温度，输入 481.8℃，确保壳程物流被冷却。

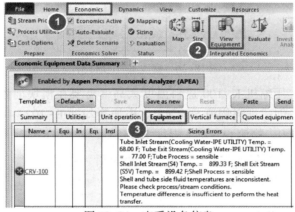

图 18-34　查看设备信息

④ 评估　单击 Economics 功能区选项卡下**Evaluate** 按钮，进入**Economic Equipment Data Summary | Equipment** 页面查看设备评估错误信息，如图 18-35 所示。根据错误提示输入或修改设备参数，创建更实际的成本评估。

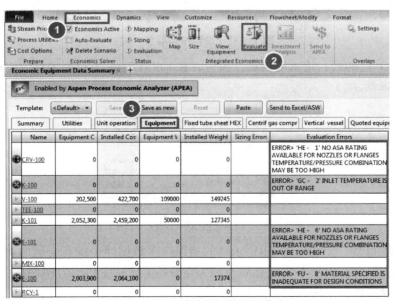

图 18-35　查看设备评估错误信息

由图 18-35 可知，加热器 E-100 指定材料不能满足设计要求，单击 **Vertical furnace** 选项卡，在 Material 下拉列表框中选择 304S，如图 18-36 所示。

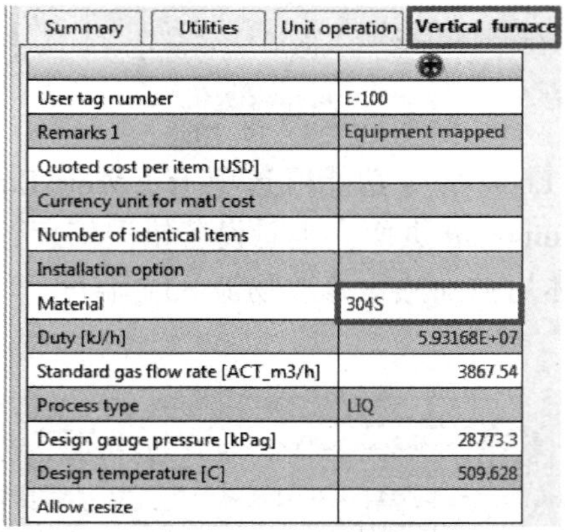

User tag number	E-100
Remarks 1	Equipment mapped
Quoted cost per item [USD]	
Currency unit for matl cost	
Number of identical items	
Installation option	
Material	304S
Duty [kJ/h]	5.93168E+07
Standard gas flow rate [ACT_m3/h]	3867.54
Process type	LIQ
Design gauge pressure [kPag]	28773.3
Design temperature [C]	509.628
Allow resize	

图 18-36 修改 E-100 材料

由图 18-35 可知，压缩机 K-100 进料温度太高，需要在模块前添加一个冷却器。双击 K-100 进入属性窗口，创建进料物流 SynGas2。添加冷却器 E-102，双击 E-102，建立物流及能流连接，输入压降 0，物流 SynGas2 温度 26.85℃，如图 18-37 所示。

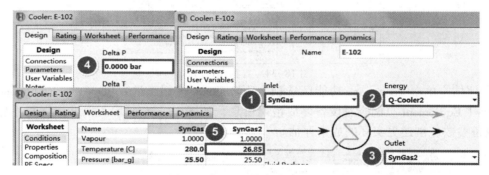

图 18-37 设置冷却器 E-102

双击能流 Q-Cooler2，进入能流属性窗口，在 Utility Type 下拉列表框中选择 Cooling Water，如图 18-38 所示。

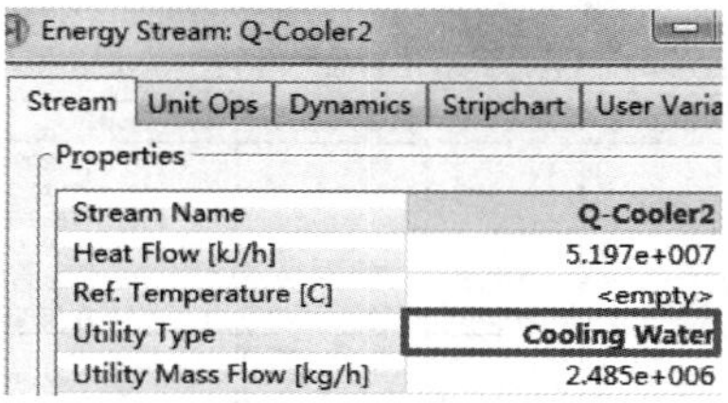

Stream	Unit Ops	Dynamics	Stripchart	User Varia
Properties				

Stream Name	Q-Cooler2
Heat Flow [kJ/h]	5.197e+007
Ref. Temperature [C]	<empty>
Utility Type	**Cooling Water**
Utility Mass Flow [kg/h]	2.485e+006

图 18-38 设置能流 Q-Cooler2 公用工程

由图 18-35 可知，E-101 和 CRV-100 的错误在于数据库中没有合适的材料来满足如此高的温度和压力组合。由于本例没有涉及动力学反应(与温度和压力密切相关)，为了得到成本评估，采取降低操作压力的方法简化问题。

双击 K-100，修改出口物流 S2 压力值为 170；双击 K-101，修改出口物流 Rec3 压力值为 170。

（6）重新经济评估　由于流程中添加了新设备，需要重复 Mapping 和 Sizing 操作过程。完成后单击**Evaluate** 按钮，进入**Economic Equipment Data Summary | Equipment** 页面查看设备信息，没有错误提示。进入**Summary** 页面查看结果，如图 18-39 所示，投资回收期为 3.56 年，说明该项目有潜力成为一个高利润的投资项目。

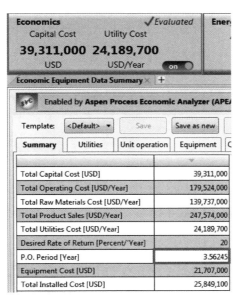

图 18-39　查看经济评估概要

（7）生成投资分析报告　单击 Economics 功能区选项卡下**Investment Analysis** 按钮，生成投资分析报告，如图 18-40 所示。

图 18-40　投资分析

系统会自动生成并打开一个 Excel 文件，包含 Run Summary（运行概要）、Executive Summary（执行概要）、Cash Flow（现金流量）、Project Summary（项目总结）、Equipment（设备）、Utility Summary（公用工程）、Utility Resource Summary（公用工程资源）、Raw Material Summary（原料）和 Product Summary（产品概要）等工作表。Executive Summary 工作表显示了 PROJECT NAME（项目名称）、CAPACITY（生产能力）、PLANT LOCATION（厂址）、SCHEDULE（调度）和 INVESTMENT（投资）等信息，如图 18-41 所示；Cash Flow 工作表显示了 Net Present Value（投资净现值，NPV）、Internal Rate of Return（内部收益率，IRR）、Payoff Period（投资回收期，PO）、Profitability Index（盈利能力指数，PI）和 Depreciation Calculations（折旧计算）等信息，如图 18-42 所示。

	A	B	C	D
1		**EXECUTIVE SUMMARY**		
2	==			
3				
4	PROJECT NAME:	example18.4-economic analysis		
5				
6	CAPACITY:	1109124064 LB/Year NH3 @ 0.223 USD/LB		
7				
8	PLANT LOCATION:	North America		
9				
10	BRIEF DESCRIPTION:			
11				
12				
13				
14	SCHEDULE:	--		
15	Start Date for Engineering		1-Jan-13	
16	Duration of EPC Phase		22	Weeks
17	Completion Date for Construction	Wednesday, June 05, 2013		
18	Length of Start-up Period		20	Weeks
19				
20				
21	INVESTMENT:	--		
22	Currency Conversion Rate		1	USD/U.S. DOLLAR
23	Total Project Capital Cost		3.93E+07	USD
24	Total Operating Cost		1.80E+08	USD/Year
25	Total Raw Materials Cost		1.40E+08	USD/Year
26	Total Utilities Cost		2.42E+07	USD/Year
27	Total Product Sales		2.48E+08	USD/Year
28	Desired Rate of Return		20	Percent/Year
29	P.O. Period		3.56245	Year
30				
31	PROJECT INFORMATION:	--		
32	Simulator Type	Aspen HYSYS		

Run Summary | **Executive Summary** | Cash Flow | Project Summary | Equipment | Utility Summ

图 18-41　查看执行概要工作表

	A	B	C
1	**CASHFLOW.ICS**　　(Cashflow)	**Year**	**0**
2			
3			
4			
5	ITEM	UNITS	
6			
7	TW (Number of Weeks per Period)	Weeks/period	52
8	T (Number of Periods for Analysis)	Period	20
9	DTEPC (Duration of EPC Phase)	Period	0.423077
10	DT (Duration of EPC Phase and Startup)	Period	0.807692
11	WORKP (Working Capital Percentage)	Percent/period	5
12	OPCHG (Operating Charges)	Percent/period	25
13	PLANTOVH (Plant Overhead)	Percent/period	50
14	CAPT (Total Project Cost)	Cost	3.93E+07
15	RAWT (Total Raw Material Cost)	Cost/period	1.40E+08
16	PRODT (Total Product Sales)	Cost/period	2.48E+08
17	OPMT (Total Operating Labor and Maintenance Cost)	Cost/period	1.39E+06
18	UTILT (Total Utilities Cost)	Cost/period	2.42E+07
19	ROR (Desired Rate of Return/Interest Rate)	Percent/period	20
20	AF (ROR Annuity Factor)		5
21	TAXR (Tax Rate)	Percent/period	40
22	IF (ROR Interest Factor)		1.2
23	ECONLIFE (Economic Life of Project)	Period	5
24	SALVAL (Salvage Value (Percent of Initial Capital Cost))	Percent	20
25	DEPMETH (Depreciation Method)		Straight Line
26	DEPMETHN (Depreciation Method Id)		1
27	ESCAP (Project Capital Escalation)	Percent/period	5
28	ESPROD (Products Escalation)	Percent/period	5
29	ESRAW (Raw Material Escalation)	Percent/period	3.5
30	ESLAB (Operating and Maintenance Labor Escalation)	Percent/period	3
31	ESUT (Utilities Escalation)	Percent/period	3
32	START (Start Period for Plant Startup)	Period	1

Run Summary | Executive Summary | **Cash Flow** | Project Summary | Equipment | Utili

图 18-42　查看现金流量工作表

第 19 章　Aspen Simulation Workbook(ASW)

　　Excel 具有界面直观、计算功能强大等特点，是自动化办公最常用软件之一。Aspen HYSYS 与 Excel 能够以多种方式进行数据传输，可带来极大的便利。

　　本章介绍如何使用 Aspen Simulation Workbook(ASW)创建工作簿。用户可通过运行 Aspen Engineering Tools 中的 Aspen Excel Add-in Manager 程序在 Excel 中加载 ASW。ASW 允许 Aspen HYSYS 专业人员在 Excel 中为模型创建一个简洁的用户界面，便于不熟悉模型，甚至不了解模拟软件的非专业人员操作复杂的 Aspen HYSYS 模拟。团队中不同成员使用 ASW 可进行技术交流，进而提高工作效率。

19.1　ASW 工具栏 @

19.2　ASW 基础操作 @

19.3　ASW 应用示例 @

附　　录

附录 A　Aspen HYSYS 文件扩展名一览表 @

附录 B　Aspen HYSYS 快捷键一览表 @

附录 C　塔内件设计软件 CUP-Tower

1. CUP-Tower 简介

CUP-Tower 软件是一款综合的塔内件水力学计算软件，启动界面见附录图 C-1。该软件可用于板式塔、规整填料塔、散装填料塔、筛板萃取塔和填料萃取塔的计算，具有设计和校核功能。大量的工业应用证实了 CUP-Tower 计算结果的可靠性。

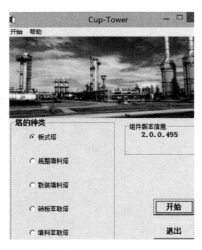

附录图 C-1　CUP-Tower
软件启动界面

2. CUP-Tower 功能

（1）设计新塔

只要输入塔内气液相负荷和物性数据，并给定某些控制参数，CUP-Tower 便可对塔内件进行设计，输出以下计算结果：① 塔板结构参数；② 塔板/填料水力学数据；③ 塔板负荷性能图。

（2）校核旧塔

校核旧塔时，除了需要输入气液负荷和物性数据以外，还需要输入完整的塔内件结构参数，软件便可计算出详细的水力学结果，绘制负荷性能图。

3. CUP-Tower 特点

（1）支持的塔内件种类多，计算模型丰富准确

CUP-Tower 可用于板式塔、规整填料塔、散装填料塔、筛板萃取塔和填料萃取塔的计算，具有设计和校核功能。CUP-Tower 综合了目前各种算法的优缺点，其数学模型大多数来自于公开发表、广泛使用的经验关联式和图表，融入了设计者多年的研究心得。为了避免查图和查表的误差，对图表进行了数学关联，其关联误差不超过 5.0%。

（2）界面友好，人机对话方便

采用 Visual Basic 作为开发工具，严格遵循 Windows 界面的设计规范，即包含"菜单条、工具栏、工具箱、状态栏、滚动条、右键快捷菜单"的标准格式，对 CUP-Tower 界面进行设计。

（3）多窗口同时计算，横向比较设计结果

有时用户为了比较不同塔内件类型或不同工况下塔内件的性能，需要多开窗口、选择不同的塔内件进行横向设计，以确定最优结果。

（4）简化的输入过程

鉴于气液相负荷和物性数据通常从过程模拟软件 Aspen Plus、Aspen HYSYS 或 PRO/II 获得，CUP-Tower 中创建了对应的数据接口，这样不仅减少了数据的传输误差，而且使繁琐的数据输入过程变得简单，提高了工作效率。

（5）强大的报表输出

CUP-Tower 预先编制了计算结果 Excel 和 Word 输出模板，应用 VBA 技术对 Excel 和 Word 应用对象访问，通过对不同类型模板文件的操作，软件可自动将计算结果以报表的形式输出，见附录图 C-2。

（6）参数提示和上下文帮助

在塔内件设计过程中涉及一些经验参数的选取，如安全因子、降液管底隙速度等。在 CUP-Tower 中提供对这些参数选取

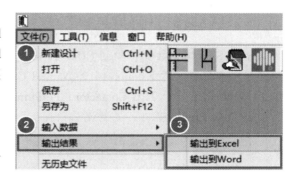

附录图 C-2　结果输出

的即时提示。另外软件内置了详细的上下文帮助，即当用户将鼠标指针放在某个控件上并按 **F1** 键时，就立即显示对应的帮助主题。

（7）详细的塔板溢流区设计

当塔径和板间距确定以后，塔板结构设计的核心在于溢流区和开孔区的设计。对于溢流区设计，CUP-Tower 支持单、双和四溢流三种形式，如附录图 C-3 所示，弓形降液管的设计提供了四种尺寸基准：堰宽、堰长、堰径比和面积百分比。降液管形式有直降液管和斜降液管两种。溢流堰的设计包括平堰、齿形堰、辅堰和栅栏堰四种类型。

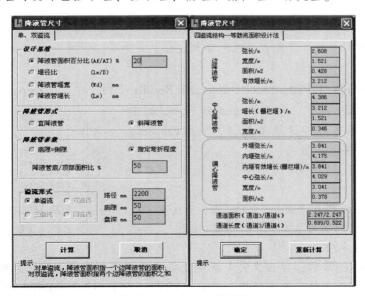

附录图 C-3　降液管设计

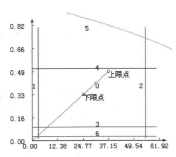

附录图 C-4　塔板负荷性能图

（8）绘制负荷性能图

负荷性能图由操作线(0)、液相下限线(1)、液相上限线(2)、5%漏液线(3)、10%漏液线(6)、雾沫夹带线(4)、液泛线(5)组成，其中横坐标为液相流量(m^3/h)，纵坐标为气相流量($10^3 m^3/h$)，如附录图 C-4 所示。这些曲线从水力学角度表示了不同气液负荷条件下，塔板的操作极限，反映了塔板操作是否合理，可用于指导实际的生产操作。

4. 示例

下面以本书例 16.2 中的三甘醇吸收塔为例，演示如何将 Aspen HYSYS 模拟数据传输到 CUP-Tower。

打开本书配套文件 Example16.2-Natural Gas Dehydration with TEG.hsc。双击三甘醇吸收塔 TEG Contactor，进入**TEG Contactor | Performance | Internals Results** 页面，单击**Flows** 按钮，弹出**Total Flow Profile** 窗口，复制流量数据，如附录图 C-5 所示。

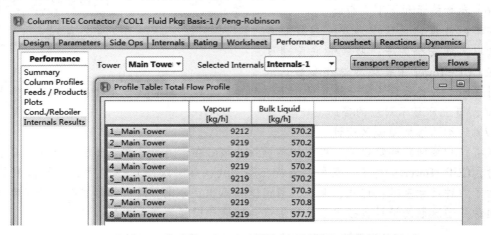

附录图 C-5　复制塔板流量数据

新建 Excel 文件，将塔板流量数据粘贴到 Excel 文件中，如附录图 C-6 所示，将文件另存为 Tray.xls。

进入**TEG Contactor | Performance | Internals Results** 页面，单击**Transport Properties** 按钮，弹出**Properties Profile** 窗口，单击**Properties** 按钮，选择 Vapour 复选框添加气相传递性质数据，返回**Properties Profile** 窗口复制传递性质数据，如附录图 C-7 所示。将传递性质数据粘贴到 Excel 文件中，如附录图 C-8 所示。

注：为保证输入到 CUP-Tower 的数据无误，建议在 Aspen HYSYS 中使用以下单位：质量流量，kg/h；密度，kg/m^3；黏度，cp；表面张力，dyne/cm。

	A	B	C
1	1__Main Tower	9212.207	570.1509
2	2__Main Tower	9218.832	570.2169
3	3__Main Tower	9218.898	570.2201
4	4__Main Tower	9218.901	570.2214
5	5__Main Tower	9218.902	570.2256
6	6__Main Tower	9218.907	570.2679
7	7__Main Tower	9218.949	570.7921
8	8__Main Tower	9219.473	577.7285

附录图 C-6　粘贴塔板流量数据

打开 CUP-Tower 软件，单击**文件 | 新建，**塔板类型选择浮阀，单击"**确认**"按钮，如附录图 C-9 所示。单击**文件 | 导入数据 | 来自 HYSYS**，弹出"**来自 HYSYS**"对话框，点击"**打**

开文件"按钮，找到 Tray. xls；在选择级数单元格中填写需要校核的理论板，理论板选择原则是气液相负荷最大的塔板，本例选择级数为 2，单击"**确定**"按钮，Aspen HYSYS 模拟数据就导入到 CUP-Tower，如附录图 C-10 所示。数据导入完成后，浮阀塔板工艺条件如附录图 C-11 所示。

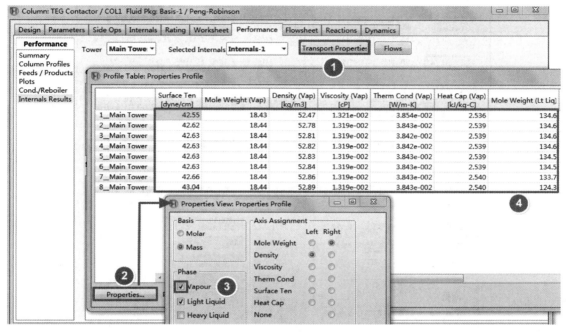

附录图 C-7　复制传递性质数据

附录图 C-8　粘贴传递性质数据

附录图 C-9　新建浮阀塔板文件

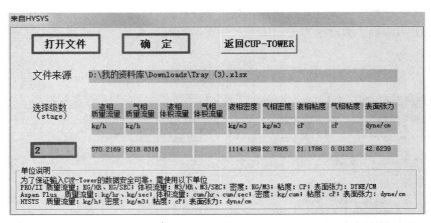

来自HYSYS

打开文件　　　　确　定　　　　返回CUP-TOWER

文件来源　D:\我的资料库\Downloads\Tray (3).xlsx

选择级数 (stage)	液相 质量流量	气相 质量流量	液相 体积流量	气相 体积流量	液相密度	气相密度	液相粘度	气相粘度	表面张力
	kg/h	kg/h			kg/m3	kg/m3	cP	cP	dyne/cm
2	570.2169	9218.8318			1114.1959	52.7805	21.1786	0.0132	42.6239

单位说明
为了保证输入CUP-Tower的数据安全可靠，需使用以下单位
PRO/II 质量流量: KG/HR、KG/SEC; 体积流量: M3/HR、M3/SEC; 密度: KG/M3; 粘度: CP; 表面张力: DYNE/CM
Aspen Plus 质量流量: kg/hr、kg/sec; 体积流量: cum/hr、cum/sec; 密度: kg/cum; 粘度: cP; 表面张力: dyne/cm
HYSYS 质量流量: kg/h; 密度: kg/m3; 粘度: cP; 表面张力: dyne/cm

附录图 C-10　导入 Aspen HYSYS 模拟数据

浮阀塔板

工 艺 条 件　｜　塔 板 结 构 参 数　｜塔 板 工 艺 参 数　｜　项 目 信 息

气相

质量流量　55.7034　kg/h

密　度　9218.8318　kg/m3

体积流量　6.04234909676　m3/h

液相

质量流量　10.3056　kg/h

密　度　42.5471　kg/m3

体积流量　.242216273259　m3/h

表面张力　0.1389　dyn/cm

操作压力　　　　　kPa

操作上限　120　%

操作下限　60　%

体系因子

充气系数

最小停留时间　　　s

计算模式

○ 设计模式

○ 校核模式

提示：①绿色为必须输入参数，白色为可选择输入参数，灰色为计算值；② 计算之后，需点击重新输入方可修改参数；③ 部分参数需在校核模式下方可输入。

计算

附录图 C-11　查看浮阀塔板工艺条件

参 考 文 献

［1］孙兰义.化工过程模拟实训——Aspen Plus 教程［M］.2 版.北京:化学工业出版社,2017.

［2］孙兰义,王志刚,谢崇亮,等.过程模拟实训——PRO/Ⅱ教程［M］.北京:中国石化出版社,2017.

［3］孙兰义,马占华,王志刚,等.换热器工艺设计［M］.北京:中国石化出版社,2015.

［4］钟天鸿.流体热物性估算方法及应用［M］.高雄:丽文文化事业,2011.

［5］马沛生,李永红.化工热力学［M］.2 版.北京:化学工业出版社,2009.

［6］李士富.油气处理工艺及计算［M］.2 版.北京:中国石化出版社,2017.

［7］宋世昌,李光,杜丽民.天然气地面工程设计［M］.北京:中国石化出版社,2013.

［8］陆恩锡,张慧娟.化工过程模拟——原理与应用［M］.北京:化学工业出版社,2011.

［9］陈洪钫,刘家祺.化工分离过程［M］.2 版.北京:化学工业出版社,2014.

［10］时钧,汪家鼎,余国琮,等.化学工程手册［M］.2 版.北京:化学工业出版社,1996.

［11］俞金寿.过程控制系统和应用［M］.北京:机械工业出版社,2003.

［12］徐春明,杨朝合.石油炼制工程［M］.4 版.北京:石油工业出版社,2009.

［13］Aspen Technology,Inc..Aspen HYSYS V9 help［CP/DK］.［2018-02-25］.

［14］Aspen Technology,Inc..Aspen Simulation Workbook V9 help［CP/DK］.［2018-02-25］.

［15］Aspen Technology,Inc..AspenTech support center solution［EB/OL］.［2018-02-25］.https://surpport.aspen-tech.com.

［16］HANYAK M E Jr.Chemical process simulation and the Aspen HYSYS software［M］.Department of Chemical Engineering,Bucknell University,2012.

［17］LUYBEN W L.Principles and case studies of simultaneous design［M］.New York:John Wiley & Sons Inc.,2011.

［18］LUYBEN W L.Plantwide dynamic simulators in chemical processing and control［M］.New York:Marcel Dekker,2002.

［19］MUHAMMAD A,GADELHAK Y.Correlating the additional amine sweetening cost to acid gases load in natural gas using Aspen HYSYS［J］.Journal of Natural Gas Science & Engineering,2014,17(2):119-130.

［20］GHORBANI B,HAMEDI M H,SHIRMOHAMMADI R,et al.Exergoeconomic analysis and multi-objective pareto optimization of the C3MR liquefaction process［J］.Sustainable Energy Technologies & Assessments,2016,17(5):56-67.

［21］XIONG X,LIN W,GU A Z.Design and optimization of offshore natural gas liquefaction processes adopting PLNG(pressurized liquefied natural gas)technology［J］.Journal of Natural Gas Science & Engineering,2016,30(3):379-387.

［22］KANIDARAPU N R,REDDY G K,PRASAD P R,et al.Design and pinch analysis of Methyl Acetate Production process using Aspen Plus and Aspen Energy Analyzer［J］.International Journal of Chemical Engineering and Processing,2015,1(1):31-34.